简介

作者简介

内容简介

著者根据多年来在北京大学力学系为本科生讲授“高等弹性力学”课程讲稿的基础上编写成本书。此书系统地介绍了20世纪下半叶数学弹性力学在理论上的一些进展，例如：弹性通解及其完备性、二维各向异性弹性力学的Stroh理论、轴对称问题的Александаров复变解法、Mindlin问题、发散积分的有限部分和Radon变换在弹性力学中的应用、板的精化理论、Beltrami-Schaefer应力函数、Sternberg-Eubanks意义下的集中力、各种边界积分方程、Kupradze弹性势论、Saint-Venant原理的精确叙述和严格证明，以及板的Gregory边界条件和Eshelby问题等。书后的参考文献可供读者深入研究相关课题。本书叙述严谨简洁，深入浅出，引人入胜，易于阅读。

本书可作为大学力学系研究生的教材，也可作为土木、机械等系研究生的参考教材；同时也可供从事相关专业教学与研究的教师和科研工作者参考。

作者简介

王敏中　北京大学力学与工程科学系教授、博士生导师，1962年毕业于北京大学数学力学系。主要研究方向为：数学弹性力学、压电介质弹性力学和复合材料力学，在国内外各种杂志上已发表论文90余篇。曾担任过数学分析、理论力学、弹性力学、高等弹性力学和断裂力学等课程的教学工作。已出版的著作有：《弹性力学引论》和《弹性力学教程》(皆与武际可、王炜合作)。

高等学校教材

高等弹性力学

王敏中 著

北京大学出版社
·北 京·

图书在版编目(CIP)数据

高等弹性力学/王敏中著. —北京：北京大学出版社，2002.12
ISBN 7-301-04683-9

Ⅰ.高… Ⅱ.王… Ⅲ.弹性力学 Ⅳ.O343

中国版本图书馆 CIP 数据核字(2002)第 092408 号

书　　名：高等弹性力学
著作责任者：王敏中　著
责 任 编 辑：邱淑清
标 准 书 号：ISBN 7-301-04683-9/O·0486
出　版　者：北京大学出版社
地　　址：北京市海淀区中关村北京大学校内　100871
网　　址：http://cbs.pku.edu.cn
电　　话：邮购部 62752015　发行部 62750672　编辑部 62752021
电 子 信 箱：zpup@pup.pku.edu.cn
排　版　者：高新特激光照排中心　62637627
印　刷　者：北京大学印刷厂
发　行　者：北京大学出版社
经　销　者：新华书店
850 毫米×1168 毫米　32 开本　12.125 印张　303 千字
2002 年 12 月第 1 版　**2003 年 6 月第 2 次印刷**
定　　价：20.00 元

序　言

从 1985 年起，著者在北京大学力学与工程科学系对研究生讲授“高等弹性力学”课，迄今已讲十余次。本书就是根据历年的讲稿进行修改补充而成的。

弹性力学是一门经典学科，Hooke(1678)提出变形与外力成正比的定律，Navier(1821)、Cauchy(1823)建立了关于应力的平衡方程，从而构造起弹性理论的基本框架；Saint-Venant(1855)关于扭转与弯曲的解答，Мусхелишвили(1933)的复变解法是弹性理论发展中的经典之作；20 世纪下半叶，弹性理论进一步深化和扩展，许多基本概念和基本问题被深入和细致的研究，并与其他物理因素相互耦合，从而出现了许多新的学科。诸如：断裂力学、细观力学、热弹性力学、粘弹性力学、磁弹性力学、压电介质弹性力学、微孔介质弹性力学、微极弹性力学、非局部弹性力学、准晶弹性力学等，它们极大地丰富了弹性力学的研究领域和应用范围。

本书主要介绍近 50 年来数学弹性力学在理论上的一些进展。例如：弹性通解及其完备性，二维各向异性弹性力学的 Stroh 理论，轴对称问题的 Александаров 复变解法，Mindlin 问题，发散积分的有限部分和 Radon 变换在弹性力学中的应用，Beltrami-Schaefer 应力函数，Sternberg-Eubanks 意义下的集中力，各种边界积分方程，Kupradze 弹性势论，Saint-Venant 原理的精确叙述和严格证明，板的 Gregory 边界条件，板的精化理论，Eshelby 问题等。这些内容除了自身的理论和应用价值之外，还或多或少地可以应用和推广到新的学科和交叉领域中去。全书共分八章，著者尽量使各章间相对地独立，以方便那些只对部分章节有兴趣的读者阅读。其中第八章 § 2 和 § 11 两节，分别由赵宝生和赵颖涛撰写。

显然，书的内容的选择与著者的兴趣有关。半个世纪以来，数学弹性力学还在变分原理、断裂力学、接触问题和积分变换解法等方面取得了巨大的进展，已出版不少书籍阐述它们，有兴趣的朋友可以参阅。

在本书的写作过程里，著者得到了许多同志的帮助：王大钧教授和武际可教授对本书的写作和出版一直给予了热情的关注和鼓励；王炜教授对原稿仔细地进行了校阅，并提出了很多重要的改进意见；北京大学方正技术研究院的王晨工程师，以及方凯同志为本书绘制了插图。另外，在十余年的教学过程中，当时听课的研究生曾提出的大量问题和思考，使本书增色不少。对此，著者一并表示衷心的感谢。

由于水平所限，书中定然会有不少缺点和错误，著者诚恳地敬请专家和读者不吝赐教。

本书得到了北京大学教材出版基金的资助，著者谨表谢意。

王敏中
2001 年 2 月于北京大学畅春园

目　录

第一章 弹性通解

本章研究以位移表示的各向同性弹性力学方程组的通解，常见的有 B-G、P-N 和 TNH 等三种通解，我们讨论这三种通解的完备性、不唯一性，以及它们之间的关系. 本章还考察各向异性弹性力学的通解，特别是横观各向同性弹性力学的通解.

§1 弹性力学的边值问题

设均匀各向同性弹性体，在三维欧氏空间 E^3 中占有区域 Ω，线性弹性静力学的几何方程、平衡方程和本构方程分别为：

$$\begin{cases}\boldsymbol{\Gamma} = (\boldsymbol{u}\nabla + \nabla\boldsymbol{u})/2, \\ \nabla\cdot\boldsymbol{T} + \boldsymbol{f} = \boldsymbol{0}, \qquad (\text{在 } \Omega \text{ 内}), \\ \boldsymbol{T} = \lambda J(\boldsymbol{\Gamma})\boldsymbol{I} + 2\mu\boldsymbol{\Gamma}\end{cases} \tag{1.1}$$

其中 $\boldsymbol{u}$、$\boldsymbol{\Gamma}$ 和 $\boldsymbol{T}$ 分别为位移矢量、应变张量和应力张量，$\boldsymbol{I}$ 为单位张量，$J(\boldsymbol{\Gamma})$表示 $\boldsymbol{\Gamma}$ 的迹，而 $\nabla=\boldsymbol{i}\dfrac{\partial}{\partial x}+\boldsymbol{j}\dfrac{\partial}{\partial y}+\boldsymbol{k}\dfrac{\partial}{\partial z}$为梯度算子，$x,y,z$ 为 E^3 中选定的直角坐标，$\boldsymbol{i},\boldsymbol{j},\boldsymbol{k}$ 分别为 x,y,z 方向上的单位矢量，λ 和 μ 为 Lamé 系数，$\boldsymbol{f}$ 为体力.

在区域 Ω 的边界曲面 $\partial\Omega$ 上通常给定如下的边界条件：

$$\begin{cases}\boldsymbol{u} = \bar{\boldsymbol{u}}, & \text{在 } \partial_u\Omega \text{ 上}, \\ \boldsymbol{n}\cdot\boldsymbol{T} = \boldsymbol{t}, & \text{在 } \partial_t\Omega \text{ 上}, \\ \boldsymbol{n}\cdot\boldsymbol{T} + k\boldsymbol{u} = \boldsymbol{0}, & \text{在 } \partial_e\Omega \text{ 上},\end{cases} \tag{1.2}$$

其中 $\partial_u\Omega$、$\partial_t\Omega$ 和 $\partial_e\Omega$ 为边界 $\partial\Omega$ 的某些部分，其和为 $\partial\Omega$，且两两不相交，$\bar{\boldsymbol{u}}$ 和 $\boldsymbol{t}$ 都是预先给定的矢量，$\boldsymbol{n}$ 为边界上的单位外法向，k 为给定的正常数.

方程组(1.1)和边界条件(1.2)构成完整的弹性力学边值问题. Kupradze[172,173]利用弹性势论,Fichera[129]利用 Соболев 空间分别证明了弹性力学边值问题解的存在性,他们也同时证明了解答对边界值 $\bar{\boldsymbol{u}}$、$\boldsymbol{t}$ 和体力 $\boldsymbol{f}$ 的连续依赖性. Knops 和 Payne[166]仔细地考察了解的唯一性. 这些研究表明,弹性力学边值问题是适定的.

在(1.1)中消去应变张量 $\boldsymbol{\Gamma}$ 和应力张量 $\boldsymbol{T}$,得到以位移表示的弹性力学平衡方程,

$$\nabla^2 \boldsymbol{u} + \frac{1}{1-2\nu}\nabla(\nabla\cdot\boldsymbol{u}) + \frac{1}{\mu}\boldsymbol{f} = \boldsymbol{0}, \tag{1.3}$$

其中 ν 为 Poisson 比,$\nabla^2=\nabla\cdot\nabla$ 为 Laplace 算子.

所谓弹性通解,即为满足方程(1.3)的一般解. 一旦找到了弹性通解,弹性力学边值问题的求解就比较容易了. 弹性通解已满足弹性力学的全部方程(1.3)或(1.1),这样弹性力学边值问题的求解,就转化为在弹性通解中寻找一个满足边界条件(1.2)的解. 弹性通解是一个十分方便、非常有效的工具. 弹性力学平面问题的 Мусхелишвили 复变公式是复数形式的通解,而 Love 解则是轴对称问题的一种弹性通解,平面问题和轴对称问题的通解将在第二章和第三章中讨论,本章讨论空间问题的通解,至于通解的某些应用将在第四章中给出.

关于弹性力学边值问题的建立和某些问题的解法在大学本科弹性力学的课程中已有阐述,这方面内容请参考有关的经典教科书[34,40,183,241],或本书参考文献中所列的一些弹性力学教材.

附注　对于本书中将出现的各种函数,如无特别说明,我们始终假定它们有所需的各阶连续微商.

§2　Boussinesq-Galerkin 通解

由于具有体力 $\boldsymbol{f}$ 时,以位移表示的弹性力学方程(1.3)有 Kelvin 特解,因此通常不考虑体力,仅研究方程(1.3)无体力的齐

次形式，

$$\mathscr{L}\boldsymbol{u}=\boldsymbol{0}, \tag{2.1}$$

式中 $\mathscr{L}$ 是微分算子，其定义如下：

$$\mathscr{L}\boldsymbol{u}\equiv\nabla^2\boldsymbol{u}+\frac{1}{1-2\nu}\nabla(\nabla\cdot\boldsymbol{u}). \tag{2.2}$$

对于方程(2.1)，1885 年 Boussinesq[101]，1930 年 Галёкин[308] 都给出了如下形式的解：

$$\begin{cases}\boldsymbol{u}=\nabla^2\boldsymbol{G}-\dfrac{1}{2(1-\nu)}\nabla(\nabla\cdot\boldsymbol{G}),\\ \nabla^2\nabla^2\boldsymbol{G}=\boldsymbol{0},\end{cases} \tag{2.3}$$

这里 $\boldsymbol{G}$ 是矢量，如(2.3)式的第二式所示，它是双调和矢量.(2.3)式表示弹性力学位移场可通过双调和矢量场表出.解(2.3)称为 Boussinesq-Galerkin 解，或简称为 B-G 解.首先，我们来验证如下定理.

定理 2.1 (2.3)式是方程(2.1)的解.

证明 将(2.3)式的第一式代入(2.2)，可得

$$\mathscr{L}\boldsymbol{u}=\nabla^2\nabla^2\boldsymbol{G}-\frac{1}{2(1-\nu)}\nabla^2\nabla(\nabla\cdot\boldsymbol{G})+\frac{1}{1-2\nu}\nabla\left[\nabla\cdot\nabla^2\boldsymbol{G}-\frac{1}{2(1-\nu)}\nabla^2\nabla\cdot\boldsymbol{G}\right], \tag{2.4}$$

从上式得

$$\mathscr{L}\boldsymbol{u}=\nabla^2\nabla^2\boldsymbol{G}. \tag{2.5}$$

再由(2.3)式的第二式，可知(2.5)式右边为零，即(2.3)满足方程(2.1).证毕.

以下，我们来研究反问题：方程(2.1)的任意一个解能否都表成(2.3)的形式？即形式为(2.3)的解是否包括了(2.1)的全部解？这就是解的完备性问题，此问题十分重要，实际应用中，不完备的解是受限制的. 1936 年 Mindlin[194]利用矢量的 Helmholtz 分解，1962 年 Sternberg 和 Gurtin[251]利用 Kelvin 特解的存在分别证明了 B-G 解的完备性.

定理 2.2 (B-G 解的完备性)　对于方程(2.1)的任一解 $\boldsymbol{u}$,都存在一个双调和矢量 $\boldsymbol{G}$,使 $\boldsymbol{u}$ 可表成(2.3)的形式.

证明　事实上 $\boldsymbol{G}$ 可如下给出:

$$\boldsymbol{G} = \mathscr{F}(\boldsymbol{u}) + \frac{1}{1-2\nu}\nabla\{\nabla\cdot\mathscr{F}[\mathscr{F}(\boldsymbol{u})]\}, \tag{2.6}$$

其中

$$\mathscr{F}(\boldsymbol{u}) = -\frac{1}{4\pi}\iiint_{\Omega}\frac{\boldsymbol{u}(\xi,\eta,\zeta)}{\rho}\mathrm{d}\xi\mathrm{d}\eta\mathrm{d}\zeta, \tag{2.7}$$

$$\rho = \sqrt{(x-\xi)^2+(y-\eta)^2+(z-\zeta)^2}.$$

按照 Newton 位势,有

$$\nabla^2\mathscr{F}(\boldsymbol{u}) = \boldsymbol{u}. \tag{2.8}$$

我们来验证(2.6)式的 $\boldsymbol{G}$ 满足定理的要求. 对(2.6)式分别取 Laplace 算子和散度,得

$$\nabla^2\boldsymbol{G} = \boldsymbol{u} + \frac{1}{1-2\nu}\nabla[\nabla\cdot\mathscr{F}(\boldsymbol{u})], \tag{2.9}$$

$$\nabla\cdot\boldsymbol{G} = \frac{2(1-\nu)}{1-2\nu}\nabla\cdot\mathscr{F}(\boldsymbol{u}). \tag{2.10}$$

在(2.9)和(2.10)两式中消去 $\nabla\cdot\mathscr{F}(\boldsymbol{u})$, 即得 (2.3) 式的第一式. 将(2.9)式再取一次 Laplace 算子,得

$$\nabla^2\nabla^2\boldsymbol{G} = \nabla^2\boldsymbol{u} + \frac{1}{1-2\nu}\nabla(\nabla\cdot\boldsymbol{u}).$$

由于 $\boldsymbol{u}$ 满足方程(2.1),从上式即知 $\boldsymbol{G}$ 为双调和矢量. 证毕.

上述构造性证明见参考文献[57]. 完备的解常称为通解. 从定理 2.1 和定理 2.2,我们可以称由(2.3)式所给出的解为弹性力学问题的通解,即 B-G 通解.

附注　从定理 2.2 的证明,可以得到一个一般的矢量分解式.

引理 2.1　对 Ω 上的任意矢量场 $\boldsymbol{a}$,总有如下分解:

$$\boldsymbol{a} = \nabla^2\boldsymbol{\varphi} - \alpha\nabla(\nabla\cdot\boldsymbol{\varphi}),$$

其中常数 $\alpha\neq 1$,且

$$\boldsymbol{\varphi} = \mathscr{F}(\boldsymbol{a}) + \frac{\alpha}{1-\alpha}\nabla\{\nabla\cdot\mathscr{F}[\mathscr{F}(\boldsymbol{a})]\}.$$

§3 Papkovich-Neuber 通解

3.1 P-N 通解

对于无体力的以位移 $\boldsymbol{u}$ 表示的弹性力学方程(2.1),1932 年 Папкович[317],1934 年 Neuber[204] 都给出下述形式的解:

$$\begin{cases}\boldsymbol{u}=\boldsymbol{P}-\dfrac{1}{4(1-\nu)}\nabla(P_0+\boldsymbol{r}\cdot\boldsymbol{P}),\\ \nabla^2\boldsymbol{P}=\boldsymbol{0},\quad \nabla^2 P_0=0,\end{cases}\tag{3.1}$$

其中 $\boldsymbol{r}=\boldsymbol{i}x+\boldsymbol{j}y+\boldsymbol{k}z$,$\boldsymbol{P}$ 是矢量函数,P_0 是标量函数.(3.1)称为 Papkovich-Neuber 通解,或简称为 P-N 通解. P-N 解用调和函数,而不是用双调和函数表示位移场,这是与 B-G 通解不同之处. 由于调和函数比双调和函数相对简单些,因而 P-N 通解的应用比较广泛.

定理 3.1 (3.1)式满足方程(2.1).

证明 将(3.1)式第一式代入方程(2.1),得

$$\begin{aligned}\mathscr{L}\boldsymbol{u}=&\nabla^2\boldsymbol{P}-\frac{1}{4(1-\nu)}\nabla^2\nabla(P_0+\boldsymbol{r}\cdot\boldsymbol{P})\\&+\frac{1}{1-2\nu}\nabla\left[\nabla\cdot\boldsymbol{P}-\frac{1}{4(1-\nu)}\nabla^2(P_0+\boldsymbol{r}\cdot\boldsymbol{P})\right],\end{aligned}\tag{3.2}$$

再注意到恒等式

$$\nabla^2(\boldsymbol{r}\cdot\boldsymbol{P})=\boldsymbol{r}\cdot\nabla^2\boldsymbol{P}+2\nabla\cdot\boldsymbol{P},\tag{3.3}$$

由于(3.3)式,(3.2)成为

$$\mathscr{L}\boldsymbol{u}=\nabla^2\boldsymbol{P}-\frac{1}{2(1-2\nu)}\nabla(\nabla^2P_0+\boldsymbol{r}\cdot\nabla^2\boldsymbol{P}).\tag{3.4}$$

既然 $\boldsymbol{P}$ 和 P_0 是调和的,可知(3.4)式右边为零,即(3.1)是方程(2.1)的解. 证毕.

定理 3.2 (P-N 解的完备性) 对于方程(2.1)的任一解 $\boldsymbol{u}$,都存在调和矢量 $\boldsymbol{P}$ 和调和函数 P_0,使(3.1)式成立.

证明 事实上,$\boldsymbol{P}$ 和 P_0 可如下给定:

$$\boldsymbol{P}=\boldsymbol{u}+\frac{1}{1-2\nu}\nabla[\nabla\cdot\mathscr{F}(\boldsymbol{u})], \tag{3.5}$$

$$P_0=\frac{4(1-\nu)}{1-2\nu}\nabla\cdot\mathscr{F}(\boldsymbol{u})-\boldsymbol{r}\cdot\boldsymbol{P}. \tag{3.6}$$

将(3.6)式的 $\nabla\cdot\mathscr{F}(\boldsymbol{u})$ 代入(3.5)式, 再移项即得 (3.1) 的第一式. 为了证明 $\boldsymbol{P}$ 是调和矢量,对(3.5)式取 Laplace 算子,得

$$\nabla^2\boldsymbol{P}=\nabla^2\boldsymbol{u}+\frac{1}{1-2\nu}\nabla(\nabla\cdot\boldsymbol{u}),$$

由于 $\boldsymbol{u}$ 满足方程(2.1),上式给出 $\nabla^2\boldsymbol{P}=0$.

再证明 P_0 是调和函数. 对于(3.5)式取散度,对(3.6)式取 Laplace 算子,得

$$\nabla\cdot\boldsymbol{P}=\frac{2(1-\nu)}{1-2\nu}\nabla\cdot\boldsymbol{u}, \tag{3.7}$$

$$\nabla^2P_0=\frac{4(1-\nu)}{1-2\nu}\nabla\cdot\boldsymbol{u}-\boldsymbol{r}\cdot\nabla^2\boldsymbol{P}-2\nabla\cdot\boldsymbol{P}. \tag{3.8}$$

将(3.7)代入(3.8),考虑到 $\boldsymbol{P}$ 的调和性,即可得到 $\nabla^2P_0=0$. 证毕.

上述的构造性证明见参考文献[57]. P-N 解完备性的其他证明,见参考文献[322]和[49].

附注 从定理 3.2 的证明,可知矢量有另一种分解.

引理 3.1 对 Ω 上的任意矢量场 $\boldsymbol{a}$,总有如下分解:

$$\boldsymbol{a}=\boldsymbol{\varphi}-\alpha\nabla(\varphi_0+\boldsymbol{r}\cdot\boldsymbol{\varphi}),$$

这里 $\alpha\neq1/2$,且

$$\nabla^2\varphi_0=-\boldsymbol{r}\cdot\nabla^2\boldsymbol{\varphi},$$

其中

$$\boldsymbol{\varphi}=\boldsymbol{a}+\frac{2\alpha}{1-2\alpha}\nabla[\nabla\cdot\mathscr{F}(\boldsymbol{a})],$$

$$\varphi_0=\frac{2}{1-2\alpha}\nabla\cdot\mathscr{F}(\boldsymbol{a})-\boldsymbol{r}\cdot\boldsymbol{\varphi}.$$

3.2 Kelvin 特解

现在我们来求有体力的方程(1.3)的特解. 设此特解具有 P-N

形式,即

$$\boldsymbol{u}=\boldsymbol{\Psi}-\frac{1}{4(1-\nu)}\nabla(\psi_0+\boldsymbol{r}\cdot\boldsymbol{\Psi}),\tag{3.9}$$

但是 $\boldsymbol{\Psi}$ 和 ψ_0 并不调和,而分别是待定矢量和待定函数. 将(3.9)代入(1.3),重复(3.2)至(3.4)的计算过程,得

$$\nabla^2\boldsymbol{\Psi}-\frac{1}{2(1-2\nu)}\nabla(\nabla^2\psi_0+\boldsymbol{r}\cdot\nabla^2\boldsymbol{\Psi})=-\frac{1}{\mu}\boldsymbol{f}.\tag{3.10}$$

设 $\boldsymbol{\Psi}$ 和 ψ_0 分别满足下列方程,

$$\nabla^2\boldsymbol{\Psi}=-\frac{1}{\mu}\boldsymbol{f},\quad \nabla^2\psi_0=\frac{1}{\mu}\boldsymbol{r}\cdot\boldsymbol{f}.\tag{3.11}$$

显然,如果(3.11)成立,则(3.10)成立. (3.11)的一个解为

$$\begin{cases}\boldsymbol{\Psi}=\dfrac{1}{4\pi\mu}\displaystyle\iiint_{\Omega}\dfrac{\boldsymbol{f}(\xi,\eta,\zeta)}{\rho}\mathrm{d}\xi\mathrm{d}\eta\mathrm{d}\zeta,\\ \psi_0=-\dfrac{1}{4\pi\mu}\displaystyle\iiint_{\Omega}\dfrac{\boldsymbol{\xi}\cdot\boldsymbol{f}(\xi,\eta,\zeta)}{\rho}\mathrm{d}\xi\mathrm{d}\eta\mathrm{d}\zeta,\end{cases}\tag{3.12}$$

其中 $\rho=\sqrt{(x-\xi)^2+(y-\eta)^2+(z-\zeta)^2}$, $\boldsymbol{\xi}=\boldsymbol{i}\xi+\boldsymbol{j}\eta+\boldsymbol{k}\zeta$. 将(3.12)代入(3.9),得到方程(1.3)的一个解为,

$$\boldsymbol{u}=\frac{1}{16\pi\mu(1-\nu)}\left[(3-4\nu)\iiint\frac{\boldsymbol{f}}{\rho}\mathrm{d}\tau_\xi+\iiint\frac{\boldsymbol{\rho}\cdot\boldsymbol{f}}{\rho^3}\boldsymbol{\rho}\,\mathrm{d}\tau_\xi\right],\tag{3.13}$$

这里 $\boldsymbol{\rho}=\boldsymbol{r}-\boldsymbol{\xi}=\boldsymbol{i}(x-\xi)+\boldsymbol{j}(y-\eta)+\boldsymbol{k}(z-\zeta)$, $\mathrm{d}\tau_\xi=\mathrm{d}\xi\mathrm{d}\eta\mathrm{d}\zeta$. 解(3.13)称为具有体力时弹性力学问题的特解(Kelvin[163]).

如果体力 $\boldsymbol{f}$ 为集中力 $\boldsymbol{F}$,作用点在 $\boldsymbol{r}_0=(x_0,y_0,z_0)$,则(3.12)和(3.13)式分别为

$$\boldsymbol{\Psi}=\frac{1}{4\pi\mu}\frac{\boldsymbol{F}}{R},\quad \psi_0=-\frac{1}{4\pi\mu}\frac{\boldsymbol{r}_0\cdot\boldsymbol{F}}{R},\tag{3.14}$$

$$\boldsymbol{u}=\frac{1}{16\pi\mu(1-\nu)}\left[(3-4\nu)\frac{\boldsymbol{F}}{R}+\frac{\boldsymbol{R}\cdot\boldsymbol{F}}{R^3}\boldsymbol{R}\right],\tag{3.15}$$

式中 $\boldsymbol{R}=\boldsymbol{r}-\boldsymbol{r}_0=\boldsymbol{i}(x-x_0)+\boldsymbol{j}(y-y_0)+\boldsymbol{k}(z-z_0)$. 解(3.15)称为弹性力学问题的基本解. 关于从(3.13)至(3.15)的极限过程在第

六章§1中将有详细讨论.

3.3　B-G 解完备性的 Sternberg-Gurtin 证明

借助于 Kelvin 特解,Sternberg 和 Gurtin[251](1962)贡献了 B-G 解完备性一个简捷的证明.将 B-G 解(2.3)的第一式写成

$$\nabla^2 \boldsymbol{G} + \frac{1}{1-2\hat{\nu}} \nabla(\nabla \cdot \boldsymbol{G}) = \boldsymbol{u}, \tag{3.16}$$

这里

$$\hat{\nu} = \frac{3}{2} - \nu. \tag{3.17}$$

在形式上,(3.16)与(1.3)完全一致.按 Kelvin 特解,对给定的 $\boldsymbol{u}$,都存在 $\boldsymbol{G}$ 使(3.16)式成立.此外,若 $\boldsymbol{u}$ 满足方程(2.1),则不难证明,(3.16)式中的 $\boldsymbol{G}$ 为双调和矢量,因此 B-G 解完备,证毕.

§4　Тер Мкртичъян-Naghdi-Hsu 通解

Тер Мкртичъян[325],Naghdi 和 Hsu[203]对于齐次方程(2.1)都给出了如下形式的通解:

$$\begin{cases} \boldsymbol{u} = \boldsymbol{F} - \dfrac{1}{2(1-\nu)} \nabla[\mathscr{F}(\nabla \cdot \boldsymbol{F})], \\ \nabla^2 \boldsymbol{F} = \boldsymbol{0}. \end{cases} \tag{4.1}$$

其中 $\mathscr{F}$ 为(2.7)式所定义的 Newton 位势,(4.1)式称为 Тер Мкртичъян-Naghdi-Hsu 通解,或简称为 TNH 通解.P-N 通解以四个调和函数表示位移矢量,而 TNH 通解以三个调和函数表示.在证明(4.1)为通解以后,我们还将指出其中的调和矢量 $\boldsymbol{F}$ 由位移矢量 $\boldsymbol{u}$ 唯一确定.

定理 4.1　(4.1)是方程(2.1)的解.

证明　将(4.1)的第一式代入(2.2)式,得

$$\mathscr{L}\boldsymbol{u} = \nabla^2 \boldsymbol{F} - \frac{1}{2(1-\nu)} \nabla(\nabla \cdot \boldsymbol{F})$$

$$+\frac{1}{1-2\nu}\nabla\left[\nabla\cdot\boldsymbol{F}-\frac{1}{2(1-\nu)}\nabla\cdot\boldsymbol{F}\right].$$

上式右端等于$\nabla^2\boldsymbol{F}$,由(4.1)的第二式可知上式等于零. 证毕.

定理 4.2 (TNH 解的完备性) 对方程(2.1)的任一解 $\boldsymbol{u}$,总存在调和矢量 $\boldsymbol{F}$,使 $\boldsymbol{u}$ 表成(4.1)的形式.

证明 事实上,下述的 $\boldsymbol{F}$ 即合所求

$$\boldsymbol{F}=\boldsymbol{u}+\frac{1}{1-2\nu}\nabla[\mathscr{F}(\nabla\cdot\boldsymbol{u})], \tag{4.2}$$

为此,对(4.2)式取散度,得

$$\nabla\cdot\boldsymbol{F}=\frac{2(1-\nu)}{1-2\nu}\nabla\cdot\boldsymbol{u}. \tag{4.3}$$

将(4.3)式代入(4.2)式,移项即得(4.1)的第一式. 对(4.2)式取 Laplace 算子,得

$$\nabla^2\boldsymbol{F}=\nabla^2\boldsymbol{u}+\frac{1}{1-2\nu}\nabla(\nabla\cdot\boldsymbol{u}).$$

由于 $\boldsymbol{u}$ 是方程(2.1)的解,知 $\boldsymbol{F}$ 为调和矢量. 证毕.

定理 4.3 对给定的 $\boldsymbol{u}$,表达式(4.1)的第一式中的 $\boldsymbol{F}$ 是唯一确定的.

证明 设 $\boldsymbol{u}$ 给定,有两个 $\boldsymbol{F}_1$ 和 $\boldsymbol{F}_2$,都可以使 $\boldsymbol{u}$ 表成(4.1)的第一式的形式,即有

$$\boldsymbol{u}=\boldsymbol{F}_i-\frac{1}{2(1-\nu)}\nabla[\mathscr{F}(\nabla\cdot\boldsymbol{F}_i)]\quad(i=1,2).$$

将上述两式相减,得

$$\boldsymbol{0}=\widetilde{\boldsymbol{F}}-\frac{1}{2(1-\nu)}\nabla[\mathscr{F}(\nabla\cdot\widetilde{\boldsymbol{F}})], \tag{4.4}$$

其中 $\widetilde{\boldsymbol{F}}=\boldsymbol{F}_1-\boldsymbol{F}_2$. 对(4.4)式取散度,得

$$0=\frac{1-2\nu}{2(1-\nu)}\nabla\cdot\widetilde{\boldsymbol{F}}.$$

由于 $\nu\neq1/2$, 上式给出 $\nabla\cdot\widetilde{\boldsymbol{F}}=\boldsymbol{0}$, 这样从(4.4)式得 $\widetilde{\boldsymbol{F}}=\boldsymbol{0}$, 即 $\boldsymbol{F}_1=\boldsymbol{F}_2$. 证毕.

1961 年 Naghdi 和 Hsu[203]利用矢量的 Helmholtz 分解证明

了 TNH 解的完备性. 定理 4.2 的构造性证明见参考文献[279].

附注　从定理 4.1 和 4.2,可以引出如下三个引理.

引理 4.1　设 $\boldsymbol{N}$ 为 Ω 上的矢量场,则 $\boldsymbol{N}$ 可唯一地表成

$$\boldsymbol{N} = \boldsymbol{H} - \frac{1}{2(1-\nu)} \nabla[\mathscr{F}(\nabla \cdot \boldsymbol{H})], \tag{4.5}$$

其中

$$\boldsymbol{H} = \boldsymbol{N} + \frac{1}{1-2\nu} \nabla[\mathscr{F}(\nabla \cdot \boldsymbol{N})]. \tag{4.6}$$

反之亦然.

定义 4.1　(4.5)和(4.6)式定义了矢量场 $\boldsymbol{N}$ 和 $\boldsymbol{H}$ 之间的一个变换,称为 N-H 变换.

引理 4.2　对引理 4.1 中的 $\boldsymbol{N}$ 和 $\boldsymbol{H}$,若

$$\mathscr{L}\boldsymbol{N} \equiv \nabla^2 \boldsymbol{N} + \frac{1}{1-2\nu} \nabla(\nabla \cdot \boldsymbol{N}) = \boldsymbol{0},$$

则

$$\nabla^2 \boldsymbol{H} \equiv \boldsymbol{0}.$$

反之亦然.

引理 4.3　设

$$\mathscr{N} = \{\boldsymbol{N} \mid \mathscr{L}\boldsymbol{N} = \boldsymbol{0}\}, \quad \mathscr{H} = \{\boldsymbol{H} \mid \nabla^2 \boldsymbol{H} = \boldsymbol{0}\},$$

则 N-H 变换是弹性位移矢量空间 $\mathscr{N}$ 和调和矢量空间 $\mathscr{H}$ 中的一一变换.

§5　B-G 解,P-N 解和 TNH 解之间的关系

本节将指出,如果 B-G 解,P-N 解和 TNH 解中某个解的完备性已被证明,则另外两个解的完备性可随之导出. 这里共有 6 个定理,以下的证明全都是构造性的.

定理 5.1　若 B-G 解(2.3)完备,则 P-N 解(3.1)完备.

证明　设 B-G 解完备,那么(2.3)中的 $\boldsymbol{G}$ 已知,令

$$\begin{cases} \boldsymbol{P} = \nabla^2 \boldsymbol{G}, \\ P_0 = 2\nabla \cdot \boldsymbol{G} - \boldsymbol{r} \cdot \boldsymbol{P}, \end{cases} \tag{5.1}$$

从 $\boldsymbol{G}$ 为双调和函数,不难验证 $\boldsymbol{P}$ 和 P_0 都是调和的. 再将(5.1)式

代入(2.3)的第一个式子.既然对方程(2.1)的任一解 $\boldsymbol{u}$,都存在 $\boldsymbol{G}$ 可表成(2.3)的形式,那么从(5.1)可知,存在 $\boldsymbol{P}$ 和 P_0,使 $\boldsymbol{u}$ 表成(3.1)的形式,即 P-N 解(3.1)完备.证毕.

定理 5.2 若 P-N 解(3.1)完备,则 TNH 解(4.1)完备.

证明 既然解(3.1)中的 $\boldsymbol{P}$ 和 P_0 已知,可令

$$\boldsymbol{F} = \boldsymbol{P} - \frac{1}{4(1-\nu)}\nabla[P_0 + \boldsymbol{r}\cdot\boldsymbol{P} - 2\mathscr{F}(\nabla\cdot\boldsymbol{P})]. \quad (5.2)$$

对(5.2)取散度,利用(3.1)的后两式,即利用 $\boldsymbol{P}$ 和 P_0 是调和的,可得

$$\nabla\cdot\boldsymbol{F} = \nabla\cdot\boldsymbol{P}. \quad (5.3)$$

将(5.3)代入(5.2)式的右边 Newton 位势中,移项即得

$$\boldsymbol{F} - \frac{1}{2(1-\nu)}\nabla[\mathscr{F}(\nabla\cdot\boldsymbol{F})] = \boldsymbol{P} - \frac{1}{4(1-\nu)}\nabla(P_0 + \boldsymbol{r}\cdot\boldsymbol{P}). \quad (5.4)$$

从(5.4)和(3.1)的第一式可知解(4.1)的第一式成立.另外,对(5.2)取 Laplace 算子,从 $\boldsymbol{P}$ 和 P_0 的调和性,可知 $\boldsymbol{F}$ 也是调和的.证毕.

定理 5.3 若 TNH 解(4.1)是完备的,则 B-G 解(2.3)也是完备的.

证明 按假定解(4.1)中的 $\boldsymbol{F}$ 是已知的,令

$$\boldsymbol{G} = \mathscr{F}(\boldsymbol{F}) - \frac{1}{1-2\nu}\nabla\{\mathscr{F}[\mathscr{F}(\nabla\cdot\boldsymbol{F}) - \nabla\cdot\mathscr{F}(\boldsymbol{F})]\}. \quad (5.5)$$

由于 $\boldsymbol{F}$ 是调和的,从(5.5)可知 $\boldsymbol{G}$ 是双调和的.对(5.5)取 Laplace 算子和散度,有

$$\nabla^2\boldsymbol{G} = \boldsymbol{F} - \frac{1}{1-2\nu}\nabla[\mathscr{F}(\nabla\cdot\boldsymbol{F}) - \nabla\cdot\mathscr{F}(\boldsymbol{F})],$$

$$\nabla\cdot\boldsymbol{G} = \frac{2(1-\nu)}{1-2\nu}\nabla\cdot\mathscr{F}(\boldsymbol{F}) - \frac{1}{1-2\nu}\mathscr{F}(\nabla\cdot\boldsymbol{F}).$$

从上述两式中消去 $\nabla\cdot\mathscr{F}(\boldsymbol{F})$,可得

$$\nabla^2 \boldsymbol{G} - \frac{1}{2(1-\nu)} \nabla(\nabla \cdot \boldsymbol{G}) = \boldsymbol{F} - \frac{1}{2(1-\nu)} \nabla[\mathscr{F}(\nabla \cdot \boldsymbol{F})], \tag{5.6}$$

从(4.1)和(5.6)式可知解(2.3)的第一式成立. 证毕.

定理 5.4 若 B-G 解(2.3)是完备的,则 TNH 解(4.1)是完备的.

证明 由于解(2.3)中的 $\boldsymbol{G}$ 是已知的,令

$$\boldsymbol{F} = \nabla^2 \boldsymbol{G} - \frac{1}{2(1-\nu)} \nabla[\nabla \cdot \boldsymbol{G} - \mathscr{F}(\nabla \cdot \nabla^2 \boldsymbol{G})]. \tag{5.7}$$

对(5.7)式取散度,可得

$$\nabla \cdot \boldsymbol{F} = \nabla \cdot \nabla^2 \boldsymbol{G}. \tag{5.8}$$

将(5.8)代入(5.7)式,得到(5.6)式. 从(5.6)式,由(2.3)的第一式,可得解(4.1)的第一式. 由于 $\boldsymbol{G}$ 是双调和矢量,从(5.7)式可知 $\boldsymbol{F}$ 为调和矢量. 证毕.

定理 5.5 若 TNH 解(4.1)完备,则 P-N 解(3.1)也完备.

证明 设解(4.1)中的 $\boldsymbol{F}$ 是已知的,令

$$\begin{cases} \boldsymbol{P} = \boldsymbol{F}, \\ P_0 = 2\mathscr{F}(\nabla \cdot \boldsymbol{F}) - \boldsymbol{r} \cdot \boldsymbol{P}. \end{cases} \tag{5.9}$$

从(5.9)易得 $\boldsymbol{P}$ 和 P_0 是调和的,此外,从(5.9)和(4.1)可得(3.1)成立. 证毕.

定理 5.6 若 P-N 解(3.1)完备,则 B-G 解(2.3)也完备.

证明 如果解(3.1)中的 $\boldsymbol{P}$ 和 P_0 是已知的,令

$$\boldsymbol{G} = \mathscr{F}(\boldsymbol{P}) - \frac{1}{1-2\nu} \nabla\left\{\mathscr{F}\left[\frac{1}{2}(P_0 + \boldsymbol{r} \cdot \boldsymbol{P}) - \nabla \cdot \mathscr{F}(\boldsymbol{P})\right]\right\}. \tag{5.10}$$

对(5.10)式取 Laplace 算子和散度,有

$$\nabla^2 \boldsymbol{G} = \boldsymbol{P} - \frac{1}{1-2\nu} \nabla\left[\frac{1}{2}(P_0 + \boldsymbol{r} \cdot \boldsymbol{P}) - \nabla \cdot \mathscr{F}(\boldsymbol{P})\right],$$

$$\nabla \cdot \boldsymbol{G} = \nabla \cdot \mathscr{F}(\boldsymbol{P}) - \frac{1}{1-2\nu}\left[\frac{1}{2}(P_0 + \boldsymbol{r} \cdot \boldsymbol{P}) - \nabla \cdot \mathscr{F}(\boldsymbol{P})\right].$$

从上述二式中消去 $\nabla\cdot\mathscr{F}(\boldsymbol{P})$,可得

$$\nabla^2\boldsymbol{G}-\frac{1}{2(1-\nu)}\nabla(\nabla\cdot\boldsymbol{G})=\boldsymbol{P}-\frac{1}{4(1-\nu)}\nabla(P_0+\boldsymbol{r}\cdot\boldsymbol{P}). \tag{5.11}$$

从(5.11)和(3.1)式的第一式,可知(2.3)式的第一式成立.另外,从(5.10)和 $\boldsymbol{P}$、P_0 的调和性,可知 $\boldsymbol{G}$ 为双调和矢量.证毕.

§6 P-N 通解的不唯一性

6.1 P-N 通解的不确定程度

从 P-N 解的完备性可知,对给定的弹性力学位移场 $\boldsymbol{u}$,一定存在调和矢量场 $\boldsymbol{P}$ 和调和标量场 P_0,使(3.1)成立,但这样的 $\boldsymbol{P}$ 和 P_0 却不唯一.

定理 6.1 如果在(3.1)中,将 $\boldsymbol{P}$ 和 P_0 分别换为

$$\begin{cases}\widetilde{\boldsymbol{P}}=\boldsymbol{P}+\nabla A,\\ \widetilde{P}_0=P_0+4(1-\nu)A-\boldsymbol{r}\cdot\nabla A,\end{cases} \tag{6.1}$$

其中 A 为任意调和函数,则(3.1)依然成立.

定理 6.1 是显然的.现在我们指出,P-N 通解恰恰也只精确到(6.1)式的程度,即有

定理 6.2 设给定的弹性力学位移场 $\boldsymbol{u}$ 有两种 P-N 表示

$$\begin{cases}\boldsymbol{u}=\boldsymbol{P}^{(i)}-\dfrac{1}{4(1-\nu)}\nabla\left[P_0^{(i)}+\boldsymbol{r}\cdot\boldsymbol{P}^{(i)}\right],\\ \nabla^2P_0^{(i)}=0,\ \nabla^2\boldsymbol{P}^{(i)}=\boldsymbol{0}\end{cases}\quad(i=1,2), \tag{6.2}$$

则存在某个调和函数 A,使

$$\begin{cases}\boldsymbol{P}^{(1)}-\boldsymbol{P}^{(2)}=\nabla A,\\ P_0^{(1)}-P_0^{(2)}=4(1-\nu)A-\boldsymbol{r}\cdot\nabla A.\end{cases} \tag{6.3}$$

证明 将(6.2)的两个式子相减得,

$$\mathbf{0}=\boldsymbol{P}^{(1)}-\boldsymbol{P}^{(2)}-\frac{1}{4(1-\nu)}\nabla\left[P_0^{(1)}-P_0^{(2)}+\boldsymbol{r}\cdot(\boldsymbol{P}^{(1)}-\boldsymbol{P}^{(2)})\right]. \tag{6.4}$$

令

$$A=\frac{1}{4(1-\nu)}\left[P_0^{(1)}-P_0^{(2)}+\boldsymbol{r}\cdot(\boldsymbol{P}^{(1)}-\boldsymbol{P}^{(2)})\right]. \tag{6.5}$$

将(6.5)代入(6.4)式,得(6.3)式的第一式;将(6.3)式的第一式代入(6.5),即得(6.3)的第二式.

由于 $\boldsymbol{P}^{(i)}$ 和 $P_0^{(i)}(i=1,2)$ 都是调和的,对(6.3)式取 Laplace 算子,可得

$$\begin{cases}\nabla\nabla^2 A=0,\\ 4(1-\nu)\nabla^2 A-2\nabla^2 A-\boldsymbol{r}\cdot\nabla\nabla^2 A=0.\end{cases} \tag{6.6}$$

从上面两式得到

$$(1-2\nu)\nabla^2 A=0.$$

由于 $\nu\neq 1/2$,故 A 为调和函数.证毕.

6.2 P_0 可省略的条件

在 P-N 通解(3.1)式中,位移场有三个分量.而矢量 $\boldsymbol{P}$ 有三个分量,再加上 P_0 共有四个标量函数.人们不禁要问:这四个函数是否可以省略其中某一个,而不失一般性呢?

Папкович[317] 和诺埃伯[32,第25页] 都曾认为上述问题的答案是肯定的,即他们自己的解(3.1)中的四个标量函数,可以去掉其中任意一个,而不失一般性.参考文献[322]还对上述断言给过"证明". Sokolnikoff[241,第331页] 首先怀疑过上述断言,并且指出可省略一个标量函数的问题,依赖于一个偏微分方程是否有解. Eubanks 和 Sternberg[125]对此进行了仔细的研究,以下介绍他们的结果.首先引入一个定义

定义 6.1 区域 Ω 称为关于域内某个定点是星形的,如果一个线段有一个端点为该定点,另一个端点在 Ω 内,则此线段全在

Ω 内.

定理 6.3 设区域 Ω 关于其内的原点是星形的，且 4ν 不是整数，则(3.1)式中的 P_0 可省略，而不失一般性. 即对满足方程(2.1)的任意位移场 $\boldsymbol{u}$，都存在调和矢量场 $\widetilde{\boldsymbol{P}}$，使得

$$\boldsymbol{u} = \widetilde{\boldsymbol{P}} - \frac{1}{4(1-\nu)}\nabla(\boldsymbol{r}\cdot\widetilde{\boldsymbol{P}}). \tag{6.7}$$

证明 从 P-N 解的完备性可知，对给定的位移场 $\boldsymbol{u}$ 存在调和场 $\boldsymbol{P}$ 和 P_0，使得(3.1)式成立. 由 P-N 解的不唯一性，即(6.1)式，我们只需指出，存在调和函数 A，使下式成立

$$\boldsymbol{r}\cdot\nabla A - \beta A = P_0, \tag{6.8}$$

其中 $\beta=4(1-\nu)$. 如果 $-1<\nu<1/2$，就有

$$2<\beta<8. \tag{6.9}$$

设 (r,θ,φ) 为球坐标，它与直角坐标的关系为

$$\begin{cases} x = r\sin\theta\cos\varphi, \quad y = r\sin\theta\sin\varphi, \quad z = r\cos\theta, \\ 0\leqslant r<+\infty, \quad 0\leqslant\theta<\pi, \quad 0\leqslant\varphi<2\pi. \end{cases} \tag{6.10}$$

既然函数 P_0 是调和的，它就可以展开成球体调和函数(见参考文献[69]中第五章)，

$$P_0 = \sum_{n=0}^{\infty} a_n S_n(\theta,\varphi) r^n, \tag{6.11}$$

这里 $S_n(\theta,\varphi)$ 为 n 阶球面调和函数，a_n 为常数. 此级数在任意一个以原点为心且全在 Ω 内的球中一致收敛. 下面定义一个函数

$$f(r,\theta,\varphi) = P_0(r,\theta,\varphi) - \sum_{n=0}^{[\beta+1]} a_n S_n(\theta,\varphi) r^n, \tag{6.12}$$

式中 $[\beta+1]$ 表示 $\beta+1$ 的整数部分. 我们看出，f 定义在 Ω 内，且调和. 从(6.11)和(6.12)式可知

$$r^{-\beta-1} f(r,\theta,\varphi) \to 0 \quad (\text{当 } r\to 0). \tag{6.13}$$

在球坐标中，(6.8)式可表为

$$r\frac{\partial A}{\partial r} - \beta A = P_0, \tag{6.14}$$

利用(6.12)，将(6.14)式写成

$$r^{\beta+1}\frac{\partial}{\partial r}(r^{-\beta}A)=f+\sum_{n=0}^{[\beta+1]}a_nS_n(\theta,\varphi)r^n. \tag{6.15}$$

现在,函数 A 可定义为

$$\begin{cases}A(r,\theta,\varphi)=B(r,\theta,\varphi)+\displaystyle\sum_{n=0}^{[\beta+1]}a_n\frac{r^n}{n-\beta}S_n(\theta,\varphi),\\ B(r,\theta,\varphi)=r^{\beta}\displaystyle\int_0^r f(t,\theta,\varphi)t^{-\beta-1}\mathrm{d}t.\end{cases} \tag{6.16}$$

既然,区域 Ω 关于原点是星形的,且按(6.9)式 β 为有限数,以及(6.13)式,那么(6.16)式的第二式所定义的函数 B 在整个区域 Ω 中是有意义的,于是(6.16)式的第一式所定义的函数 A 也在整个 Ω 中有意义. 显然(6.16)式所定义的 A 满足(6.15)式,也就是满足(6.8)式.

现在来证明,由(6.16)式所定义的函数 A 在 Ω 中调和,为此只需证明函数 B 在 Ω 中调和. 在球坐标中,Laplace 算子为

$$\begin{cases}\nabla^2=\dfrac{1}{r^2}\left[\dfrac{\partial}{\partial r}\left(r^2\dfrac{\partial}{\partial r}\right)+\tilde{\nabla}^2\right],\\ \tilde{\nabla}^2=\csc\theta\dfrac{\partial}{\partial\theta}\left(\sin\theta\dfrac{\partial}{\partial\theta}\right)+\csc^2\theta\dfrac{\partial^2}{\partial\varphi^2}.\end{cases} \tag{6.17}$$

从(6.16)式的第二式,可得

$$\begin{cases}\dfrac{\partial}{\partial r}\left(r^2\dfrac{\partial B}{\partial r}\right)=r\dfrac{\partial f}{\partial r}+(\beta+1)f+\beta(\beta+1)B,\\ \tilde{\nabla}^2B=r^{\beta}\displaystyle\int_0^r\tilde{\nabla}^2f(t,\theta,\varphi)t^{-\beta-1}\mathrm{d}t.\end{cases} \tag{6.18}$$

对(6.16)式的第二式,进行两次分部积分,得

$$\beta(\beta+1)B=-(\beta+1)f-r\frac{\partial f}{\partial r}+r^{\beta}\int_0^r\frac{\partial}{\partial t}\left(t^2\frac{\partial f}{\partial t}\right)t^{-\beta-1}\mathrm{d}t. \tag{6.19}$$

将上式代入(6.18)式,利用(6.17)式得到

$$r^2\,\nabla^2B=r^{\beta}\int_0^r[\nabla^2f(t,\theta,\varphi)]t^{-\beta+1}\mathrm{d}t. \tag{6.20}$$

由于 f 在 Ω 内调和,因此 B 也在 Ω 内调和,于是 A 在 Ω 内也调

和. 证毕.

显然,定理 6.3 还可以写成比较一般的形式.

定理 6.4 在定理 6.3 的条件下,如果 P_0 为任意预先给定的调和函数,则 P-N 通解(3.1)不失一般性.

下面的结果,指出定理 6.3 中的条件"4ν 不为整数"是不可少的.

定理 6.5 如果 4ν 为整数,则定理 6.3 一般不成立.

证明 若 4ν 为整数,即

$$\nu=-\frac{3}{4},\quad -\frac{2}{4},\quad -\frac{1}{4},\quad 0,\quad \frac{1}{4},$$

那么 $\beta=4(1-\nu)$ 也为整数,且 $2<\beta<8$,即 $\beta=3,4,5,6,7$. 设有位移场

$$\boldsymbol{u}=-\frac{1}{\beta}\nabla P_0, \tag{6.21}$$

其中 P_0 为如下的球体调和函数

$$P_0=r^\beta S_\beta(\theta,\varphi). \tag{6.22}$$

如果(6.21)可表成(6.7)式的形式,则按定理 6.1,存在调和函数 A,使下式成立

$$r\frac{\partial A}{\partial r}-\beta A=r^\beta S_\beta(\theta,\varphi). \tag{6.23}$$

今取一个中心在原点,且全在区域 Ω 内的球,在此球内将 A 展开为

$$A=\sum_{n=0}^{\infty}a_n r^n S_n(\theta,\varphi), \tag{6.24}$$

(6.23)式在上述球内亦成立,将(6.24)代入(6.23)式得

$$\sum_{n=0}^{\infty}(n-\beta)a_n r^n S_n(\theta,\varphi)=r^\beta S_\beta(\theta,\varphi). \tag{6.25}$$

比较(6.25)式 r^n 的系数,可得

$$\begin{cases}(n-\beta)a_n=0, & n=0,1,2,\cdots,\text{且 } n\neq\beta,\\ (n-\beta)a_n=1, & n=\beta.\end{cases} \tag{6.26}$$

不难看出(6.26)式的第二式为

$$0 \cdot a_\beta = 1,$$

此式不可能成立. 因此(6.21)的位移场不能表成(6.7)式的形式. 证毕.

有如下一个推论(杨健,1996).

推论 6.1　设原点 O 在区域 Ω 内,β 不为整数,若调和函数 A 满足方程

$$r\frac{\partial A}{\partial r} - \beta A = 0, \tag{6.27}$$

则 $A=0$.

证明　从定理 6.5 的证明过程,不难得到 A 在以原点为心的某个小球内恒为零. 而调和函数在某个小区域内为零,则在整个区域内为零. 证毕.

1959 年 Slobodyansky[240,323] 指出定理 6.3 中的星形条件是重要的,不可缺少的.

定理 6.6　设原点 O 在区域 Ω 内,如果 Ω 关于原点不是星形的,则定理 6.3 一般不成立.

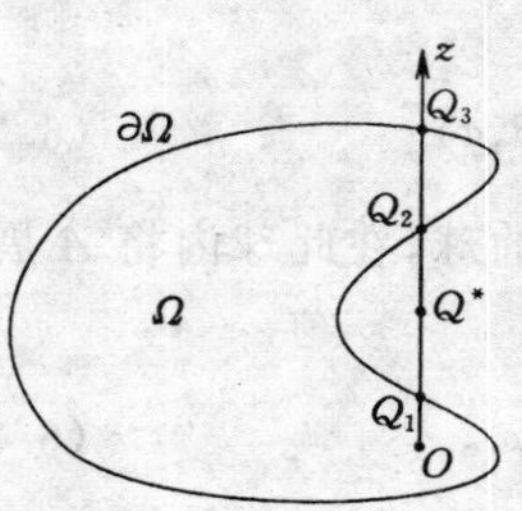

图　1.1

证明　设从坐标原点 O 出发的某射线交边界 $\partial\Omega$ 多于两点,例如图 1.1 的 Q_1,Q_2,Q_3 诸点. 如图示,线段 Q_1Q_2 将不属于区域 Ω,而 OQ_1 和 Q_2Q_3 属于区域 Ω. 设 Q^* 为线段 Q_1Q_2 上的某个点,不妨设 OQ^* 为 z 向,区域 Ω 内有调和函数为

$$1/\rho^*, \tag{6.28}$$

其中 $\rho^*=\sqrt{x^2+y^2+(z-r^*)^2}$,$(0,0,r^*)$为 Q^* 点的坐标. 将 ρ^* 换成球坐标,

$$\begin{aligned}\rho^* &= \sqrt{r^2 - 2rr^*\cos\theta + (r^*)^2}\\ &= \sqrt{(r - r^*\cos\theta)^2 + (r^*\sin\theta)^2}.\end{aligned}$$

为说明定理 6.3 此时不成立，仅需指出对某个调和函数 P_0，方程(6.8)不存在调和函数的解答. 有反例如下，方程

$$r\frac{\partial A}{\partial r}-\beta A=\frac{1}{\rho^*}\quad(\Omega)\tag{6.29}$$

在区域 Ω 内就不存在调和函数的解.

为此，用反证法，若有调和函数 A 满足(6.29). 记三维欧氏空间为 E^3，由 Q^* 出发沿 Q_2 和 Q_3 至无限远的射线为 L，E^3 中不含 L 的空间为记 E^*，Ω 与 E^* 的交集记为 Ω^*. 在 E^* 中，方程

$$r\frac{\partial A^*}{\partial r}-\beta A^*=\frac{1}{\rho^*}\quad(E^*)\tag{6.30}$$

的解为

$$A^*=A_1+A_2+A_3,\tag{6.31}$$

其中

$$A_1=r^\beta\int_0^a t^{-\beta-1}f^*(t,\theta,\varphi)\mathrm{d}t,\quad A_2=\sum_{n=0}^{[\beta+1]}\frac{a_n^*}{n-\beta}a^{n-\beta}r^\beta S_n(\theta,\varphi),$$

$$A_3=r^\beta\int_a^r t^{-\beta-1}\frac{\mathrm{d}t}{\rho^*},\quad f^*=\frac{1}{\rho^*}-\sum_{n=0}^{[\beta+1]}a_n^*r^nS_n(\theta,\varphi),$$

$$\frac{1}{\rho^*}=\sum_{n=0}^{\infty}a_n^*r^nS_n(\theta,\varphi).$$

最后一个展开式在以原点 O 为心，a 为半径的球 Σ 中成立，设 Σ 全在 Ω 内，有 $a<r^*$.

从定理 6.3 的证明过程中，可知(6.31)式的 A^* 为调和函数. 现在我们指出，当 $r>r^*$，$\theta\to0$ 时，即当点(x,y,z)趋于射线 L 时，$A^*(r,\theta,\varphi)\to\infty$. 为此考察 A_3，

$$\begin{aligned}A_3(r,\theta,\varphi)&>r^\beta\int_{r^*}^r\frac{t^{-\beta-1}}{\sqrt{(t-r^*\cos\theta)^2+(r^*\sin\theta)^2}}\mathrm{d}t\\&>\frac{1}{r}\int_{r^*}^r\frac{1}{\sqrt{(t-r^*\cos\theta)^2+(r^*\sin\theta)^2}}\mathrm{d}t\\&=\frac{1}{r}[\ln(t-r^*\cos\theta\end{aligned}$$

$$+\sqrt{(t-r^*\cos\theta)^2+(r^*\sin\theta)^2})\Big]_{r^*}^{r}$$

$$=\frac{1}{r}\{\ln[r-r^*\cos\theta$$

$$+\sqrt{(r-r^*\cos\theta)^2+(r^*\sin\theta)^2}]$$

$$-\ln r^*-\ln[1-\cos\theta+\sqrt{2(1-\cos\theta)}]\}. \tag{6.32}$$

从(6.32)式可知，当 $r>r^*$，$\theta\to 0$ 时，也就是当点趋于线段 Q_2Q_3 时，$A_3(r,\theta,\varphi)\to+\infty$，而 A_1 和 A_2 总有界，因此 $A^*(r,\theta,\varphi)$ 也趋于无穷.

若(6.29)有解，将方程(6.29)和(6.30)相减，得

$$r\frac{\partial}{\partial r}(A-A^*)-\beta(A-A^*)=0\quad(\Omega^*). \tag{6.33}$$

上式在 Ω^* 内成立，按推论 6.1，有

$$A=A^*\quad(\Omega^*). \tag{6.34}$$

当 (x,y,z) 趋于射线 L 的线段 Q_2Q_3 时，由于 $A^*\to\infty$，而按(6.34)式，A 也应趋于无穷，但若 A 在 Ω 内为调和函数，它就应在 Ω 内有界，矛盾，即证.

6.3 P 的一个分量可省略的条件

本段研究 P-N 解中调和矢量 $\boldsymbol{P}$ 的某个分量，例如 P_3，可省略的问题，首先引入一个定义和一个引理.

定义 6.2 区域 Ω 称为 z 向凸的，如果平行于 z 轴的任意线段，只要它的两个端点在 Ω 中，则此线段全在 Ω 中.

引理 6.1 若区域 Ω 是 z 向凸的，则对任意调和函数 f，总存在调和函数 H 满足方程

$$\frac{\partial H}{\partial z}=f\quad(\Omega). \tag{6.35}$$

证明 令

$$H_1(x,y,z) = \int_{z_0(x,y)}^{z} f(x,y,\zeta)\mathrm{d}\zeta, \tag{6.36}$$

其中$(x,y,z_0(x,y))$是相应的平行于 z 轴的直线与边界 $\partial\Omega$ 的交点，且 z 坐标为较小的那一点. 从(6.36)式推出

$$\frac{\partial H_1}{\partial z} = f. \tag{6.37}$$

由(6.37)式和 f 为调和函数，得

$$\begin{aligned}\nabla^2 H_1 &= \int_{z_0(x,y)}^{z}\left(\frac{\partial^2}{\partial x^2}+\frac{\partial^2}{\partial y^2}\right)f(x,y,\zeta)\mathrm{d}\zeta + \frac{\partial f}{\partial z} + A_1(x,y)\\ &= -\int_{z_0(x,y)}^{z}\frac{\partial^2 f}{\partial \zeta^2}\mathrm{d}\zeta + \frac{\partial f}{\partial z} + A_1(x,y)\\ &= \left.\frac{\partial f}{\partial z}\right|_{z=z_0(x,y)} + A_1(x,y) = A_2(x,y),\end{aligned} \tag{6.38}$$

其中 $A_1(x,y)$为由 $z_0(x,y)$和 $f(x,y,z_0(x,y))$所决定的函数. 今通过对数位势定义

$$H_2(x,y) = \frac{1}{2\pi}\iint_{\Omega_{12}} A_2(\xi,\eta)\ln R\mathrm{d}\xi\mathrm{d}\eta, \tag{6.39}$$

其中 $R=\sqrt{(x-\xi)^2+(y-\eta)^2}$, Ω_{12} 是区域 Ω 在 $z=0$ 平面上的垂直投影. 按对数位势，有

$$\nabla^2 H_2 = A_2. \tag{6.40}$$

令

$$H(x,y,z) = H_1(x,y,z) - H_2(x,y). \tag{6.41}$$

从(6.37)式和 H_2 与 z 无关，可得(6.35)式. 将(6.38)(6.40)两式相减，可知(6.41)式的 H 是调和的. 证毕.

附注 引理 6.1 的证明隐含着一个假定，函数 $z_0(x,y)$应是连续可微的.

定理 6.7 如果区域 Ω 是 z 向凸的，那么相应于无体力的位移场 $\boldsymbol{u}$ 总可以写成

$$\begin{cases} \boldsymbol{u} = \widetilde{\boldsymbol{P}} - \dfrac{1}{4(1-\nu)} \nabla(\widetilde{P}_0 + \boldsymbol{r} \cdot \widetilde{\boldsymbol{P}}), \\ \nabla^2 \widetilde{\boldsymbol{P}} = 0, \quad \nabla^2 \widetilde{P}_0 = 0, \end{cases} \tag{6.42}$$

其中 $\widetilde{\boldsymbol{P}}$ 的第三个分量为零,即

$$\widetilde{\boldsymbol{P}} = (\widetilde{P}_1, \widetilde{P}_2, 0). \tag{6.43}$$

证明 从 P-N 解的完备性可知,对 $\boldsymbol{u}$ 存在调和场 $\boldsymbol{P}$ 和 P_0,使得(3.1)式成立. 按照 P-N 解不唯一性的定理 6.1,我们只需证明存在调和函数 A,使下式成立

$$\frac{\partial A}{\partial z} = - P_3. \tag{6.44}$$

按引理 6.1,满足(6.44)式的调和函数是存在的. 证毕.

定理 6.7 也属于 Eubanks 和 Sternberg[125]. 关于在其他区域中势函数的省略问题,请见参考文献[193,254,267].

§7 B-G 解的不唯一性

B-G 解(2.3)中的双调和矢量 $\boldsymbol{G}$ 也是不唯一的. 我们有如下两个定理.

定理 7.1 如果将 B-G 解(2.3)中的 $\boldsymbol{G}$ 换为下述的 $\widetilde{\boldsymbol{G}}$,

$$\widetilde{\boldsymbol{G}} = \boldsymbol{G} + \nabla^2 \boldsymbol{B} + \frac{1}{1-2\nu} \nabla(\nabla \cdot \boldsymbol{B}), \tag{7.1}$$

其中 $\boldsymbol{B}$ 为任意的双调和矢量. 则(2.3)式依然成立.

证明 我们有

$$\begin{aligned} \nabla^2 \widetilde{\boldsymbol{G}} - \frac{1}{2(1-\nu)} \nabla(\nabla \cdot \widetilde{\boldsymbol{G}}) &= \nabla^2 \boldsymbol{G} + \nabla^2 \nabla^2 \boldsymbol{B} + \frac{1}{1-2\nu} \nabla(\nabla \cdot \nabla^2 \boldsymbol{B}) \\ &\quad - \frac{1}{2(1-\nu)} \nabla\left(\nabla \cdot \boldsymbol{G} + \nabla \cdot \nabla^2 \boldsymbol{B} + \frac{1}{1-2\nu} \nabla^2 \nabla \cdot \boldsymbol{B} \right) \\ &= \nabla^2 \boldsymbol{G} - \frac{1}{2(1-\nu)} \nabla(\nabla \cdot \boldsymbol{G}) + \nabla^2 \nabla^2 \boldsymbol{B}. \end{aligned}$$

由于 $\boldsymbol{B}$ 为双调和矢量,因此上式等于 $\boldsymbol{u}$,即(7.1)式的代换不影响(2.3)式. 证毕.

定理 7.2 设给定的无体力的弹性力学位移场 $\boldsymbol{u}$ 有两种 B-G 表示,

$$\begin{cases}\boldsymbol{u}=\nabla^2\boldsymbol{G}^{(i)}-\dfrac{1}{2(1-\nu)}\nabla(\nabla\cdot\boldsymbol{G}^{(i)}),\\ \nabla^2\nabla^2\boldsymbol{G}^{(i)}=\boldsymbol{0}\end{cases}\quad (i=1,2),\tag{7.2}$$

则存在某个双调和矢量场 $\boldsymbol{B}$,使

$$\boldsymbol{G}^{(1)}-\boldsymbol{G}^{(2)}=\nabla^2\boldsymbol{B}+\frac{1}{1-2\nu}\nabla(\nabla\cdot\boldsymbol{B}).\tag{7.3}$$

证明 将(7.2)的两个式子相减,得

$$\boldsymbol{0}=\nabla^2(\boldsymbol{G}^{(1)}-\boldsymbol{G}^{(2)})-\frac{1}{2(1-\nu)}\nabla[\nabla\cdot(\boldsymbol{G}^{(1)}-\boldsymbol{G}^{(2)})].$$

上式可改写为

$$\boldsymbol{0}=\nabla^2(\boldsymbol{G}^{(1)}-\boldsymbol{G}^{(2)})+\frac{1}{1-2\hat{\nu}}\nabla[\nabla\cdot(\boldsymbol{G}^{(1)}-\boldsymbol{G}^{(2)})],\tag{7.4}$$

其中 $\hat{\nu}=\dfrac{3}{2}-\nu$,按照 B-G 通解的完备性,对于满足方程(7.4)的 $\boldsymbol{G}^{(1)}-\boldsymbol{G}^{(2)}$,存在双调和矢量 $\boldsymbol{B}$,使

$$\boldsymbol{G}^{(1)}-\boldsymbol{G}^{(2)}=\nabla^2\boldsymbol{B}-\frac{1}{2(1-\hat{\nu})}\nabla(\nabla\cdot\boldsymbol{B}).\tag{7.5}$$

(7.5)式即(7.3)式. 证毕.

考察 $\boldsymbol{G}$ 的分量可省略之前,先来证明一个有用的引理.

引理 7.1 设区域 Ω 是 z 向凸的,对任意双调和函数 b,总存在调和函数 h_1 和 h_2,使下述表示成立:

$$b=h_1+zh_2.\tag{7.6}$$

证明 令

$$\nabla^2 b=h,\tag{7.7}$$

那么 h 为调和函数. 由引理 6.1,存在调和函数 h_2 使下式成立:

$$2\frac{\partial h_2}{\partial z}=h.\tag{7.8}$$

注意到

$$\nabla^2(zh_2) = 2\frac{\partial h_2}{\partial z}, \tag{7.9}$$

从(7.7)式中减去(7.9),注意到(7.8)式,得

$$\nabla^2(b - zh_2) = 0. \tag{7.10}$$

设

$$b - zh_2 = h_1, \tag{7.11}$$

其中 h_1 为调和函数,(7.11)式即为(7.6)式. 证毕.

定理 7.3 如果区域 Ω 是 z 向凸的,则下述省略形式的 B-G 解是完备的,

$$\boldsymbol{u} = \nabla^2 \widetilde{\boldsymbol{G}} - \frac{1}{2(1-\nu)}\nabla(\nabla \cdot \widetilde{\boldsymbol{G}}), \tag{7.12}$$

这里

$$\widetilde{\boldsymbol{G}} = (\widetilde{G}_1, \widetilde{G}_2, 0), \quad \nabla^2\nabla^2\widetilde{G}_1 = \nabla^2\nabla^2\widetilde{G}_2 = 0. \tag{7.13}$$

证明 从 B-G 解的完备性可知,无体力的弹性力学位移场 $\boldsymbol{u}$ 存在双调和矢量 $\boldsymbol{G}$,使 $\boldsymbol{u}$ 有表示式(2.3). 为了证明本定理,考虑到(7.1)式,只需证明存在双调和矢量$(0,0,B_3)$,使下式成立:

$$0 = G_3 + \nabla^2 B_3 + \frac{1}{1-2\nu}\frac{\partial}{\partial z}\left(\frac{\partial B_3}{\partial z}\right). \tag{7.14}$$

为此,按引理 7.1,存在 g_1 和 g_2,使

$$G_3 = g_1 + zg_2, \quad \nabla^2 g_1 = \nabla^2 g_2 = 0. \tag{7.15}$$

设 B_3 表成如下形式

$$B_3 = b_1 + zb_2, \quad \nabla^2 b_1 = \nabla^2 b_2 = 0, \tag{7.16}$$

其中 b_1 和 b_2 为待定的调和函数. 将(7.15)、(7.16)式代入(7.14)式,得

$$g_1 + zg_2 + 2\frac{\partial b_2}{\partial z} + \frac{1}{1-2\nu}\left(\frac{\partial^2 b_1}{\partial z^2} + 2\frac{\partial b_2}{\partial z} + z\frac{\partial^2 b_2}{\partial z^2}\right) = 0. \tag{7.17}$$

重复利用引理 6.1,可知存在调和函数 b_1 和 b_2使下面的式子成立:

$$\begin{cases}\dfrac{1}{1-2\nu}\dfrac{\partial^2 b_2}{\partial z^2}=-g_2,\\ \dfrac{1}{1-2\nu}\dfrac{\partial^2 b_1}{\partial z^2}=-g_1-\dfrac{4(1-\nu)}{1-2\nu}\dfrac{\partial b_2}{\partial z}.\end{cases}\tag{7.18}$$

因此定理 7.3 证毕.

本节内容来自参考文献[67].

§8 各向异性弹性力学问题的通解

复合材料的一个显著特点是各向异性,随着复合材料的广泛应用,各向异性弹性力学也日益受到人们的广泛重视. 1981 年 Lekhnitskii[178] 对各向异性弹性力学作过经典性的研究. 本节主要考虑各向异性弹性力学的通解.

8.1 算子方程

各向异性弹性体的 Hooke 定律可写成

$$\sigma_{ij}=E_{ijks}\gamma_{ks},\tag{8.1}$$

其中 σ_{ij}和 γ_{ks}分别为应力分量和应变分量,重复的指标表示求和,而 E_{ijks}为弹性常数,它是完全对称的,即

$$E_{ijks}=E_{ksij}=E_{jiks}=E_{ijsk}.\tag{8.2}$$

总假定应变能是正定的,因此当 γ_{ij}不全为零时,有不等式

$$E_{ijks}\gamma_{ij}\gamma_{ks}>0.\tag{8.3}$$

几何关系和无体力时的平衡方程分别为

$$\gamma_{ij}=\frac{1}{2}(u_{i,j}+u_{j,i}),\tag{8.4}$$

$$\sigma_{ij,j}=0,\tag{8.5}$$

这里 u_i 为位移分量,下标中的逗号表示对其后变元的微商. 将(8.4)代入(8.1)式,然后将(8.1)代入(8.5)式,可得到以位移表示

的各向异性弹性力学方程式

$$E_{ijks}u_{k,js} = 0. \tag{8.6}$$

方程(8.6)可表成如下的算子方程

$$\boldsymbol{A}\boldsymbol{u} = \boldsymbol{0}, \tag{8.7}$$

其中 $\boldsymbol{A}=(A_{ik})$为 3×3 的算子矩阵,

$$A_{ik} = E_{ijks}\partial_j\partial_s \quad \left(\partial_j = \frac{\partial}{\partial x_j}\right). \tag{8.8}$$

8.2　通解

现在,我们利用矩阵的知识来构造方程(8.7)的解. 设算子矩阵 $\boldsymbol{A}$ 的"伴随矩阵"为 $\boldsymbol{B}$,即 $\boldsymbol{B}$ 的元素是矩阵 $\boldsymbol{A}$ 相应的"代数余子式",因此有

$$\boldsymbol{AB} = \boldsymbol{BA} = \mathscr{A}\boldsymbol{I}, \tag{8.9}$$

其中算子 $\mathscr{A}$ 是矩阵 $\boldsymbol{A}$ 的"行列式",而 $\boldsymbol{I}$ 是 3×3 单位矩阵. 我们有

定理 8.1　设矢量场 $\boldsymbol{\varphi}$ 满足下述方程

$$\mathscr{A}\boldsymbol{\varphi} = \boldsymbol{0}, \tag{8.10}$$

则

$$\boldsymbol{u}=\boldsymbol{B}\,\boldsymbol{\varphi} \tag{8.11}$$

是方程(8.7)的解.

证明　对(8.11)式两边乘以算子 $\boldsymbol{A}$,得

$$\boldsymbol{A}\boldsymbol{u} = \boldsymbol{AB}\boldsymbol{\varphi} = \mathscr{A}\boldsymbol{\varphi} = \boldsymbol{0}. \tag{8.12}$$

(8.12)式中的第二和第三个等号,分别利用了(8.9)和(8.10)式,于是(8.7)式成立. 证毕.

1937 年 Лурье[312]用算子方法给出了定理 8.1,Neuber[205,206]、Kōichiro Heki 和 Tomoko Habara[170]、张鸿庆[85],以及拜达[2]等对定理 8.1 又作了进一步的研究. 下面介绍的关于(8.11)式的完备性和不唯一性的定理来自参考文献[64]. 为此,先引入一些必需的引理.

8.3 若干引理

在三维欧氏空间 $E^3(x_1,x_2,x_3)$ 中，考虑如下齐 m 阶常系数偏微分算子

$$P(D)=\sum_{i+j+k=m}C_{ijk}\partial_1^i\partial_2^j\partial_3^k,\tag{8.13}$$

其中 C_{ijk} 为常数($i,j,k=1,2,3$).

定义 8.1 常系数齐 m 阶偏微分算子 $P(D)$ 称为椭圆型的，若当 $\boldsymbol{\xi}\neq 0$ 时，

$$P(\boldsymbol{\xi})=\sum_{i+j+k=m}C_{ijk}\xi_1^i\xi_2^j\xi_3^k>0,\tag{8.14}$$

这里 $\boldsymbol{\xi}=(\xi_1,\xi_2,\xi_3)\in E^3$.

引理 8.1 算子 $\mathscr{A}$ 是椭圆型的.

证明 用反证法. 设若不然，如果按(8.9)定义的算子 $\mathscr{A}$ 不是椭圆型的，从定义 8.1 可知，存在非零的实矢量 $\boldsymbol{\xi}=(\xi_1,\xi_2,\xi_3)$，使下述行列式为零：

$$\det(a_{ik})=0,\tag{8.15}$$

其中

$$a_{ik}=E_{ijks}\xi_j\xi_s.\tag{8.16}$$

既然(8.15)成立，那么下述齐次线性代数方程组

$$a_{ik}\eta_k=0\quad(i=1,2,3)\tag{8.17}$$

存在非零解(η_1,η_2,η_3). 将(8.17)的三个方程分别乘以 η_1,η_2 和 η_3，再相加，得

$$a_{ik}\eta_i\eta_k=0.\tag{8.18}$$

将(8.16)代入(8.18)，有

$$E_{ijks}\eta_i\xi_j\eta_k\xi_s=0.\tag{8.19}$$

今令 $u_i^0=\eta_i\xi_s x_s$，那么

$$\gamma_{ij}^0=\frac{1}{2}(\eta_i\xi_j+\xi_i\eta_j).\tag{8.20}$$

利用恒等式

$$2\gamma_{ij}^0\gamma_{ij}^0-(\gamma_{ii}^0)^2=(\xi_i\xi_i)(\eta_j\eta_j)$$

可知，当$(\xi_1,\xi_2,\xi_3)\neq 0,(\eta_1,\eta_2,\eta_3)\neq 0$时，$\gamma_{ij}^0$不全为零.

将(8.20)代入(8.19)式，考虑到E_{ijks}的对称性(8.2)式，可得

$$E_{ijks}\gamma_{ij}^0\gamma_{ks}^0=0, \tag{8.21}$$

这里(8.20)式中的γ_{ij}^0不全为零. 然而(8.21)式与应变能正定性的(8.3)式矛盾. 即证.

引理 8.2　设$P(D)$是常系数椭圆型算子，又设Ω是E^3中任意有界区域，若$g\in C^\infty(\Omega)$，则方程$P(D)f=g$，存在属于$C^\infty(\Omega)$的解f，其中$C^\infty(\Omega)$表示在Ω中有任意阶连续导数的函数的集合.

引理 8.3　方程(8.6)的任一解$\boldsymbol{u}$都属于$C^\infty(\Omega)$.

上面两个引理，分别参见参考文献[77，第 43 页]和[129].

8.4　通解的完备性

现在来证明解(8.11)的完备性.

定理 8.2　对于(8.7)的任一解$\boldsymbol{u}$，总存在满足方程(8.10)的矢量场$\boldsymbol{\varphi}$，使得$\boldsymbol{u}$可表成(8.11)的形式.

证明　我们作一构造性的证明. 由于算子$\mathscr{A}$是椭圆型的，按引理 8.2 和引理 8.3，对给定的$\boldsymbol{u}$，设$\boldsymbol{\psi}$为下述方程的解：

$$\mathscr{A}\boldsymbol{\psi}=\boldsymbol{u}. \tag{8.22}$$

令

$$\boldsymbol{\varphi}=\boldsymbol{A}\boldsymbol{\psi} \tag{8.23}$$

即合所求. 事实上，从(8.23)有

$$\boldsymbol{B}\boldsymbol{\varphi}=\boldsymbol{B}\boldsymbol{A}\boldsymbol{\psi}=\mathscr{A}\boldsymbol{\psi}=\boldsymbol{u}. \tag{8.24}$$

上面第二和第三两个等式分别用到了(8.9)和(8.22)式. 由(8.24)式可知，由(8.23)式给出的$\boldsymbol{\varphi}$将$\boldsymbol{u}$表成了(8.11)的形式. 此外，从(8.23)式有

$$\mathscr{A}\boldsymbol{\varphi}=\mathscr{A}\boldsymbol{A}\boldsymbol{\psi}=\boldsymbol{A}\boldsymbol{u}=\boldsymbol{0}. \tag{8.25}$$

上面第二个等式用到了算子矩阵$\boldsymbol{A}$和算子$\mathscr{A}$的可交换性，以及

$\boldsymbol{\psi}$ 的定义(8.22)式,而第三个等号是 $\boldsymbol{u}$ 为弹性力学问题的解(8.7)式.(8.25)式指出,由(8.23)式所定义的 $\boldsymbol{\varphi}$ 满足方程(8.10).证毕.

8.5 通解的不唯一性

我们指出,由(8.10)和(8.11)式给出的各向异性弹性力学的解是不唯一的.

定理 8.3 在(8.10)中,将 $\boldsymbol{\varphi}$ 换为

$$\widetilde{\boldsymbol{\varphi}} = \boldsymbol{\varphi} + \boldsymbol{A}\boldsymbol{h}, \tag{8.26}$$

其中 $\boldsymbol{h}$ 满足方程

$$\mathscr{A}\boldsymbol{h} = \boldsymbol{0}. \tag{8.27}$$

则(8.10)和(8.11)式依然成立.

证明 从(8.26)和(8.27)式有

$$\boldsymbol{B}\widetilde{\boldsymbol{\varphi}} = \boldsymbol{B}\boldsymbol{\varphi} + \boldsymbol{B}\boldsymbol{A}\boldsymbol{h} = \boldsymbol{B}\boldsymbol{\varphi} + \mathscr{A}\boldsymbol{h} = \boldsymbol{B}\boldsymbol{\varphi},$$

$$\mathscr{A}\widetilde{\boldsymbol{\varphi}} = \mathscr{A}\boldsymbol{\varphi} + \boldsymbol{A}\mathscr{A}\boldsymbol{h} = \mathscr{A}\boldsymbol{\varphi}.$$

从上两式可知(8.10)和(8.11)式成立.证毕.

定理8.4 如果 $\boldsymbol{u}$ 有两种表示

$$\boldsymbol{u} = \boldsymbol{B}\boldsymbol{\varphi}^{(i)} \quad (i = 1,2), \tag{8.28}$$

则存在 $\boldsymbol{h}$,使

$$\boldsymbol{A}\boldsymbol{h} = \boldsymbol{\varphi}^{(1)} - \boldsymbol{\varphi}^{(2)}, \quad \mathscr{A}\boldsymbol{h} = \boldsymbol{0}. \tag{8.29}$$

证明 从(8.28)式,得

$$\boldsymbol{B}(\boldsymbol{\varphi}^{(1)} - \boldsymbol{\varphi}^{(2)}) = \boldsymbol{0}. \tag{8.30}$$

令 $\boldsymbol{h}^*$ 是下述方程的解

$$\mathscr{A}\boldsymbol{h}^* = \boldsymbol{\varphi}^{(1)} - \boldsymbol{\varphi}^{(2)},$$

或记为

$$\boldsymbol{h}^* = \mathscr{A}^{-1}(\boldsymbol{\varphi}^{(1)} - \boldsymbol{\varphi}^{(2)}),$$

则

$$\boldsymbol{h} = \boldsymbol{B}\boldsymbol{h}^* \tag{8.31}$$

即合所求.事实上,从(8.31)有

$$\boldsymbol{A}\boldsymbol{h} = \boldsymbol{A}\boldsymbol{B}\boldsymbol{h}^* = \mathscr{A}\boldsymbol{h}^* = \boldsymbol{\varphi}^{(1)} - \boldsymbol{\varphi}^{(2)}, \tag{8.32}$$

$$\mathscr{A}\boldsymbol{h} = \boldsymbol{B}\mathscr{A}\boldsymbol{h}^* = \boldsymbol{B}(\boldsymbol{\varphi}^{(1)} - \boldsymbol{\varphi}^{(2)}) = \boldsymbol{0}. \tag{8.33}$$

证毕.

8.6　例：各向同性弹性力学的 B-G 解

利用本节的方法，可以自然地导出各向同性弹性力学问题的 B-G 通解. 各向同性体的弹性常数为

$$E_{ijks} = \lambda\delta_{ij}\delta_{ks} + \mu(\delta_{ik}\delta_{js} + \delta_{is}\delta_{jk}), \tag{8.34}$$

其中 δ_{ij}为 Kronecker 记号，λ 和 μ 为 Lamé 常数. 从(8.34)可得算子矩阵 $\boldsymbol{A}$ 的元素为

$$A_{ik} = E_{ijks}\partial_j\partial_s = \mu\partial_j\partial_j\delta_{ik} + (\lambda + \mu)\partial_i\partial_k, \tag{8.35}$$

于是算子矩阵 $\boldsymbol{A}$ 为

$$\boldsymbol{A} = \begin{bmatrix} \mu\nabla^2 + (\lambda+\mu)\partial_1^2 & (\lambda+\mu)\partial_1\partial_2 & (\lambda+\mu)\partial_1\partial_3 \\ (\lambda+\mu)\partial_2\partial_1 & \mu\nabla^2 + (\lambda+\mu)\partial_2^2 & (\lambda+\mu)\partial_2\partial_3 \\ (\lambda+\mu)\partial_3\partial_1 & (\lambda+\mu)\partial_3\partial_2 & \mu\nabla^2 + (\lambda+\mu)\partial_3^2 \end{bmatrix}, \tag{8.36}$$

这里$\nabla^2 = \partial_j\partial_j$. 从(8.36)不难算出矩阵 $\boldsymbol{A}$ 的伴随矩阵 $\boldsymbol{B}$，其元素为

$$B_{ik} = \mu(\lambda + 2\mu)\left[\nabla^2\delta_{ik} - \frac{1}{2(1-\nu)}\partial_i\partial_k\right]\nabla^2. \tag{8.37}$$

而 $\boldsymbol{A}$ 的行列式为

$$\mathscr{A} = \mu^2(\lambda + 2\mu)\,\nabla^6. \tag{8.38}$$

将(8.37)和(8.38)代入(8.10)和(8.11)式，可得各向同性弹性力学问题的通解为

$$\begin{cases} u_i = B_{ik}\varphi_k = \mu(\lambda + 2\mu)\,\nabla^2\left[\nabla^2\varphi_i - \dfrac{1}{2(1-\nu)}\varphi_{k,ki}\right], \\ \nabla^6\varphi_i = 0 \quad (i = 1,2,3). \end{cases} \tag{8.39}$$

如果令

$$\boldsymbol{G} = \mu(\lambda + 2\mu)\,\nabla^2\boldsymbol{\varphi}, \tag{8.40}$$

那么(8.39)可写成

$$\begin{cases} \boldsymbol{u} = \nabla^2 \boldsymbol{G} - \dfrac{1}{2(1-\nu)} \nabla(\nabla \cdot \boldsymbol{G}), \\ \nabla^2 \nabla^2 \boldsymbol{G} = \boldsymbol{0}. \end{cases} \tag{8.41}$$

(8.41)即 B-G 解(2.3). 正如定理 8.2 所述,解(8.41)是完备的.

而且,利用定理 8.2 可以构造性地从 $\boldsymbol{u}$ 给出 $\boldsymbol{G}$. 事实上,对于给定的 $\boldsymbol{u}$,(8.22)为

$$(\lambda + 2\mu)\ \nabla^2 \nabla^2 (\mu^2\ \nabla^2 \boldsymbol{\psi}) = \boldsymbol{u}.$$

因此,可令

$$\mu^2\ \nabla^2 \boldsymbol{\psi} = \frac{1}{\lambda + 2\mu} \mathscr{F}[\mathscr{F}(\boldsymbol{u})], \tag{8.42}$$

这里 $\mathscr{F}$ 是 Newton 位势. 按(8.23)和(8.36)式,此时有

$$\boldsymbol{\varphi} = \boldsymbol{A\psi} = \mu\left[\nabla^2 \boldsymbol{\psi} + \frac{1}{1-2\nu} \nabla(\nabla \cdot \boldsymbol{\psi})\right]. \tag{8.43}$$

将(8.43)和(8.42)代入(8.40)式得

$$\begin{aligned} \boldsymbol{G} &= \mu(\lambda + 2\mu)\ \nabla^2 \boldsymbol{\varphi} \\ &= \mu^2(\lambda + 2\mu)\ \nabla^2\left[\nabla^2 \boldsymbol{\psi} + \frac{1}{1-2\nu} \nabla(\nabla \cdot \boldsymbol{\psi})\right] \\ &= \mathscr{F}(\boldsymbol{u}) + \frac{1}{1-2\nu} \nabla\{\nabla \cdot \mathscr{F}[\mathscr{F}(\boldsymbol{u})]\}. \end{aligned} \tag{8.44}$$

这样,我们又一次给出了 $\boldsymbol{G}$ 的表达式(2.6).

关于通解不唯一性的定理 8.3 和定理 8.4,在各向同性的情形,就转变为第 7 节关于 B-G 解的不唯一性的定理 7.1 和定理 7.2.

§9 横观各向同性弹性力学问题的通解

在上一节中,我们研究了一般的各向异性弹性力学问题的通解. 在这一节中,作为该问题的一个重要的特殊情形,我们将研究横观各向同性弹性力学问题的通解. 横观各向同性材料是一种常

见的各向异性材料，横观各向同性弹性力学问题的通解已有诸多研究，比较著名的，如 Лехницкий[311]、Lekhnitskii[178]、胡海昌[19]和 Nowacki[209]给出的 LHN 解，以及 Elliott[118]和 Lodge[181]给出的 E-L 解. 在本节中，首先用前节的方法导出了横观各向同性弹性力学问题的通解. 然后利用通解的不唯一性，在 z 向凸的区域，导出了某种具"约束"的解. 在此基础上证明了，当区域是 z 向凸时，LHN 通解和 E-L 通解都是完备的.

9.1 方程和通解

在欧氏空间(x,y,z)中，取 z 轴垂直于横观各向同性平面. 横观各向同性体的 Hooke 定律为

$$\left\{\begin{aligned}\sigma_x &= C_{11}\frac{\partial u}{\partial x}+C_{12}\frac{\partial v}{\partial y}+C_{13}\frac{\partial w}{\partial z},\\ \sigma_y &= C_{12}\frac{\partial u}{\partial x}+C_{11}\frac{\partial v}{\partial y}+C_{13}\frac{\partial w}{\partial z},\\ \sigma_z &= C_{13}\frac{\partial u}{\partial x}+C_{13}\frac{\partial v}{\partial y}+C_{33}\frac{\partial w}{\partial z},\end{aligned}\right.\quad \left\{\begin{aligned}\tau_{yz} &= C_{44}\left(\frac{\partial v}{\partial z}+\frac{\partial w}{\partial y}\right),\\ \tau_{zx} &= C_{44}\left(\frac{\partial w}{\partial x}+\frac{\partial u}{\partial z}\right),\\ \tau_{xy} &= C_{66}\left(\frac{\partial u}{\partial y}+\frac{\partial v}{\partial x}\right),\end{aligned}\right. \tag{9.1}$$

其中 $\sigma_x,\sigma_y,\cdots,\tau_{xy}$ 为应力分量，u,v,w 为位移分量，$C_{11},C_{12},\cdots,C_{66}$为弹性常数，且满足关系式

$$C_{11}=C_{12}+2C_{66}. \tag{9.2}$$

将(9.1)代入无体力的平衡方程

$$\left\{\begin{aligned}&\frac{\partial\sigma_x}{\partial x}+\frac{\partial\tau_{yx}}{\partial y}+\frac{\partial\tau_{zx}}{\partial z}=0,\\ &\frac{\partial\tau_{xy}}{\partial x}+\frac{\partial\sigma_y}{\partial y}+\frac{\partial\tau_{zy}}{\partial z}=0,\\ &\frac{\partial\tau_{xz}}{\partial x}+\frac{\partial\tau_{yz}}{\partial y}+\frac{\partial\sigma_z}{\partial z}=0,\end{aligned}\right. \tag{9.3}$$

可得以位移表示的横观各向同性弹性力学的方程

$$\boldsymbol{Au}=\boldsymbol{0}, \tag{9.4}$$

其中 $\boldsymbol{u}=(u,v,w)^{\mathrm{T}}$，上标 T 表示转置，算子矩阵 $\boldsymbol{A}$ 为

$$\boldsymbol{A}=\begin{bmatrix}\Lambda+\alpha_1\frac{\partial^2}{\partial x^2}+\alpha_2\frac{\partial^2}{\partial z^2} & \alpha_1\frac{\partial^2}{\partial x\partial y} & \alpha_3\frac{\partial^2}{\partial x\partial z}\\ \alpha_1\frac{\partial^2}{\partial x\partial y} & \Lambda+\alpha_1\frac{\partial^2}{\partial y^2}+\alpha_2\frac{\partial^2}{\partial z^2} & \alpha_3\frac{\partial^2}{\partial y\partial z}\\ \alpha_3\frac{\partial^2}{\partial x\partial z} & \alpha_3\frac{\partial^2}{\partial y\partial z} & \alpha_2\Lambda+\alpha_4\frac{\partial^2}{\partial z^2}\end{bmatrix},\tag{9.5}$$

这里 $\Lambda=\frac{\partial^2}{\partial x^2}+\frac{\partial^2}{\partial y^2}$ 是二维 Laplace 算子，

$$\alpha_1=\frac{C_{66}+C_{12}}{C_{66}},\quad \alpha_2=\frac{C_{44}}{C_{66}},\quad \alpha_3=\frac{C_{13}+C_{44}}{C_{66}},\quad \alpha_4=\frac{C_{33}}{C_{66}}.\tag{9.6}$$

对于特殊情形的各向同性弹性体，弹性常数 C_{ij} 和 α_i 有形式

$$C_{11}=C_{33}=\lambda+2\mu,\quad C_{12}=C_{13}=\lambda,\quad C_{44}=C_{66}=\mu,\tag{9.7}$$

$$\alpha_1=\alpha_3=\frac{1}{1-2\nu},\quad \alpha_2=1,\quad \alpha_4=\frac{2(1-\nu)}{1-2\nu}.\tag{9.8}$$

算子矩阵(9.5)的“伴随矩阵”$\boldsymbol{B}$ 的各个分量为

$$\begin{cases}B_{11}=\left(\Lambda+\alpha_1\frac{\partial^2}{\partial y^2}+\alpha_2\frac{\partial^2}{\partial z^2}\right)\left(\alpha_2\Lambda+\alpha_4\frac{\partial^2}{\partial z^2}\right)-\alpha_3^2\frac{\partial^4}{\partial y^2\partial z^2},\\ B_{22}=\left(\Lambda+\alpha_1\frac{\partial^2}{\partial x^2}+\alpha_2\frac{\partial^2}{\partial z^2}\right)\left(\alpha_2\Lambda+\alpha_4\frac{\partial^2}{\partial z^2}\right)-\alpha_3^2\frac{\partial^4}{\partial x^2\partial z^2},\\ B_{12}=B_{21}=-\alpha_1\alpha_2\nabla_a^2\frac{\partial^2}{\partial x\partial y},\\ B_{13}=B_{31}=-\alpha_3\nabla_0^2\frac{\partial^2}{\partial x\partial z},\\ B_{23}=B_{32}=-\alpha_3\nabla_0^2\frac{\partial^2}{\partial y\partial z},\\ B_{33}=(1+\alpha_1)\nabla_0^2\left(\Lambda+\beta\frac{\partial^2}{\partial z^2}\right),\end{cases}\tag{9.9}$$

式中 $\beta=\alpha_2/(1+\alpha_1)=C_{44}/C_{11}$,

$$\nabla_0^2 = \Lambda + \frac{1}{s_0^2}\frac{\partial^2}{\partial z^2}, \quad \frac{1}{s_0^2} = \alpha_2 = \frac{C_{44}}{C_{66}}. \tag{9.10}$$

$$\nabla_a^2 = \Lambda + a\frac{\partial^2}{\partial z^2}, \quad a = \frac{\alpha_1\alpha_4 - \alpha_3^2}{\alpha_1\alpha_2}. \tag{9.11}$$

算子矩阵(9.5)的"行列式"$\mathscr{A}$ 为

$$\mathscr{A} = (1+\alpha_1)\alpha_2\,\nabla_0^2\,\nabla_1^2\,\nabla_2^2, \tag{9.12}$$

其中

$$\nabla_i^2 = \Lambda + \frac{1}{s_i^2}\frac{\partial^2}{\partial z^2} \quad (i = 1,2). \tag{9.13}$$

而 $\frac{1}{s_1^2}$ 和 $\frac{1}{s_2^2}$ 是下列双二次方程的两个根:

$$C_{11}C_{44}\left(\frac{1}{s^2}\right)^2 + (C_{13}^2 + 2C_{13}C_{44} - C_{11}C_{33})\frac{1}{s^2} + C_{33}C_{44} = 0, \tag{9.14}$$

或者

$$(1+\alpha_1)\alpha_2\left(\frac{1}{s^2}\right)^2 - (\alpha_2^2 + \alpha_4 + \alpha_1\alpha_4 - \alpha_3^2)\frac{1}{s^2} + \alpha_2\alpha_4 = 0. \tag{9.15}$$

由于引理 8.1,算子(9.12)是椭圆型的,因此 s_1^2 和 s_2^2 都应是正实数或复数,而不可能为负实数.

按定理 8.1 和定理 8.2,横观各向同性弹性力学问题有下述完备的通解:

$$\boldsymbol{u}=\boldsymbol{B}\,\boldsymbol{\varphi}, \tag{9.16}$$

其中算子矩阵 $\boldsymbol{B}$ 由(9.9)给定,而矢量 $\boldsymbol{\varphi}$ 满足下述方程:

$$\nabla_0^2\,\nabla_1^2\,\nabla_2^2\,\boldsymbol{\varphi} = \boldsymbol{0}. \tag{9.17}$$

今来改写解答(9.16),令

$$\begin{cases} K_{11} = B_{11} + \alpha_1\alpha_2\,\nabla_a^2\dfrac{\partial^2}{\partial x^2}, \\ K_{22} = B_{22} + \alpha_1\alpha_2\,\nabla_a^2\dfrac{\partial^2}{\partial y^2}. \end{cases}$$

将(9.9)的前两式代入上式,不难得到

$$K_{11}=K_{22}=(1+\alpha_1)\alpha_2\nabla_1^2\nabla_2^2.$$

将上述两式代入(9.16)式,并记 $H_i=(1+\alpha_1)\alpha_2\varphi_i(i=1,2)$,$H_3=(1+\alpha_1)\varphi_3$,得

$$\begin{cases}u=\nabla_1^2\nabla_2^2H_1-\dfrac{\alpha_1}{1+\alpha_1}\dfrac{\partial}{\partial x}\left[\nabla_a^2\left(\dfrac{\partial H_1}{\partial x}+\dfrac{\partial H_2}{\partial y}\right)+\dfrac{\alpha_3}{\alpha_1}\nabla_0^2\dfrac{\partial H_3}{\partial z}\right],\\ v=\nabla_1^2\nabla_2^2H_2-\dfrac{\alpha_1}{1+\alpha_1}\dfrac{\partial}{\partial y}\left[\nabla_a^2\left(\dfrac{\partial H_1}{\partial x}+\dfrac{\partial H_2}{\partial y}\right)+\dfrac{\alpha_3}{\alpha_1}\nabla_0^2\dfrac{\partial H_3}{\partial z}\right],\\ w=\nabla_0^2\nabla_b^2H_3-\dfrac{\alpha_3}{(1+\alpha_1)\alpha_2}\dfrac{\partial}{\partial z}\left[\nabla_a^2\left(\dfrac{\partial H_1}{\partial x}+\dfrac{\partial H_2}{\partial y}\right)+\dfrac{\alpha_3}{\alpha_1}\nabla_0^2\dfrac{\partial H_3}{\partial z}\right],\end{cases}\tag{9.18}$$

其中 $\boldsymbol{H}=(H_1,H_2,H_3)$满足方程

$$\nabla_0^2\nabla_1^2\nabla_2^2\boldsymbol{H}=\boldsymbol{0}.\tag{9.19}$$

(9.18)式中的算子 ∇_0^2,∇_a^2 分别由(9.10)和(9.11)式给定;∇_1^2,∇_2^2 由(9.13)式给定,而 ∇_b^2 如下定义

$$\nabla_b^2=\Lambda+b\frac{\partial^2}{\partial z^2},\quad b=\frac{\alpha_1\alpha_2^2+\alpha_3^2}{(1+\alpha_1)\alpha_1\alpha_2}.\tag{9.20}$$

(9.18)式为横观各向同性弹性力学的通解,它与各向同性弹性力学的 B-G 通解十分相似.

今考虑一种特殊情况,设(9.9)式中的常数 a 等于参数 α_2,即横观各向同性体的 5 个弹性常数满足下列约束条件

$$\alpha_1\alpha_2^2=\alpha_1\alpha_4-\alpha_3^2.\tag{9.21}$$

在此条件之下,(9.20)式中的常数 b 为

$$b=\frac{\alpha_4}{(1+\alpha_1)\alpha_2}.\tag{9.22}$$

不难看出,此时 a 和 b 都是方程(9.15)的根,于是可设

$$\nabla_a^2=\nabla_0^2=\nabla_1^2,\quad \nabla_b^2=\nabla_2^2.\tag{9.23}$$

令

$$G_i=\nabla_1^2H_i\quad(i=1,2,3).\tag{9.24}$$

在条件(9.21)之下,横观各向同性弹性力学的通解(9.18)成为

$$\begin{cases} u = \nabla_2^2 G_1 - \dfrac{\alpha_1}{1+\alpha_1}\dfrac{\partial}{\partial x}\Big[\dfrac{\partial G_1}{\partial x} + \dfrac{\partial G_2}{\partial y} + \dfrac{\alpha_3}{\alpha_1}\dfrac{\partial G_3}{\partial z}\Big], \\ v = \nabla_2^2 G_2 - \dfrac{\alpha_1}{1+\alpha_1}\dfrac{\partial}{\partial y}\Big[\dfrac{\partial G_1}{\partial x} + \dfrac{\partial G_2}{\partial y} + \dfrac{\alpha_3}{\alpha_1}\dfrac{\partial G_3}{\partial z}\Big], \\ w = \nabla_2^2 G_3 - \dfrac{\alpha_3}{(1+\alpha_1)\alpha_2}\dfrac{\partial}{\partial z}\Big[\dfrac{\partial G_1}{\partial x} + \dfrac{\partial G_2}{\partial y} + \dfrac{\alpha_3}{\alpha_1}\dfrac{\partial G_3}{\partial z}\Big]. \end{cases} \tag{9.25}$$

我们还可将(9.25)式写成矢量形式

$$\boldsymbol{u} = \nabla_2^2 \boldsymbol{G} - \frac{\alpha_1}{1+\alpha_1}\hat{\nabla}(\overline{\nabla}\cdot\boldsymbol{G}), \tag{9.26}$$

其中

$$\nabla_1^2\,\nabla_2^2 \boldsymbol{G} = \boldsymbol{0}, \tag{9.27}$$

$$\hat{\nabla} = \boldsymbol{i}\frac{\partial}{\partial x} + \boldsymbol{j}\frac{\partial}{\partial y} + \boldsymbol{k}\frac{\alpha_3}{\alpha_1\alpha_2}\frac{\partial}{\partial z}, \tag{9.28}$$

$$\overline{\nabla} = \boldsymbol{i}\frac{\partial}{\partial x} + \boldsymbol{j}\frac{\partial}{\partial y} + \boldsymbol{k}\frac{\alpha_3}{\alpha_1}\frac{\partial}{\partial z}. \tag{9.29}$$

我们看出,在形式上,满足条件(9.21)的横观各向同性的通解(9.26)与各向同性的 B-G 通解几乎完全一致,而且算子∇_2、$\hat{\nabla}$ 和 $\overline{\nabla}$ 都是实算子,但一般的横观各向同性体,∇_1^2 和 ∇_2^2 都可能是具复参数 s_1^2 和 s_2^2 的算子. 对于各向同性弹性体,按(9.8)的关系式可知 $\hat{\nabla} = \overline{\nabla} = \nabla$,这时通解(9.26)就退化为 B-G 通解了.

9.2　算子的分解

以下将从上述通解出发,利用关于通解不唯一的定理 8.3 和 8.4,来推出 LHN 通解和 E-L 通解,并证明其完备性. 为此先介绍几个引理.

引理 9.1　若区域 Ω 是 z 向凸的,设 g 在 Ω 上满足方程

$$\nabla_s^2 g = 0,$$

其中

$$\nabla_s^2 = \Lambda + \frac{1}{s^2}\frac{\partial^2}{\partial z^2}.$$

这里 s^2 不是负实数,那么存在函数 f,满足下述方程

$$\begin{cases} \dfrac{\partial f}{\partial z} = g, \\ \nabla_s^2 f = 0. \end{cases}$$

当 $s=1$ 时,即为引理 6.1. 反复利用引理 9.1 可得:

引理 9.2 在引理 9.1 的条件下,对给定的正整数 k,存在函数 f,使得

$$\begin{cases} \dfrac{\partial^k f}{\partial z^k} = g, \\ \nabla_s^2 f = 0. \end{cases}$$

引理 9.3 若区域 Ω 是 z 向凸的,设

$$\nabla_1^2 \nabla_2^2 f = 0 \quad (s_1 \neq s_2), \tag{9.30}$$

其中 ∇_1^2 和 ∇_2^2 是(9.13)式所定义的算子. 那么存在 $f^{(1)}$ 和 $f^{(2)}$,使得

$$\begin{cases} f = f^{(1)} + f^{(2)}, \\ \nabla_j^2 f^{(j)} = 0 \quad (j = 1,2,\text{不求和}). \end{cases} \tag{9.31}$$

证明 令

$$g = \nabla_2^2 f. \tag{9.32}$$

于是

$$\nabla_1^2 g = 0. \tag{9.33}$$

按引理 9.2,存在 $f^{(1)}$ 满足

$$\begin{cases} \left(\dfrac{1}{s_2^2} - \dfrac{1}{s_1^2}\right)\dfrac{\partial^2 f^{(1)}}{\partial z^2} = g, \\ \nabla_1^2 f^{(1)} = 0. \end{cases} \tag{9.34}$$

从(9.32)和(9.34),有

$$\nabla_2^2 f = g = \left(\frac{1}{s_2^2} - \frac{1}{s_1^2}\right)\frac{\partial^2 f^{(1)}}{\partial z^2} + \nabla_1^2 f^{(1)} = \nabla_2^2 f^{(1)}.$$

由上式得

$$\nabla_2^2(f - f^{(1)}) = 0. \tag{9.35}$$

令

$$f^{(2)} = f - f^{(1)}. \tag{9.36}$$

由(9.35)式，可得

$$\nabla_2^2 f^{(2)} = 0. \tag{9.37}$$

按(9.36)、(9.34)的第二式，以及(9.37)，可知(9.31)成立. 证毕.

类似于引理 9.3，我们可以证明：

引理 9.4　若区域 Ω 是 z 向凸的，如果

$$\nabla_0^2\,\nabla_1^2\,\nabla_2^2 f = 0,$$

其中 s_0^2, s_1^2 和 s_2^2 互不相等，则存在 $f^{(j)}(j=0,1,2)$ 使得

$$f = f^{(0)} + f^{(1)} + f^{(2)},$$

$$\nabla_j^2 f^{(j)} = 0 \quad (j = 0,1,2 \text{ 不求和}).$$

Eubanks 和 Sternberg[124]曾证明过引理 9.3 和 9.4，不过他们假设区域 Ω 是回转体.

9.3　具“约束”的通解

利用通解的不唯一性，我们能得到具有某种“约束”的通解.

从定理 8.2，我们知道如果 $\boldsymbol{u}$ 是(9.4)的一个解，则存在 $\boldsymbol{\varphi}$ 使 $\boldsymbol{u}$ 可表成

$$\begin{cases} u = B_{11}\varphi_1 + B_{12}\varphi_2 + B_{13}\varphi_3, \\ v = B_{21}\varphi_1 + B_{22}\varphi_2 + B_{23}\varphi_3, \\ w = B_{31}\varphi_1 + B_{32}\varphi_2 + B_{33}\varphi_3, \end{cases} \tag{9.38}$$

其中 $B_{ij}(i,j=1,2,3)$ 由(9.9)给出，而 $\varphi_i(i=1,2,3)$ 满足下述方程

$$\nabla_0^2\,\nabla_1^2\,\nabla_2^2\varphi_i = 0 \quad (i = 1,2,3). \tag{9.39}$$

从定理 8.3 可知，解(9.38)中的 $\varphi_i(i=1,2,3)$ 可用 $\widetilde{\varphi}_i(i=1,2,3)$ 来代替. 特别地，(8.26)式中的 $\boldsymbol{h}$ 取为 $(0,0,h_3)$，考虑到矩阵 $\boldsymbol{A}$ 的(9.5)式，有

$$\begin{cases}\widetilde{\varphi}_1=\varphi_1+\alpha_3\dfrac{\partial^2 h_3}{\partial x\partial z},\\ \widetilde{\varphi}_2=\varphi_2+\alpha_3\dfrac{\partial^2 h_3}{\partial y\partial z},\\ \widetilde{\varphi}_3=\varphi_3+\left(\alpha_2\Lambda+\alpha_4\dfrac{\partial^2}{\partial z^2}\right)h_3,\end{cases}\tag{9.40}$$

其中 h_3 满足方程

$$\nabla_0^2\,\nabla_1^2\,\nabla_2^2\ h_3=0.\tag{9.41}$$

我们有如下具“约束”的通解：

定理 9.1 若区域 Ω 是 z 向凸的，而 s_0^2,s_1^2 和 s_2^2 互不相等，则存在满足(9.41)的 h_3，使得(9.40)中的 $\widetilde{\varphi}_1$ 和 $\widetilde{\varphi}_2$ 满足下述关系：

$$\frac{\partial\widetilde{\varphi}_1}{\partial x}+\frac{\partial\widetilde{\varphi}_2}{\partial y}=0,\tag{9.42}$$

并且

$$\begin{cases}\widetilde{\varphi}_i=\widetilde{\varphi}_i^{(0)}+\widetilde{\varphi}_i^{(1)}+\widetilde{\varphi}_i^{(2)} & (i=1,2),\\ \dfrac{\partial\widetilde{\varphi}_1^{(j)}}{\partial x}+\dfrac{\partial\widetilde{\varphi}_2^{(j)}}{\partial y}=0 & (j=0,1,2),\\ \nabla_j^2\widetilde{\varphi}_i^{(j)}=0 & (i=1,2;\ j=0,1,2,\text{不求和}).\end{cases}\tag{9.43}$$

证明 按引理 9.4，满足(9.39)式的 φ_1 和 φ_2 有如下分解：

$$\begin{cases}\varphi_i=\varphi_i^{(0)}+\varphi_i^{(1)}+\varphi_i^{(2)} & (i=1,2),\\ \nabla_j^2\varphi_i^{(j)}=0 & (i=1,2;\ j=0,1,2,\text{不求和}).\end{cases}\tag{9.44}$$

按引理 9.2，存在 $h_3^{(j)}$ 满足下述问题：

$$\begin{cases}\dfrac{1}{s_j^2}\dfrac{\partial^3 h_3^{(j)}}{\partial z^3}=\dfrac{1}{\alpha_3}\left(\dfrac{\partial\varphi_1^{(j)}}{\partial x}+\dfrac{\partial\varphi_2^{(j)}}{\partial y}\right),\\ \nabla_j^2 h_3^{(j)}=0\quad(j=0,1,2,\text{不求和}).\end{cases}\tag{9.45}$$

由(9.45)的第二式，(9.45)式可写成

$$\begin{cases}\Lambda \dfrac{\partial h_3^{(j)}}{\partial z} = -\dfrac{1}{\alpha_3}\left(\dfrac{\partial \varphi_1^{(j)}}{\partial x} + \dfrac{\partial \varphi_2^{(j)}}{\partial y}\right), \\ \nabla_j^2 h_3^{(j)} = 0 \quad (j = 0,1,2,\text{不求和}).\end{cases} \tag{9.46}$$

令

$$\widetilde{\varphi}_i^{(j)} = \varphi_i^{(j)} + \alpha_3 \frac{\partial^2 h_3^{(j)}}{\partial x_i \partial z} \quad (i = 1,2,\ j = 0,1,2). \tag{9.47}$$

利用(9.46)的第一式,可得

$$\frac{\partial \widetilde{\varphi}_1^{(j)}}{\partial x} + \frac{\partial \widetilde{\varphi}_2^{(j)}}{\partial y} = \frac{\partial \varphi_1^{(j)}}{\partial x} + \frac{\partial \varphi_2^{(j)}}{\partial y} + \alpha_3 \Lambda \frac{\partial h_3^{(j)}}{\partial z} = 0 \quad (j = 0,1,2). \tag{9.48}$$

从(9.44)的第二式和(9.46)的第二式,可推出

$$\nabla_j^2 \widetilde{\varphi}_i^{(j)} = \nabla_j^2 \varphi_i^{(j)} + \alpha_3 \frac{\partial^2}{\partial x_i \partial z} \nabla_j^2 h_3^{(j)} = 0$$

$$(i=1,2;\ j=0,1,2,\text{不求和}). \tag{9.49}$$

(9.48)和(9.49)式即(9.43)式的第二、三两式,再按(9.43)的第一式定义 $\widetilde{\varphi}_1$ 和 $\widetilde{\varphi}_2$,即可知

$$\widetilde{\varphi}_i = \varphi_i + \alpha_3 \frac{\partial^2 h_3}{\partial x_i \partial z} \quad (i = 1,2). \tag{9.50}$$

此即(9.40)的第一、二两式,而

$$h_3 = h_3^{(0)} + h_3^{(1)} + h_3^{(2)}. \tag{9.51}$$

由(9.46)的第二式,可知上式满足方程(9.41). 从(9.50),利用(9.48),可知(9.42)式成立. 本定理获证.

对于横观各向同性弹性力学问题的通解(9.38),定理 9.1 给出了具有“约束”条件(9.42)的通解. 以下,利用定理 9.1,来导出 LHN 解和 E-G 解的完备性.

9.4 Lekhnitskii-胡-Nowacki 通解

由 Lekhnitskii,胡海昌和 Nowacki 所给出的通解(简称 LHN 通解),具有如下形式:

$$\begin{cases} u = \dfrac{\partial^2 F}{\partial x \partial z} - \dfrac{\partial \psi_0}{\partial y}, \\ v = \dfrac{\partial^2 F}{\partial y \partial z} + \dfrac{\partial \psi_0}{\partial x}, \\ w = -\alpha\left(\Lambda + \beta \dfrac{\partial^2}{\partial z^2}\right) F, \end{cases} \tag{9.52}$$

其中

$$\alpha = \frac{1+\alpha_1}{\alpha_3} = \frac{C_{11}}{C_{13}+C_{44}}, \quad \beta = \frac{C_{44}}{C_{11}}.$$

而函数 F 和 ψ_0 分别满足下述方程，

$$\nabla_1^2 \nabla_2^2 F = 0, \quad \nabla_0^2 \psi_0 = 0. \tag{9.53}$$

定理 9.2　如果区域 Ω 是 z 向凸的，且 s_0^2, s_1^2 和 s_2^2 互不相等，则 LHN 解(9.52)是完备的.

证明　设横观各向同性弹性力学方程(9.4)的解 $\boldsymbol{u}$，已按定理 9.1 表成具有"约束"的(9.40)和(9.43)形式. 即

$$\begin{cases} u = B_{11}\tilde{\varphi}_1 + B_{12}\tilde{\varphi}_2 + B_{13}\tilde{\varphi}_3, \\ v = B_{21}\tilde{\varphi}_1 + B_{22}\tilde{\varphi}_2 + B_{23}\tilde{\varphi}_3, \\ w = B_{31}\tilde{\varphi}_1 + B_{32}\tilde{\varphi}_2 + B_{33}\tilde{\varphi}_3, \end{cases} \tag{9.54}$$

其中 $\tilde{\varphi}_i (i=1,2,3)$ 满足

$$\nabla_0^2 \nabla_1^2 \nabla_2^2 \tilde{\varphi}_i = 0 \quad (i=1,2,3), \tag{9.55}$$

且 $\tilde{\varphi}_1$ 和 $\tilde{\varphi}_2$ 满足约束条件(9.42)和(9.43). 令

$$\begin{cases} f^{(j)} = \displaystyle\int_{r_0}^{r} \tilde{\varphi}_2^{(j)} \mathrm{d}x - \tilde{\varphi}_1^{(j)} \mathrm{d}y + g^{(j)} \mathrm{d}z, \\ g^{(j)} = \displaystyle\int_{r_0}^{r} \frac{\partial \tilde{\varphi}_2^{(j)}}{\partial z} \mathrm{d}x - \frac{\partial \tilde{\varphi}_1^{(j)}}{\partial z} \mathrm{d}y + s_j^2 \left(-\frac{\partial \tilde{\varphi}_2^{(j)}}{\partial x} + \frac{\partial \tilde{\varphi}_1^{(j)}}{\partial y} \right) \mathrm{d}z \\ \qquad (j=0,1,2), \end{cases} \tag{9.56}$$

其中线积分在 Ω 中进行，$\boldsymbol{r}_0 = \boldsymbol{i}x_0 + \boldsymbol{j}y_0 + \boldsymbol{k}z_0$ 和 $\boldsymbol{r} = \boldsymbol{i}x + \boldsymbol{j}y + \boldsymbol{k}z$ 分别是 Ω 中的某定点和任意点. 由约束条件(9.43)的第二、三两式，

可知(9.56)式中的两个线积分与路径无关.从(9.56)式可得

$$\frac{\partial f^{(j)}}{\partial x}=\widetilde{\varphi}_2^{(j)},\quad \frac{\partial f^{(j)}}{\partial y}=-\widetilde{\varphi}_1^{(j)},\quad \frac{\partial f^{(j)}}{\partial z}=g^{(j)}\quad (j=0,1,2). \tag{9.57}$$

由上式得到

$$\nabla_j^2 f^{(j)}=0\quad (j=0,1,2,\text{不求和}). \tag{9.58}$$

再令

$$f=f^{(0)}+f^{(1)}+f^{(2)}. \tag{9.59}$$

按(9.58)和(9.59)式,有

$$\nabla_0^2\,\nabla_1^2\,\nabla_2^2 f=0. \tag{9.60}$$

从(9.57)的前两式、(9.43)的第一式,以及(9.59)式可得

$$\widetilde{\varphi}_1=-\frac{\partial f}{\partial y},\quad \widetilde{\varphi}_2=\frac{\partial f}{\partial x}. \tag{9.61}$$

将(9.61)代入(9.54),考虑到 $B_{ij}(i,j=1,2,3)$ 的公式(9.9),得

$$\begin{cases} u=-(1+\alpha_1)\alpha_2\,\nabla_1^2\,\nabla_2^2\dfrac{\partial f}{\partial y}-\alpha_3\,\nabla_0^2\dfrac{\partial^2\widetilde{\varphi}_3}{\partial x\partial z}, \\ v=(1+\alpha_1)\alpha_2\,\nabla_1^2\,\nabla_2^2\dfrac{\partial f}{\partial x}-\alpha_3\,\nabla_0^2\dfrac{\partial^2\widetilde{\varphi}_3}{\partial y\partial z}, \\ w=(1+\alpha_1)\,\nabla_0^2\left(\Lambda+\beta\dfrac{\partial^2}{\partial z^2}\right)\widetilde{\varphi}_3. \end{cases} \tag{9.62}$$

令

$$\begin{cases} \psi_0=(1+\alpha_1)\alpha_2\,\nabla_1^2\,\nabla_2^2 f, \\ F=-\alpha_3\,\nabla_0^2\widetilde{\varphi}_3. \end{cases} \tag{9.63}$$

由(9.60)和(9.55)的第三式,可知

$$\nabla_1^2\,\nabla_2^2 F=0,\quad \nabla_0^2\psi_0=0. \tag{9.64}$$

再将(9.63)代入(9.62)式,可得(9.52)式.证毕.

9.5　Elliott-Lodge 通解

由 Elliott 和 Lodge 给出的通解(简称 E-L 通解),具有如下形

式：

$$\begin{cases} u = \dfrac{\partial}{\partial x}(\psi_1 + \psi_2) - \dfrac{\partial \psi_0}{\partial y}, \\ v = \dfrac{\partial}{\partial y}(\psi_1 + \psi_2) + \dfrac{\partial \psi_0}{\partial x}, \\ w = \dfrac{\partial}{\partial z}(k_1\psi_1 + k_2\psi_2), \end{cases} \tag{9.65}$$

$$k_i = \frac{C_{11} - C_{44}s_i^2}{(C_{13} + C_{44})s_i^2} \quad (i = 1,2,\text{不求和}), \tag{9.66}$$

$$\nabla_i^2 \psi_i = 0 \quad (i = 0,1,2,\text{不求和}). \tag{9.67}$$

定理 9.3 若区域 Ω 是 z 向凸的，且 s_0^2, s_1^2 和 s_2^2 互不相等，则 E-L 通解(9.65)完备.

证明 设横观各向同性弹性力学方程(9.4)的解 $\boldsymbol{u}$，已按定理 9.2 表成了 LHN 通解(9.52). 按引理 9.3，对于满足方程(9.53)的第一式的 F，作如下分解：

$$F = F_1 + F_2, \tag{9.68}$$

其中

$$\nabla_1^2 F_1 = 0, \quad \nabla_2^2 F_2 = 0. \tag{9.69}$$

令

$$\psi_i = \frac{\partial F_i}{\partial z} \quad (i = 1,2), \tag{9.70}$$

则有

$$\nabla_1^2 \psi_1 = 0, \quad \nabla_2^2 \psi_2 = 0. \tag{9.71}$$

将(9.68)和(9.70)代入(9.52)即得(9.65)式. 在推导(9.65)式的第三式时用到下列恒等式：

$$\Lambda + \beta \frac{\partial^2}{\partial z^2} = \nabla_1^2 + \left(\beta - \frac{1}{s_1^2}\right)\frac{\partial^2}{\partial z^2} = \nabla_2^2 + \left(\beta - \frac{1}{s_2^2}\right)\frac{\partial^2}{\partial z^2}.$$

另外

$$k_i = -\alpha\left(\beta - \frac{1}{s_i^2}\right) = \frac{1 + \alpha_1 - \alpha_2 s_i^2}{\alpha_3 s_i^2} = \frac{C_{11} - C_{44}s_i^2}{(C_{13} + C_{44})s_i^2} \quad (i=1,2).$$

定理证毕.

本节的内容取自 Wang 和 Wang[286]，并首次证明了：如果区域是 z 向凸的，则 LHN 解和 E-L 解是完备的. 此外，王敏中[53]于 1981 年已指出，若区域不是 z 向凸的，则 LHN 解一般不完备. 关于横观各向同性弹性力学问题已经有很多研究. 例如 Chen[110]，Александаров 和 Соловъев[304]，Pan 和 Chou[214,215,216]，Okumura[212]，丁皓江和徐博侯[7]，曾又林和曹国兴[83]，Horgan 和 Simmonds[156]，Ding 等[115]，Zureich 和 Eubamks[303]等人的文章，以及参考文献[45,46,61,276,298]等. 丁皓江等人并于 1997 年撰写了关于横观各向同性弹性力学问题的专著[8].

§10 附注和推广

1. 在前面各节中，关于解的完备性证明，一般限于有界区域. 当区域是无界的情形，已由 Gurtin[144]讨论过，此时假定位移场在无限远满足如下的有界条件：

$$\boldsymbol{u} = \boldsymbol{c} + O(r^{-\delta}), \quad r \to \infty,$$

其中 $\boldsymbol{c}$ 为常矢量，δ 为正的常数.

2. Слободяский[321](1938)解，

$$\begin{cases} u = \dfrac{\partial^2}{\partial y \partial z}\left(\dfrac{\partial^2 U}{\partial x^2} - \dfrac{\alpha}{3}\nabla^2 U + \dfrac{\partial^2 P}{\partial z^2} - \dfrac{\partial^2 P}{\partial y^2}\right), \\ v = \dfrac{\partial^2}{\partial z \partial x}\left(\dfrac{\partial^2 U}{\partial y^2} - \dfrac{\alpha}{3}\nabla^2 U + \dfrac{\partial^2 P}{\partial x^2} - \dfrac{\partial^2 P}{\partial z^2}\right), \\ w = \dfrac{\partial^2}{\partial x \partial y}\left(\dfrac{\partial^2 U}{\partial z^2} - \dfrac{\alpha}{3}\nabla^2 U + \dfrac{\partial^2 P}{\partial y^2} - \dfrac{\partial^2 P}{\partial x^2}\right), \end{cases}$$

其中 $\alpha = 2(1-\nu)$，而

$$\nabla^2 \nabla^2 U = 0, \quad \nabla^2 P = 0.$$

3. 对于不可压缩弹性体，此时 $\nu = 0.5$，弹性力学方程(2.1)改为(Sokolnikoff[241,第79页])

$$\nabla^2 \boldsymbol{u} + \frac{1}{3\mu}\nabla\Theta = 0, \quad \nabla\cdot\boldsymbol{u} = 0, \tag{10.1}$$

其中 $\mu=E/3$,E 为 Young 氏模量,$\Theta=\sigma_x+\sigma_y+\sigma_z$.

有趣的是不可压粘性低雷诺(Reynolds)数 Stokes 流的方程与(10.1)式相一致,其方程为

$$\nabla^2 \boldsymbol{v} = \frac{1}{\mu}\nabla p, \quad \nabla\cdot\boldsymbol{v} = 0, \tag{10.2}$$

式中 $\boldsymbol{v}$ 为速度,p 为压力,μ 为粘性系数.

可以证明(10.1)式,当然也是(10.2)式,有如下 P-N 型通解,

$$\begin{cases}\boldsymbol{u} = \boldsymbol{P} - \dfrac{1}{2}\nabla(P_0 + \boldsymbol{r}\cdot\boldsymbol{P}), \quad \Theta = 3\mu\nabla\cdot\boldsymbol{P}, \\ \nabla^2\boldsymbol{P} = \boldsymbol{0}, \quad \nabla^2 P_0 = 0.\end{cases}$$

请参考 Payne[220]、Aderogba[88]、Ton 和 Blake[269]等人的文章,以及参考文献[50,81,82,297].

4. 弹性动力学的方程为(艾龙根和舒胡毕[1],1984)

$$\nabla^2\boldsymbol{u} + \frac{1}{1-2\nu}\nabla(\nabla\cdot\boldsymbol{u}) = \frac{\rho}{\mu}\frac{\partial^2\boldsymbol{u}}{\partial t^2}, \tag{10.3}$$

其中 ρ 为密度,t 为时间. 上式的 B-G 型通解为

$$\begin{cases}\boldsymbol{u} = \Box_1\boldsymbol{G} - \dfrac{1}{2(1-\nu)}\nabla(\nabla\cdot\boldsymbol{G}), \\ \Box_1\Box_2\boldsymbol{G} = \boldsymbol{0},\end{cases} \tag{10.4}$$

其中

$$\Box_i = \nabla^2 - \beta_i\frac{\partial^2}{\partial t^2} \quad (i = 1,2);$$

$$\beta_1 = \frac{1-2\nu}{2(1-\nu)}\frac{\rho}{\mu}, \quad \beta_2 = \frac{\rho}{\mu}.$$

关于(10.3)的通解及其完备性的研究,请参见 Sternberg 和 Eubanks[250], Sternberg 和 Gurtin[251], Gurtin[146,第232~237页], 沈惠川[38], Поручиков[320], Chandrasekharaiah[108], Wang[282], Wang 和 Wang[278]等人的文章.

5. 热弹性力学的基本方程为

$$\begin{cases}\mu\nabla^2\boldsymbol{u}+(\lambda+\mu)\nabla(\nabla\cdot\boldsymbol{u})-\beta\nabla\theta=\boldsymbol{0},\\ c\dot{\theta}+\beta T_0\nabla\cdot\dot{\boldsymbol{u}}-k\nabla^2\theta=0,\end{cases}\tag{10.5}$$

这里 $\boldsymbol{u}(\boldsymbol{r},t)$ 为位移，θ 为温升，t 为时间，$\dot{\theta}$ 为 θ 对 t 的微商，λ 和 μ 为 Lamé 常数，k 和 c 为常数，T_0 为绝对参考温度，$\beta=\left(\lambda+\frac{2}{3}\mu\right)\alpha$，$\alpha$ 为体膨胀系数. 可以证明方程(10.5)有如下的解：

$$\begin{cases}\boldsymbol{u}=\boldsymbol{H}+\nabla(\varphi+\eta\boldsymbol{r}\cdot\boldsymbol{H}),\\ \theta=\dfrac{\lambda+2\mu}{\beta}\nabla^2\varphi+\left(2\eta\dfrac{\lambda+2\mu}{\beta}+\dfrac{\lambda+\mu}{\beta}\right)\nabla\cdot\boldsymbol{H},\end{cases}\tag{10.6}$$

其中

$$\nabla^2\boldsymbol{H}=\boldsymbol{0},\quad \nabla^2\dot{\varphi}=\frac{\eta(\lambda+2\mu)}{c(\lambda+2\mu)+\beta^2T_0}\nabla^4\varphi,$$

$$\eta=-\frac{1}{2}\frac{c(\lambda+\mu)+\beta^2T_0}{c(\lambda+2\mu)+\beta^2T_0}.$$

关于热弹性力学及其通解请参见 Biot[97]，Verruijt[273]，王敏中和黄克服[62]等人的文章，以及参考文献[35].

6. 具有微孔的弹性体已由 Biot[96](1940)研究过. Aifantis[89](1980)研究了具主孔和次孔的弹性体，其方程为

$$\begin{cases}\mu\nabla^2\boldsymbol{u}+(\lambda+\mu)\nabla(\nabla\cdot\boldsymbol{u})=\beta_1\nabla p_1+\beta_2\nabla p_2,\\ \alpha_i\partial_t p_i+\beta_i\partial_t\nabla\cdot\boldsymbol{u}=\dfrac{k_i}{\eta}\nabla^2p_i-(-1)^ik(p_2-p_1)\quad(i=1,2).\end{cases}\tag{10.7}$$

上式中重复的指标不求和，p_1 为主孔压力，p_2 为次孔压力，η 为孔中流体的粘性系数，$\alpha_i,\beta_i,k_i(i=1,2)$ 和 k 均为常数.

Unger[272] 于 1988 年考虑了方程(10.7)的通解，1987 年 Chandrasekharaiah[107]，1989 年 Chandrasekharaiah 和 Cowin[109] 分别考虑了单孔和单孔热弹性的通解，参考文献[79]考虑了双孔(10.7)的通解及其完备性.

7. 1964 年 Neuber[205]，1969 年 Nowacki[210]都研究了如下微结构弹性力学问题的通解：

$$\begin{cases}\square_2 \boldsymbol{u} + (\lambda + \mu - \alpha)\nabla(\nabla\cdot\boldsymbol{u}) + 2\alpha\nabla\times\omega + \boldsymbol{X} = \boldsymbol{0},\\ \square_4 \omega + (\beta + \gamma - \varepsilon)\nabla(\nabla\cdot\omega) + 2\alpha\nabla\times\boldsymbol{u} + \boldsymbol{Y} = \boldsymbol{0},\end{cases}$$

其中 $\boldsymbol{u}$ 为位移，$\boldsymbol{\omega}$ 为转动，$\boldsymbol{X}$ 为体力，$\boldsymbol{Y}$ 为体力矩，而

$$\square_2 = (\mu + \alpha)\nabla^2 - \rho\partial_t^2,$$

$$\square_4 = (\gamma + \varepsilon)\nabla^2 - 4\alpha - J\partial_t^2,$$

这里 t 为时间，J 为转动惯量，$\lambda,\mu,\alpha,\beta,\gamma$ 和 ε 均为常数.

8. 1981 年 Bors[100]提出了具有对称应力张量的微结构弹性体，参考文献[56]将其推广，研究了下述广义弹性理论的通解：

$$\boldsymbol{M}\nabla^2\boldsymbol{U} + (\boldsymbol{\Lambda} + \boldsymbol{M})\nabla(\nabla\cdot\boldsymbol{U}) + \boldsymbol{F} = \boldsymbol{0}, \tag{10.8}$$

其中 $\boldsymbol{U}=(\boldsymbol{u}^{(1)},\boldsymbol{u}^{(2)},\cdots,\boldsymbol{u}^{(k)})^{\mathrm{T}}$ 和 $\boldsymbol{F}=(\boldsymbol{f}^{(1)},\boldsymbol{f}^{(2)},\cdots,\boldsymbol{f}^{(k)})^{\mathrm{T}}$ 都是元素为矢量的矢量列，上标“T”表示转置，$\boldsymbol{M}$ 和 $\boldsymbol{\Lambda}$ 为 $k\times k$ 阶矩阵. 当 $k=1$ 时，式(10.8)成为通常的弹性力学方程(1.3). 当 $k=2$ 时，式(10.8)成为 Bors 的理论.

9. 1966 年 Brown[104]，1973 年 Pao 和 Yeh[218]，1999 年周又和与郑晓静[87]都研究了磁弹性力学；1995 年 Huang 和 Wang[158]考虑了磁弹性力学的通解.

Ting[261,263,264]研究了三维各向异性弹性力学的 Green 函数，以及柱面各向异性和球面各向异性弹性体的奇异性质.

关于压电弹性介质的问题，请见王子昆和陈庚超[70]，Wang 和 Zheng[287]，Ding 等[116]，Han 和 Wang[149]，Qin 等[226]，Ru[237]，马利锋和陈宜亨[33]，以及 Gao 和 Wang[133~135]等人的文章. 也请参见 Ding 和 Chen 的专著：*Three Dimensional Problems of Piezoelasticity*，Nova，Huntington，2001.

1979 年 Renton[229]考虑了有初应力问题的通解.

1935 年 Westergaard[290]研究过 n 维空间中弹性力学的通解.

王震鸣[68]利用弹性通解来研究弹性稳定性.

石钟慈和李翊神[39],罗恩[31]都研究了厚板的一般解. 顾绍德[17],胡海昌[20,第520,521页],王林生[48],王炜[43]等研究了弹性扁壳的Власов通解.

第二章　平面问题

本章研究弹性力学平面问题的解，以及它们与 Airy 应力函数和 Мусхелишвили 复变表示之间的关系，然后介绍二维各向异性弹性力学的 Stroh 理论.

§1　引　言

在平面直角坐标系(x,y)中，以位移表示的无体力的弹性力学平面问题的方程为

$$\nabla^2\boldsymbol{u}+\frac{1}{1-2\nu}\nabla(\nabla\cdot\boldsymbol{u})=\mathbf{0}, \tag{1.1}$$

其中

$$\boldsymbol{u}=(u,v)^{\mathrm{T}}$$

为位移矢量，且 u 和 v 仅是(x,y)的函数，ν 为 Poisson 比，而

$$\begin{aligned}\nabla&=\boldsymbol{i}\frac{\partial}{\partial x}+\boldsymbol{j}\frac{\partial}{\partial y},\\ \nabla^2&=\frac{\partial^2}{\partial x^2}+\frac{\partial^2}{\partial y^2}.\end{aligned} \tag{1.2}$$

与空间问题类似，也有平面问题的 B-G 解和 P-N 解，其形式分别如下：

$$\begin{cases}u=\nabla^2G_1-\dfrac{1}{2(1-\nu)}\dfrac{\partial}{\partial x}\left(\dfrac{\partial G_1}{\partial x}+\dfrac{\partial G_2}{\partial y}\right),\\ v=\nabla^2G_2-\dfrac{1}{2(1-\nu)}\dfrac{\partial}{\partial y}\left(\dfrac{\partial G_1}{\partial x}+\dfrac{\partial G_2}{\partial y}\right),\\ \nabla^4G_1=\nabla^4G_2=0;\end{cases} \tag{1.3}$$

$$\begin{cases} u = P_1 - \dfrac{1}{4(1-\nu)}\dfrac{\partial}{\partial x}(P_0 + xP_1 + yP_2), \\ v = P_2 - \dfrac{1}{4(1-\nu)}\dfrac{\partial}{\partial y}(P_0 + xP_1 + yP_2), \\ \nabla^2 P_i = 0 \quad (i = 0,1,2). \end{cases} \tag{1.4}$$

今引进对数位势

$$\mathscr{F}(f) = -\frac{1}{2\pi}\iint_D f(\xi,\eta)\ln\frac{1}{\rho}\mathrm{d}\xi\mathrm{d}\eta, \tag{1.5}$$

其中 D 为平面有界区域，$\rho=\sqrt{(x-\xi)^2+(y-\eta)^2}$. 那么有

$$\nabla^2\mathscr{F}(f) = f. \tag{1.6}$$

如果在第一章的讨论中，将 Newton 位势换为对数位势，那么我们可以得到类似于上一章的结论，即关于平面问题的 B-G 解(1.3)和 P-N 解(1.4)有如下 4 个定理.

定理 1.1　(1.3)和(1.4)都满足平面问题以位移表示的无体力的弹性力学方程(1.1).

定理 1.2　对于(1.1)的任意一解 u,v 都可找到双调和函数 G_1 和 G_2，以及调和函数 P_0,P_1,P_2 分别使(1.3)和(1.4)式成立.

定理 1.3　如果方程(1.1)的某解 u,v 已分别表成(1.3)和(1.4)的形式，那么将 B-G 解(1.3)中的 G_1,G_2 和 P-N 解(1.4)中的 P_0,P_1,P_2 分别换为

$$\begin{cases} \widetilde{G}_1 = G_1 + \nabla^2 B_1 + \dfrac{1}{1-2\nu}\dfrac{\partial}{\partial x}\left(\dfrac{\partial B_1}{\partial x} + \dfrac{\partial B_2}{\partial y}\right), \\ \widetilde{G}_2 = G_2 + \nabla^2 B_2 + \dfrac{1}{1-2\nu}\dfrac{\partial}{\partial y}\left(\dfrac{\partial B_1}{\partial x} + \dfrac{\partial B_2}{\partial y}\right); \end{cases} \tag{1.7}$$

$$\begin{cases} \widetilde{P}_1 = P_1 + \dfrac{\partial A}{\partial x}, \\ \widetilde{P}_2 = P_2 + \dfrac{\partial A}{\partial y}, \\ \widetilde{P}_0 = P_0 + 4(1-\nu)A - \left(x\dfrac{\partial A}{\partial x} + y\dfrac{\partial A}{\partial y}\right), \end{cases} \tag{1.8}$$

其中$\nabla^4 B_1=\nabla^4 B_2=0$，$\nabla^2 A=0$. 则(1.3)和(1.4)式依然成立.

定理 1.4 平面问题的 B-G 解(1.3)和 P-N 解(1.4)分别精确到(1.7)和(1.8)的形式.

在以下几节中，先讨论 B-G 解(1.3)和 P-N 解(1.4)中的势函数的省略问题，然后讨论一种共轭形式的通解，并由此导出 Airy 应力函数，以及复变形式的通解. 在本章中，平面问题均指平面应变问题. 对于平面应力问题，需将其中的 ν 换为 $\nu/(1-\nu)$.

§2 势函数的省略问题

关于势函数 P_0 的省略问题，有如下结论.

定理 2.1 如果坐标原点 $O\notin D$；或者坐标原点 $O\in D$，且 $\beta=4(1-\nu)$不为整数，则平面问题中下述省略 P_0 的 P-N 解是完备的：

$$\begin{cases} u=\widetilde{P}_1-\dfrac{1}{4(1-\nu)}\dfrac{\partial}{\partial x}(x\widetilde{P}_1+y\widetilde{P}_2), \\ v=\widetilde{P}_2-\dfrac{1}{4(1-\nu)}\dfrac{\partial}{\partial y}(x\widetilde{P}_1+y\widetilde{P}_2), \\ \nabla^2\widetilde{P}_1=\nabla^2\widetilde{P}_2=0. \end{cases} \tag{2.1}$$

证明 按定理 1.3 和定理 1.4，P_0 的省略问题，等价于求调和函数 A 使下式成立的问题：

$$P_0+4(1-\nu)A-\left(x\frac{\partial A}{\partial x}+y\frac{\partial A}{\partial y}\right)=0. \tag{2.2}$$

为此，设 Q_0 是与 P_0 共轭的调和函数，即

$$Q_0=\int_{(x_0,y_0)}^{(x,y)}\left(-\frac{\partial P_0}{\partial y}\right)\mathrm{d}x+\frac{\partial P_0}{\partial x}\mathrm{d}y,$$

其中(x_0,y_0)和(x,y)分别为 D 中的固定点和任意点. 从 P_0 和 Q_0 可定义一个解析函数

$$g(z)=P_0(x,y)+\mathrm{i}Q_0(x,y), \tag{2.3}$$

这里 $z=x+\mathrm{i}y,\mathrm{i}=\sqrt{-1}$. 类似地，若 A 调和，而 B 是它的共轭调和函数，设

$$f(z)=A(x,y)+\mathrm{i}B(x,y). \tag{2.4}$$

这样，方程(2.2)就变成下述复方程的实部：

$$z\frac{\mathrm{d}f}{\mathrm{d}z}-\beta f(z)=g(z), \tag{2.5}$$

其中 $\beta=4(1-\nu)$. 现在指出方程(2.5)有解. 事实上，如果原点不在区域内，则方程(2.5)有如下的解

$$f(z)=z^{\beta}\int_{z_0}^{z}\zeta^{-\beta-1}g(\zeta)\mathrm{d}\zeta, \tag{2.6}$$

其中，$z_0=x_0+\mathrm{i}y_0$ 为区域内某固定点，$\zeta=\xi+\mathrm{i}\eta$.

若原点在弹性区域内，在 $z=0$ 附近将 $g(z)$ 展成 Taylor 级数

$$g(z)=\sum_{n=0}^{\infty}a_nz^n.$$

令

$$g^*(z)=g(z)-\sum_{n=0}^{[\beta+1]}a_nz^n,$$

其中 $[\beta+1]$ 表示不超过 $\beta+1$ 的整数. 当 β 不为整数时，方程(2.5)有如下的一个解：

$$f(z)=z^{\beta}\int_{0}^{z}\zeta^{-\beta-1}g^*(\zeta)\mathrm{d}\zeta+\sum_{n=0}^{\beta+1}\frac{a_n}{n-\beta}z^n. \tag{2.7}$$

定理证毕.

如果原点在区域内，而 β 为整数时，方程(2.5)可能无解. 例如，当 $g(z)=z^{\beta}$ 时，方程(2.5)的一般解为

$$f(z)=z^{\beta}\ln z+Cz^{\beta}, \tag{2.8}$$

其中 C 为复常数. 从(2.8)可知，无论怎样选择常数 C，都不能使(2.8)的 $f(z)$ 在 $z=0$ 无分支奇点，当然也就不可能在域内解析.

在第一章§6中曾指出，空间问题 P-N 通解中 P_0 的省略仅对某些区域(例如星形区域)才成立. 而从定理 2.1，可以知道平面问题 P-N 通解(1,4)中 P_0 的省略，并不需要对平面区域附加任何限制. 对于势函数 P_1,P_2 的省略问题，有如下定理：

定理 2.2 平面问题中,下述两种分别省略 P_1 或 P_2 的 P-N 解都是完备的

$$\begin{cases} u = \widetilde{P}_1 - \dfrac{1}{4(1-\nu)}\dfrac{\partial}{\partial x}(\widetilde{P}_0 + x\widetilde{P}_1), \\ v = -\dfrac{1}{4(1-\nu)}\dfrac{\partial}{\partial y}(\widetilde{P}_0 + x\widetilde{P}_1), \\ \nabla^2\widetilde{P}_0 = \nabla^2\widetilde{P}_1 = 0; \end{cases} \tag{2.9}$$

$$\begin{cases} u = -\dfrac{1}{4(1-\nu)}\dfrac{\partial}{\partial x}(\widetilde{P}_0 + y\widetilde{P}_2), \\ v = \widetilde{P}_2 - \dfrac{1}{4(1-\nu)}\dfrac{\partial}{\partial y}(\widetilde{P}_0 + y\widetilde{P}_2), \\ \nabla^2\widetilde{P}_0 = \nabla^2\widetilde{P}_2 = 0. \end{cases} \tag{2.10}$$

证明 从(1.8)式可知,关于(2.9)中省略 P_2 问题归结为寻求调和函数 A,使其满足方程

$$\frac{\partial A}{\partial y} = -P_2. \tag{2.11}$$

为此,设 Q_2 为与 P_2 共轭的调和函数,那么不难证明

$$A = -\int_{(x_0,y_0)}^{(x,y)} Q_2\mathrm{d}x + P_2\mathrm{d}y$$

满足(2.11)式. 同理,可证(2.10)式也是完备的. 证毕.

对平面问题而言,P-N 解(1.4)中的 P_1 或 P_2 总是可省略的,并不需要对区域增加凸的要求. 关于 G_1 和 G_2 的省略问题,有下述定理.

定理 2.3 平面问题中,下述省略 G_1 或 G_2 的两种 B-G 解都是完备的:

$$\begin{cases} u = \nabla^2\widetilde{G}_1 - \dfrac{1}{2(1-\nu)}\dfrac{\partial}{\partial x}\dfrac{\partial\widetilde{G}_1}{\partial x}, \\ v = -\dfrac{1}{2(1-\nu)}\dfrac{\partial}{\partial y}\dfrac{\partial\widetilde{G}_1}{\partial x}, \end{cases} \quad \nabla^2\nabla^2\widetilde{G}_1 = 0; \tag{2.12}$$

$$\begin{cases} u = -\dfrac{1}{2(1-\nu)}\dfrac{\partial}{\partial x}\dfrac{\partial \widetilde{G}_2}{\partial y}, \\ v = \nabla^2 \widetilde{G}_2 - \dfrac{1}{2(1-\nu)}\dfrac{\partial}{\partial y}\dfrac{\partial \widetilde{G}_2}{\partial y}, \end{cases} \qquad \nabla^2 \nabla^2 \widetilde{G}_2 = 0. \tag{2.13}$$

证明 对于 B-G 解(1.3)中的 G_2 是否可省略的问题，按(1.7)的第二式，归结为寻求双调和函数 B_2 使下式成立：

$$\nabla^2 B_2 + \frac{1}{1-2\nu}\frac{\partial^2 B_2}{\partial y^2} = -G_2. \tag{2.14}$$

在从(1.7)的第二式到(2.14)式时，我们已经假定 $B_1=0$. 类似于(2.11)，我们知道存在调和函数 g_1 使下式成立：

$$2\frac{\partial g_1}{\partial y} = \nabla^2 G_2. \tag{2.15}$$

由于 g_1 是调和的，(2.15)式可写成

$$\nabla^2(G_2 - y g_1) = 0. \tag{2.16}$$

于是 $G_2 - y g_1$ 为调和函数，设为 g_0. 从(2.16)可知

$$G_2 = g_0 + y g_1. \tag{2.17}$$

现在我们设待求的双调和函数 B_2 为如下形式：

$$B_2 = b_0 + y b_1, \tag{2.18}$$

其中 b_0 和 b_1 为待定的调和函数. 将(2.17)和(2.18)代入(2.14)式，得到确定 b_1 和 b_0 的方程

$$\begin{aligned} &\frac{\partial^2 b_1}{\partial y^2} = -(1-2\nu) g_1, \\ &\frac{\partial^2 b_0}{\partial y^2} = -(1-2\nu) g_0 - 4(1-\nu)\frac{\partial b_1}{\partial y}. \end{aligned} \tag{2.19}$$

两次使用(2.11)中确定调和函数 A 的方法，可知(2.19)存在调和函数 b_1 和 b_0. 这样(2.18)满足(2.14)式. 同理可证 G_1 省略也不失一般性. 证毕.

需要说明的是，对于省略的通解(2.1)、(2.9)、(2.10)、(2.12)、(2.13)中的势函数在多连通区域中可能是多值的，这是因为利用

了线积分之故.而对于不省略的通解(1.3)和(1.4)中的势函数,在多连通区域中我们总可选择它们为单值函数.通解(2.12)和(2.13)也可直接从方程(1.1)出发,利用全微分的方法得到.

§3　共轭形式的通解

假设平面问题的位移场 u 和 v 已写成 P-N 解(1.4)的形式.由此出发,本节证明 u 和 v 可以写成如下的共轭形式:

$$\begin{cases} u = H - \dfrac{1}{4(1-\nu)}\dfrac{\partial}{\partial x}(H_0 + xH + yG), \\ v = G - \dfrac{1}{4(1-\nu)}\dfrac{\partial}{\partial y}(H_0 + xH + yG), \end{cases} \tag{3.1}$$

其中 H_0 为调和函数,而 H 和 G 为共轭调和函数,即它们都满足 Cauchy-Riemann 条件

$$\frac{\partial H}{\partial x} = \frac{\partial G}{\partial y}, \quad \frac{\partial H}{\partial y} = -\frac{\partial G}{\partial x}. \tag{3.2}$$

为此,设 Q_1 为与解(1.4)中 P_1 共轭的调和函数,那么

$$g(z) = P_1(x,y) + \mathrm{i}Q_1(x,y), \quad z = x + \mathrm{i}y \tag{3.3}$$

为解析函数.令

$$f(z) = \int_{z_0}^{z} g(z)\mathrm{d}z = \varphi_1(x,y) + \mathrm{i}\psi_1(x,y). \tag{3.4}$$

从(3.3)和(3.4)式可知

$$P_1 = \frac{\partial \varphi_1}{\partial x} = \frac{\partial \psi_1}{\partial y}, \tag{3.5}$$

其中 φ_1 和 ψ_1 为共轭的调和函数.同理,存在共轭调和函数 φ_2 和 ψ_2,使(1.4)式中的调和函数 P_2 有下述表示:

$$P_2 = \frac{\partial \varphi_2}{\partial x} = \frac{\partial \psi_2}{\partial y}. \tag{3.6}$$

如果令

$$A = -(\varphi_1 + \psi_2)/2. \tag{3.7}$$

按照 P-N 解(1.4)的不唯一性定理,即按(1.8)式,将(1.4)式中的 P_1,P_2 和 P_0 换为如下的调和函数:

$$\begin{cases} H = P_1 + \dfrac{\partial A}{\partial x}, \quad G = P_2 + \dfrac{\partial A}{\partial y}, \\ H_0 = P_0 + 4(1-\nu)A - \left(x\dfrac{\partial A}{\partial x} + y\dfrac{\partial A}{\partial y} \right), \end{cases} \tag{3.8}$$

则(1.4)式换为欲求的(3.1)式. 从(3.5)、(3.6)、(3.7),以及 φ_i 和 $\psi_i(i=1,2)$的共轭性,不难验证 H 和 G 的共轭性. 应该指出,解(3.1)中的 H、G 和 H_0,在多连通区域中,都可能是多值的.

§4 Airy-Schaefer 应力函数

平面问题的 Hooke 定律为

$$\begin{cases} \sigma_x = \lambda(\varepsilon_x + \varepsilon_y) + 2\mu\varepsilon_x, \\ \sigma_y = \lambda(\varepsilon_x + \varepsilon_y) + 2\mu\varepsilon_y, \\ \tau_{xy} = 2\mu\gamma_{xy}, \end{cases} \tag{4.1}$$

其中 λ 和 μ 为 Lamé 系数,σ_x,σ_y 和 τ_{xy}为应力分量,ε_x,ε_y 和 γ_{xy}为应变分量,几何关系为

$$\varepsilon_x = \frac{\partial u}{\partial x}, \quad \varepsilon_y = \frac{\partial v}{\partial y}, \quad \gamma_{xy} = \frac{1}{2}\left(\frac{\partial u}{\partial y} + \frac{\partial v}{\partial x} \right). \tag{4.2}$$

将 P-N 通解(1.4)代入(4.2)式,得

$$\begin{cases} \varepsilon_x = \dfrac{\partial P_1}{\partial x} - \dfrac{1}{4(1-\nu)}\dfrac{\partial^2}{\partial x^2}(P_0 + xP_1 + yP_2), \\ \varepsilon_y = \dfrac{\partial P_2}{\partial y} - \dfrac{1}{4(1-\nu)}\dfrac{\partial^2}{\partial y^2}(P_0 + xP_1 + yP_2), \\ \gamma_{xy} = \dfrac{1}{2}\left(\dfrac{\partial P_1}{\partial y} + \dfrac{\partial P_2}{\partial x} \right) - \dfrac{1}{4(1-\nu)}\dfrac{\partial^2}{\partial x \partial y}(P_0 + xP_1 + yP_2). \end{cases} \tag{4.3}$$

从(4.3)可得

$$\varepsilon_x + \varepsilon_y = \frac{1-2\nu}{2(1-\nu)}\left(\frac{\partial P_1}{\partial x} + \frac{\partial P_2}{\partial y} \right). \tag{4.4}$$

将(4.4)和(4.3)的第一式代入(4.1)的第一式,可得

$$\sigma_x = \frac{E\nu}{2(1-\nu^2)}\left(\frac{\partial P_1}{\partial x} + \frac{\partial P_2}{\partial y}\right) + \frac{E}{1+\nu}\frac{\partial P_1}{\partial x} - \frac{E}{4(1-\nu^2)}\frac{\partial^2}{\partial x^2}(P_0 + xP_1 + yP_2). \qquad (4.5)$$

在得到上式时,用到 Lamé 常数 λ、μ 与 Young 氏模量 E 和 Poisson 比 ν 的如下关系:

$$\lambda = \frac{E\nu}{(1-2\nu)(1+\nu)}, \quad \mu = \frac{E}{2(1+\nu)}.$$

如果注意到,对调和函数 $P_i(i=0,1,2)$有

$$\nabla^2(P_0 + xP_1 + yP_2) = 2\left(\frac{\partial P_1}{\partial x} + \frac{\partial P_2}{\partial y}\right), \qquad (4.6)$$

再令

$$\begin{cases} \phi = \dfrac{E}{4(1-\nu^2)}(P_0 + xP_1 + yP_2), \\ \phi_1 = \dfrac{E}{2(1+\nu)}P_1, \quad \phi_2 = \dfrac{E}{2(1+\nu)}P_2, \end{cases} \qquad (4.7)$$

利用(4.6)、(4.7)两式,可把(4.5)式的 σ_x,以及同理可把 σ_y 与 τ_{xy} 写成

$$\begin{cases} \sigma_x = \dfrac{\partial^2\phi}{\partial y^2} + \dfrac{\partial\phi_1}{\partial x} - \dfrac{\partial\phi_2}{\partial y}, \\ \sigma_y = \dfrac{\partial^2\phi}{\partial x^2} - \dfrac{\partial\phi_1}{\partial x} + \dfrac{\partial\phi_2}{\partial y}, \\ \tau_{xy} = -\dfrac{\partial^2\phi}{\partial x\partial y} + \dfrac{\partial\phi_1}{\partial y} + \dfrac{\partial\phi_2}{\partial x}. \end{cases} \qquad (4.8)$$

上式即是平面问题的应力分量 σ_x,σ_y 和 τ_{xy} 通过函数 ϕ,ϕ_1 和 ϕ_2 的表达式,这三个函数常称为 Airy-Schaefer 应力函数,它们分别满足双调和方程与调和方程,即

$$\nabla^2\nabla^2\phi = 0, \quad \nabla^2\phi_i = 0 \quad (i=1,2). \qquad (4.9)$$

如果我们用共轭形式的通解(3.1)代替 P-N 通解(1.4),重复本节上述过程,可得

$$\sigma_x = \frac{\partial^2 \phi}{\partial y^2}, \quad \sigma_y = \frac{\partial^2 \phi}{\partial x^2}, \quad \tau_{xy} = -\frac{\partial^2 \phi}{\partial x \partial y}, \tag{4.10}$$

其中

$$\phi = \frac{E}{4(1-\nu^2)}(H_0 + xH + yG). \tag{4.11}$$

显然(4.11)中的 ϕ 是双调和函数,它称为 Airy 应力函数. 由于共轭关系(3.2),在(4.10)中没有 ϕ_1 和 ϕ_2 项. 值得指出的是,(4.10)中的 Airy 应力函数 ϕ 在多连通域中可能是多值的. 而在(4.7)中的 Airy-Schaefer 应力函数 ϕ, ϕ_1 和 ϕ_2,即使在多连通域总可取为单值函数.

§ 5 Мусхелишвили 复变公式

从共轭形式的通解(3.1)可得

$$2\mu(u + \mathrm{i}v) = 2\mu(H + \mathrm{i}G) - \frac{\mu}{2(1-\nu)}\Big[\frac{\partial}{\partial x}(H_0 + xH + yG) + \mathrm{i}\frac{\partial}{\partial y}(H_0 + xH + yG)\Big]. \tag{5.1}$$

令

$$\varphi(z) = \frac{E}{4(1-\nu^2)}(H + \mathrm{i}G), \quad \psi(z) = \frac{E}{4(1-\nu^2)}\left(\frac{\partial H_0}{\partial x} - \mathrm{i}\frac{\partial H_0}{\partial y}\right), \tag{5.2}$$

其中 $z = x + \mathrm{i}y$. 由于 H 与 G 为共轭调和函数,而

$$\frac{\partial H_0}{\partial x} \quad 与 \quad -\frac{\partial H_0}{\partial y}$$

也是共轭调和函数,那么(5.2)所定义的 $\varphi(z)$ 和 $\psi(z)$ 都是解析函数. 将(5.2)代入(5.1)式,可得

$$2\mu(u + \mathrm{i}v) = (3 - 4\nu)\varphi(z) - \overline{\psi(z)} - \frac{E}{4(1-\nu^2)}\Big[\left(x\frac{\partial H}{\partial x} + y\frac{\partial G}{\partial x}\right)$$

$$+\mathrm{i}\left(x\frac{\partial H}{\partial y}+y\frac{\partial G}{\partial y}\right)\Big], \tag{5.3}$$

其中 $\overline{\psi(z)}$表示 $\psi(z)$的共轭函数. 注意到

$$\varphi'(z)=\frac{E}{4(1-\nu^2)}\left(\frac{\partial H}{\partial x}+\mathrm{i}\,\frac{\partial G}{\partial x}\right)=\frac{E}{4(1-\nu^2)}\left(-\mathrm{i}\,\frac{\partial H}{\partial y}+\frac{\partial G}{\partial y}\right), \tag{5.4}$$

从(5.4)式能算出

$$z\,\overline{\varphi'(z)}=\frac{E}{4(1-\nu^2)}\left[\left(x\frac{\partial H}{\partial x}+y\frac{\partial G}{\partial x}\right)+\mathrm{i}\left(x\frac{\partial H}{\partial y}+y\frac{\partial G}{\partial y}\right)\right]. \tag{5.5}$$

将(5.5)代入(5.3),得到

$$2\mu(u+\mathrm{i}v)=(3-4\nu)\varphi(z)-z\,\overline{\varphi'(z)}-\overline{\psi(z)}. \tag{5.6}$$

这就是著名的 Мусхелишвили 公式,它表示平面问题的位移场可通过两个解析函数 $\varphi(z)$和 $\psi(z)$来表示. 由(5.6)可得应力场的复变表示. 在多连通区域内,与共轭形式的通解一样,$\varphi(z)$和 $\psi(z)$可能是多值函数,参见参考文献[277].

如果,设

$$\chi(z)=\int\psi(z)\mathrm{d}z, \tag{5.7}$$

那么 Airy 应力函数(4.11)表成

$$\phi=\mathrm{Re}[\bar{z}\varphi(z)+\chi(z)]. \tag{5.8}$$

§6 Векуа-Мусхелишвили 特解公式

具有体力的平面问题的方程为

$$\begin{cases}\nabla^2 u+\dfrac{1}{1-2\nu}\dfrac{\partial}{\partial x}\left(\dfrac{\partial u}{\partial x}+\dfrac{\partial v}{\partial y}\right)=-\dfrac{1}{\mu}f_1,\\[2ex]\nabla^2 v+\dfrac{1}{1-2\nu}\dfrac{\partial}{\partial y}\left(\dfrac{\partial u}{\partial x}+\dfrac{\partial v}{\partial y}\right)=-\dfrac{1}{\mu}f_2,\end{cases} \tag{6.1}$$

其中 f_1 和 f_2 分别为 x 和 y 方向上给定的体力.

今假定(6.1)的一个特解具有P-N解(1.4)的形式,但其中函数$P_i(i=0,1,2)$待定. 将(1.4)代入(6.1)式,可得

$$\begin{cases}\nabla^2 P_1 - \dfrac{1}{2(1-2\nu)}\dfrac{\partial}{\partial x}(\nabla^2 P_0 + x\,\nabla^2 P_1 + y\,\nabla^2 P_2) = -\dfrac{1}{\mu}f_1,\\ \nabla^2 P_2 - \dfrac{1}{2(1-2\nu)}\dfrac{\partial}{\partial y}(\nabla^2 P_0 + x\,\nabla^2 P_1 + y\,\nabla^2 P_2) = -\dfrac{1}{\mu}f_2.\end{cases} \tag{6.2}$$

如果P_1,P_2和P_0满足如下的方程:

$$\nabla^2 P_1 = -\frac{1}{\mu}f_1,\quad \nabla^2 P_2 = -\frac{1}{\mu}f_2,\quad \nabla^2 P_0 = \frac{1}{\mu}(xf_1 + yf_2), \tag{6.3}$$

则(6.2)成立. 而方程(6.3)的一个解为

$$\begin{cases}P_\alpha = \dfrac{1}{2\pi\mu}\displaystyle\iint_D f_\alpha(\xi,\eta)\ln\frac{1}{\rho}\mathrm{d}\xi\mathrm{d}\eta \quad (\alpha=1,2),\\ P_0 = -\dfrac{1}{2\pi\mu}\displaystyle\iint_D[\xi f_1(\xi,\eta) + \eta f_2(\xi,\eta)]\ln\frac{1}{\rho}\mathrm{d}\xi\mathrm{d}\eta,\end{cases} \tag{6.4}$$

其中$\rho=\sqrt{(x-\xi)^2+(y-\eta)^2}$.

将(6.4)代入(1.4),可得具有体力的非齐次方程(6.1)的特解

$$\begin{cases}2\mu u = \dfrac{1}{4\pi(1-\nu)}\left[(3-4\nu)\displaystyle\iint f_1\ln\frac{1}{\rho}\mathrm{d}\xi\mathrm{d}\eta \right.\\ \qquad\qquad \left. + \displaystyle\iint\frac{(x-\xi)f_1 + (y-\eta)f_2}{\rho^2}(x-\xi)\mathrm{d}\xi\mathrm{d}\eta\right],\\ 2\mu v = \dfrac{1}{4\pi(1-\nu)}\left[(3-4\nu)\displaystyle\iint f_2\ln\frac{1}{\rho}\mathrm{d}\xi\mathrm{d}\eta \right.\\ \qquad\qquad \left. + \displaystyle\iint\frac{(x-\xi)f_1 + (y-\eta)f_2}{\rho^2}(y-\eta)\mathrm{d}\xi\mathrm{d}\eta\right].\end{cases} \tag{6.5}$$

如果f_1和f_2为集中力,其大小为F_1和F_2,而作用点皆在

(x_0, y_0),那么(6.4)、(6.5)两式分别为

$$P_\alpha = -\frac{F_\alpha}{2\pi\mu}\ln r \ (\alpha = 1,2), \quad P_0 = \frac{x_0 F_1 + y_0 F_2}{2\pi\mu}\ln r, \tag{6.6}$$

$$\begin{cases} 2\mu u = \dfrac{1}{4\pi(1-\nu)}\Big[-(3-4\nu)F_1 \ln r \\ \qquad\qquad + \dfrac{(x-x_0)F_1 + (y-y_0)F_2}{r^2}(x-x_0)\Big], \\ 2\mu v = \dfrac{1}{4\pi(1-\nu)}\Big[-(3-4\nu)F_2 \ln r \\ \qquad\qquad + \dfrac{(x-x_0)F_1 + (y-y_0)F_2}{r^2}(y-y_0)\Big], \end{cases} \tag{6.7}$$

其中 $r=\sqrt{(x-x_0)^2+(y-y_0)^2}$.

现在将特解(6.5)写成复数形式.设

$$F(\zeta) = f_1(\xi,\eta) + \mathrm{i} f_2(\xi,\eta), \quad \zeta = \xi + \mathrm{i}\eta. \tag{6.8}$$

从(6.5),利用(6.8),可得

$$2\mu(u+\mathrm{i}v) = -\frac{3-4\nu}{4\pi(1-\nu)}\iint F(\zeta)\ln\rho\,\mathrm{d}\xi\mathrm{d}\eta + \frac{1}{4\pi(1-\nu)}\iint[(x-\xi)f_1 + (y-\eta)f_2] \cdot \frac{(x-\xi)+\mathrm{i}(y-\eta)}{\rho^2}\mathrm{d}\xi\mathrm{d}\eta. \tag{6.9}$$

注意到

$$\begin{cases} (x-\xi)f_1 + (y-\eta)f_2 = \dfrac{1}{2}\left[\overline{(z-\zeta)}F(\zeta) + (z-\zeta)\overline{F(\zeta)}\right], \\ \dfrac{(x-\xi)+\mathrm{i}(y-\eta)}{\rho^2} = \dfrac{z-\zeta}{(z-\zeta)(\overline{z}-\overline{\zeta})} = \dfrac{1}{\overline{z}-\overline{\zeta}}. \end{cases} \tag{6.10}$$

将(6.10)代入(6.9),得

$$2\mu(u+\mathrm{i}v) = -\frac{3-4\nu}{4\pi(1-\nu)}\iint F(\zeta)\ln\rho\,\mathrm{d}\xi\mathrm{d}\eta$$

$$+\frac{1}{8\pi(1-\nu)}\iint\overline{F(\zeta)}\,\frac{z-\zeta}{\bar{z}-\bar{\zeta}}\mathrm{d}\xi\mathrm{d}\eta. \tag{6.11}$$

在导出(6.11)时，我们略去了下面的项

$$\frac{1}{8\pi(1-\nu)}\iint F(\xi,\eta)\mathrm{d}\xi\mathrm{d}\eta,$$

因为此项是常量，也就是说，从(6.10)至(6.11)，我们略去一个刚体平移的项. 这并不影响(6.11)式仍为一个特解.

关于公式(6.11)，请见参考文献[307]和参考文献[314]的1966年俄文第5版的附录Ⅳ. 本章§1～§6的内容引自参考文献[52]，亦可见参考文献[4].

§7　二维各向异性弹性力学的 Stroh 公式

在直角坐标系 $x_j(j=1,2,3)$中，设 u_i 和 σ_{ij}分别表示位移和应力. 以位移表示的应力和平衡方程分别为

$$\sigma_{ij}=E_{ijks}u_{k,s}, \tag{7.1}$$

$$E_{ijks}u_{k,sj}=0, \tag{7.2}$$

其中重复下标表示从1至3求和，逗号表示对其后相应的变量取微商，E_{ijks}为弹性常数，并假定具有完全对称性

$$E_{ijks}=E_{ijsk}=E_{jisk}=E_{ksij}. \tag{7.3}$$

本节考虑二维变形，假定位移 $u_i(i=1,2,3)$仅与坐标 x_1 和 x_2 有关. 设方程(7.2)有如下形式的解：

$$u_k=a_kf(z),\quad z=x_1+px_2, \tag{7.4}$$

其中 f 是 z 的解析函数，而 p 和 a_k 为待定常数. 将(7.4)式代入(7.2)式，可得

$$E_{ijks}(\delta_{s1}+p\delta_{s2})(\delta_{j1}+p\delta_{j2})a_kf''(z)=0, \tag{7.5}$$

这里 δ_{ij} 为 Kronecker 符号，即

$$\delta_{ij}=\begin{cases}1 & i=j,\\ 0, & i\neq j.\end{cases}$$

利用矩阵记号，约去 $f''(z)$以后，(7.5)式可写成

$$\{\boldsymbol{Q} + p(\boldsymbol{R} + \boldsymbol{R}^{\mathrm{T}}) + p^2\boldsymbol{T}\}\boldsymbol{a} = 0, \tag{7.6}$$

其中上标"T"表示转置，$\boldsymbol{a}=(a_1,a_2,a_3)^{\mathrm{T}}$，$\boldsymbol{Q}$，$\boldsymbol{R}$ 和 $\boldsymbol{T}$ 为 3×3 矩阵，它们的分量分别为

$$Q_{ik} = E_{i1k1}, \quad R_{ik} = E_{i1k2}, \quad T_{ik} = E_{i2k2}, \tag{7.7}$$

我们注意到 $\boldsymbol{Q}$ 和 $\boldsymbol{T}$ 是对称的. 由于应变能是正定的，$\boldsymbol{Q}$ 和 $\boldsymbol{T}$ 也将是正定的.

方程(7.6)是一个二次本征值问题，其系数行列式关于 p 是 6 次的，故可给出 6 个本征值 p，以及相应的本征矢量 $\boldsymbol{a}$. 以下来证明这 6 个本征值全为复数.

引理 7.1(Eshelby 等[123]) 假定应变能是正定的，即假定对任意不全为零的 $u_{i,j}$ 总有

$$E_{ijks}\, u_{i,j}\, u_{k,s} > 0, \tag{7.8}$$

则(7.6)式的本征值 p 不可能为实数.

证明 用反证法. 设若不然，p 为实数，即下式中的 p 为实数

$$E_{ijks}(\delta_{s1} + p\delta_{s2})(\delta_{j1} + p\delta_{j2})a_k = 0. \tag{7.9}$$

由于本征值 p 为实数，其本征矢量 $\boldsymbol{a}$ 也将是实的. 将(7.9)乘以 a_i，再对 i 求和，得

$$E_{ijks}[a_i(\delta_{j1} + p\delta_{j2})][a_k(\delta_{s1} + p\delta_{s2})] = 0. \tag{7.10}$$

令位移 $u_i^0=a_i(x_1+px_2)$，(7.10)成为

$$E_{ijks}\, u_{i,j}^0\, u_{k,s}^0 = 0. \tag{7.11}$$

由于 $u_{i,j}^0$不全为零，于是(7.11)与应变能正定性假定(7.8)式矛盾. 证毕.

我们仅考虑方程(7.6)的本征值为单重的情形. 从引理 7.1 可知，这时有三对共轭复根，设为 $p_\alpha(\alpha=1,2,\cdots,6)$，其相应的本征矢量为 $\boldsymbol{a}_\alpha(\alpha=1,2,\cdots,6)$，并记

$$p_{\alpha+3} = \bar{p}_\alpha, \quad \boldsymbol{a}_{\alpha+3} = \bar{\boldsymbol{a}}_\alpha \quad (\alpha = 1,2,3). \tag{7.12}$$

为确定起见，认定 $\mathrm{Im}p_\alpha>0$ $(\alpha=1,2,3)$. 叠加形如(7.4)的 6 个解，

我们可得位移 $\boldsymbol{u}$ 的一般解为

$$\boldsymbol{u}=\sum_{\alpha=1}^{3}[\boldsymbol{a}_\alpha f_\alpha(z_\alpha)+\overline{\boldsymbol{a}}_\alpha\ \overline{f}_\alpha(\overline{z}_\alpha)], \tag{7.13}$$

其中 f_1,f_2,f_3 是它们宗量的任意解析函数,而

$$z_\alpha=x_1+p_\alpha x_2\quad(\alpha=1,2,3). \tag{7.14}$$

如果令

$$\boldsymbol{A}=(\boldsymbol{a}_1,\boldsymbol{a}_2,\boldsymbol{a}_3),\quad \boldsymbol{f}(z_*)=(f_1(z_1),f_2(z_2),f_3(z_3))^{\mathrm{T}}, \tag{7.15}$$

那么二维各向异性弹性力学问题的位移场,其一般形式可写为

$$\boldsymbol{u}=\boldsymbol{A}\boldsymbol{f}(z_*)+\overline{\boldsymbol{A}}\ \overline{\boldsymbol{f}(z_*)}. \tag{7.16}$$

现在来求应力场的表达式.将(7.4)代入广义 Hooke 定律的(7.1)式,得到

$$\sigma_{ij}=E_{ijks}a_k(\delta_{s1}+p\delta_{s2})f'(z)=(E_{ijk1}+pE_{ijk2})a_kf'(z).$$

对于 $j=1,2$,上式分别给出

$$\begin{cases}\sigma_{i1}=(Q_{ik}+pR_{ik})a_kf'(z),\\ \sigma_{i2}=(R_{ik}^{\mathrm{T}}+pT_{ik})a_kf'(z),\end{cases} \tag{7.17}$$

其中 Q_{ik},R_{ik} 和 T_{ik} 的定义由(7.7)式给出.令

$$\boldsymbol{b}=(\boldsymbol{R}^{\mathrm{T}}+p\boldsymbol{T})\boldsymbol{a}, \tag{7.18}$$

则从(7.6)式可求出

$$\boldsymbol{b}=-\frac{1}{p}(\boldsymbol{Q}+p\boldsymbol{R})\boldsymbol{a}. \tag{7.19}$$

再令

$$\boldsymbol{\varphi}=\boldsymbol{b}f(z), \tag{7.20}$$

称 $\boldsymbol{\varphi}$ 为应力函数矢量.利用(7.18)、(7.19)和(7.20)式所定义的 $\boldsymbol{b}$ 和 $\boldsymbol{\varphi}$,可将(7.17)式中的应力分量用应力函数 $\boldsymbol{\varphi}=(\varphi_1,\varphi_2,\varphi_3)^{\mathrm{T}}$ 来表示,即

$$\begin{cases}\sigma_{i1}=-\varphi_{i,2},\\ \sigma_{i2}=\varphi_{i,1}\end{cases}\quad(i=1,2,3). \tag{7.21}$$

此式表明,如果求得应力函数 φ_i,则应力分量即可求出.

既然有 6 个不同的本征值 p,叠加(7.20)式可得到应力函数矢量 $\boldsymbol{\varphi}$的一般表达式

$$\boldsymbol{\varphi}=\sum_{\alpha=1}^{3}[\boldsymbol{b}_\alpha f_\alpha(z_\alpha)+\bar{\boldsymbol{b}}_\alpha\ \bar{f}_\alpha(\bar{z}_\alpha)]. \tag{7.22}$$

若令

$$\boldsymbol{B}=(\boldsymbol{b}_1,\boldsymbol{b}_2,\boldsymbol{b}_3), \tag{7.23}$$

则(7.22)式可写为

$$\boldsymbol{\varphi}=\boldsymbol{B}\boldsymbol{f}(z_*)+\overline{\boldsymbol{B}}\,\overline{\boldsymbol{f}(z_*)}. \tag{7.24}$$

位移和应力函数的表达式(7.16)和(7.24)通常称为 Stroh 公式[255,256](1958,1962).

§8 Barnett-Lothe 矩阵及其积分公式

8.1 Barnett-Lothe 矩阵

改写(7.18)和(7.19)两式,成为一个标准的本征方程

$$\boldsymbol{N}\boldsymbol{\xi}=p\boldsymbol{\xi}, \tag{8.1}$$

其中

$$\boldsymbol{N}=\begin{bmatrix}\boldsymbol{N}_1 & \boldsymbol{N}_2\\ \boldsymbol{N}_3 & \boldsymbol{N}_1^{\mathrm{T}}\end{bmatrix},\quad \boldsymbol{\xi}=\begin{bmatrix}\boldsymbol{a}\\ \boldsymbol{b}\end{bmatrix}, \tag{8.2}$$

$$\boldsymbol{N}_1=-\boldsymbol{T}^{-1}\boldsymbol{R}^{\mathrm{T}},\quad \boldsymbol{N}_2=\boldsymbol{T}^{-1},\quad \boldsymbol{N}_3=\boldsymbol{R}\boldsymbol{T}^{-1}\boldsymbol{R}^{\mathrm{T}}-\boldsymbol{Q}. \tag{8.3}$$

由于 $\boldsymbol{Q}$ 和 $\boldsymbol{T}$ 是对称的,那么 $\boldsymbol{N}_2$ 和 $\boldsymbol{N}_3$ 也是对称的. 方程(8.1)表示 $\boldsymbol{\xi}$ 是 6×6 矩阵 $\boldsymbol{N}$ 的右本征矢量. 引入 6×6 矩阵 $\boldsymbol{J}$:

$$\boldsymbol{J}=\begin{bmatrix}\boldsymbol{0} & \boldsymbol{I}\\ \boldsymbol{I} & \boldsymbol{0}\end{bmatrix}, \tag{8.4}$$

其中 $\boldsymbol{I}$ 为 3×3 单位矩阵. 我们有

$$\boldsymbol{J}=\boldsymbol{J}^{-1}=\boldsymbol{J}^{\mathrm{T}}. \tag{8.5}$$

利用(8.4)式的矩阵 $\boldsymbol{J}$,可得,

$$\boldsymbol{J}\boldsymbol{N}=(\boldsymbol{J}\boldsymbol{N})^{\mathrm{T}}=\boldsymbol{N}^{\mathrm{T}}\boldsymbol{J}. \tag{8.6}$$

如果令

$$\boldsymbol{\eta} = \boldsymbol{J}\boldsymbol{\xi} = \begin{pmatrix} \boldsymbol{b} \\ \boldsymbol{a} \end{pmatrix}, \tag{8.7}$$

利用(8.6)，从(8.1)可得

$$\boldsymbol{N}^{\mathrm{T}}\boldsymbol{\eta} = p\boldsymbol{\eta}, \tag{8.8}$$

或者

$$\boldsymbol{\eta}^{\mathrm{T}}\boldsymbol{N} = p\boldsymbol{\eta}^{\mathrm{T}}. \tag{8.9}$$

(8.9)式表示 $\boldsymbol{\eta}$ 为 $\boldsymbol{N}$ 的左本征矢量.

从(8.1)和(8.9)，对不同的本征值 p_α 和 p_β，有

$$(p_\alpha - p_\beta)\,\boldsymbol{\eta}_\alpha^{\mathrm{T}}\boldsymbol{\xi}_\beta = 0. \tag{8.10}$$

将(8.7)代入(8.10)，并将 $\boldsymbol{\xi}$ 标准化，可得如下的正交关系：

$$\boldsymbol{\xi}_\alpha^{\mathrm{T}}\boldsymbol{J}\boldsymbol{\xi}_\beta = \delta_{\alpha\beta}. \tag{8.11}$$

今引入 6×6 矩阵 $\boldsymbol{U}$：

$$\boldsymbol{U} = \begin{bmatrix} \boldsymbol{A} & \overline{\boldsymbol{A}} \\ \boldsymbol{B} & \overline{\boldsymbol{B}} \end{bmatrix}, \tag{8.12}$$

那么正交关系(8.11)可写成矩阵形式

$$\boldsymbol{U}^{\mathrm{T}}\boldsymbol{J}\boldsymbol{U} = \boldsymbol{I}, \tag{8.13}$$

其中 $\boldsymbol{I}$ 为 6×6 单位矩阵. 方程(8.13)表示 $\boldsymbol{U}^{\mathrm{T}}$ 和 $\boldsymbol{J}\boldsymbol{U}$ 彼此互逆，因此它们可交换，即有

$$\boldsymbol{J}\boldsymbol{U}\boldsymbol{U}^{\mathrm{T}} = \boldsymbol{I}. \tag{8.14}$$

利用(8.12)，可将(8.14)写成

$$\begin{cases} \boldsymbol{A}\boldsymbol{A}^{\mathrm{T}} + \overline{\boldsymbol{A}}\,\overline{\boldsymbol{A}}^{\mathrm{T}} = \boldsymbol{0} = \boldsymbol{B}\boldsymbol{B}^{\mathrm{T}} + \overline{\boldsymbol{B}}\,\overline{\boldsymbol{B}}^{\mathrm{T}}, \\ \boldsymbol{B}\boldsymbol{A}^{\mathrm{T}} + \overline{\boldsymbol{B}}\,\overline{\boldsymbol{A}}^{\mathrm{T}} = \boldsymbol{I} = \boldsymbol{A}\boldsymbol{B}^{\mathrm{T}} + \overline{\boldsymbol{A}}\,\overline{\boldsymbol{B}}^{\mathrm{T}}, \end{cases} \tag{8.15}$$

其中 $\boldsymbol{I}$ 为 3×3 单位矩阵.

方程(8.15)的上面两式表示 $\boldsymbol{A}\boldsymbol{A}^{\mathrm{T}}$ 和 $\boldsymbol{B}\boldsymbol{B}^{\mathrm{T}}$ 为纯虚数矩阵，而下面两式表示 $2\boldsymbol{A}\boldsymbol{B}^{\mathrm{T}}$ 的实部为单位矩阵. 因此，如果我们令

$$\boldsymbol{H} = 2\mathrm{i}\boldsymbol{A}\boldsymbol{A}^{\mathrm{T}}, \quad \boldsymbol{L} = -2\mathrm{i}\boldsymbol{B}\boldsymbol{B}^{\mathrm{T}}, \quad \boldsymbol{S} = \mathrm{i}(2\boldsymbol{A}\boldsymbol{B}^{\mathrm{T}} - \boldsymbol{I}), \tag{8.16}$$

则 $\boldsymbol{H}$、$\boldsymbol{L}$ 和 $\boldsymbol{S}$ 均为实矩阵，称为 Barnett-Lothe 矩阵. 显然 $\boldsymbol{H}$ 和 $\boldsymbol{L}$ 是对称的. 此外，$\boldsymbol{H}$ 和 $\boldsymbol{L}$ 也是正定的，$\boldsymbol{H}$ 的正定性可从下节的

Barnett-Lothe 积分公式看出，而 $\boldsymbol{L}$ 的正定性证明可参见参考文献[258].

8.2 Barnett-Lothe 积分公式

记

$$\boldsymbol{n} = (\cos\omega, \sin\omega, 0),$$
$$\boldsymbol{m} = (-\sin\omega, \cos\omega, 0),$$

其中 ω 如图 2.1 所示. 设方程(7.2)有如下的解:

$$\boldsymbol{u} = \boldsymbol{a} f(z), \quad (8.17)$$

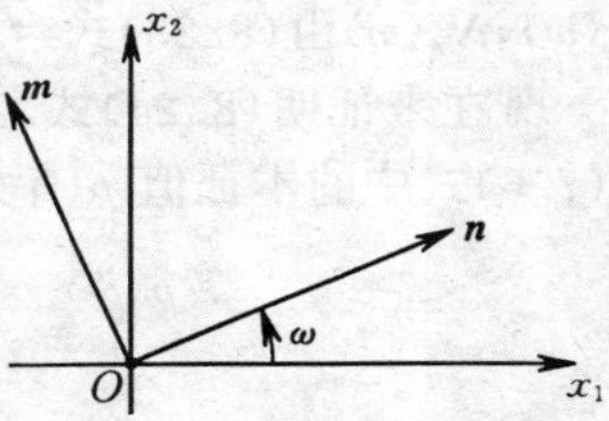

图 2.1

这里 $\boldsymbol{a}$ 为待定矢量，而变量 z 为

$$\begin{aligned} z &= \boldsymbol{n}\cdot\boldsymbol{x} + p\boldsymbol{m}\cdot\boldsymbol{x} = n_s x_s + p m_s x_s, \\ \boldsymbol{x} &= (x_1, x_2, 0). \end{aligned} \quad (8.18)$$

重复上节的方法，得

$$\{\boldsymbol{Q}(\omega) + p(\omega)[\boldsymbol{R}(\omega) + \boldsymbol{R}^{\mathrm{T}}(\omega)] + p^2(\omega)\boldsymbol{T}(\omega)\}\boldsymbol{a}(\omega) = \boldsymbol{0}, \quad (8.19)$$

式中

$$Q_{ik}(\omega) = E_{ijks}\, n_j n_s, \quad R_{ik}(\omega) = E_{ijks}\, n_j m_s, \quad T_{ik}(\omega) = E_{ijks}\, m_j m_s, \quad (8.20)$$

而 $p(\omega)$和 $\boldsymbol{a}(\omega)$分别是方程(8.19)对应于 ω 的本征值和本征矢量.

按§7 和§8.1 的方法，可得

$$\boldsymbol{N}(\omega)\boldsymbol{\xi}(\omega) = p(\omega)\boldsymbol{\xi}(\omega), \quad (8.21)$$

这里

$$\boldsymbol{N}(\omega) = \begin{bmatrix} \boldsymbol{N}_1(\omega) & \boldsymbol{N}_2(\omega) \\ \boldsymbol{N}_3(\omega) & \boldsymbol{N}_1^{\mathrm{T}}(\omega) \end{bmatrix}, \quad \boldsymbol{\xi}(\omega) = \begin{bmatrix} \boldsymbol{a}(\omega) \\ \boldsymbol{b}(\omega) \end{bmatrix}, \quad (8.22)$$

$$\begin{cases} \boldsymbol{N}_1(\omega) = -\boldsymbol{T}^{-1}(\omega)\boldsymbol{R}^{\mathrm{T}}(\omega), \\ \boldsymbol{N}_2(\omega) = \boldsymbol{T}^{-1}(\omega), \\ \boldsymbol{N}_3(\omega) = \boldsymbol{R}(\omega)\boldsymbol{T}^{-1}(\omega)\boldsymbol{R}^{\mathrm{T}}(\omega) - \boldsymbol{Q}(\omega). \end{cases} \quad (8.23)$$

本节要证明如下的 Barnett-Lothe[93](1973)积分公式：

$$\boldsymbol{H}=\frac{1}{2\pi}\int_0^{2\pi}\boldsymbol{N}_2(\omega)\mathrm{d}\omega,\quad \boldsymbol{L}=-\frac{1}{2\pi}\int_0^{2\pi}\boldsymbol{N}_3(\omega)\mathrm{d}\omega,\quad \boldsymbol{S}=\frac{1}{2\pi}\int_0^{2\pi}\boldsymbol{N}_1(\omega)\mathrm{d}\omega,\tag{8.24}$$

其中 $\boldsymbol{H}$、$\boldsymbol{L}$ 和 $\boldsymbol{S}$ 为按(8.16)所定义的 Barnett-Lothe 矩阵，$\boldsymbol{N}_1(\omega)$，$\boldsymbol{N}_2(\omega)$，$\boldsymbol{N}_3(\omega)$由(8.23)式给出.

现在来证明(8.24)式. 首先，对于(8.19)式中的本征值 $p(\omega)$ 和(7.6)式中的本征值 p 有关系式

$$p(\omega)=\frac{p\cos\omega-\sin\omega}{p\sin\omega+\cos\omega},\tag{8.25}$$

或者

$$p=\frac{p(\omega)\cos\omega+\sin\omega}{-p(\omega)\sin\omega+\cos\omega}.\tag{8.26}$$

事实上，将(8.26)代入(7.6)，两边再乘以$[-p(\omega)\sin\omega+\cos\omega]^2$，得

$$\begin{aligned}&\{Q_{ik}[-p(\omega)\sin\omega+\cos\omega]^2+[-p(\omega)\sin\omega+\cos\omega]\\&\quad\cdot[p(\omega)\cos\omega+\sin\omega](R_{ik}+R_{ik}^{\mathrm{T}})\\&\quad+[p(\omega)\cos\omega+\sin\omega]^2T_{ik}\}a_k=0.\end{aligned}\tag{8.27}$$

将(8.27)式的花括号中的平方与乘积算出，得到关于 $p(\omega)$的零次幂、一次幂和二次幂的各项，分别为

$$\begin{aligned}&Q_{ik}\cos^2\omega+(R_{ik}+R_{ik}^{\mathrm{T}})\cos\omega\sin\omega+T_{ik}\sin^2\omega\\&\quad=E_{i1k1}n_1n_1+E_{i1k2}n_1n_2+E_{i2k1}n_2n_1+E_{i2k2}n_2n_2=Q_{ik}(\omega),\\&p(\omega)[-2Q_{ik}\cos\omega\sin\omega+(R_{ik}+R_{ik}^{\mathrm{T}})(\cos^2\omega-\sin^2\omega)\\&\quad+2T_{ik}\cos\omega\sin\omega]\\&\quad=p(\omega)[E_{i1k1}n_1m_1+E_{i1k2}n_1m_2+E_{i2k1}n_2m_1+E_{i2k2}n_2m_2\\&\quad+E_{i1k1}m_1n_1+E_{i1k2}m_1n_2+E_{i2k1}m_2n_1+E_{i2k2}m_2n_2]\\&\quad=p(\omega)[R_{ik}(\omega)+R_{ik}^{\mathrm{T}}(\omega)],\\&p^2(\omega)[Q_{ik}\sin^2\omega-(R_{ik}+R_{ik}^{\mathrm{T}})\cos\omega\sin\omega+T_{ik}\cos^2\omega]\\&\quad=p^2(\omega)[E_{i1k1}m_1m_1+E_{i1k2}m_1m_2+E_{i2k1}m_2m_1+E_{i2k2}m_2m_2]\\&\quad=p^2(\omega)T_{ik}(\omega).\end{aligned}$$

将上述三式代入(8.27)中,得

$$\{Q_{ik}(\omega)+p(\omega)[R_{ik}(\omega)+R_{ik}^{\mathrm{T}}(\omega)]+p^{2}(\omega)T_{ik}(\omega)\}a_{k}=0, \tag{8.28}$$

或者

$$\{\boldsymbol{Q}(\omega)+p(\omega)[\boldsymbol{R}(\omega)+\boldsymbol{R}^{\mathrm{T}}(\omega)]+p^{2}(\omega)\boldsymbol{T}(\omega)\}\boldsymbol{a}=\boldsymbol{0}. \tag{8.29}$$

比较(8.29)与(8.19),就可以知道关于本征值 $p(\omega)$ 的关系式(8.25)和(8.26)是成立的.

而且从上述比较还可以知道,本征矢量 $\boldsymbol{a}(\omega)$ 与 ω 无关. 再进行一些计算可知 $\boldsymbol{b}(\omega)$ 也与 ω 无关,于是(8.21)中的本征矢量 $\boldsymbol{\xi}(\omega)$ 也与 ω 无关.

再将(8.25)式对 ω 从 0 至 2π 积分,得

$$\int_0^{2\pi}p(\omega)\mathrm{d}\omega=\int_0^{2\pi}\frac{p\cos\omega-\sin\omega}{p\sin\omega+\cos\omega}\mathrm{d}\omega=[\ln(p\sin\omega+\cos\omega)]_0^{2\pi}.$$

记 $p=a+\mathrm{i}b$,其中 a 和 b 为实数,且由引理 7.1,可知 $b\neq0$. 于是上面的积分可算出为

$$\begin{aligned}\int_0^{2\pi}p(\omega)\mathrm{d}\omega&=\Big\{\ln\sqrt{(a\sin\omega+\cos\omega)^2+(b\sin\omega)^2}\\&\qquad+\mathrm{i}\arctan\frac{b\sin\omega}{a\sin\omega+\cos\omega}\Big\}_0^{2\pi}\\&=\mathrm{i}\arctan\frac{b\tan\omega}{a\tan\omega+1}\Big|_0^{2\pi}=\begin{cases}2\pi\mathrm{i}&(b>0).\\-2\pi\mathrm{i}&(b<0).\end{cases}\end{aligned} \tag{8.30}$$

我们知道,本征方程(8.21)有 6 个根,并假设全为单根,即有互不相同的三对共轭复根. 前已取定 $p_\alpha(\alpha=1,2,3)$ 有正虚部,而 $p_{\alpha+3}=\bar{p}_\alpha(\alpha=1,2,3)$,因此

$$\int_0^{2\pi}p_\alpha(\omega)\mathrm{d}\omega=\begin{cases}2\pi\mathrm{i}&(\alpha=1,2,3),\\-2\pi\mathrm{i}&(\alpha=4,5,6).\end{cases} \tag{8.31}$$

令

$$\boldsymbol{\Gamma}(\omega) = \mathrm{diag}[p_1(\omega), p_2(\omega), \cdots, p_6(\omega)], \tag{8.32}$$

即 $\boldsymbol{\Gamma}(\omega)$为 6×6 对角矩阵,其对角线元素是 $p_1(\omega), p_2(\omega), \cdots, p_6(\omega)$,而非对角线元素均是零. 利用(8.31),对(8.32)积分,得

$$\frac{1}{2\pi}\int_0^{2\pi} \boldsymbol{\Gamma}(\omega)\mathrm{d}\omega = \mathrm{i}\begin{bmatrix} \boldsymbol{I} & \boldsymbol{0} \\ \boldsymbol{0} & -\boldsymbol{I} \end{bmatrix}, \tag{8.33}$$

其中 $\boldsymbol{I}$ 为 3×3 单位矩阵.

设 $\boldsymbol{\xi}_1, \boldsymbol{\xi}_2, \cdots, \boldsymbol{\xi}_6$ 为相应于 $p_1, p_2, \cdots, p_6$ 的本征矢量,引入 6×6 矩阵 $\boldsymbol{U}(\omega)$,

$$\boldsymbol{U}(\omega) = [\boldsymbol{\xi}_1(\omega), \boldsymbol{\xi}_2(\omega), \cdots, \boldsymbol{\xi}_6(\omega)], \tag{8.34}$$

可将本征方程(8.21)写成

$$\boldsymbol{N}(\omega)\boldsymbol{U}(\omega) = \boldsymbol{U}(\omega)\boldsymbol{\Gamma}(\omega). \tag{8.35}$$

我们已证明本征矢量 $\boldsymbol{\xi}_\alpha(\omega)$与 ω 无关,这样 $\boldsymbol{U}(\omega)$也与 ω 无关. 因此,(8.35)式可写成

$$\boldsymbol{N}(\omega)\boldsymbol{U} = \boldsymbol{U}\boldsymbol{\Gamma}(\omega). \tag{8.36}$$

将(8.36)式两边对 ω 积分,利用(8.33)式,可得

$$\frac{1}{2\pi}\int_0^{2\pi} \boldsymbol{N}(\omega)\mathrm{d}\omega = \mathrm{i}\boldsymbol{U}\begin{bmatrix} \boldsymbol{I} & \boldsymbol{0} \\ \boldsymbol{0} & -\boldsymbol{I} \end{bmatrix}\boldsymbol{U}^{-1}. \tag{8.37}$$

按照(8.13)式,

$$\boldsymbol{U}^{-1} = \boldsymbol{U}^{\mathrm{T}}\boldsymbol{J} = \boldsymbol{U}^{\mathrm{T}}\begin{bmatrix} \boldsymbol{0} & \boldsymbol{I} \\ \boldsymbol{I} & \boldsymbol{0} \end{bmatrix},$$

由此(8.37)式的右端为

$$\mathrm{i}\begin{bmatrix} \boldsymbol{A} & \bar{\boldsymbol{A}} \\ \boldsymbol{B} & \bar{\boldsymbol{B}} \end{bmatrix}\begin{bmatrix} \boldsymbol{I} & \boldsymbol{0} \\ \boldsymbol{0} & -\boldsymbol{I} \end{bmatrix}\begin{bmatrix} \boldsymbol{A}^{\mathrm{T}} & \boldsymbol{B}^{\mathrm{T}} \\ \bar{\boldsymbol{A}}^{\mathrm{T}} & \bar{\boldsymbol{B}}^{\mathrm{T}} \end{bmatrix}\begin{bmatrix} \boldsymbol{0} & \boldsymbol{I} \\ \boldsymbol{I} & \boldsymbol{0} \end{bmatrix},$$

上式用到了(8.12)式. 将上式乘出来,得

$$\mathrm{i}\begin{bmatrix} \boldsymbol{A}\boldsymbol{B}^{\mathrm{T}} - \bar{\boldsymbol{A}}\,\bar{\boldsymbol{B}}^{\mathrm{T}} & \boldsymbol{A}\boldsymbol{A}^{\mathrm{T}} - \bar{\boldsymbol{A}}\,\bar{\boldsymbol{A}}^{\mathrm{T}} \\ \boldsymbol{B}\boldsymbol{B}^{\mathrm{T}} - \bar{\boldsymbol{B}}\,\bar{\boldsymbol{B}}^{\mathrm{T}} & \boldsymbol{B}\boldsymbol{A}^{\mathrm{T}} - \bar{\boldsymbol{B}}\,\bar{\boldsymbol{A}}^{\mathrm{T}} \end{bmatrix}.$$

将上式代入(8.37),并注意到 Barnett-Lothe 矩阵的定义(8.16)和 $\boldsymbol{N}(\omega)$的定义(8.22),得

$$\frac{1}{2\pi}\int_0^{2\pi}\begin{bmatrix}\boldsymbol{N}_1(\omega) & \boldsymbol{N}_2(\omega)\\ \boldsymbol{N}_3(\omega) & \boldsymbol{N}_1^{\mathrm{T}}(\omega)\end{bmatrix}\mathrm{d}\omega=\begin{bmatrix}\boldsymbol{S} & \boldsymbol{H}\\ -\boldsymbol{L} & \boldsymbol{S}^{\mathrm{T}}\end{bmatrix}. \tag{8.38}$$

(8.38)式就是著名的 Barnett-Lothe 积分公式(8.24). 由于 $\boldsymbol{T}(\omega)$是正定的,从(8.24)的第一式立即看出矩阵 $\boldsymbol{H}$ 是正定的.

例题 受均匀载荷的楔.

设有端部在原点的楔,在边界 $\theta=\pm\theta_0$ 上作用有均匀外力 $\boldsymbol{t}^{\pm}$,我们考虑 $0<\theta_0<\pi$,且 $\theta_0\neq\pi/2$ 的情形,如图 2.2 所示. 现在来求解此问题. 对于公式(7.24)中的 $\boldsymbol{F}(z)$,设

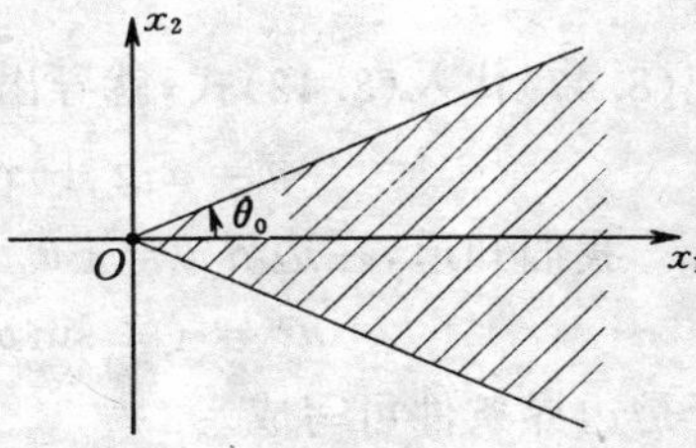

图 2.2

$$\boldsymbol{F}(z_*)=\boldsymbol{Z}\boldsymbol{q}, \tag{8.39}$$

其中 $\boldsymbol{q}$ 为待定复值常矢量,$\boldsymbol{Z}$ 为 3×3 对角矩阵

$$\boldsymbol{Z}=\mathrm{diag}(z_1,z_2,z_3). \tag{8.40}$$

令

$$\boldsymbol{q}=\boldsymbol{A}^{\mathrm{T}}\boldsymbol{g}+\boldsymbol{B}^{\mathrm{T}}\boldsymbol{h}, \tag{8.41}$$

这里 $\boldsymbol{g}$ 和 $\boldsymbol{h}$ 为待定的实值常矢量.

将(8.39)、(8.40)和(8.41)代入(7.24)式,得

$$\boldsymbol{\varphi}=\mathrm{Re}(2\boldsymbol{B}\boldsymbol{Z}\boldsymbol{A}^{\mathrm{T}}\boldsymbol{g})+\mathrm{Re}(2\boldsymbol{B}\boldsymbol{Z}\boldsymbol{B}^{\mathrm{T}}\boldsymbol{h}). \tag{8.42}$$

注意到复变量 z 的表示式(7.4),$\boldsymbol{Z}$ 就可写成

$$\boldsymbol{Z}=x_1\boldsymbol{I}+x_2\boldsymbol{P}, \tag{8.43}$$

其中 $\boldsymbol{I}$ 为 3×3 单位矩阵,$\boldsymbol{P}$ 为 3×3 对角矩阵

$$\boldsymbol{P}=\mathrm{diag}(p_1,p_2,p_3). \tag{8.44}$$

这样,就有

$$\begin{cases}2\boldsymbol{B}\boldsymbol{Z}\boldsymbol{A}^{\mathrm{T}}=2x_1\boldsymbol{B}\boldsymbol{A}^{\mathrm{T}}+2x_2\boldsymbol{B}\boldsymbol{P}\boldsymbol{A}^{\mathrm{T}},\\ 2\boldsymbol{B}\boldsymbol{Z}\boldsymbol{B}^{\mathrm{T}}=2x_1\boldsymbol{B}\boldsymbol{B}^{\mathrm{T}}+2x_2\boldsymbol{B}\boldsymbol{P}\boldsymbol{B}^{\mathrm{T}}.\end{cases} \tag{8.45}$$

我们有恒等式

$$\begin{cases} 2\boldsymbol{BPA}^{\mathrm{T}} = \boldsymbol{N}_1^{\mathrm{T}}(\boldsymbol{I} - \mathrm{i}\boldsymbol{S}^{\mathrm{T}}) - \mathrm{i}\boldsymbol{N}_3\boldsymbol{H}, \\ 2\boldsymbol{BPB}^{\mathrm{T}} = \boldsymbol{N}_3(\boldsymbol{I} - \mathrm{i}\boldsymbol{S}) + \mathrm{i}\boldsymbol{N}_1^{\mathrm{T}}\boldsymbol{L}. \end{cases} \tag{8.46}$$

将(8.46)代入(8.45),并考虑到 $\boldsymbol{L}$ 和 $\boldsymbol{S}$ 的表达式(8.16),得到

$$\begin{cases} 2\boldsymbol{BZA}^{\mathrm{T}} = x_1(\boldsymbol{I} - \mathrm{i}\boldsymbol{S}^{\mathrm{T}}) + x_2[\boldsymbol{N}_1^{\mathrm{T}}(\boldsymbol{I} - \mathrm{i}\boldsymbol{S}^{\mathrm{T}}) - \mathrm{i}\boldsymbol{N}_3\boldsymbol{H}], \\ 2\boldsymbol{BZB}^{\mathrm{T}} = x_1\mathrm{i}\boldsymbol{L} + x_2[\boldsymbol{N}_3(\boldsymbol{I} - \mathrm{i}\boldsymbol{S}) + \mathrm{i}\boldsymbol{N}_1^{\mathrm{T}}\boldsymbol{L}]. \end{cases} \tag{8.47}$$

把(8.47)代入(8.42)式,就导出了应力函数 $\boldsymbol{\varphi}$

$$\boldsymbol{\varphi} = x_1\boldsymbol{g} + x_2(\boldsymbol{N}_1^{\mathrm{T}}\boldsymbol{g} + \boldsymbol{N}_3\boldsymbol{h}). \tag{8.48}$$

我们知道,在边界 $\theta = \pm\theta_0$ 上的单位外法向 $\boldsymbol{n}^{\pm}$ 为

$$\boldsymbol{n}^{\pm} = (-\sin\theta_0, \pm\cos\theta_0, 0)^{\mathrm{T}}, \tag{8.49}$$

于是边界条件可写成

$$t_i^{\pm} = \sigma_{i1}n_1^{\pm} + \sigma_{i2}n_2^{\pm}. \tag{8.50}$$

利用(8.48)～(8.50)和应力分量的公式(7.21),得到

$$\boldsymbol{t}^{\pm} = (\boldsymbol{N}_1^{\mathrm{T}}\boldsymbol{g} + \boldsymbol{N}_3\boldsymbol{h})\sin\theta_0 \pm \boldsymbol{g}\cos\theta_0. \tag{8.51}$$

从上式可求出常矢量 $\boldsymbol{g}$ 和 $\boldsymbol{h}$,由此就算出应力的位移.

恒等式(8.46)的推导如下. 将本征方程(8.1)写成矩阵形式

$$\boldsymbol{N}\begin{bmatrix}\boldsymbol{A}\\ \boldsymbol{B}\end{bmatrix} = \begin{bmatrix}\boldsymbol{A}\\ \boldsymbol{B}\end{bmatrix}\boldsymbol{P}. \tag{8.52}$$

在(8.52)式两边右乘以 $[\boldsymbol{A}^{\mathrm{T}}, \boldsymbol{B}^{\mathrm{T}}]$,得

$$\begin{bmatrix}\boldsymbol{N}_1 & \boldsymbol{N}_2\\ \boldsymbol{N}_3 & \boldsymbol{N}_1^{\mathrm{T}}\end{bmatrix}\begin{bmatrix}\boldsymbol{AA}^{\mathrm{T}} & \boldsymbol{AB}^{\mathrm{T}}\\ \boldsymbol{BA}^{\mathrm{T}} & \boldsymbol{BB}^{\mathrm{T}}\end{bmatrix} = \begin{bmatrix}\boldsymbol{AP}\\ \boldsymbol{BP}\end{bmatrix}[\boldsymbol{A}^{\mathrm{T}}, \boldsymbol{B}^{\mathrm{T}}].$$

将上式乘积展开,有

$$\begin{bmatrix}\boldsymbol{N}_1\boldsymbol{AA}^{\mathrm{T}} + \boldsymbol{N}_2\boldsymbol{BA}^{\mathrm{T}} & \boldsymbol{N}_1\boldsymbol{AB}^{\mathrm{T}} + \boldsymbol{N}_2\boldsymbol{BB}^{\mathrm{T}}\\ \boldsymbol{N}_3\boldsymbol{AA}^{\mathrm{T}} + \boldsymbol{N}_1^{\mathrm{T}}\boldsymbol{BA}^{\mathrm{T}} & \boldsymbol{N}_3\boldsymbol{AB}^{\mathrm{T}} + \boldsymbol{N}_1^{\mathrm{T}}\boldsymbol{BB}^{\mathrm{T}}\end{bmatrix} = \begin{bmatrix}\boldsymbol{APA}^{\mathrm{T}} & \boldsymbol{APB}^{\mathrm{T}}\\ \boldsymbol{BPA}^{\mathrm{T}} & \boldsymbol{BPB}^{\mathrm{T}}\end{bmatrix}. \tag{8.53}$$

上述公式(8.53)包含了公式(8.46). 更多的恒等式请见参考文献[9,259].

如本例和许多其他问题中所见,最后的答案仅与矩阵 $\boldsymbol{H}$、$\boldsymbol{L}$ 和

S 有关,绕过了计算本征值和本征矢量的困难. 而 Barnett-Lothe 矩阵都是实的,且它们的计算可以从(8.24)方便地求出. Barnett-Lothe 公式的新形式,请见参考文献[262].

§9 椭 圆 孔

9.1 保角映射

设在 z 平面上,椭圆孔的边界 L 为

$$z = x_1 + \mathrm{i}x_2 = a\cos\psi + \mathrm{i}b\sin\psi, \tag{9.1}$$

其中 a 和 b 为椭圆的半长轴和半短轴,设 $a \geqslant b$, ψ 是实参数.

在 z_α 平面上,相应的椭圆孔的边界 L_α 为

$$z_\alpha = x_1 + p_\alpha x_2 = a\cos\psi + p_\alpha b\sin\psi. \tag{9.2}$$

考虑保角映射[260,第84~85页]

$$z_\alpha = \frac{1}{2}\left[(a - \mathrm{i}p_\alpha b)\zeta_\alpha + (a + \mathrm{i}p_\alpha b)\zeta_\alpha^{-1}\right] \quad (\text{对 } \alpha \text{ 不求和}), \tag{9.3}$$

或者

$$\zeta_\alpha = \frac{z_\alpha + \sqrt{z_\alpha^2 - a^2 - p_\alpha^2 b^2}}{a - \mathrm{i}p_\alpha b}. \tag{9.4}$$

映射(9.4)将 z_α 平面上椭圆孔外的区域 G 变换成 ζ_α 平面上单位圆 Γ 外的区域 Ω^+(参见图 2.3). 映射(9.4)还有一个重要的特点,那就是将三个边界 $L_\alpha(\alpha=1,2,3)$上的点(9.2)变换成单位圆的同一个点 $\zeta_\alpha = \mathrm{e}^{\mathrm{i}\psi}$,事实上

$$\begin{aligned} z_\alpha &= \frac{1}{2}\left[(a - \mathrm{i}p_\alpha b)\mathrm{e}^{\mathrm{i}\psi} + (a + \mathrm{i}p_\alpha b)\mathrm{e}^{-\mathrm{i}\psi}\right] \\ &= a\cos\psi + p_\alpha b\sin\psi. \end{aligned} \tag{9.5}$$

从(9.3)看出,对单位圆周上的点 $\zeta_\alpha = \pm 1$,相应于 z_α 平面上椭圆周界上的点 $z_\alpha = \pm a$;上述对应点之间的关系,对(9.4)而言,为

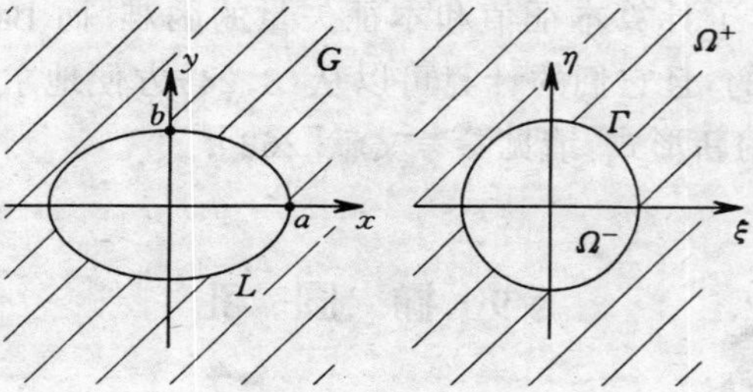

图　2.3

$$\zeta_\alpha = \frac{\pm a + \sqrt{(\pm a)^2 - a^2 - p_\alpha^2 b^2}}{a - \mathrm{i}p_\alpha b} = \frac{\pm a \mp \mathrm{i}p_\alpha b}{a - \mathrm{i}p_\alpha b} = \pm 1. \tag{9.6}$$

9.2　全纯矢量函数的边值问题

设 Γ 是 ζ 平面上的一个单闭曲线，它的内区域记为 Ω^+，外区域记为 Ω^-. Γ 的正方向总使 Ω^+ 在其左侧(参见图 2.3). 在 Γ 上给定一个复值连续函数 $g(t)$

$$g(t) = g_1(t) + \mathrm{i}g_2(t) \quad (t \in \Gamma), \tag{9.7}$$

其中 $g_1(t)$和 $g_2(t)$为实值连续函数.

一般说来，$g(t)$未必是区域 Ω^+ 内某个全纯函数在 Γ 上的边界值. 但是，我们有下列引理[314，第220页].

引理 9.1　在 Γ 上给定的复值连续函数 $g(t)$，它是 Ω^+ 内某个全纯函数边界值的充分必要条件是

$$\frac{1}{2\pi \mathrm{i}} \oint_L \frac{g(t)}{t - \zeta} \mathrm{d}t = 0 \quad (\text{对于 } \forall\, \zeta \in \Omega^-), \tag{9.8}$$

且该全纯函数为

$$f(\zeta) = \frac{1}{2\pi \mathrm{i}} \oint_L \frac{g(t)}{t - \zeta} \mathrm{d}t \quad (\zeta \in \Omega^+). \tag{9.9}$$

在二维各向异性弹性力学中，我们遇到如下的全纯矢量函数的边值问题：

$$\boldsymbol{B}\boldsymbol{f}(t)+\overline{\boldsymbol{B}}\,\overline{\boldsymbol{f}(t)}=2g_1(t)\boldsymbol{c}\quad(t\in\Gamma),\tag{9.10}$$

其中 $\boldsymbol{B}$ 为复常数矩阵,$g_1(t)$为边界 Γ 上给定的连续实函数,$\boldsymbol{c}$ 为实矢量,而

$$\boldsymbol{f}(\zeta_*)=(f_1(\zeta_1),f_2(\zeta_2),f_3(\zeta_3))^{\mathrm{T}},\tag{9.11}$$

这里 $f_\alpha(\alpha=1,2,3)$为在 Ω^+ 中待求的全纯函数,且在边界 Γ 上有 $\zeta_1=\zeta_2=\zeta_3=t$. 我们有下列引理.

引理 9.2 方程(9.10)在 Ω^+ 中的全纯矢量函数解 $\boldsymbol{f}(\zeta_*)$为

$$\boldsymbol{f}(\zeta_*)=\left\langle\frac{1}{2\pi\mathrm{i}}\oint_L\frac{g_1(t)+\mathrm{i}g_2(t)}{t-\zeta_*}\mathrm{d}t\right\rangle\boldsymbol{B}^{-1}\boldsymbol{c}\quad(\zeta_*\in\Omega^+),\tag{9.12}$$

其中$\langle * \rangle$表示对角矩阵,其对角元素为所示函数对 ζ_* 分别取值 ζ_1,ζ_2,ζ_3,而 $g_2(t)$由下述条件决定:

$$\frac{1}{2\pi\mathrm{i}}\oint_L\frac{g_1(t)+\mathrm{i}g_2(t)}{t-\zeta_*}\mathrm{d}t=0\quad(\text{对于}\ \forall\ \zeta_*\in\Omega^-).\tag{9.13}$$

证明 由于条件(9.13),那么引理 9.1 成立,于是(9.12)左端的 $\boldsymbol{f}(\zeta_*)$是全纯的. 令 ζ_*从 Ω^+中趋于 $t\in\Gamma$,我们得到

$$\boldsymbol{f}(t)=(g_1(t)+ig_2(t))\boldsymbol{B}^{-1}\boldsymbol{c}.\tag{9.14}$$

从(9.14)式即知边界条件(9.10)满足.

9.3 具有椭圆孔的全平面之拉伸

本节研究具有椭圆孔的各向异性全平面的拉伸问题. 设椭圆 L 的长、短半轴分别为 a 和 b, 在保角映射(9.3)之下, 将 $z_\alpha(\alpha=1,2,3)$平面上的三个不同的椭圆都映射成 $\zeta_\alpha(\alpha=1,2,3)$平面上的单位圆 Γ, 将变换后的 $\boldsymbol{f}(z_*)$仍记为 $\boldsymbol{f}(\zeta_*)$.

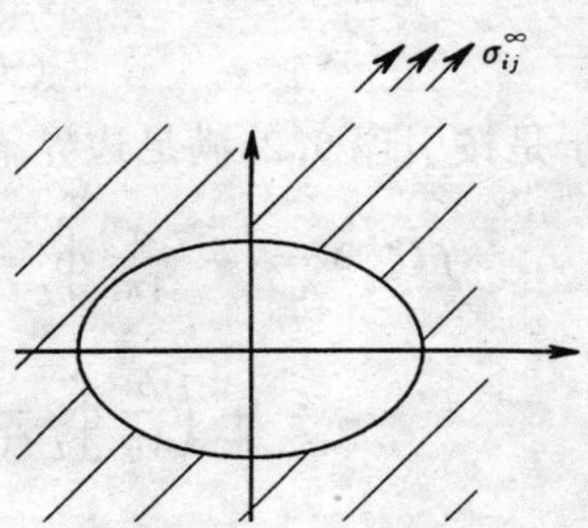

图 2.4

设在无限远处有均匀外力(见图 2.4)

$$\sigma_{i1} = \sigma_{i1}^{\infty}, \quad \sigma_{i2} = \sigma_{i2}^{\infty} \quad (i = 1,2,3), \tag{9.15}$$

而 σ_{33}^{∞} 的选择应使应变 $\gamma_{33}^{\infty}=0$. 记

$$\boldsymbol{\sigma}_1^{\infty} = (\sigma_{11}^{\infty}, \sigma_{12}^{\infty}, \sigma_{13}^{\infty})^{\mathrm{T}}, \quad \boldsymbol{\sigma}_2^{\infty} = (\sigma_{21}^{\infty}, \sigma_{22}^{\infty}, \sigma_{23}^{\infty})^{\mathrm{T}}. \tag{9.16}$$

设应力函数矢量为

$$\boldsymbol{\varphi} = x_1 \boldsymbol{\sigma}_2^{\infty} - x_2 \boldsymbol{\sigma}_1^{\infty} + \boldsymbol{B f}(\zeta_*) + \overline{\boldsymbol{B}}\, \overline{\boldsymbol{f}(\zeta_*)}. \tag{9.17}$$

在椭圆孔边界 L 上无外力的条件,在变换后的平面上可写成

$$a\cos\psi \boldsymbol{\sigma}_2^{\infty} - b\sin\psi \boldsymbol{\sigma}_1^{\infty} + \boldsymbol{B f}(t) + \overline{\boldsymbol{B}}\, \overline{\boldsymbol{f}(t)} = \boldsymbol{0} \quad (t \in \Gamma), \tag{9.18}$$

这里已将(9.1)代入(9.17)式. 改写(9.18)式为

$$\boldsymbol{B f}(t) + \overline{\boldsymbol{B}}\, \overline{\boldsymbol{f}(t)} = 2\left[-\frac{a}{4}\left(t + \frac{1}{t}\right)\boldsymbol{\sigma}_2^{\infty} + \frac{b}{4\mathrm{i}}\left(t - \frac{1}{t}\right)\boldsymbol{\sigma}_1^{\infty}\right] \quad (t \in \Gamma), \tag{9.19}$$

我们将变换后单位圆 Γ 外的区域记为 Ω^+, 而单位圆 Γ 内的区域记为 Ω^-.

注意到下面两个公式:

$$\frac{1}{2\pi\mathrm{i}} \oint_L \left[\frac{1}{4}\left(t + \frac{1}{t}\right) - \frac{1}{4}\left(t - \frac{1}{t}\right)\right] \frac{\mathrm{d}t}{t - \zeta_*} = 0 \quad (\forall\, \zeta_* \in \Omega^-), \tag{9.20}$$

$$\frac{1}{2\pi\mathrm{i}} \oint_L \left[\frac{1}{4\mathrm{i}}\left(t - \frac{1}{t}\right) + \mathrm{i}\,\frac{1}{4}\left(t + \frac{1}{t}\right)\right] \frac{\mathrm{d}t}{t - \zeta_*} = 0 \quad (\forall\, \zeta_* \in \Omega^-). \tag{9.21}$$

于是按引理 9.2,满足边界条件(9.19)的全纯矢量函数 $\boldsymbol{f}(\zeta_*)$ 为

$$\boldsymbol{f}(\zeta_*) = \left\langle -\frac{a}{4\pi\mathrm{i}} \oint_L \frac{\mathrm{d}t}{t(t - \zeta_*)} \right\rangle \boldsymbol{B}^{-1} \boldsymbol{\sigma}_2^{\infty} + \left\langle \frac{b}{4\pi} \oint_L \frac{\mathrm{d}t}{t(t - \zeta_*)} \right\rangle \boldsymbol{B}^{-1} \boldsymbol{\sigma}_1^{\infty} \quad (\zeta_* \in \Omega^+). \tag{9.22}$$

注意到 Ω^+ 为单位圆 Γ 外的区域,因此在 Γ 上的积分按顺时针方向进行,于是得到

$$f(\zeta_*) = -\frac{1}{2}\left\langle\frac{1}{\zeta_*}\right\rangle \boldsymbol{B}^{-1}(a\boldsymbol{\sigma}_2^\infty - \mathrm{i}b\boldsymbol{\sigma}_1^\infty) \quad (\zeta_* \in \Omega^+). \tag{9.23}$$

从而椭圆孔外无限远处受拉伸的应力函数矢量为

$$\boldsymbol{\varphi} = x_1\boldsymbol{\sigma}_2^\infty - x_2\boldsymbol{\sigma}_1^\infty + \mathrm{Re}\left\{\boldsymbol{B}\left\langle\frac{1}{\zeta_*}\right\rangle\boldsymbol{B}^{-1}(-a\,\boldsymbol{\sigma}_2^\infty + \mathrm{i}b\,\boldsymbol{\sigma}_1^\infty)\right\}. \tag{9.24}$$

今考虑无限远处仅施加 x_2向拉伸的情形，即仅 $\sigma_{22}^\infty \neq 0$，其余无限远外力都为零的情形. 此时

$$\boldsymbol{\sigma}_1^\infty = \boldsymbol{0}, \quad \boldsymbol{\sigma}_2^\infty = (0, \sigma_{22}^\infty, 0)^{\mathrm{T}}. \tag{9.25}$$

在此情况下应力函数矢量为

$$\boldsymbol{\varphi} = \left\{x_1\boldsymbol{I} - a\mathrm{Re}\left[\boldsymbol{B}\left\langle\frac{z_* - \sqrt{z_*^2 - a^2 - p_*^2b^2}}{a + \mathrm{i}p_*b}\right\rangle\boldsymbol{B}^{-1}\right]\right\}\begin{pmatrix}0\\ \sigma_{22}^\infty\\ 0\end{pmatrix}. \tag{9.26}$$

现在来求应力分量 σ_{22}：

$$\begin{aligned}\sigma_{22} &= \frac{\partial\varphi_2}{\partial x_1}\\ &= \left\{\boldsymbol{I} - a\mathrm{Re}\left[\boldsymbol{B}\left\langle\frac{1}{a+\mathrm{i}p_*b}\left(1 - \frac{z_*}{\sqrt{z_*^2 - a^2 - p_*^2b^2}}\right)\right\rangle\boldsymbol{B}^{-1}\right]\right\}_{22}\sigma_{22}^\infty.\end{aligned} \tag{9.27}$$

对于椭球上长轴的端点 A，有 $z_* = a$. 从(9.27)式可求出 A 点的应力分量 $\sigma_{22}(A)$为

$$\begin{aligned}\sigma_{22}(A) &= \left\{1 - a\mathrm{Re}\boldsymbol{B}\left\langle\frac{1}{a + \mathrm{i}p_*b}\left(1 + \frac{a}{\mathrm{i}p_*b}\right)\right\rangle\boldsymbol{B}^{-1}\right\}_{22}\sigma_{22}^\infty\\ &= \left\{1 - \frac{a}{b}\mathrm{Im}(\boldsymbol{B}\boldsymbol{P}^{-1}\boldsymbol{B}^{-1})\right\}_{22}\sigma_{22}^\infty,\end{aligned} \tag{9.28}$$

其中 $\boldsymbol{P}$ 为对角阵

$$P = \mathrm{diag}\{p_1, p_2, p_3\}. \tag{9.29}$$

在计算(9.28)时,用到了(9.6)式.按参考文献[260]中第198页的公式(6.9-10d),有

$$\boldsymbol{BPB}^{-1} = ((\boldsymbol{N}_1^{(-1)})^{\mathrm{T}} - \boldsymbol{N}_3^{(-1)}\boldsymbol{SL}^{-1}) - \mathrm{i}\boldsymbol{N}_3^{(-1)}\boldsymbol{L}^{-1}. \tag{9.30}$$

其中 $\boldsymbol{N}_i^{(-1)}$ 的定义见参考文献[260 第168页].于是

$$\begin{aligned} \mathrm{Im}(\boldsymbol{BP}^{-1}\boldsymbol{B}^{-1})_{22} &= -(\boldsymbol{N}_3^{(-1)}\boldsymbol{L}^{-1})_{22} \\ &= -((\boldsymbol{N}_3^{(-1)})_{21}(\boldsymbol{L}^{-1})_{12} + (\boldsymbol{N}_3^{(-1)})_{22}(\boldsymbol{L}^{-1})_{22} \\ &\quad + (\boldsymbol{N}_3^{(-1)})_{23}(\boldsymbol{L}^{-1})_{32}). \end{aligned} \tag{9.31}$$

注意到参考文献[260]中第168页的公式(6.2-6),即

$$(\boldsymbol{N}_3^{(-1)})_{21} = 0. \tag{9.32}$$

将(9.32)和(9.31)代入(9.28),就得到了在单向拉伸时,具椭圆孔的各向异性全平面的应力集中系数是

$$\frac{\sigma_{22}(A)}{\sigma_{22}^{\infty}} = 1 + \frac{a}{b}[(\boldsymbol{N}_3^{(-1)})_{22}(\boldsymbol{L}^{-1})_{22} + (\boldsymbol{N}_3^{(-1)})_{23}(\boldsymbol{L}^{-1})_{32}]. \tag{9.33}$$

上式与参考文献[159]中的公式(9.7)一致.

对于各向同性弹性力学,按参考文献[260]中第169页关于 $\boldsymbol{N}_3^{(-1)}$ 的公式(6.2-12)和第175页关于 $\boldsymbol{L}$ 的公式(6.4-13),即有

$$\begin{aligned} \boldsymbol{N}_3^{(-1)} &= \frac{2\mu^2}{1-\nu}\begin{bmatrix} 0 & 0 & 0 \\ 0 & 1/\mu & 0 \\ 0 & 0 & (1-\nu)/2\mu \end{bmatrix}, \\ \boldsymbol{L}^{-1} &= \frac{1}{\mu}\begin{bmatrix} 1-\nu & 0 & 0 \\ 0 & 1-\nu & 0 \\ 0 & 0 & 1 \end{bmatrix}. \end{aligned} \tag{9.34}$$

将(9.34)代入(9.33),就得到在单向拉伸时,具椭圆孔的各向同性全平面的应力集中系数的熟知公式

$$\frac{\sigma_{22}(A)}{\sigma_{22}^{\infty}} = 1 + 2\,\frac{a}{b}. \tag{9.35}$$

9.4 刚性线

考虑具刚性线的各向异性全平面的拉伸问题.设刚性线在 x_1 轴上,从 $-a$ 到 $+a$.作保角映射

$$z_\alpha = \frac{a}{2}\left(\zeta_\alpha + \frac{1}{\zeta_\alpha}\right) \quad (\alpha = 1,2,3), \tag{9.36}$$

变换(9.36)将 z_α 平面上的线段 $(-a,+a)$,变成 $\zeta_\alpha(\alpha=1,2,3)$ 平面上的单位圆.

在无限远处施加外力(9.8),那么相应的应变张量为

$$\gamma_{ij}^\infty = S_{ijkl}\,\sigma_{kl}^\infty, \tag{9.37}$$

其中 σ_{33}^∞ 的选择应使 $\gamma_{33}^\infty=0$.从(9.37)可得到相应的位移场为

$$u_i^\infty = (\gamma_{ij}^\infty + \omega_{ij}^\infty)x_j, \tag{9.38}$$

其中 ω_{ij}^∞ 为反对称的转动张量,它的选择应使 u_i^∞ 与 x_3 无关,即

$$\omega_{13}^\infty = -\,\omega_{31}^\infty = -\,\gamma_{13}^\infty, \quad \omega_{23}^\infty = -\,\omega_{32}^\infty = -\,\gamma_{23}^\infty. \tag{9.39}$$

此外,选择 ω_{12}^∞,使得在 $x_2=0$ 时 $u_2^\infty=0$,即

$$\omega_{12}^\infty = -\,\omega_{21}^\infty = -\,\gamma_{12}^\infty, \tag{9.40}$$

于是

$$\boldsymbol{u}^\infty = (\gamma_{11}^\infty x_1, \gamma_{22}^\infty x_2, 2\gamma_{31}^\infty x_1 + 2\gamma_{32}^\infty x_2)^{\mathrm{T}}. \tag{9.41}$$

设问题的位移场为

$$\boldsymbol{u} = \boldsymbol{u}^\infty + \boldsymbol{A}\boldsymbol{f}(z_*) + \overline{\boldsymbol{A}}\,\overline{\boldsymbol{f}(z_*)}. \tag{9.42}$$

在刚线性上位移为零的条件,可写为

$$\boldsymbol{A}\boldsymbol{f}(t) + \overline{\boldsymbol{A}}\,\overline{\boldsymbol{f}(z_*)} = -\,\boldsymbol{u}^\infty|_{x_2=0} = \boldsymbol{q}x_1 \quad (|t| < a), \tag{9.43}$$

其中

$$\boldsymbol{q} = (\gamma_{11}^\infty, 0, 2\gamma_{31}^\infty). \tag{9.44}$$

按 9.3 小节同样的方法,可得满足条件(9.43)的全纯矢量函数 $\boldsymbol{f}(z_*)$ 为

$$f(z_*) = -\frac{a}{2}\left\langle\frac{1}{\zeta_*}\right\rangle \boldsymbol{A}^{-1}\boldsymbol{q} = \frac{1}{2}\left\langle\sqrt{z_*^2 - a^2} - z_*\right\rangle \boldsymbol{A}^{-1}\boldsymbol{q}. \tag{9.45}$$

此式与参考文献[260]中第 419 页上的公式(11.3-6)一致.

本节系按参考文献[285]和[59]写成.

附注 关于二维各向异性弹性力学的 Stroh 理论，请参见丁启财的文章[9]及 Ting 的专著[260]. Stroh 理论有各种不同的记号，我们在§7～§9三节中所采用的是 Ting 的记号. 目前已求出许多实际问题的显式解，如：Griffith 裂纹(Stroh[255])、具椭圆核的无限大空间(Hwu 和 Ting[159])、具椭圆孔或刚性核的无限大空间(Ting 和 Yan[266])、半无限条(Wang 等[283])，以及半平面的混合边值问题(丁启财和王敏中[10])等. Wang 和 Yan[285]得到各向异性实心椭圆的解答. 以上三节都是假定本征值是单重的. 对于重本征值的讨论，参见参考文献[265].

Stroh 公式可被推广用于压电弹性介质的平面问题，请见参考文献[133～135]和[260，第 411～519 页].

Stroh 公式被用于平面波、热弹性、三维弹性等问题的情况，请见参考文献[260].

1994 年 Lu[184]将 Stroh 公式推广到夹层板理论.

1987 年 Lee 和 Gong[175]，1988 年 Lee 和 Smith[176]借助于伪应力函数将复变函数方法用于塑性幂硬化的平面应变问题.

Phitner[222,223]利用复变方法来解三维弹性力学问题.

第三章 轴对称问题

本章将研究弹性力学轴对称问题中的通解. 我们将从空间问题的 B-G 解和 P-N 解出发，导出轴对称问题的 Love 解、Michell 解、Boussinesq 解和 Timpe 解，此外还导出一种轴对称共轭形式的解，并由此引入轴对称问题的 Александаров 复变解法. 为进行上述讨论，本章介绍轴对称共轭调和函数和 Abel 变换. 最后考察横观各向同性轴对称问题的通解.

§1 轴对称共轭调和函数

在处理平面问题中，满足 Cauchy-Riemann 条件的共轭调和函数起着重要作用. 在轴对称问题中，我们将它们推广为轴对称共轭调和函数，其定义如下：

定义 1.1 函数 $\varphi^*(r,z)$ 和 $\varphi(r,z)$ 称为轴对称共轭的，如果它们满足方程组

$$\frac{1}{r}\frac{\partial}{\partial r}(r\varphi^*) = \frac{\partial\varphi}{\partial z}, \quad \frac{\partial\varphi^*}{\partial z} = -\frac{\partial\varphi}{\partial r}. \tag{1.1}$$

关于轴对称共轭函数 φ^* 和 φ，下面的引理显然成立.

引理 1.1 若 φ^* 和 φ 是轴对称共轭的，则它们分别满足下述方程：

$$\nabla^2\varphi^* - \frac{1}{r^2}\varphi^* = 0, \tag{1.2}$$

$$\nabla^2\varphi = 0, \tag{1.3}$$

其中

$$\nabla^2 = \frac{\partial^2}{\partial r^2} + \frac{1}{r}\frac{\partial}{\partial r} + \frac{\partial^2}{\partial z^2}. \tag{1.4}$$

有时,为明确起见,算子(1.4)将称为轴对称调和算子,满足(1.3)的函数将称为轴对称调和函数.我们还有下述两个引理.

引理 1.2　若函数 $f^*(r,z)$ 满足方程

$$\nabla^2 f^* - \frac{1}{r^2} f^* = 0, \tag{1.5}$$

则存在函数 $f(r,z)$,使 f^* 和 f 为轴对称共轭.同样,若函数 $g(r,z)$ 满足方程

$$\nabla^2 g = 0, \tag{1.6}$$

则存在函数 $g^*(r,z)$,使 g^* 和 g 是轴对称共轭的.

证明　事实上,函数 $f(r,z)$ 可由下述线积分定义:

$$f(r,z) = \int_{(r_0,z_0)}^{(r,z)} \left(-\frac{\partial f^*}{\partial z}\right) \mathrm{d}r + \frac{1}{r}\frac{\partial}{\partial r}(rf^*)\mathrm{d}z, \tag{1.7}$$

其中 (r_0,z_0) 为 f^* 定义域中的某个固定点,而 (r,z) 为任意点.首先,由于 f^* 满足方程(1.5),可知线积分(1.7)与路径无关,因此 $f(r,z)$ 仅是位置 (r,z) 的函数.其次,从(1.7)可得

$$\frac{1}{r}\frac{\partial}{\partial r}(rf^*) = \frac{\partial f}{\partial z}, \quad \frac{\partial f^*}{\partial z} = -\frac{\partial f}{\partial r}. \tag{1.8}$$

也就是说,f^* 和 f 是轴对称共轭的.类似地,$g^*(r,z)$ 可如下定义:

$$rg^*(r,z) = \int_{(r_0,z_0)}^{(r,z)} r\frac{\partial g}{\partial z}\mathrm{d}r - r\frac{\partial g}{\partial r}\mathrm{d}z.$$

证毕.

引理 1.3　若 φ^* 和 φ 是一对轴对称共轭调和函数,则存在另一对轴对称共轭调和函数 ψ^* 和 ψ,使得下式成立:

$$\begin{cases} \dfrac{1}{r}\dfrac{\partial}{\partial r}(r\psi^*) = \dfrac{\partial \psi}{\partial z} = \varphi, \\ \dfrac{\partial \psi^*}{\partial z} = -\dfrac{\partial \psi}{\partial r} = \varphi^*. \end{cases} \tag{1.9}$$

证明　事实上,ψ^* 和 ψ 可如下给出

$$r\psi^* = \int_{(r_0,z_0)}^{(r,z)} r\varphi\mathrm{d}r + r\varphi^*\mathrm{d}z, \quad \psi = \int_{(r_0,z_0)}^{(r,z)} (-\varphi^*)\mathrm{d}r + \varphi\mathrm{d}z. \tag{1.10}$$

由于(1.1)式,可知(1.10)式中的两个线积分都与路径无关,再从(1.10)可算出(1.9).证毕.

附注 设 φ^* 和 φ 为一对轴对称共轭调和函数,若记 $t=z+\mathrm{i}r$,那么

$$f(t) = \varphi(r,z) + \mathrm{i}\varphi^*(r,z) \tag{1.11}$$

就构成了广义解析函数. 关于广义解析函数的一般理论及其应用,请参见参考文献[71].

§2 轴对称问题的 B-G 解和 P-N 解

设弹性体 Ω 为回转体. 取空间柱坐标系 (r,θ,z),其坐标矢量为 $\boldsymbol{r}^0,\boldsymbol{\theta}^0,\boldsymbol{k}$,且 z 轴为旋转轴. 假定位移场 $\boldsymbol{u}$ 为轴对称的,即假定

$$\boldsymbol{u} = \boldsymbol{r}^0 u_r(r,z) + \boldsymbol{\theta}^0 u_\theta(r,z) + \boldsymbol{k} u_z(r,z). \tag{2.1}$$

将(2.1)代入第一章(2.1)式的以位移表示的弹性力学的方程,得

$$\begin{cases} \left(\nabla^2 - \dfrac{1}{r^2}\right)u_r + \dfrac{1}{1-2\nu}\dfrac{\partial}{\partial r}\left(\dfrac{\partial u_r}{\partial r} + \dfrac{u_r}{r} + \dfrac{\partial u_z}{\partial z}\right) = 0, \\ \left(\nabla^2 - \dfrac{1}{r^2}\right)u_\theta = 0, \\ \nabla^2 u_z + \dfrac{1}{1-2\nu}\dfrac{\partial}{\partial z}\left(\dfrac{\partial u_r}{\partial r} + \dfrac{u_r}{r} + \dfrac{\partial u_z}{\partial z}\right) = 0, \end{cases} \tag{2.2}$$

其中 ∇^2 由(1.4)给出. 从(2.2)式看出,在轴对称的情况下,径向和轴向位移分量 u_r 和 u_z 与回转方向上的位移分量 u_θ 不耦合,因此轴对称问题的位移场可以分成两个问题来分别讨论. 第一个问题的位移场是

$$\boldsymbol{u} = \boldsymbol{\theta}^0 u_\theta(r,z), \tag{2.3}$$

其中 u_θ 满足方程

$$\left(\nabla^2 - \frac{1}{r^2}\right)u_\theta = 0, \tag{2.4}$$

此问题相应于回转体扭转问题,它在许多弹性力学教科书中,例如参考文献[40],已有讲述. 本章主要讨论第二个问题,即所谓无扭转的轴对称问题,它的位移场为

$$\boldsymbol{u} = \boldsymbol{r}^0 u_r(r,z) + \boldsymbol{k} u_z(r,z), \tag{2.5}$$

其中 u_r 和 u_z 满足方程组

$$\begin{cases} \left(\nabla^2 - \dfrac{1}{r^2}\right) u_r + \dfrac{1}{1-2\nu}\dfrac{\partial}{\partial r}\left(\dfrac{\partial u_r}{\partial r} + \dfrac{u_r}{r} + \dfrac{\partial u_z}{\partial z}\right) = 0, \\ \nabla^2 u_z + \dfrac{1}{1-2\nu}\dfrac{\partial}{\partial z}\left(\dfrac{\partial u_r}{\partial r} + \dfrac{u_r}{r} + \dfrac{\partial u_z}{\partial z}\right) = 0. \end{cases} \tag{2.6}$$

以下在不引起误会时，将略去定语“无扭转”，简称第二个问题为轴对称问题.

现在来求轴对称问题的 B-G 通解. 为此，先将位移(2.5)分解在直角坐标中

$$\boldsymbol{u} = \boldsymbol{i} u_r(r,z)\cos\theta + \boldsymbol{j} u_r(r,z)\sin\theta + \boldsymbol{k} u_z(r,z), \tag{2.7}$$

这样我们就可以利用第一章的一般理论. 如果 $\boldsymbol{u}$ 为(2.7)的形式，我们要证明其 B-G 通解也为轴对称的. 从第一章(2.3)式来看，仅需证明 B-G 通解的势函数 $\boldsymbol{G}$ 为轴对称的. 而按第一章(2.6)式，只需证明：如果 $\boldsymbol{u}$ 为轴对称的，则其 Newton 位势 $\mathscr{F}(\boldsymbol{u})$ 也为轴对称的.

事实上，当 $\boldsymbol{u}$ 为(2.7)式时，有

$$\mathscr{F}(\boldsymbol{u}) = -\frac{1}{4\pi}\iint_D \left(\int_0^{2\pi} \frac{\boldsymbol{i}u_r(s,\zeta)\cos t + \boldsymbol{j}u_r(s,\zeta)\sin t + \boldsymbol{k}u_z(s,\zeta)}{\rho}\mathrm{d}t\right) s\,\mathrm{d}s\,\mathrm{d}\zeta, \tag{2.8}$$

其中 D 为回转体 Ω 的半子午面，而

$$\rho = \sqrt{(x-\xi)^2 + (y-\eta)^2 + (z-\zeta)^2},$$
$$\begin{cases} \xi = s\cos t, \\ \eta = s\sin t, \end{cases} \quad \begin{cases} x = r\cos\theta, \\ y = r\sin\theta. \end{cases} \tag{2.9}$$

如果，令 $t_1 = t - \theta$，那么

$$\rho = \sqrt{r^2 + s^2 - 2rs\cos t_1 + (z-\zeta)^2}. \tag{2.10}$$

将(2.10)代入(2.8)中，把对 t 的积分换为对 t_1 的积分，得

$$\mathscr{F}(\boldsymbol{u}) = -\frac{1}{4\pi}\iint_D \left\{\int_{-\theta}^{2\pi-\theta} [\boldsymbol{i}u_r(s,\zeta)(\cos\theta\cos t_1 - \sin\theta\sin t_1)\right.$$

$$+\boldsymbol{j}u_r(s,\zeta)(\sin\theta\cos t_1+\cos\theta\sin t_1)$$
$$+\boldsymbol{k}u_z(s,\zeta)\Big]\frac{\mathrm{d}t_1}{\rho}\Big\}s\mathrm{d}s\mathrm{d}\zeta. \tag{2.11}$$

由于(2.11)式的被积函数对 t_1 是以 2π 为周期的周期函数,因此对 t_1 的积分可在任意一个长为 2π 的区间上进行. 今将(2.11)式的积分对 t_1 的积分限改为由 $-\pi$ 至 π, 再考虑到奇函数的积分为零,(2.11)式成为

$$\begin{aligned}\mathscr{F}(\boldsymbol{u})=\,&\boldsymbol{i}\left\{-\frac{1}{4\pi}\iint_D u_r(s,\zeta)\left[\int_{-\pi}^{+\pi}\frac{\cos t_1}{\rho}\mathrm{d}t_1\right]s\mathrm{d}s\mathrm{d}\zeta\right\}\cos\theta\\&+\boldsymbol{j}\left\{-\frac{1}{4\pi}\iint_D u_r(s,\zeta)\left[\int_{-\pi}^{+\pi}\frac{\cos t_1}{\rho}\mathrm{d}t_1\right]s\mathrm{d}s\mathrm{d}\zeta\right\}\sin\theta\\&+\boldsymbol{k}\left\{-\frac{1}{4\pi}\iint_D u_z(s,\zeta)\left[\int_{-\pi}^{+\pi}\frac{\mathrm{d}t_1}{\rho}\right]s\mathrm{d}s\mathrm{d}\zeta\right\}.\end{aligned} \tag{2.12}$$

从(2.12)式,不难看出花括号内各项与 θ 无关. 因此,当 $\boldsymbol{u}$ 为轴对称时,它的 Newton 位势 $\mathscr{F}(\boldsymbol{u})$也是轴对称的.

所以,可设

$$\boldsymbol{G}=\boldsymbol{r}^0G_r(r,z)+\boldsymbol{k}G_z(r,z); \tag{2.13}$$

又有

$$\nabla^2\boldsymbol{G}=\boldsymbol{r}^0\left(\nabla^2-\frac{1}{r^2}\right)G_r+\boldsymbol{k}\,\nabla^2G_z. \tag{2.14}$$

将(2.13)和(2.14)式代入第一章的(2.3)式,可得到轴对称情况下的 B-G 解

$$\begin{cases}u_r=\left(\nabla^2-\dfrac{1}{r^2}\right)G_r-\dfrac{1}{2(1-\nu)}\dfrac{\partial}{\partial r}\left(\dfrac{\partial G_r}{\partial r}+\dfrac{G_r}{r}+\dfrac{\partial G_z}{\partial z}\right),\\u_z=\nabla^2G_z-\dfrac{1}{2(1-\nu)}\dfrac{\partial}{\partial z}\left(\dfrac{\partial G_r}{\partial r}+\dfrac{G_r}{r}+\dfrac{\partial G_z}{\partial z}\right),\end{cases} \tag{2.15}$$

其中 G_r 和 G_z 分别满足

$$\left(\nabla^2-\frac{1}{r^2}\right)\left(\nabla^2-\frac{1}{r^2}\right)G_r=0,\quad \nabla^2\nabla^2G_z=0. \tag{2.16}$$

类似地,当 $\boldsymbol{u}$ 为轴对称且无扭转时,P-N 解中的势函数 $\boldsymbol{P}$ 和 P_0 应有形式

$$\begin{aligned} \boldsymbol{P} &= \boldsymbol{r}^0 P_r^*(r,z) + \boldsymbol{k} P_z(r,z), \\ P_0 &= P_0(r,z). \end{aligned} \tag{2.17}$$

把(2.17)式代入第一章的(3.1)式,得到轴对称情况下的 P-N 解

$$\begin{cases} u_r = P_r^* - \dfrac{1}{4(1-\nu)} \dfrac{\partial}{\partial r}(P_0 + rP_r^* + zP_z), \\ u_z = P_z - \dfrac{1}{4(1-\nu)} \dfrac{\partial}{\partial z}(P_0 + rP_r^* + zP_z), \end{cases} \tag{2.18}$$

其中 P_r^*,P_z 和 P_0 分别满足

$$\left(\nabla^2 - \frac{1}{r^2}\right) P_r^* = 0, \quad \nabla^2 P_z = \nabla^2 P_0 = 0. \tag{2.19}$$

§3　Boussinesq 解,Timpe 解,Love 解和 Michell 解

关于轴对称问题,有如下 4 种著名的解.

Boussinesq 解[101]:

$$\begin{cases} u_r = -\dfrac{1}{4(1-\nu)} \dfrac{\partial}{\partial r}(B_0 + zB), \\ u_z = B - \dfrac{1}{4(1-\nu)} \dfrac{\partial}{\partial z}(B_0 + zB), \end{cases} \tag{3.1}$$

其中

$$\nabla^2 B(r,z) = \nabla^2 B_0(r,z) = 0. \tag{3.2}$$

Timpe 解[257]:

$$\begin{cases} u_r = T^* - \dfrac{1}{4(1-\nu)} \dfrac{\partial}{\partial r}(T_0 + rT^*), \\ u_z = -\dfrac{1}{4(1-\nu)} \dfrac{\partial}{\partial z}(T_0 + rT^*), \end{cases} \tag{3.3}$$

其中

$$\begin{aligned} &\left(\nabla^2 - \frac{1}{r^2}\right) T^*(r,z) = 0, \\ &\nabla^2 T_0(r,z) = 0. \end{aligned} \tag{3.4}$$

Love 解[183]:

$$\begin{cases} u_r = -\dfrac{1}{2(1-\nu)}\dfrac{\partial}{\partial r}\dfrac{\partial L}{\partial z}, \\ u_z = \nabla^2 L - \dfrac{1}{2(1-\nu)}\dfrac{\partial}{\partial z}\dfrac{\partial L}{\partial z}, \end{cases} \tag{3.5}$$

其中

$$\nabla^2\,\nabla^2 L(r,z) = 0. \tag{3.6}$$

Michell 解[191]:

$$\begin{cases} u_r = \left(\nabla^2 - \dfrac{1}{r^2}\right)M - \dfrac{1}{2(1-\nu)}\dfrac{\partial}{\partial r}\left(\dfrac{\partial M}{\partial r} + \dfrac{M}{r}\right), \\ u_z = -\dfrac{1}{2(1-\nu)}\dfrac{\partial}{\partial z}\left(\dfrac{\partial M}{\partial r} + \dfrac{M}{r}\right), \end{cases} \tag{3.7}$$

其中

$$\left(\nabla^2 - \frac{1}{r^2}\right)\left(\nabla^2 - \frac{1}{r^2}\right)M(r,z) = 0. \tag{3.8}$$

显然,上述 4 种表达式都是轴对称问题的解,因为它们分别是 B-G 解(2.11)或 P-N 解(2.14)的特殊情形.在§2 中,对于轴对称变形,我们已经证明 P-N 解(2.14)和 B-G 解(2.11)都是完备的.但对于上述 4 种省略形式,是否也是完备的呢?这已有许多研究:Sternberg 等[248],Eubanks 和 Sternberg[125]都已经证明,如果半子午面是单连通的,则 Boussinesq 和 Timpe 解是完备的;Noll[208],Gurtin[146]和 Carlson[106]都以不同的方式指出,如果半子午面是 z 向凸的,则 Love 解是完备的.然而,这个 z 向凸的附加条件极大地限制了 Love 解的应用范围.下面的定理指出,对 Love 解的完备性而言,此附加条件是不必要的.我们在半子午面是单连通的假定上,证明了 Boussinesq 解、Timpe 解、Love 解,以及 Michell 解的完备性,这个结果见参考文献[280].

定理 3.1 设弹性体是回转体,如果弹性位移场关于 z 轴轴对称且无扭转,即有形式(2.1),那么总存在 B_0 和 B,T_0 和 T^*,L 和 M,使弹性位移场可表成(3.1)和(3.2),(3.3)和(3.4),

(3.5)和(3.6),以及(3.7)和(3.8)的形式.

证明 (1) 为了证明 Boussinesq 解(3.1)和(3.2)的完备性,首先设位移场 $\boldsymbol{u}$ 已表成了(2.18)的形式,然后按照第一章 § 6,P-N 解的不唯一性可知,将(2.18)式中的 P_r^*,P_z,P_0 换成

$$P_r^* + \frac{\partial A}{\partial r}, \quad P_z + \frac{\partial A}{\partial z}, \quad P_0 + 4(1-\nu)A - r\frac{\partial A}{\partial r} - z\frac{\partial A}{\partial z}, \tag{3.9}$$

则(2.18)式依然成立,其中 $A(r,z)$ 为任意的轴对称调和函数. 于是 Boussinesq 解的完备性问题,归结为寻求一个轴对称调和函数 $A(r,z)$,使下式成立:

$$\frac{\partial A}{\partial r} = - P_r^*, \tag{3.10}$$

按照引理 1.3,这样的 A 是存在的.

(2) 关于 Timpe 解(3.3)和(3.4)的完备性,类似于上述分析,从(3.9)可知,归结为寻求一个调和函数 A,使下式成立:

$$\frac{\partial A}{\partial z} = - P_z, \tag{3.11}$$

按照引理 1.3,这样的 A 是存在的.

(3) 现在从 Boussinesq 解的完备性来导出 Love 解的完备性. 设位移场已表成(3.1)和(3.2)的形式,令

$$\begin{cases} L_1 = \displaystyle\int_{(r_0,z_0)}^{(r,z)} - B^* \mathrm{d}r + B\mathrm{d}z, \\ L_0 = \displaystyle\int_{(r_0,z_0)}^{(r,z)} - (B_0^* - L_1^*)\mathrm{d}r + (B_0 - L_1)\mathrm{d}z, \end{cases} \tag{3.12}$$

其中 B 和 B_0 是(3.1)和(3.2)式中的已知的势函数,而 L_1^*、B^* 和 B_0^* 分别与 L_1、B 和 B_0 构成共轭对. 不难验证,(3.12)中的线积分与路径无关. 这样

$$L = \frac{1}{2}(L_0 + zL_1) \tag{3.13}$$

即为所求. 事实上,从(3.13)和(3.12)式可得

$$\begin{cases}\dfrac{\partial L}{\partial z}=\dfrac{1}{2}(B_0+zB),\\ \nabla^2 L=B,\nabla^2\nabla^2 L=0.\end{cases}\tag{3.14}$$

将(3.14)代入(3.1)式，即得(3.5)和(3.6)式.

(4) 类似地，可从 Timpe 解的完备性得到 Michell 解的完备性. 设位移场已表成(3.3)和(3.4)的形式，令

$$M=\frac{1}{2}(M_0^*+rM_1),\tag{3.15}$$

其中

$$\begin{cases}M_1=\displaystyle\int_{(r_0,z_0)}^{(r,z)}T^*\mathrm{d}r-T\mathrm{d}z,\\ rM_0^*=\displaystyle\int_{(r_0,z_0)}^{(r,z)}r(T_0-2M_1)\mathrm{d}r+r(T_0^*-2M_1^*)\mathrm{d}z,\end{cases}\tag{3.16}$$

这里 T^* 和 T_0 是 Timpe 解(3.3)和(3.4)中的势函数，而 M_1^*、T 和 T_0^* 分别与 M_1、T^* 和 T_0 构成共轭对. 从(3.15)和(3.16)式，不难得到

$$\begin{cases}\dfrac{\partial M}{\partial r}+\dfrac{M}{r}=\dfrac{1}{2}(T_0+rT^*),\\ \left(\nabla^2-\dfrac{1}{r^2}\right)M=T^*,\\ \left(\nabla^2-\dfrac{1}{r^2}\right)\left(\nabla^2-\dfrac{1}{r^2}\right)M=0.\end{cases}\tag{3.17}$$

将(3.17)式代入 Timpe 解(3.3)和(3.4)，即得 Michell 解(3.7)和(3.8). 证毕.

如果半子午面是多连通的，由于上述证明利用了半子午面上的线积分，那么本节中的 4 个解中的势函数 B_0 和 B，T_0 和 T^*，L，以及 M 都可能是多值的.

附注　上述的定理应除去 $r=0$ 的情形，见参考文献[268]. 定理 3.1 是先证 Boussinesq 解和 Timpe 解的完备性，然后导出 Love 解和 Michell 解的

完备性. 这个过程也可以反过来进行,参见参考文献[284].

§4　轴对称共轭形式的解

假定弹性位移场具有轴对称形式(2.5),我们指出,它有如下的轴对称共轭形式的通解,

$$\begin{cases} u_r = Q^* - \dfrac{1}{4(1-\nu)}\dfrac{\partial}{\partial r}(Q_0 + rQ^* + zQ), \\ u_z = Q - \dfrac{1}{4(1-\nu)}\dfrac{\partial}{\partial z}(Q_0 + rQ^* + zQ), \end{cases} \tag{4.1}$$

其中 Q_0 为轴对称调和函数,而 Q^* 和 Q 为一对轴对称共轭调和函数,即满足

$$\frac{1}{r}\frac{\partial}{\partial r}(rQ^*) = \frac{\partial Q}{\partial z}, \quad \frac{\partial Q^*}{\partial z} = -\frac{\partial Q}{\partial r}. \tag{4.2}$$

为了证明(4.1)式成立,我们利用第一章§6关于P-N解的不唯一性. 设轴对称位移场(2.1)已表成了(2.18)的P-N通解形式,今将其中的 P_r^*, P_z, P_0 分别换成

$$\begin{cases} Q^* = P_r^* + \dfrac{\partial A}{\partial r}, \\ Q = P_z + \dfrac{\partial A}{\partial z}, \\ Q_0 = P_0 + 4(1-\nu)A - r\dfrac{\partial A}{\partial r} - z\dfrac{\partial A}{\partial z}, \end{cases} \tag{4.3}$$

则(2.18)式依然成立,其中 $A(r,z)$ 为轴对称调和函数. 将(4.3)代入(4.2)式,得

$$\begin{cases} \dfrac{1}{r}\dfrac{\partial}{\partial r}\left(r\dfrac{\partial A}{\partial r}\right) - \dfrac{\partial}{\partial z}\left(\dfrac{\partial A}{\partial z}\right) = \dfrac{\partial P_z}{\partial z} - \dfrac{1}{r}\dfrac{\partial}{\partial r}(rP_r^*), \\ 2\dfrac{\partial^2 A}{\partial r\partial z} = -\dfrac{\partial P_z}{\partial r} - \dfrac{\partial P_r^*}{\partial z}. \end{cases} \tag{4.4}$$

因此, 为使(4.1)和(4.2)式成立,只需证明存在轴对称调和函数 $A(r,z)$,使(4.4)式成立. 按引理1.3,存在 φ^* 和 φ, ψ^* 和 ψ 使下面

两式成立：

$$\frac{\partial \varphi^*}{\partial z} = -\frac{\partial \varphi}{\partial r} = P_r^*,$$
$$\frac{1}{r}\frac{\partial}{\partial r}(r\psi^*) = \frac{\partial \psi}{\partial z} = P_z, \tag{4.5}$$

则不难验证

$$A = \frac{1}{2}(\varphi - \psi) \tag{4.6}$$

即为所求. 证毕.

§5 轴对称问题与平面问题之间的联系

轴对称问题和平面问题，在某种意义上来说，可以认为都是二维问题. 这两个问题在理论上的相似之处，引人注目. Weber[292]曾考察过它们之间的关系. 1978 年 Александаров 和 Соловьев[304]对此进行了全面系统的研究，本章以下几节主要介绍他们的工作. 在本节中，我们将通过几何解释，说明通过平面问题的旋转叠加，可以得到轴对称问题.

先建立空间柱坐标系 (r,θ,z)，其中 z 轴与弹性区域 Ω 的对称轴重合，角度 θ 从固定方向 y_0 算起，y_0 轴垂直 z 轴. 再建立空间直角坐标系 (x,y,η)，其中 x 轴与 z 轴重合，从 y_0 至 y 的角度记为 ω（参见图 3.1）.

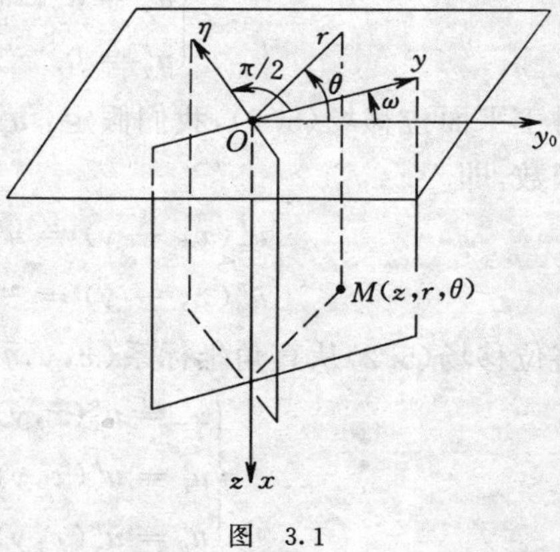

图 3.1

柱坐标与直角坐标的坐标变换为

$$\begin{cases} x = z, \\ y = r\cos\beta, \\ \eta = -r\sin\beta, \end{cases} \tag{5.1}$$

其中 $\beta=\omega-\theta$(参见图 3.2).

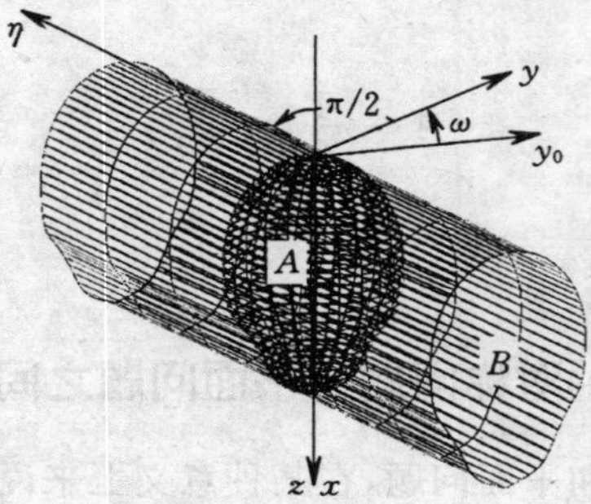

图 3.2

在 $Oxy\eta$ 坐标系中,考虑弹性体 Ω 的平面应变问题,其位移场为

$$\begin{cases} u_x^p = u_x^p(x,y), \\ u_y^p = u_y^p(x,y), \\ u_\eta^p = 0. \end{cases} \tag{5.2}$$

对于平面位移场(5.2),我们假定:u_x^p 是 y 的偶函数,u_y^p 是 y 的奇函数,即

$$\begin{cases} u_x^p(x,-y) = u_x^p(x,y), \\ u_y^p(x,-y) = -u_y^p(x,y). \end{cases} \tag{5.3}$$

将位移场(5.2)从直角坐标系(x,y,η)变换到柱坐标系(r,θ,z),有

$$\begin{cases} u_z^s = u_x^p(x,y), \\ u_r^s = u_y^p(x,y)\cos\beta, \\ u_\theta^s = u_y^p(x,y)\sin\beta. \end{cases} \tag{5.4}$$

如果认为弹性体 Ω 的轴对称位移场为相应于 $\omega\in[0,2\pi]$的位

移场的平均值,即(见图 3.3)

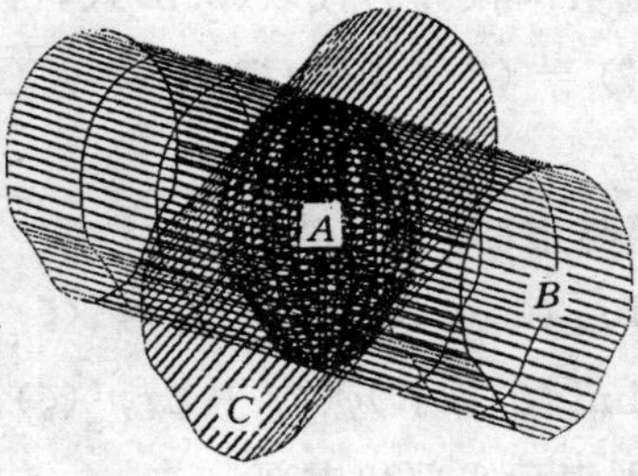

图 3.3

$$\begin{cases} u_z = \dfrac{1}{2\pi}\displaystyle\int_0^{2\pi} u_x^p(x,y)\mathrm{d}\omega, \\ u_r = \dfrac{1}{2\pi}\displaystyle\int_0^{2\pi} u_y^p(x,y)\cos\beta\,\mathrm{d}\omega, \\ u_\theta = \dfrac{1}{2\pi}\displaystyle\int_0^{2\pi} u_y^p(x,y)\sin\beta\,\mathrm{d}\omega. \end{cases} \tag{5.5}$$

我们知道,$\mathrm{d}\omega=\mathrm{d}\beta$,而

$$\mathrm{d}y = -r\sin\beta\,\mathrm{d}\beta = \eta\mathrm{d}\beta = \sqrt{r^2-y^2}\mathrm{d}\beta. \tag{5.6}$$

将(5.6)代入(5.5)式,并将 x 换为 z,再注意到当 β 由 0 变至 2π 时,y 两次由 $-r$ 变至 r,有

$$\begin{cases} u_z = \dfrac{1}{\pi}\displaystyle\int_{-r}^{r} u_x^p(z,y)\frac{\mathrm{d}y}{\sqrt{r^2-y^2}}, \\ u_r = \dfrac{1}{\pi r}\displaystyle\int_{-r}^{r} u_y^p(z,y)\frac{y}{\sqrt{r^2-y^2}}\mathrm{d}y, \\ u_\theta = -\dfrac{1}{\pi r}\displaystyle\int_{-r}^{r} u_y^p(z,y)\mathrm{d}y. \end{cases} \tag{5.7}$$

按照第二章平面问题的位移场复变表达式(5.6),我们有

$$2\mu(u_x^p + \mathrm{i}u_y^p) = (3-4\nu)\varphi(\zeta) - \zeta\overline{\varphi'(\zeta)} - \overline{\chi(\zeta)}, \tag{5.8}$$

其中 $\zeta=x+\mathrm{i}y$,$\varphi(\zeta)$和 $\chi(\zeta)$为全纯函数. 今在(5.8)式中作如下代换:

$$\chi(\zeta)=\psi(\zeta)+\zeta\varphi'(\zeta), \tag{5.9}$$

其中 $\psi(\zeta)$ 为全纯函数. 将(5.9)代入(5.8)式,得

$$2\mu(u_x^p+\mathrm{i}u_y^p)=(3-4\nu)\varphi(\zeta)-2x\,\overline{\varphi'(\zeta)}-\overline{\psi(\zeta)}. \tag{5.10}$$

将(5.10)式的实部与虚部分离,得

$$\begin{cases}2\mu u_x^p=\mathrm{Re}[(3-4\nu)\varphi(\zeta)-2x\varphi'(\zeta)-\psi(\zeta)],\\ 2\mu u_y^p=\mathrm{Im}[(3-4\nu)\varphi(\zeta)+2x\varphi'(\zeta)+\psi(\zeta)],\end{cases} \tag{5.11}$$

其中 Re 和 Im 分别表示实部和虚部.

将(5.11)代入(5.7)式的前两式,并将 x 换为 z,即 $\zeta=z+\mathrm{i}y$,得

$$\begin{cases}2\mu u_z(z,r)=\dfrac{1}{\pi}\mathrm{Re}\left\{\displaystyle\int_{-r}^{r}[(3-4\nu)\varphi(\zeta)\right.\\ \qquad\qquad\left.-2z\varphi'(\zeta)-\psi(\zeta)]\dfrac{\mathrm{d}y}{\sqrt{r^2-y^2}}\right\},\\ 2\mu u_r(z,r)=\dfrac{1}{\pi r}\mathrm{Im}\left\{\displaystyle\int_{-r}^{r}[(3-4\nu)\varphi(\zeta)\right.\\ \qquad\qquad\left.+2z\varphi'(\zeta)+\psi(\zeta)]\dfrac{y\mathrm{d}y}{\sqrt{r^2-y^2}}\right\}.\end{cases} \tag{5.12}$$

由于 $u_y^p(z,y)$ 是 y 的奇函数,(5.7)式的第三式给出

$$u_\theta=0, \tag{5.13}$$

这正是无扭转轴对称问题所期望的.

按照(5.3)式的假定,可以证明 $\varphi(\zeta)$ 和 $\psi(\zeta)$ 的实部是 y 的偶函数,而它们的虚部是 y 的奇函数. 事实上,按(5.8)式,由 u_x^p, u_y^p 所生成的主应力之和为

$$\sigma_x^p+\sigma_y^p=4\mathrm{Re}\varphi'(\zeta),$$

而 $\sigma_x^p+\sigma_y^p$ 是 y 的偶函数,故 $\mathrm{Re}\varphi'(\zeta)$ 为 y 的偶函数,于是 $\varphi(\zeta)$ 的实部也是 y 的偶函数,再按(5.10)式可知,$\psi(\zeta)$ 的实部也是 y 的偶

函数，按 Cauchy-Riemann 条件，可知，$\varphi(\zeta)$和$\psi(\zeta)$的虚部为 y 的奇函数. 这样，(5.12)式积分号外的 Re 和 Im 可以取消，而不影响结果. 即有

$$\begin{cases} 2\mu u_z(z,r)=\dfrac{1}{\pi}\displaystyle\int_{-r}^{r}\left[(3-4\nu)\varphi(\zeta)-2z\varphi'(\zeta)-\psi(\zeta)\right]\frac{\mathrm{d}y}{\sqrt{r^2-y^2}}, \\ 2\mu u_r(z,r)=\dfrac{1}{\pi \mathrm{i} r}\displaystyle\int_{-r}^{r}\left[(3-4\nu)\varphi(\zeta)+2z\varphi'(\zeta)+\psi(\zeta)\right]\frac{y\mathrm{d}y}{\sqrt{r^2-y^2}}. \end{cases} \tag{5.14}$$

今在(5.14)式作变换 $\zeta=z+\mathrm{i}y$，于是当 y 由 $-r$ 积到 r 时，ζ 则由 $z-\mathrm{i}r$ 积到 $z+\mathrm{i}r$. 令

$$t=z+\mathrm{i}r, \tag{5.15}$$

那么有$\sqrt{r^2-y^2}=R(\zeta,t)$，其中

$$R(\zeta,t)=\sqrt{(\zeta-t)(\zeta-\bar{t})}. \tag{5.16}$$

这样(5.14)式成为

$$\begin{cases} u_z(z,r)=\dfrac{1}{2\pi \mathrm{i}\mu}\displaystyle\int_{\bar{t}}^{t}\left[(3-4\nu)\varphi(\zeta)-2z\varphi'(\zeta)-\psi(\zeta)\right]\frac{\mathrm{d}\zeta}{R(\zeta,t)}, \\ u_r(z,r)=-\dfrac{1}{2\pi \mathrm{i}\mu r}\displaystyle\int_{\bar{t}}^{t}\left[(3-4\nu)\varphi(\zeta)+2z\varphi'(\zeta)+\psi(\zeta)\right]\frac{\zeta-z}{R(\zeta,t)}\mathrm{d}\zeta, \end{cases} \tag{5.17}$$

上式为轴对称位移用平面位移的表达式，此即 Александров 复变公式. 公式(5.17)表明通过一系列平面问题的旋转叠加，我们得到了一个轴对称问题. 这两个问题之间的关系，用(5.17)式明显地表示了出来.

上述叠加方法是具有启发性的，由此产生一个更有趣和更重要的问题. 这就是：任何一个轴对称位移场是否都可通过平面问题的旋转叠加得到？或者，对给定的 $u_z(z,r)$和 $u_r(z,r)$是否都能找到全纯函数 $\varphi(\zeta)$和 $\psi(\zeta)$使(5.17)式成立？为解决上述问题，下节先介绍 Abel 变换.

§6　Abel 变换

6.1　Abel 变换的定义

为引入 Abel 变换，先证明下述定理.

定理 6.1　设函数 $f(y)\in C[0,b]$，令

$$F(r)=\frac{2}{\pi}\int_0^r\frac{f(y)}{\sqrt{r^2-y^2}}\mathrm{d}y,\tag{6.1}$$

其中 $0\leqslant r\leqslant b$，则当 $0\leqslant y\leqslant b$ 时，有

$$f(y)=\frac{\partial}{\partial y}\int_0^y\frac{r}{\sqrt{y^2-r^2}}F(r)\mathrm{d}r.\tag{6.2}$$

反之亦然，即设 $F(r)\in C[0,b]$，$f(y)$ 由(6.2)式定义，则(6.1)式成立.

证明　如果 $F(r)$ 由(6.1)定义，令

$$J(y_1)=\int_0^{y_1}\frac{r}{\sqrt{y_1^2-r^2}}F(r)\mathrm{d}r.\tag{6.3}$$

将(6.1)代入(6.3)式，得

$$J(y_1)=\frac{2}{\pi}\int_0^{y_1}\left[\int_0^r\frac{f(y)}{\sqrt{r^2-y^2}}\mathrm{d}y\right]\frac{r}{\sqrt{y_1^2-r^2}}\mathrm{d}r.\tag{6.4}$$

按照 Dirichlet 法则，交换上式积分次序，得

$$J(y_1)=\int_0^{y_1}Kf(y)\mathrm{d}y,\tag{6.5}$$

其中

$$K=\frac{2}{\pi}\int_y^{y_1}\frac{r}{\sqrt{(y_1^2-r^2)(r^2-y^2)}}\mathrm{d}r.\tag{6.6}$$

不难算出 $K=1$. 这样从(6.5)和(6.3)式，得

$$\int_0^{y_1}f(y)\mathrm{d}y=\int_0^{y_1}\frac{r}{\sqrt{y_1^2-r^2}}F(r)\mathrm{d}r.\tag{6.7}$$

将(6.7)式两边对 y_1 微商,即得(6.2)式.

现在来证明逆命题.设有(6.2)式,今对该式积分,得

$$\int_0^y f(y_1)\mathrm{d}y_1 = \int_0^y \frac{r_1}{\sqrt{y^2-r_1^2}}F(r_1)\mathrm{d}r_1. \tag{6.8}$$

用 $\frac{y}{\sqrt{r^2-y^2}}$ 乘(6.8)式两边,并积分,得

$$\int_0^r \frac{y}{\sqrt{r^2-y^2}}\left[\int_0^y f(y_1)\mathrm{d}y_1\right]\mathrm{d}y = \int_0^r \frac{y}{\sqrt{r^2-y^2}}\left[\int_0^y \frac{r_1}{\sqrt{y^2-r_1^2}}F(r_1)\mathrm{d}r_1\right]\mathrm{d}y. \tag{6.9}$$

对于(6.9)式左边,按 Dirichlet 法则交换积分次序,得

$$左边 = \int_0^r f(y_1)\left[\int_{y_1}^r \frac{y}{\sqrt{r^2-y^2}}\mathrm{d}y\right]\mathrm{d}y_1 = \int_0^r f(y_1)\sqrt{r^2-y_1^2}\mathrm{d}y_1. \tag{6.10}$$

再将(6.9)式右边,也交换积分次序,得

$$右边 = \int_0^r r_1F(r_1)\left[\int_{r_1}^r \frac{y}{\sqrt{(r^2-y^2)(y^2-r_1^2)}}\mathrm{d}y\right]\mathrm{d}r_1. \tag{6.11}$$

与(6.6)式完全一样,很容易算出(6.11)式的内层积分值为 $\pi/2$. 将(6.10)和(6.11)代入(6.9)式,得

$$\int_0^r f(y_1)\sqrt{r^2-y_1^2}\mathrm{d}y_1 = \frac{\pi}{2}\int_0^r r_1F(r_1)\mathrm{d}r_1. \tag{6.12}$$

将上式对 r 微商,即得(6.1)式.证毕.

从定理 6.1,可以引进下述定义[138,第24页].

定义 6.1 函数 $f(y)\in C[0,b]$的 Abel 变换 $F(r)$由(6.1)式定义,而(6.2)式称为 Abel 逆变换式.

6.2 调和函数的 Abel 变换

设函数 $A(r,z)$二阶连续可微且对 r 为奇函数.今对变量 r 作

Abel 逆变换：

$$\alpha(z,y)=\frac{\partial}{\partial y}\int_0^y\frac{r}{\sqrt{y^2-r^2}}A(r,z)\mathrm{d}r.\tag{6.13}$$

从(6.13)式可以看出函数 $\alpha(z,y)$ 对 y 为偶函数，即

$$\alpha(z,-y)=\alpha(z,y).\tag{6.14}$$

按定理 6.1，从(6.13)式知

$$A(r,z)=\frac{2}{\pi}\int_0^r\frac{1}{\sqrt{r^2-y^2}}\alpha(z,y)\mathrm{d}y.\tag{6.15}$$

在(6.15)式中作变量代换 $y=r\sin t$，得

$$A(r,z)=\frac{2}{\pi}\int_0^{\pi/2}\alpha(z,r\sin t)\mathrm{d}t.\tag{6.16}$$

对(6.16)式两边关于 r 求导数，得

$$\frac{\partial A}{\partial r}=\frac{2}{\pi}\int_0^{\frac{\pi}{2}}\frac{\partial\alpha}{\partial y}\sin t\mathrm{d}t.\tag{6.17}$$

将上式分部积分，得

$$\frac{\partial A}{\partial r}=-\frac{2}{\pi}\left(\frac{\partial\alpha}{\partial y}\cos t\right)_0^{\pi/2}+\frac{2}{\pi}\int_0^{\pi/2}\frac{\partial^2\alpha}{\partial y^2}r\cos^2 t\mathrm{d}t.\tag{6.18}$$

由于 α 对 y 为偶函数，那么 $\dfrac{\partial\alpha}{\partial y}$ 对 y 为奇函数，于是

$$\left(\frac{\partial\alpha}{\partial y}\right)_{y=0}=0,$$

这样(6.18)式成为

$$\frac{1}{r}\frac{\partial A}{\partial r}=\frac{2}{\pi}\int_0^{\pi/2}\frac{\partial^2\alpha}{\partial y^2}\cos^2 t\mathrm{d}t.\tag{6.19}$$

从(6.16)式还可求出

$$\frac{\partial^2 A}{\partial r^2}=\frac{2}{\pi}\int_0^{\pi/2}\frac{\partial^2\alpha}{\partial y^2}\sin^2 t\mathrm{d}t,\tag{6.20}$$

$$\frac{\partial A}{\partial z}=\frac{2}{\pi}\int_0^{\frac{\pi}{2}}\frac{\partial\alpha}{\partial z}\mathrm{d}t,\quad\frac{\partial^2 A}{\partial z^2}=\frac{2}{\pi}\int_0^{\frac{\pi}{2}}\frac{\partial^2\alpha}{\partial z^2}\mathrm{d}t.\tag{6.21}$$

将(6.19)、(6.20)和(6.21)的第二式相加，得

$$\frac{\partial^2 A}{\partial r^2}+\frac{1}{r}\frac{\partial A}{\partial r}+\frac{\partial^2 A}{\partial z^2}=\frac{2}{\pi}\int_0^{\pi/2}\left(\frac{\partial^2\alpha}{\partial z^2}+\frac{\partial^2\alpha}{\partial y^2}\right)\mathrm{d}t. \tag{6.22}$$

在(6.22)式作变量代换 $t=\arcsin\dfrac{y}{r}$,得

$$\nabla^2 A(r,z)=\frac{2}{\pi}\int_0^r\widetilde{\nabla}^2\alpha(z,y)\frac{\mathrm{d}y}{\sqrt{r^2-y^2}}, \tag{6.23}$$

其中∇^2 和 $\widetilde{\nabla}^2$ 分别为轴对称调和算子(1.4)和平面调和算子:

$$\widetilde{\nabla}^2=\frac{\partial^2}{\partial z^2}+\frac{\partial^2}{\partial y^2}, \tag{6.24}$$

(6.23)式表明 $\widetilde{\nabla}^2\alpha$ 的 Abel 变换为$\nabla^2 A$,因此按定理 6.1,得

$$\widetilde{\nabla}^2\alpha(z,y)=\frac{\partial}{\partial y}\int_0^y\frac{r}{\sqrt{y^2-r^2}}\nabla^2 A(r,z)\mathrm{d}r. \tag{6.25}$$

(6.13)和(6.15)式及(6.23)和(6.25)式表明:若 $A(r,z)$和 $\alpha(z,y)$ 互为 Abel 变换,则$\nabla^2 A$ 和 $\widetilde{\nabla}^2\alpha$ 也互为 Abel 变换. 从(6.23)和(6.25)式可得出下面引理.

引理 6.1 平面调和函数的 Abel 变换为轴对称调和函数;反之,轴对称调和函数的 Abel 逆变换为平面调和函数. 即

$$\begin{aligned}&\text{若 }\widetilde{\nabla}^2\alpha=0,\text{ 则 }\nabla^2 A=0;\\&\text{若 }\nabla^2 A=0,\text{ 则 }\widetilde{\nabla}^2\alpha=0.\end{aligned} \tag{6.26}$$

6.3 轴对称共轭调和函数的复数表示

今设 $A(r,z)$为轴对称调和函数,那么 A 的 Abel 逆变换为平面调和函数 α. 从(6.14)可知,α 为 y 的偶函数. 我们假定 $A(r,z)$是 r 的奇函数,于是,可将(6.15)式改写为

$$A(r,z)=\frac{1}{\pi}\int_{-r}^r\frac{\alpha(z,y)}{\sqrt{r^2-y^2}}\mathrm{d}y. \tag{6.27}$$

设调和函数 $\alpha(z,y)$的共轭调和函数为 $\beta(z,y)$,则有

$$\frac{\partial\alpha}{\partial z}=\frac{\partial\beta}{\partial y},\quad\frac{\partial\alpha}{\partial y}=-\frac{\partial\beta}{\partial z}. \tag{6.28}$$

由于 α 为 y 的偶函数,从(6.28)式可知,β 将为 y 的奇函数,即有

所谓“偶性条件”：

$$\alpha(z,-y)=\alpha(z,y),\quad \beta(z,-y)=-\beta(z,y). \tag{6.29}$$

引进解析函数 $\varphi(\zeta)$，

$$\varphi(\zeta)=\alpha(z,y)+\mathrm{i}\beta(z,y), \tag{6.30}$$

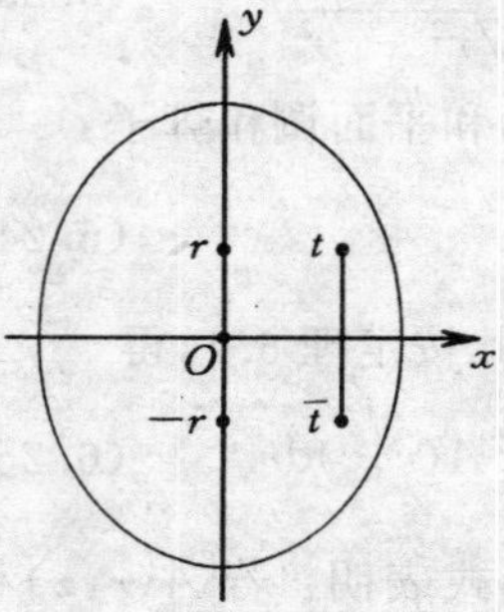

图　3.4

其中 $\mathrm{i}=\sqrt{-1}$，$\zeta=z+\mathrm{i}y$. 既然 β 为 y 的奇函数，(6.27)式可以改写成

$$A(r,z)=\frac{1}{\pi}\int_{-r}^{r}\frac{\varphi(\zeta)}{\sqrt{r^2-y^2}}\mathrm{d}y. \tag{6.31}$$

今在(6.31)式右端的积分中作变量替换，将 y 变换为 ζ. (6.31)式积分中的 z 为参变量. 对 y 而言，积分由 $-r$ 至 r；那么对 ζ 而言，积分路线是由 $\bar{t}=z-\mathrm{i}r$ 到 $t=z+\mathrm{i}r$ 的一条平行于 y 轴的线段(见图 3.4)，于是(6.31)成为

$$A(r,z)=\frac{1}{\pi\mathrm{i}}\int_{\bar{t}}^{t}\frac{\varphi(\zeta)}{R(\zeta,t)}\mathrm{d}\zeta, \tag{6.32}$$

其中

$$R(\zeta,t)=\sqrt{(\zeta-t)(\zeta-\bar{t})}=\sqrt{r^2-y^2}. \tag{6.33}$$

我们看到，在(6.32)式的积分中，有两个分支奇点 t 和 $\bar{t}$，如果我们从 $\bar{t}$ 到 t 作一割缝，那么(6.32)式中的积分路径可认为是具有割缝区域中的任一路径. 而多值函数 $R(\zeta,t)$ 可取为在割缝与对称轴相交的点上为正值的那个分支.

按(6.21)的第一式和(6.17)式，有

$$\frac{\partial A}{\partial z}=\frac{1}{\pi}\int_{-r}^{r}\frac{\partial\alpha}{\partial z}\frac{\mathrm{d}y}{\sqrt{r^2-y^2}},$$

$$\frac{\partial A}{\partial r}=\frac{1}{\pi}\int_{-r}^{r}\frac{\partial\alpha}{\partial y}\frac{y}{r}\frac{\mathrm{d}y}{\sqrt{r^2-y^2}}.$$

用本节的符号，再考虑到偶性条件(6.29)，上面两式可写成

$$\frac{\partial A}{\partial z} = \frac{1}{\pi \mathrm{i}}\int_{\bar{i}}^{t} \frac{\varphi'(\zeta)}{R(\zeta,t)}\mathrm{d}\zeta, \tag{6.34}$$

$$\frac{\partial A}{\partial r} = \frac{1}{\pi \mathrm{i} r}\int_{\bar{i}}^{t} \frac{\zeta - z}{R(\zeta,t)}\varphi'(\zeta)\mathrm{d}\zeta. \tag{6.35}$$

令

$$J = -\frac{1}{\pi \mathrm{i} r}\int_{\bar{i}}^{t} \frac{\zeta - z}{R(\zeta,t)}\varphi(\zeta)\mathrm{d}\zeta, \tag{6.36}$$

将(6.36)式分部积分，得

$$J = -\frac{1}{\pi \mathrm{i} r}\int_{\bar{i}}^{t} \varphi(\zeta)\mathrm{d}R(\zeta,t) = \frac{1}{\pi \mathrm{i} r}\int_{\bar{i}}^{t} \varphi'(\zeta)R(\zeta,t)\mathrm{d}\zeta. \tag{6.37}$$

在(6.37)式中，分别对 z 和 r 取微商，得

$$\begin{cases} \dfrac{\partial J}{\partial z} = -\dfrac{1}{\pi \mathrm{i} r}\displaystyle\int_{\bar{i}}^{t} \varphi'(\zeta)\,\dfrac{\zeta - z}{R(\zeta,t)}\mathrm{d}\zeta, \\ \dfrac{1}{r}\,\dfrac{\partial}{\partial r}(rJ) = \dfrac{1}{\pi \mathrm{i}}\displaystyle\int_{\bar{i}}^{t} \dfrac{\varphi'(\zeta)}{R(\zeta,t)}\mathrm{d}\zeta. \end{cases} \tag{6.38}$$

比较(6.34)、(6.35)与(6.38)式，可得

$$\begin{cases} \dfrac{1}{r}\,\dfrac{\partial}{\partial r}(rJ) = \dfrac{\partial A}{\partial z}, \\ \dfrac{\partial J}{\partial z} = -\dfrac{\partial A}{\partial r}. \end{cases} \tag{6.39}$$

从(6.39)式可知，如果 A^* 是与 A 共轭的轴对称调和函数，那么

$$A^* = J + \frac{C}{r}, \tag{6.40}$$

其中 C 为常数. 当 $r \to 0$ 时，A^* 有界，则有 $A^* = J$，即

$$A^* = -\frac{1}{\pi \mathrm{i} r}\int_{\bar{i}}^{t} \varphi(\zeta)\,\frac{\zeta - z}{R(\zeta,t)}\mathrm{d}\zeta. \tag{6.41}$$

这样，我们就证明了下述引理.

引理 6.2 如果 A^* 和 A 是一对轴对称共轭调和函数，就一定存在一个解析函数 $\varphi(\zeta)$，使 A^* 和 A 写成(6.32)和(6.41)的形式.

§7　轴对称位移的复数表示

假定弹性力学的轴对称位移场已表成轴对称共轭形式(4.1)，今将此形式改写成

$$\begin{cases} 2\mu u_r = (3-4\nu)A^* + 2z\dfrac{\partial A^*}{\partial z} + B^*, \\ 2\mu u_z = (3-4\nu)A - 2z\dfrac{\partial A}{\partial z} - B, \end{cases} \tag{7.1}$$

其中 μ 为剪切模量；ν 为 Poisson 比；而

$$\begin{cases} A^* = \dfrac{2\mu}{4(1-\nu)}Q^*,\ A = \dfrac{2\mu}{4(1-\nu)}Q, \\ B^* = -\dfrac{\partial A_0}{\partial r} - r\dfrac{\partial A^*}{\partial r} + z\dfrac{\partial A}{\partial r}, \\ B = \dfrac{\partial A_0}{\partial z} + r\dfrac{\partial A^*}{\partial z} - z\dfrac{\partial A}{\partial z}, \\ A_0 = \dfrac{2\mu}{4(1-\nu)}Q_0. \end{cases} \tag{7.2}$$

显然，A^* 和 A 是一对轴对称共轭调和函数，另外也不难验证，B^* 和 B 也是一对轴对称共轭调和函数. 按照引理 6.2 我们可以找到解析函数 $\varphi(\zeta)$ 和 $\psi(\zeta)$，使 A^*，A，B^* 和 B，可分别表成如下形式：

$$\begin{cases} A^*(r,z) = -\dfrac{1}{\pi i r}\displaystyle\int_{\bar{t}}^{t}\varphi(\zeta)\dfrac{\zeta - z}{R(\zeta,t)}d\zeta, \\ A(r,z) = \dfrac{1}{\pi i}\displaystyle\int_{\bar{t}}^{t}\dfrac{\varphi(\zeta)}{R(\zeta,t)}d\zeta, \\ B^*(r,z) = -\dfrac{1}{\pi i r}\displaystyle\int_{\bar{t}}^{t}\psi(\zeta)\dfrac{\zeta - z}{R(\zeta,t)}d\zeta, \\ B(r,z) = \dfrac{1}{\pi i}\displaystyle\int_{\bar{t}}^{t}\dfrac{\psi(\zeta)}{R(\zeta,t)}d\zeta, \end{cases} \tag{7.3}$$

其中 $\zeta = z + iy$，$t = z + ir$，$\bar{t} = z - ir$，$R(\zeta,t) = \sqrt{(\zeta - t)(\zeta - \bar{t})}$. 设 D

为弹性体 Ω 的半子午面，D 去除 t 至 $\bar{t}$ 割缝后的区域记为 D'，那么(7.3)诸式中的积分为 D' 中从 $\bar{t}$ 至 t 的任一路径. 将(7.3)代入(7.1)，并注意到(6.38)的第一式和(6.34)式，得

$$\begin{cases}2\mu u_r = -\dfrac{1}{\pi \mathrm{i} r}\displaystyle\int_{\bar{t}}^{t}\left[(3-4\nu)\varphi(\zeta)+2z\varphi'(\zeta)+\psi(\zeta)\right]\dfrac{\zeta-z}{R(\zeta,t)}\mathrm{d}\zeta,\\ 2\mu u_z = \dfrac{1}{\pi \mathrm{i}}\displaystyle\int_{\bar{t}}^{t}\left[(3-4\nu)\varphi(\zeta)-2z\varphi'(\zeta)-\psi(\zeta)\right]\dfrac{\mathrm{d}\zeta}{R(\zeta,t)},\end{cases} \tag{7.4}$$

此式即轴对称位移场的 Алексадаров 复变公式. (7.4)即(5.17)，由此我们解决了 §5 末尾所提出的完备性问题：对于任意轴对称位移场，总存在解析函数 $\varphi(\zeta)$和 $\psi(\zeta)$使(7.4)式成立. 由(7.4)式可知，只需知道 $\varphi(\zeta)$和 $\psi(\zeta)$，就可以通过积分得到 u_r 和 u_z.

对于 $r=0$ 时，即对称轴上的位移场，可看作(7.4)式当 $r\to 0$ 时的极限值，即

$$\begin{cases}u_r(0,z) = \lim\limits_{r\to 0} u_r(r,z),\\ u_z(0,z) = \lim\limits_{r\to 0} u_z(r,z).\end{cases} \tag{7.5}$$

为了计算(7.5)式中的极限，设(7.4)式中的积分路径取为过 $\bar{t}$ 和 t 平行于 y 轴的线段，于是

$$\zeta = z + \mathrm{i}y \ (|y| < r),$$

并将 $\varphi(\zeta)$ 和 $\psi(\zeta)$ 在 $\zeta=z$ 展开，

$$\begin{cases}\varphi(\zeta) = \varphi(z) + o(1),\\ \varphi'(\zeta) = \varphi'(z) + o(1),\\ \psi(\zeta) = \psi(z) + o(1),\end{cases} \tag{7.6}$$

其中 $o(1)$表示当 $r\to 0$ 时为无穷小量. 将(7.6)代入(7.5)式，得

$$\begin{aligned}2\mu u_r(0,z) &= \lim_{r\to 0}(K_1 + K_2),\\ 2\mu u_z(0,z) &= \lim_{r\to 0}(L_1 + L_2),\end{aligned} \tag{7.7}$$

其中

$$\begin{cases} K_1=\dfrac{1}{\pi ir}[(3-4\nu)\varphi(z)+2z\varphi'(z)+\psi(z)]\displaystyle\int_{-r}^{r}\frac{y}{\sqrt{r^2-y^2}}dy, \\ K_2=\dfrac{1}{\pi ir}\displaystyle\int_{-r}^{r}o(1)\frac{y}{\sqrt{r^2-y^2}}dy, \\ L_1=\dfrac{1}{\pi}[(3-4\nu)\varphi(z)-2z\varphi'(z)-\psi(z)]\displaystyle\int_{-r}^{r}\frac{dy}{\sqrt{r^2-y^2}}, \\ L_2=\dfrac{1}{\pi}\displaystyle\int_{-r}^{r}\frac{o(1)}{\sqrt{r^2-y^2}}dy. \end{cases} \tag{7.8}$$

利用

$$\begin{cases} \displaystyle\int_{-r}^{r}\frac{y}{\sqrt{r^2-y^2}}dy=0, \\ \displaystyle\int_{0}^{r}\frac{ydy}{\sqrt{r^2-y^2}}=r, \\ \displaystyle\int_{0}^{r}\frac{dy}{\sqrt{r^2-y^2}}=\frac{\pi}{2} \end{cases} \tag{7.9}$$

可以推出

$$\begin{cases} K_1=0,\ K_2=o(1), \\ L_1=(3-4\nu)\varphi(z)-2z\varphi'(z)-\psi(z), \\ L_2=o(1). \end{cases} \tag{7.10}$$

将(7.10)代入(7.7)式，可得

$$\begin{cases} 2\mu u_r(0,z)=0, \\ 2\mu u_z(0,z)=(3-4\nu)\varphi(z)-2z\varphi'(z)-\psi(z). \end{cases} \tag{7.11}$$

如果在(7.6)式中取高次项

$$\begin{cases} \varphi(\zeta)=\varphi(z)+\varphi'(z)(\zeta-z)+o(r), \\ \varphi'(\zeta)=\varphi'(z)+\varphi''(z)(\zeta-z)+o(r), \\ \psi(\zeta)=\psi(z)+\psi'(z)(\zeta-z)+o(r), \end{cases} \tag{7.12}$$

我们能得到极限值

$$\lim_{r\to 0}\frac{2\mu u_r(r,z)}{r}=\frac{1}{2}[(3-4\nu)\varphi'(z)+2z\varphi''(z)+\psi'(z)]. \tag{7.13}$$

在下一节中,将用到上述对称轴上的计算公式(7.13).

附注 关于(7.4)式的完备性问题,即任意轴对称位移场都是由平面位移场旋转产生的问题,也可不利用通解,而直接从方程(2.6)利用 Abel 变换给出.事实上,设 yu_y 和 u_x 分别是 ru_r 和 u_z 经 Abel 逆变换得到的,于是

$$u_r(z,r)=\frac{2}{\pi r}\int_0^r\frac{yu_y(z,y)}{\sqrt{r^2-y^2}}\mathrm{d}y,\quad u_z(z,r)=\frac{2}{\pi}\int_0^r\frac{u_x(z,r)}{\sqrt{r^2-y^2}}\mathrm{d}y. \tag{7.14}$$

将(7.14)代入(2.6),利用§6和§7两节相关的公式,不难得到 $u_x(x,y)$ 和 $u_y(x,y)$ 满足以位移表示的平面应变问题的平衡方程.

§8 轴对称问题应力分量的复数表示

8.1 轴对称应力的复数表示

在柱坐标系 (r,θ,z) 中,轴对称问题的几何方程和 Hooke 定律分别为

$$\begin{cases}\varepsilon_r=u_{r,r},\quad \varepsilon_\theta=\dfrac{1}{r}u_r,\quad \varepsilon_z=u_{z,z},\\ \gamma_{rz}=\dfrac{1}{2}(u_{r,z}+u_{z,r}),\quad \gamma_{r\theta}=\gamma_{z\theta}=0;\end{cases} \tag{8.1}$$

$$\begin{cases}\sigma_r=\lambda(\varepsilon_r+\varepsilon_\theta+\varepsilon_z)+2\mu\varepsilon_r,\\ \sigma_\theta=\lambda(\varepsilon_r+\varepsilon_\theta+\varepsilon_z)+2\mu\varepsilon_\theta,\\ \sigma_z=\lambda(\varepsilon_r+\varepsilon_\theta+\varepsilon_z)+2\mu\varepsilon_z,\\ \tau_{rz}=2\mu\gamma_{rz},\\ \tau_{r\theta}=\tau_{z\theta}=0,\end{cases} \tag{8.2}$$

其中 $\varepsilon_r,\varepsilon_\theta,\cdots,\gamma_{z\theta}$ 和 $\sigma_r,\sigma_\theta,\cdots,\tau_{z\theta}$ 分别为应变分量和应力分量.将(7.1)代入(8.1)式,得

$$\begin{cases}2\mu\varepsilon_r=(3-4\nu)A^*_{,r}+2zA^*_{,zr}+B^*_{,r},\\ 2\mu\varepsilon_\theta=(3-4\nu)\dfrac{1}{r}A^*+2z\dfrac{1}{r}A^*_{,z}+\dfrac{1}{r}B^*,\\ 2\mu\varepsilon_z=(1-4\nu)A_{,z}-2zA_{,zz}-B_{,z},\\ 2\mu\gamma_{rz}=A^*_{,z}+2zA^*_{,zz}+B^*_{,z},\end{cases} \tag{8.3}$$

这里,下标中的逗号表示对其后坐标的微商.从(8.3)式算出

$$2\mu(\varepsilon_r+\varepsilon_\theta+\varepsilon_z)=4(1-2\nu)A_{,z}. \tag{8.4}$$

将(8.3)和(8.4)代入(8.2)式,得到

$$\begin{cases}\sigma_r=(A+2zA_{,z}+B)_{,z}-2\mu\dfrac{u_r}{r},\\ \sigma_\theta=4\nu A_{,z}+2\mu\dfrac{u_r}{r},\\ \sigma_z=A_{,z}-2zA_{,zz}-B_{,z},\\ \tau_{rz}=A^*_{,z}+2zA^*_{,zz}+B^*_{,z}.\end{cases} \tag{8.5}$$

将轴对称共轭调和函数 A^*,A 和 u_r 的复变表达式(7.3)前两式和(7.4)的第一式,代入(8.5)式,可得应力分量的复变表达式:

$$\begin{cases}\sigma_r=\dfrac{1}{\pi\mathrm{i}}\displaystyle\int_{\bar t}^{t}[3\varphi'(\zeta)+2z\varphi''(\zeta)+\psi'(\zeta)]\frac{\mathrm{d}\zeta}{R(\zeta,t)}\\ \qquad+\dfrac{1}{\pi\mathrm{i}r^2}\displaystyle\int_{\bar t}^{t}[(3-4\nu)\varphi(\zeta)+2z\varphi'(\zeta)+\psi(\zeta)]\frac{\zeta-z}{R(\zeta,t)}\mathrm{d}\zeta,\\ \sigma_\theta=\dfrac{4\nu}{\pi\mathrm{i}}\displaystyle\int_{\bar t}^{t}\varphi'(\zeta)\frac{\mathrm{d}\zeta}{R(\zeta,t)}-\frac{1}{\pi\mathrm{i}r^2}\int_{\bar t}^{t}[(3-4\nu)\varphi(\zeta)+2z\varphi'(\zeta)\\ \qquad+\psi(\zeta)]\dfrac{\zeta-z}{R(\zeta,t)}\mathrm{d}\zeta,\\ \sigma_z=\dfrac{1}{\pi\mathrm{i}}\displaystyle\int_{\bar t}^{t}[\varphi'(\zeta)-2z\varphi''(\zeta)-\psi'(\zeta)]\frac{\mathrm{d}\zeta}{R(\zeta,t)},\\ \tau_{rz}=-\dfrac{1}{\pi\mathrm{i}r}\displaystyle\int_{\bar t}^{t}[\varphi'(\zeta)+2z\varphi''(\zeta)+\psi'(\zeta)]\frac{\zeta-z}{R(\zeta,t)}\mathrm{d}\zeta.\end{cases} \tag{8.6}$$

由此可见,当 $\varphi(\zeta)$ 和 $\psi(\zeta)$ 已知时,从(8.6)式可求出应力分量.对于在对称轴上的应力分量,看作(8.6)式当 $r\to0$ 时的极限值.当 $r\to0$ 时,类似于求对称轴上位移分量的方法,再利用(7.13)式,我们能得到

$$\begin{cases}\sigma_r=\sigma_\theta=\left(\dfrac{3}{2}+2\nu\right)\varphi'(z)+z\varphi''(z)+\dfrac{1}{2}\psi'(z),\\ \sigma_z=\varphi'(z)-2z\varphi''(z)-\psi'(z),\\ \tau_{rz}=0.\end{cases} \tag{8.7}$$

8.2 应力边界条件

现在来求边界上的面力. 设回转体的半子午面为 D,其边界曲线为 L. 设 L 上的面力为 P_z 和 P_r,那么有

$$\begin{cases} P_z = \sigma_z \cos\alpha + \tau_{rz}\sin\alpha, \\ P_r = \tau_{rz}\cos\alpha + \sigma_r \sin\alpha, \end{cases} \tag{8.8}$$

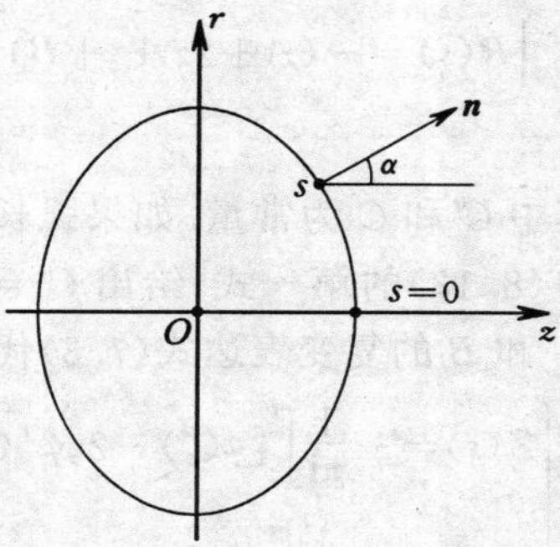

图 3.5

其中 α 为 L 上任意点的外法向 $\boldsymbol{n}$ 与 z 轴的夹角(见图 3.5),并且

$$\cos\alpha = \frac{\mathrm{d}z}{\mathrm{d}n} = \frac{\mathrm{d}r}{\mathrm{d}s}, \quad \sin\alpha = \frac{\mathrm{d}r}{\mathrm{d}n} = -\frac{\mathrm{d}z}{\mathrm{d}s}, \tag{8.9}$$

其中 s 为从 L 上某固定点起算的弧长,当 s 增加时区域 D 在 L 的左侧.

利用共轭调和函数的关系,改写(8.5)式中的 σ_z 和 τ_{rz} 为

$$\begin{cases} \sigma_z = \dfrac{1}{r}\left[r(A^* - 2zA^*_{,z} - B^*)\right]_{,r}, \\ \tau_{rz} = -(A + 2zA_{,z} + B)_{,r}. \end{cases} \tag{8.10}$$

将(8.5)式的第一和第四式、(8.9)和(8.10)代入(8.8)式,可得

$$\begin{cases} P_z = \dfrac{1}{r}\dfrac{\mathrm{d}}{\mathrm{d}s}\left[r(A^* - 2zA^*_{,z} - B^*)\right], \\ P_r = -\dfrac{\mathrm{d}}{\mathrm{d}s}(A + 2zA_{,z} + B) + 2\mu\dfrac{u_r}{r}\dfrac{\mathrm{d}z}{\mathrm{d}s}. \end{cases} \tag{8.11}$$

考虑如下两个积分

$$\begin{cases} Z(s) = \displaystyle\int_0^s rP_z \mathrm{d}s, \\ R(s) = \displaystyle\int_0^s \left[P_r + \frac{1}{r^2}Z(s)\frac{\mathrm{d}z}{\mathrm{d}s}\right]\mathrm{d}s. \end{cases} \tag{8.12}$$

把(8.11)代入(8.12)式,得到

$$\begin{cases} Z(s)=r(A^*-2zA^*_{,z}-B^*)+4(1-\nu)C', \\ R(s)=-(A+2zA_{,z}+B)+4(1-\nu)\int_0^s\left(\dfrac{A^*}{r}+\dfrac{C'}{r^2}\right)\dfrac{\mathrm{d}z}{\mathrm{d}s}\mathrm{d}s+C, \end{cases} \tag{8.13}$$

其中 C' 和 C 为常量. 如果弧长从对称轴算起，从(8.12)的第一式和(8.13)的第一式，给出 $C'=0$. 将轴对称共轭调和函数 A^*，A，B^* 和 B 的复变表达式(7.3)代入(8.13)，得

$$\begin{cases} Z(s)=-\dfrac{1}{\pi\mathrm{i}}\displaystyle\int_{\bar{t}}^{t}[\varphi(\zeta)-2z\varphi'(\zeta)-\psi(\zeta)]\dfrac{\zeta-z}{R(\zeta,t)}\mathrm{d}\zeta+4(1-\nu)C', \\ R(s)=-\dfrac{1}{\pi\mathrm{i}}\displaystyle\int_{\bar{t}}^{t}[\varphi(\zeta)+2z\varphi'(\zeta)+\psi(\zeta)]\dfrac{\mathrm{d}\zeta}{R(\zeta,t)} \\ \qquad -\dfrac{4(1-\nu)}{\pi\mathrm{i}}\displaystyle\int_0^s\left[\int_{\bar{t}}^{t}\varphi(\zeta)\dfrac{\zeta-z}{R(\zeta,t)}\mathrm{d}\zeta-\pi\mathrm{i}C'\right]\dfrac{1}{r^2}\dfrac{\mathrm{d}z}{\mathrm{d}s}\mathrm{d}s+C, \end{cases} \tag{8.14}$$

其中 s 是由固定点至 t 的 L 的弧长. 如果边界上给定外力 P_r 和 P_z，那么可认为 $Z(s)$ 和 $R(s)$ 已知. 这样，弹性力学轴对称应力边值问题，归结为求两个解析函数 $\varphi(\zeta)$ 和 $\psi(\zeta)$，使它们满足边界条件(8.14).

§9　球的轴对称应力边值问题

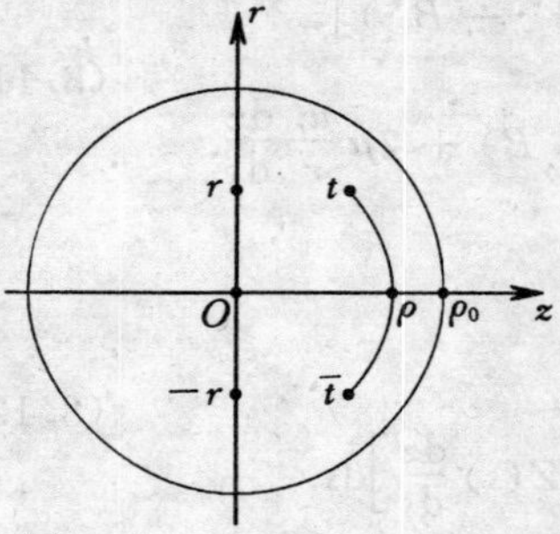

图　3.6

设有半径为 ρ_0 的球，取球心为原点建立柱坐标系，球的表面作用有轴对称外力 $\overline{P}_z$ 和 $\overline{P}_r$，今欲求球内的应力和位移.

我们知道，$\varphi(\zeta)$ 和 $\psi(\zeta)$ 是子午面内的解析函数，对半径为 ρ_0 的球而言，其子午面是半径为 ρ_0 的圆，如图 3.6 所示. 这样，$\varphi(\zeta)$ 和 $\psi(\zeta)$ 在圆

内可展成 Taylor 级数

$$\begin{aligned}\varphi(\zeta) &= \sum_{n=0}^{\infty} a_n \zeta^n, \\ \psi(\zeta) &= \sum_{n=0}^{\infty} b_n \zeta^n.\end{aligned} \tag{9.1}$$

由于 $\varphi(\zeta)$ 和 $\psi(\zeta)$ 满足偶性条件，那么待定系数 a_n 和 b_n 应为实数.

轴对称共轭调和函数 A^*、A、B^* 和 B 的复变表达式(7.3)中的积分路径，我们取为连结 $\bar{t}$ 和 t 的圆弧(见图 3.6)，即有

$$\begin{aligned}\zeta &= \rho \mathrm{e}^{\mathrm{i}\theta}, \\ t &= \rho \mathrm{e}^{\mathrm{i}\alpha}, \\ R(\zeta,t) &= \rho \mathrm{e}^{\mathrm{i}\theta/2}\sqrt{2(\cos\theta - \cos\alpha)},\end{aligned} \tag{9.2}$$

其中 $\rho=\sqrt{z^2+r^2}$，$\alpha=\arctan\dfrac{r}{z}$. 利用 Legendre 多项式的 Mehler-Dirichlet 积分表示[69, 第293页]：

$$P_n(\cos\alpha) = \frac{2}{\pi}\int_0^{\alpha} \frac{\cos\left(n+\frac{1}{2}\right)\theta}{\sqrt{2(\cos\theta-\cos\alpha)}}\mathrm{d}\theta, \tag{9.3}$$

我们能得到

$$\frac{1}{\pi \mathrm{i}}\int_{\bar{t}}^{t} \frac{\zeta^n}{R(\zeta,t)}\mathrm{d}\zeta = \rho^n P_n(\cos\alpha), \tag{9.4}$$

$$\frac{1}{\pi \mathrm{i} r}\int_{\bar{t}}^{t} \frac{\zeta^n(\zeta-z)}{R(\zeta,t)}\mathrm{d}\zeta = \frac{\partial}{\partial r}\frac{1}{\pi \mathrm{i}}\int_{\bar{t}}^{t} \frac{\zeta^{n+1}}{n+1}\frac{\mathrm{d}\zeta}{R(\zeta,t)} = \frac{\rho^n}{n+1}\frac{\mathrm{d}}{\mathrm{d}\alpha}P_n(\cos\alpha). \tag{9.5}$$

在导出(9.5)的第二等式时，利用了公式

$$\frac{\partial}{\partial r} = \sin\alpha\frac{\partial}{\partial\rho} + \frac{\cos\alpha}{\rho}\frac{\partial}{\partial\alpha} \tag{9.6}$$

和 Legendre 多项式的递推关系

$$xP'_{n+1}(x) - (n+1)P_{n+1}(x) = P'_n(x). \tag{9.7}$$

将(9.1)、(9.4)和(9.5)代入(7.3)式，得

$$\begin{cases} A = a_0 + \sum_{n=1}^{\infty} a_n \rho^n P_n(\cos\alpha), \\ A^* = -\sum_{n=1}^{\infty} \frac{1}{n+1} a_n \rho^n \frac{\mathrm{d}}{\mathrm{d}\alpha} P_n(\cos\alpha), \\ B = b_0 + \sum_{n=1}^{\infty} b_n \rho^n P_n(\cos\alpha), \\ B^* = -\sum_{n=1}^{\infty} \frac{1}{n+1} b_n \rho^n \frac{\mathrm{d}}{\mathrm{d}\alpha} P_n(\cos\alpha). \end{cases} \tag{9.8}$$

将(9.8)代入(8.13)式，再利用 Legendre 多项式的递推公式

$$(n+1)P_{n+1}(x) - (2n+1)xP_n(x) + nP_{n-1}(x) = 0,$$

可以得到

$$Z(s) = \rho_0 \sin\alpha \sum_{n=1}^{\infty} \rho_0^n \left(-\frac{a_n}{n+1} + \frac{2n-2}{2n-1} a_n + \frac{2n+4}{2n+3} \rho_0^2 a_{n+2} + \frac{b_n}{n+1} \right) \frac{\mathrm{d}}{\mathrm{d}\alpha} P_n(\cos\alpha), \tag{9.9}$$

$$R(s) = \sum_{n=1}^{\infty} \left[\left(\frac{3-4\nu-n}{n+1} - \frac{2n^2}{2n-1} \right) a_n - b_n - \frac{2(n+1)(n+2)}{2n+3} \rho_0^2 a_{n+2} \right] \rho_0^n P_n(\cos\alpha) + C'', \tag{9.10}$$

其中 C'' 为常量.

另一方面，注意到轴对称外力 $\overline{P}_z$ 是 α 的偶函数，$\overline{P}_r$ 是 α 的奇函数，故它们可展开成[69,第247～249页]：

$$\overline{P}_z = \sum_{n=0}^{\infty} C_n P_n(\cos\alpha), \quad \overline{P}_r = \sum_{n=1}^{\infty} D_n \frac{\mathrm{d}}{\mathrm{d}\alpha} P_n(\cos\alpha), \tag{9.11}$$

这里 C_n 和 D_n 为已知常数. 将(9.11)代入(8.12)式，得

$$\overline{Z} = \rho_0^2 \int_0^{\alpha} \overline{P}_z \sin\alpha\, \mathrm{d}\alpha$$

$$= C_0 \rho_0^2 (1-\cos\alpha) - \rho_0 \sin\alpha \sum_{n=1}^{\infty} B_n \frac{\mathrm{d}}{\mathrm{d}\alpha} P_n(\cos\alpha), \tag{9.12}$$

$$\overline{R}=\int_0^\alpha\left(\rho_0\overline{P}_r-\frac{1}{r}\overline{Z}\right)\mathrm{d}\alpha$$

$$=C_0\rho_0\ln\frac{1+\cos\alpha}{2}+\sum_{n=0}^{\infty}A_nP_n(\cos\alpha),\tag{9.13}$$

其中

$$B_n=\frac{\rho_0C_n}{n(n+1)},\quad A_n=\rho_0D_n+B_n,\quad A_0=\sum_{n=1}^{\infty}A_n.$$

我们知道，$2\pi\overline{Z}$为外力的轴向合力，因此，当 $\alpha=\pi$ 时，$\overline{Z}=0$. 从(9.12)式,可得 $C_0=0$.

按照边界条件,从(9.9)和(9.10)及(9.12)和(9.13)式得到,当 $n\geqslant1$ 时有

$$\begin{cases}\left[\left(\dfrac{1}{n+1}-\dfrac{2n-2}{2n-1}\right)a_n-\dfrac{b_n}{n+1}-\dfrac{2(n+2)}{2n+3}\rho_0^2a_{n+2}\right]\rho_0^n=B_n,\\ \left[\left(\dfrac{3-4\nu-n}{n+1}-\dfrac{2n^2}{2n-1}\right)a_n-b_n-\dfrac{2(n+1)(n+2)}{2n+3}\rho_0^2a_{n+2}\right]\rho_0^n=A_n.\end{cases}\tag{9.14}$$

从(9.14)式,对于 $n\geqslant1$,可解出

$$\begin{cases}a_n=\dfrac{A_n-(n+1)B_n}{\dfrac{4(1-\nu)}{n+1}-2-\dfrac{2}{2n-1}}\rho_0^{-n},\\ b_n=\left(\dfrac{3-4\nu-n}{n+1}-\dfrac{2n^2}{2n-1}\right)a_n-\dfrac{2(n+1)(n+2)}{2n+3}\rho_0^2a_{n+2}-A_n\rho_0^{-n}.\end{cases}\tag{9.15}$$

由于 a_0 和 b_0 并不影响应力分布,因而从应力边界条件不能确定它们. 至此,$\varphi(\zeta)$和 $\psi(\zeta)$展开式(9.1)中的待定系数都已求得,由它们可算出应力和位移.

类似地,可解决位移边值问题. Александаров 还发展了积分方程法,广义解析函数等方法,解决了回转体轴对称和非轴对称的许多问题. 如：具球形裂纹的无限大弹性空间,具椭球腔的无限大弹性空间,椭球体,环状体等.

§10　横观各向同性弹性力学轴对称问题的通解

10.1　矢量方程

本节采用一种方法，将横观各向同性弹性体轴对称问题的方程归化成类似于各向同性弹性力学的矢量方程[46]. 这样，以前的许多结果，基本上可以平行地移植过来. 将横观各向同性体的广义 Hooke 定律(第一章(9.1)式)代入平衡方程，得

$$\begin{cases}\left(C_{11}\dfrac{\partial^2}{\partial x^2}+C_{66}\dfrac{\partial^2}{\partial y^2}+C_{44}\dfrac{\partial^2}{\partial z^2}\right)u+\widetilde{C}_{12}\dfrac{\partial^2 v}{\partial x\partial y}+\widetilde{C}_{13}\dfrac{\partial^2 w}{\partial x\partial z}=0,\\ \widetilde{C}_{12}\dfrac{\partial^2 u}{\partial x\partial y}+\left(C_{66}\dfrac{\partial^2}{\partial x^2}+C_{11}\dfrac{\partial^2}{\partial y^2}+C_{44}\dfrac{\partial^2}{\partial z^2}\right)v+\widetilde{C}_{13}\dfrac{\partial^2 w}{\partial y\partial z}=0,\\ \widetilde{C}_{13}\dfrac{\partial^2 u}{\partial z\partial x}+\widetilde{C}_{13}\dfrac{\partial^2 v}{\partial z\partial y}+\left(C_{44}\dfrac{\partial^2}{\partial x^2}+C_{44}\dfrac{\partial^2}{\partial y^2}+C_{33}\dfrac{\partial^2}{\partial z^2}\right)w=0,\end{cases} \tag{10.1}$$

其中 $\widetilde{C}_{12}=C_{12}+C_{66}$，$\widetilde{C}_{13}=C_{13}+C_{44}$，且有关系

$$C_{66}=C_{11}-\widetilde{C}_{12}. \tag{10.2}$$

今将方程(10.1)改写成下述形式

$$\begin{cases}\left(\dfrac{\partial^2}{\partial x^2}+\dfrac{\partial^2}{\partial y^2}+\dfrac{1}{s_2^2}\dfrac{\partial^2}{\partial z^2}\right)u+\eta\dfrac{\partial}{\partial x}\left(\dfrac{\partial u}{\partial x}+\dfrac{\partial v}{\partial y}+\beta\dfrac{\partial w}{\partial z}\right)\\ \qquad\qquad+\delta\dfrac{\partial}{\partial y}\left(\dfrac{\partial u}{\partial y}-\dfrac{\partial v}{\partial x}\right)=0,\\ \left(\dfrac{\partial^2}{\partial x^2}+\dfrac{\partial^2}{\partial y^2}+\dfrac{1}{s_2^2}\dfrac{\partial^2}{\partial z^2}\right)v+\eta\dfrac{\partial}{\partial y}\left(\dfrac{\partial u}{\partial x}+\dfrac{\partial v}{\partial y}+\beta\dfrac{\partial w}{\partial z}\right)\\ \qquad\qquad-\delta\dfrac{\partial}{\partial x}\left(\dfrac{\partial u}{\partial y}-\dfrac{\partial v}{\partial x}\right)=0,\\ \left(\dfrac{\partial^2}{\partial x^2}+\dfrac{\partial^2}{\partial y^2}+\dfrac{1}{s_2^2}\dfrac{\partial^2}{\partial z^2}\right)w+\eta\alpha\dfrac{\partial}{\partial z}\left(\dfrac{\partial u}{\partial x}+\dfrac{\partial v}{\partial y}+\beta\dfrac{\partial w}{\partial z}\right)=0,\end{cases} \tag{10.3}$$

这里

$$\frac{1+\delta}{1+\eta}=\frac{C_{66}}{C_{11}},\quad \frac{1}{1+\eta}\frac{1}{s_2^2}=\frac{C_{44}}{C_{11}},\quad \frac{\eta-\delta}{1+\eta}=\frac{\widetilde{C}_{12}}{C_{11}},$$

$$\frac{\eta\beta}{1+\eta}=\frac{\widetilde{C}_{13}}{C_{11}},\quad \eta\alpha=\frac{\widetilde{C}_{13}}{C_{44}},\quad \frac{1}{s_2^2}+\alpha\beta\eta=\frac{C_{33}}{C_{44}}.\tag{10.4}$$

从(10.4)诸式,不难得到 $1/s_2^2$ 是下列二次方程的一个根

$$\left(\frac{1}{s^2}\right)^2-\frac{C_{44}^2-\widetilde{C}_{13}^2+C_{33}C_{11}}{C_{11}C_{44}}\frac{1}{s^2}+\frac{C_{33}}{C_{11}}=0.\tag{10.5}$$

方程(10.5)就是第一章方程(9.14),它的两个根 $1/s_1^2$ 和 $1/s_2^2$ 为正实数或复数,而不为负实数.(10.4)式中的 η、δ、α 和 β 均可算出

$$\eta=\frac{C_{11}}{C_{44}}\frac{1}{s_2^2}-1,\quad \delta=\frac{C_{66}}{C_{44}}\frac{1}{s_2^2}-1,$$

$$\beta=\frac{\widetilde{C}_{13}}{C_{11}-C_{44}s_2^2},\quad \alpha=\beta s_2^2.\tag{10.6}$$

对于轴对称问题,应有条件

$$\frac{\partial u}{\partial y}-\frac{\partial v}{\partial x}=0.\tag{10.7}$$

将条件(10.7)代入方程(10.3),可得所需的矢量方程

$$\nabla_2^2\boldsymbol{u}+\eta\nabla_\alpha(\nabla_\beta\cdot\boldsymbol{u})=0,\tag{10.8}$$

式中 $\boldsymbol{u}=(u,v,w)$ 为位移矢量,并且

$$\begin{cases}\nabla_i^2=\dfrac{\partial^2}{\partial x^2}+\dfrac{\partial^2}{\partial y^2}+\dfrac{1}{s_i^2}\dfrac{\partial^2}{\partial z^2},\quad i=1,2,\\[2ex] \nabla_\alpha=\boldsymbol{i}\dfrac{\partial}{\partial x}+\boldsymbol{j}\dfrac{\partial}{\partial y}+\boldsymbol{k}\alpha\dfrac{\partial}{\partial z},\\[2ex] \nabla_\beta=\boldsymbol{i}\dfrac{\partial}{\partial x}+\boldsymbol{j}\dfrac{\partial}{\partial y}+\boldsymbol{k}\beta\dfrac{\partial}{\partial z}.\end{cases}\tag{10.9}$$

上述算符满足恒等式

$$\nabla_1^2-\frac{1}{1+\eta}\nabla_2^2-\frac{\eta}{1+\eta}\nabla_\beta\cdot\nabla_\alpha=0.\tag{10.10}$$

如果横观各向同性体的 5 个弹性常数适合某种条件,也可从(10.3)推出(10.8)式.事实上,如果

$$\delta = 0, \tag{10.11}$$

则(10.3)就是(10.8)的形式.从(10.6)的第二式可知,若 $\delta=0$,则有

$$s_2^2 = C_{66}/C_{44}. \tag{10.12}$$

将(10.12)代入(10.5)式,可得弹性常数所满足的方程为

$$C_{33}C_{66}^2 - C_{66}C_{44}^2 + C_{66}\widetilde{C}_{13}^2 + C_{11}C_{44}^2 - C_{11}C_{33}C_{66} = 0. \tag{10.13}$$

对于各向同性体,有

$$C_{11} = C_{33} = \lambda + 2\mu, \quad \widetilde{C}_{12} = \widetilde{C}_{13} = \lambda + \mu, \quad C_{44} = C_{66} = \mu, \tag{10.14}$$

其中 λ 和 μ 为 Lamé 常数.

不难看出,(10.14)式的弹性常数满足条件(10.13),并可算出

$$s_1^2 = s_2^2 = 1, \quad \delta = 0, \quad \alpha = \beta = 1, \quad \eta = \frac{\lambda + \mu}{\mu} = \frac{1}{1-2\nu}. \tag{10.15}$$

于是(10.8)式成为

$$\nabla^2 \boldsymbol{u} + \frac{1}{1-2\nu}\nabla(\nabla\cdot\boldsymbol{u}) = 0, \tag{10.16}$$

其中

$$\nabla = \boldsymbol{i}\frac{\partial}{\partial x} + \boldsymbol{j}\frac{\partial}{\partial y} + \boldsymbol{k}\frac{\partial}{\partial z}, \quad \nabla^2 = \nabla\cdot\nabla. \tag{10.17}$$

方程(10.8)是本节的出发点,它十分类似于各向同性弹性力学的方程(10.16),于是各向同性弹性力学的许多结果可以自然地推广,并得到一些新的结果.矢量方程所处理的问题比横观各向同性体轴对称问题稍广一些,这是因为轴对称问题满足条件(10.7),而满足条件(10.7)的未必都是轴对称的.另外,方程(10.8)又比一般的横观各向同性弹性力学方程(10.3)稍窄一些,因为只有当 5

个弹性常数满足条件(10.13)时,方程(10.3)才转化为(10.8).

10.2 广义的 B-G 通解和广义的 P-N 通解

方程(10.8)有如下的两种通解.

广义 B-G 解:

$$\begin{cases} \boldsymbol{u} = \nabla_1^2 \boldsymbol{G} - \dfrac{\eta}{1+\eta} \nabla_\alpha (\nabla_\beta \cdot \boldsymbol{G}), \\ \nabla_1^2 \nabla_2^2 \boldsymbol{G} = 0. \end{cases} \tag{10.18}$$

广义 P-N 解:

$$\begin{cases} \boldsymbol{u} = \boldsymbol{P} - \dfrac{\eta}{2(1+\eta)} \nabla_\alpha (P_0 + \tilde{\boldsymbol{r}} \cdot \boldsymbol{P}), \\ \nabla_2^2 \boldsymbol{P} = 0, \\ \nabla_1^2 P_0 = -\tilde{\boldsymbol{r}} \cdot \nabla_1^2 \boldsymbol{P}, \quad \tilde{\boldsymbol{r}} = \boldsymbol{i}x + \boldsymbol{j}y + \boldsymbol{k}\beta s_1^2 z. \end{cases} \tag{10.19}$$

我们有两个定理.

定理 10.1 广义 B-G 解(10.18)是完备的.

证明 首先,将(10.18)代入(10.8)式得

$$\begin{aligned} &\nabla_2^2 \boldsymbol{u} + \eta \nabla_\alpha (\nabla_\beta \cdot \boldsymbol{u}) \\ &= \nabla_2^2 \nabla_1^2 \boldsymbol{G} + \eta \nabla_\alpha \left[\nabla_\beta \cdot \left(-\frac{1}{1+\eta} \nabla_2^2 + \nabla_1^2 - \frac{\eta}{1+\eta} \nabla_\beta \cdot \nabla_\alpha \right) \boldsymbol{G} \right] \\ &= 0. \end{aligned} \tag{10.20}$$

(10.20)的第二个等号是由于(10.18)的第二式和恒等式(10.10),因此(10.18)式是方程(10.8)的解.

其次,要证明方程(10.8)的任一解都可表为(10.18)的形式.为此要引入广义 Newton 位势.设 $\boldsymbol{u}$ 为(10.8)的任一解,令

$$\mathscr{F}_i(\boldsymbol{u}) = -\frac{s_i}{4\pi} \iiint_\Omega \frac{\boldsymbol{u}(\xi, \eta, \zeta)}{\sqrt{(x-\xi)^2 + (y-\eta)^2 + s_i^2 (z-\zeta)^2}} \mathrm{d}\xi \mathrm{d}\eta \mathrm{d}\zeta$$

$$(i = 1, 2), \tag{10.21}$$

其中 Ω 为回转体.类似于普通的 Newton 位势,可以证明

$$\nabla_i^2 \mathscr{F}_i(\boldsymbol{u}) = \boldsymbol{u} \quad (i = 1, 2, \text{不求和}). \tag{10.22}$$

由于 s_i^2 不是负实数,因此(10.21)和(10.22)式中的积分有意义.令

$$\boldsymbol{G} = \mathscr{F}_1(\boldsymbol{u}) + \eta \nabla_\alpha \{\nabla_\beta \cdot \mathscr{F}_2[\mathscr{F}_1(\boldsymbol{u})]\}, \tag{10.23}$$

则(10.18)式可成立.事实上,从(10.23)式可得

$$\begin{cases} \nabla_1^2 \boldsymbol{G} = \boldsymbol{u} + \eta \nabla_\alpha \{\nabla_\beta \cdot \nabla_1^2 \mathscr{F}_2[\mathscr{F}_1(\boldsymbol{u})]\}, \\ \nabla_\beta \cdot \boldsymbol{G} = \nabla_\beta \cdot \mathscr{F}_1(\boldsymbol{u}) + \eta(\nabla_\beta \cdot \nabla_\alpha)\{\nabla_\beta \cdot \mathscr{F}_2[\mathscr{F}_1(\boldsymbol{u})]\}. \end{cases} \tag{10.24}$$

从(10.24)式,可得

$$\begin{aligned} &\nabla_1^2 \boldsymbol{G} - \frac{\eta}{1+\eta} \nabla_\alpha (\nabla_\beta \cdot \boldsymbol{G}) \\ &= \boldsymbol{u} + \eta \nabla_\alpha \left\{ \nabla_\beta \cdot \left(\nabla_1^2 - \frac{1}{1+\eta} \nabla_2^2 - \frac{\eta}{1+\eta} \nabla_\alpha^2 \cdot \nabla_\beta^2 \right) \mathscr{F}_2[\mathscr{F}_1(\boldsymbol{u})] \right\} \\ &= \boldsymbol{u}. \end{aligned} \tag{10.25}$$

于是(10.8)式的任一解 $\boldsymbol{u}$ 可写成(10.18)的第一式的形式.另外,从(10.23)和(10.8)式,可得

$$\nabla_2^2 \nabla_1^2 \boldsymbol{G} = \nabla_2 \boldsymbol{u} + \eta \nabla_\alpha (\nabla_\beta \cdot \boldsymbol{u}) = \boldsymbol{0}, \tag{10.26}$$

即(10.18)的第二式亦成立.完备性得证.

定理 10.2　广义 P-N 解(10.19)是完备的.

证明　首先,利用恒等式(10.10)不难验证(10.19)式满足方程(10.8).其次,对(10.8)的任一解 $\boldsymbol{u}$,令

$$\begin{cases} \boldsymbol{P} = \boldsymbol{u} + \eta \nabla_\alpha [\nabla_\beta \cdot \mathscr{F}_2(\boldsymbol{u})], \\ P_0 = 2(1+\eta) \nabla_\beta \cdot \mathscr{F}_2(\boldsymbol{u}) - \tilde{\boldsymbol{r}} \cdot \boldsymbol{P}, \end{cases} \tag{10.27}$$

则(10.19)均能成立.因此(10.19)完备.证毕.

10.3　广义轴对称 B-G 通解

今考虑横观各向同性体的轴对称问题,其位移场为

$$\boldsymbol{u} = \boldsymbol{r}^0 u_r(r,z) + \boldsymbol{k} u_z(r,z), \tag{10.28}$$

其中 r 和 z 为柱坐标的径向和轴向坐标,$\boldsymbol{r}^0$ 为径向单位矢量.

与本章§2相类似,可以证明:如果 $\boldsymbol{u}$ 为轴对称形式,则它的

广义 Newton 位势 $\mathscr{F}_i(\boldsymbol{u})(i=1,2)$，也将具有轴对称形式. 这样，广义 B-G 解(10.18)中的势函数 $\boldsymbol{G}$ 也将是轴对称的，设

$$\boldsymbol{G} = \boldsymbol{r}^0 G_r(r,z) + \boldsymbol{k} G_z(r,z), \tag{10.29}$$

将(10.28)和(10.29)代入(10.18)式得

$$\begin{cases} u_r = \left(\nabla_1^2 - \dfrac{1}{r^2}\right) G_r - \dfrac{\eta}{1+\eta}\dfrac{\partial}{\partial r}\left(\dfrac{\partial G_r}{\partial r} + \dfrac{G_r}{r} + \beta\dfrac{\partial G_z}{\partial z}\right), \\ u_z = \nabla_1^2 G_z - \dfrac{\alpha\eta}{1+\eta}\dfrac{\partial}{\partial z}\left(\dfrac{\partial G_r}{\partial r} + \dfrac{G_r}{r} + \beta\dfrac{\partial G_z}{\partial z}\right), \\ \left(\nabla_1^2 - \dfrac{1}{r^2}\right)\left(\nabla_2^2 - \dfrac{1}{r^2}\right) G_r = 0, \quad \nabla_1^2\,\nabla_2^2 G_z = 0, \end{cases} \tag{10.30}$$

其中

$$\nabla_i^2 = \frac{\partial^2}{\partial r^2} + \frac{1}{r}\frac{\partial}{\partial r} + \frac{1}{s_i^2}\frac{\partial^2}{\partial z^2}, \quad i=1,2. \tag{10.31}$$

(10.30)即所谓广义轴对称 B-G 通解. 当然也可以导出广义轴对称 P-N 通解，不过由于广义 P-N 解中的势函数 $\boldsymbol{P}$ 和 P_0 是耦合的，通常应用较少，因此我们不作进一步的讨论.

10.4 丁-徐解，Lekhnitskii 解和 Elliott 解

在广义轴对称解(10.30)中，省略 G_z 或 G_r 可得如下两种解.

丁-徐解[7]：

$$\begin{cases} u_r = \left(\nabla_1^2 - \dfrac{1}{r^2}\right) M - \dfrac{\eta}{1+\eta}\dfrac{\partial}{\partial r}\left(\dfrac{\partial M}{\partial r} + \dfrac{M}{r}\right), \\ u_z = -\dfrac{\alpha\eta}{1+\eta}\dfrac{\partial}{\partial z}\left(\dfrac{\partial M}{\partial r} + \dfrac{M}{r}\right), \\ \left(\nabla_1^2 - \dfrac{1}{r^2}\right)\left(\nabla_2^2 - \dfrac{1}{r^2}\right) M = 0. \end{cases} \tag{10.32}$$

Lekhnitskii[178]**解**：

$$\begin{cases} u_r = -\dfrac{\beta\eta}{1+\eta}\dfrac{\partial}{\partial r}\dfrac{\partial L}{\partial z}, \\ u_z = \nabla_1^2 L - \dfrac{\alpha\beta\eta}{1+\eta}\dfrac{\partial}{\partial z}\dfrac{\partial L}{\partial z}, \\ \nabla_1^2\,\nabla_2^2 L = 0. \end{cases} \tag{10.33}$$

不难看出，对于各向同性体，上述两个解就分别成为 Michell 解(3.7)和(3.8)，以及 Love 解(3.5)和(3.6). 从(10.32)和(10.33)式还可导出一个横观各向同性体轴对称问题特有的通解.

Elliott[118]解(当 $s_1 \neq s_2$ 时)：

$$\begin{cases} u_r = \dfrac{\partial}{\partial r}(\varphi_1 + \varphi_2), \\ u_z = \dfrac{\partial}{\partial z}(k_1\varphi_1 + k_2\varphi_2), \\ \nabla_1^2\varphi_1 = \nabla_2^2\varphi_2 = 0, \end{cases} \tag{10.34}$$

其中 $k_i = \dfrac{\widetilde{C}_{13}}{C_{33}s_i^2 - C_{44}}$ $(i=1,2)$.

关于省略形式的解(10.32)、(10.33)和(10.34)完备性的证明，可参见参考文献[46]，也可参见参考文献[45]. 但是，有几点值得指出：如果回转体半子午面是连通的，上述三个解都被证明是完备的，这与空间情况不同，并不需要对区域作 z 向凸之类的假设；由于完备性的证明利用了线积分，因此当回转体半子午面是多连通时，丁-徐解(10.32)、Lekhnitskii 解(10.33)，以及 Elliott 解(10.34)中的势函数 M、L、φ_1、φ_2，都可能是多值的，而广义轴对称 B-G 解(10.30)中的势函数 G_r 和 G_z 却总是单值的；为保证位移 u_r 和 u_z 皆为实数，在丁-徐解(10.32)中的势函数 M 应为

$$M = (1+\delta)\widetilde{M}, \tag{10.35}$$

其中 δ 由(10.6)的第二式给出，而$\widetilde{M}$为实函数. 在 Lekhnitskii 解(10.33)中的势函数 L 应为实函数. 在 Elliott 解(10.34)中的两个势函数 φ_1 和 φ_2 应满足条件：

$$\varphi_2(r,z) = \overline{\varphi_1(r,z)}. \tag{10.36}$$

另外 $k_2 = \overline{k}_1$ 是显然的，因为 $1/s_2^2$ 和 $1/s_1^2$ 是方程(10.5)的一对共轭复根.

§11 横观各向同性弹性力学轴对称问题的复变方法

利用条件(10.36),可以把 Elliott 解(10.34)写成

$$\begin{cases} u_r = \mathrm{Re}\left[\dfrac{\partial}{\partial r}\varphi(r,z)\right], \\ u_z = \mathrm{Re}\left\{\dfrac{\partial}{\partial z}[k\varphi(r,z)]\right\}, \\ \nabla_s^2\varphi = 0, \quad k = \dfrac{\widetilde{C}_{13}}{C_{33}s^2 - C_{44}}, \end{cases} \tag{11.1}$$

其中 $1/s^2$ 为方程(10.5)的某个复根,而

$$\nabla_s^2 = \frac{\partial^2}{\partial r^2} + \frac{1}{r}\frac{\partial}{\partial r} + \frac{1}{s^2}\frac{\partial^2}{\partial z^2}. \tag{11.2}$$

对 $\varphi(r,z)$ 作 Abel 逆变换

$$\phi(z,y) = \frac{\partial}{\partial y}\int_0^y \frac{r}{\sqrt{y^2 - r^2}}\varphi(r,z)\mathrm{d}r, \tag{11.3}$$

于是

$$\varphi(r,z) = \frac{2}{\pi}\int_0^r \frac{\phi(z,y)}{\sqrt{r^2 - y^2}}\mathrm{d}y. \tag{11.4}$$

类似于§6.2中的方法,可以得到 $\phi(z,y)$ 应满足如下的广义平面调和方程:

$$\frac{1}{s^2}\frac{\partial^2\phi}{\partial z^2} + \frac{\partial^2\phi}{\partial y^2} = 0. \tag{11.5}$$

仿照 Cauchy-Riemann 条件,我们可以定义:

定义 11.1 $\phi(z,y)$和 $\psi(z,y)$称为广义共轭的,如果

$$\frac{1}{s}\frac{\partial\phi}{\partial z} = \frac{\partial\psi}{\partial y}, \quad \frac{\partial\phi}{\partial y} = -\frac{1}{s}\frac{\partial\psi}{\partial z}, \tag{11.6}$$

其中 s 为 s^2 的某个根.

从(11.6)式立即得到 ψ 满足

$$\frac{1}{s^2}\frac{\partial^2\psi}{\partial z^2} + \frac{\partial^2\psi}{\partial y^2} = 0, \tag{11.7}$$

即 ψ 与 ϕ 满足同样的方程. 不难证明，若 ϕ 满足(11.5)式，则存在 ψ 满足(11.6)式.

我们可以定义两个函数

$$f_1(\zeta_1) = \frac{1}{2}[\phi(z,y) + \mathrm{i}\psi(z,y)], \tag{11.8}$$

$$f_2(\zeta_2) = \frac{1}{2}[\phi(z,y) - \mathrm{i}\psi(z,y)], \tag{11.9}$$

其中

$$\zeta_1 = z + \frac{\mathrm{i}}{s}y, \quad \zeta_2 = z - \frac{\mathrm{i}}{s}y. \tag{11.10}$$

值得指出的是，由于 s 是复数，因此

$$\zeta_2 \neq \overline{\zeta}_1, \quad f_2(\zeta_2) \neq \overline{f_1(\zeta_1)}. \tag{11.11}$$

从(11.8)和(11.9)式，得到

$$\phi(z,y) = f_1(\zeta_1) + f_2(\zeta_2). \tag{11.12}$$

将(11.12)代入(11.4)式，类似于§7的推导过程，可以得到 $\varphi(r,z)$ 的复变表示

$$\varphi(r,z) = \frac{1}{\pi\mathrm{i}}\int_{t_2}^{t_1} \frac{f_1(\zeta_1)}{R(\zeta_1,t)}\mathrm{d}\zeta_1 + \frac{1}{\pi\mathrm{i}}\int_{t_1}^{t_2} \frac{f_2(\zeta_2)}{R(\zeta_2,t)}\mathrm{d}\zeta_2, \tag{11.13}$$

其中

$$\begin{aligned} R(\zeta_1,t) &= \sqrt{(\zeta_1 - t_1)(\zeta_1 - t_2)}, \\ R(\zeta_2,t) &= \sqrt{(\zeta_2 - t_2)(\zeta_2 - t_1)} \\ t_1 = z + \frac{\mathrm{i}}{s}r, &\quad t_2 = z - \frac{\mathrm{i}}{s}r. \end{aligned} \tag{11.14}$$

将(11.13)代入(11.1)式，即得横观各向同性体轴对称位移的复变表示，对它的进一步研究请参见参考文献[304].

第四章 半空间问题和厚板问题

利用弹性通解,本章简捷地处理了以下几个问题:弹性半空间内作用有集中力的 Mindlin 问题,全空间内具半平面裂纹的问题,厚板的精化理论等.此外,还研究了发散积分的有限部分和 Radon 变换,借助它们可将二维与三维的某些问题联系起来.

§1 集中力作用在弹性半空间内

设弹性半空间为 $z \geqslant 0$,有集中力 $\boldsymbol{F}$ 作用在其内的点 $(0,0,c)$ 上,$c>0$. 弹性力学的方程是线性的,它的解可以看成非齐次方程 Kelvin 特解与齐次方程通解的叠加.对于集中力作用于弹性体内的情况,可以设弹性力学问题的位移场为

$$\boldsymbol{u} = \boldsymbol{H} - \frac{1}{4(1-\nu)} \nabla(H_0 + \boldsymbol{r} \cdot \boldsymbol{H}), \tag{1.1}$$

其中

$$\begin{cases} \boldsymbol{H} = \boldsymbol{\psi} + \boldsymbol{\varphi}, \\ H_0 = \psi_0 + \varphi_0. \end{cases} \tag{1.2}$$

这里 $\boldsymbol{\psi}$ 和 ψ_0 是相应于 Kelvin 特解的势函数.由第一章的(3.14)式,可知

$$\begin{cases} \boldsymbol{\psi} = \dfrac{1}{4\pi\mu} \dfrac{\boldsymbol{F}}{R}, \\ \psi_0 = -\dfrac{1}{4\pi\mu} \dfrac{cF_3}{R}, \end{cases} \tag{1.3}$$

式中 $R=\sqrt{x^2+y^2+(z-c)^2}$,$\boldsymbol{F}=(F_1,F_2,F_3)^{\mathrm{T}}$.(1.2)中的 $\boldsymbol{\varphi}$ 和 φ_0 分别为调和矢量和调和函数,它们是 P-N 弹性通解中的势函数,将由 $z=0$ 上的边界条件来确定.

解(1.1)的分量形式为

$$\begin{cases} u = \dfrac{1}{4(1-\nu)}[(3-4\nu)H_1 - xH_{1,1} - yH_{2,1} - zH_{3,1} - H_{0,1}], \\ v = \dfrac{1}{4(1-\nu)}[(3-4\nu)H_2 - xH_{1,2} - yH_{2,2} - zH_{3,2} - H_{0,2}], \\ w = \dfrac{1}{4(1-\nu)}[(3-4\nu)H_3 - xH_{1,3} - yH_{2,3} - zH_{3,3} - H_{0,3}], \end{cases} \tag{1.4}$$

这里$(u,v,w)^{\mathrm{T}}=\boldsymbol{u}$，$(H_1,H_2,H_3)^{\mathrm{T}}=\boldsymbol{H}$. 从(1.4)式，利用 Hooke 定律，写出今后将需要的如下三个应力分量：

$$\begin{cases} \tau_{xz} = \dfrac{\mu}{2(1-\nu)}[(1-2\nu)(H_{1,3}+H_{3,1}) - xH_{1,13} \\ \qquad\qquad - yH_{2,13} - zH_{3,13} - H_{0,13}], \\ \tau_{yz} = \dfrac{\mu}{2(1-\nu)}[(1-2\nu)(H_{2,3}+H_{3,2}) - xH_{1,23} \\ \qquad\qquad - yH_{2,23} - zH_{3,23} - H_{0,23}], \\ \sigma_z = \dfrac{\mu}{2(1-\nu)}[2\nu(H_{1,1}+H_{2,2}) + 2(1-\nu)H_{3,3} \\ \qquad\qquad - xH_{1,33} - yH_{2,33} - zH_{3,33} - H_{0,33}]. \end{cases} \tag{1.5}$$

为今后的需要，引入函数的镜面反射. 设调和函数 $A(x,y,z)$ 定义在区域 $z\leqslant 0$ 内，当 $z\geqslant 0$ 时我们定义

$$\widetilde{A}(x,y,z) = A(x,y,-z), \tag{1.6}$$

显然有

$$\begin{cases} \nabla^2 \widetilde{A} = 0 \quad (z\geqslant 0), \\ \widetilde{A}\,|_{z=0} = A|_{z=0}, \\ \left.\dfrac{\partial \widetilde{A}}{\partial x}\right|_{z=0} = \left.\dfrac{\partial A}{\partial x}\right|_{z=0}, \quad \left.\dfrac{\partial \widetilde{A}}{\partial y}\right|_{z=0} = \left.\dfrac{\partial A}{\partial y}\right|_{z=0}, \\ \left.\dfrac{\partial \widetilde{A}}{\partial z}\right|_{z=0} = -\left.\dfrac{\partial A}{\partial z}\right|_{z=0}. \end{cases} \tag{1.7}$$

从(1.3)式可知,$\boldsymbol{\psi}$ 和 ψ_0 在上半空间内 $z\geqslant0$ 有奇点$(0,0,c)$,但在下半空间 $z\leqslant0$ 内却是无奇点的调和函数,那么它们的镜面反射 $\tilde{\boldsymbol{\psi}}$ 和 $\tilde{\psi}_0$ 在 $z\geqslant0$ 内将为无奇点的调和函数.

根据半空间在边界 $z=0$ 上的条件,将集中力作用在弹性半空间内的问题,分为如下 4 个问题.

1.1 Lorentz 问题[182]

半空间边界是固支的,即

$$\boldsymbol{u}=\boldsymbol{0}\quad(z=0).\tag{1.8}$$

解 利用(1.4)和(1.2),我们写出(1.8)式,即当 $z=0$ 时,有

$$\begin{cases}(3-4\nu)(\psi_1+\varphi_1)-x(\psi_{1,1}+\varphi_{1,1})\\ \qquad -y(\psi_{2,1}+\varphi_{2,1})-(\psi_{0,1}+\varphi_{0,1})=0,\\ (3-4\nu)(\psi_2+\varphi_2)-x(\psi_{1,2}+\varphi_{1,2})\\ \qquad -y(\psi_{2,2}+\varphi_{2,2})-(\psi_{0,2}+\varphi_{0,2})=0,\\ (3-4\nu)(\psi_3+\varphi_3)-x(\psi_{1,3}+\varphi_{1,3})\\ \qquad -y(\psi_{2,3}+\varphi_{2,3})-(\psi_{0,3}+\varphi_{0,3})=0,\end{cases}\quad z=0,\tag{1.9}$$

其中$(\psi_1,\psi_2,\psi_3)^{\mathrm{T}}=\boldsymbol{\psi}$,$(\varphi_1,\varphi_2,\varphi_3)^{\mathrm{T}}=\boldsymbol{\varphi}$,$\psi_i(i=0,1,2,3)$由(1.3)式给定.

我们将适当选择调和函数 $\varphi_i(i=0,1,2,3)$使(1.9)式成立,首先,设

$$\varphi_i=-\tilde{\psi}_i\quad(i=0,1,2,\ z\geqslant0).\tag{1.10}$$

由于 $\tilde{\psi}_i$ 是 $z\geqslant0$ 中的调和函数,$\varphi_i(i=0,1,2)$也将是 $z\geqslant0$ 中的调和函数,并且使 $z=0$ 的(1.9)的第一、第二式成立.而 $z=0$ 时的边界条件(1.9)的第三式成为

$$(3-4\nu)(\psi_3+\varphi_3)+2x\tilde{\psi}_{1,3}+2y\tilde{\psi}_{2,3}+2\tilde{\psi}_{0,3}=0\quad(z=0).\tag{1.11}$$

在半空间 $z\geqslant0$ 中,令

$$\varphi_3 = -\widetilde{\psi}_3 - \frac{2}{3-4\nu}(x\widetilde{\psi}_{1,3} - z\widetilde{\psi}_{1,1} + y\widetilde{\psi}_{2,3} - z\widetilde{\psi}_{2,2} + \widetilde{\psi}_{0,3}) \quad (z \geqslant 0). \tag{1.12}$$

不难验证，φ_3 是 $z\geqslant 0$ 中的调和函数，且当 $z=0$ 时，使(1.11)式成立.

按照(1.10)和(1.12)所定义的 $\varphi_i(i=0,1,2,3)$，在 $z\geqslant 0$ 调和且使边界条件(1.9)成立，因此问题获得解决. 今将(1.10)、(1.12)和(1.3)式，代入(1.2)式得到 H_i 的具体表达式

$$\begin{cases} H_0 = \dfrac{-cF_3}{4\pi\mu}\left(\dfrac{1}{R} - \dfrac{1}{\widetilde{R}}\right), \\ H_1 = \dfrac{F_1}{4\pi\mu}\left(\dfrac{1}{R} - \dfrac{1}{\widetilde{R}}\right), \\ H_2 = \dfrac{F_2}{4\pi\mu}\left(\dfrac{1}{R} - \dfrac{1}{\widetilde{R}}\right), \\ H_3 = \dfrac{F_3}{4\pi\mu}\left(\dfrac{1}{R} - \dfrac{1}{\widetilde{R}}\right) \\ \qquad + \dfrac{2}{3-4\nu}\dfrac{1}{4\pi\mu}\left[F_1\dfrac{cx}{\widetilde{R}^3} + F_2\dfrac{cy}{\widetilde{R}^3} - F_3\dfrac{c(z+c)}{\widetilde{R}^3}\right], \end{cases} \tag{1.13}$$

其中 $\widetilde{R}=\sqrt{x^2+y^2+(z+c)^2}$. 将(1.13)代入(1.4)，即得 Lorentz 问题的位移场，今按外力情况，写成如下三组：

$$\begin{cases} u^{(1)} = \dfrac{F_1}{16\pi\mu(1-\nu)}\left[(3-4\nu)\left(\dfrac{1}{R} - \dfrac{1}{\widetilde{R}}\right) + \dfrac{x^2}{R^3} - \dfrac{x^2}{\widetilde{R}^3} \right. \\ \qquad \left. - \dfrac{1}{3-4\nu}\dfrac{2cz}{\widetilde{R}^3} + \dfrac{1}{3-4\nu}\dfrac{6cx^2z}{\widetilde{R}^5}\right], \\ v^{(1)} = \dfrac{F_1}{16\pi\mu(1-\nu)}\left[\dfrac{xy}{R^3} - \dfrac{xy}{\widetilde{R}^3} + \dfrac{1}{3-4\nu}\dfrac{6cxyz}{\widetilde{R}^5}\right], \\ w^{(1)} = \dfrac{F_1}{16\pi\mu(1-\nu)}\left[\dfrac{x(z-c)}{R^3} - \dfrac{x(z-c)}{\widetilde{R}^3} \right. \\ \qquad \left. + \dfrac{1}{3-4\nu}\dfrac{6cxz(z+c)}{\widetilde{R}^5}\right]; \end{cases} \tag{1.14}$$

$$
\begin{cases}
u^{(2)} = \dfrac{F_2}{16\pi\mu(1-\nu)}\left[\dfrac{xy}{R^3} - \dfrac{xy}{\widetilde{R}^3} + \dfrac{1}{3-4\nu}\dfrac{6cxyz}{\widetilde{R}^5}\right], \\
v^{(2)} = \dfrac{F_2}{16\pi\mu(1-\nu)}\left[(3-4\nu)\left(\dfrac{1}{R} - \dfrac{1}{\widetilde{R}}\right) + \dfrac{y^2}{R^3} - \dfrac{y^2}{\widetilde{R}^3}\right. \\
\qquad\qquad \left. - \dfrac{1}{3-4\nu}\dfrac{2cz}{\widetilde{R}^3} + \dfrac{1}{3-4\nu}\dfrac{6cy^2z}{\widetilde{R}^5}\right], \\
w^{(2)} = \dfrac{F_2}{16\pi\mu(1-\nu)}\left[\dfrac{y(z-c)}{R^3} - \dfrac{y(z-c)}{\widetilde{R}^3}\right. \\
\qquad\qquad \left. + \dfrac{1}{3-4\nu}\dfrac{6cyz(z+c)}{\widetilde{R}^5}\right];
\end{cases}
\tag{1.15}
$$

$$
\begin{cases}
u^{(3)} = \dfrac{F_3}{16\pi\mu(1-\nu)}\left[\dfrac{x(z-c)}{R^3} - \dfrac{x(z-c)}{\widetilde{R}^3}\right. \\
\qquad\qquad \left. - \dfrac{1}{3-4\nu}\dfrac{6cxz(z+c)}{\widetilde{R}^5}\right], \\
v^{(3)} = \dfrac{F_3}{16\pi\mu(1-\nu)}\left[\dfrac{y(z-c)}{R^3} - \dfrac{y(z-c)}{\widetilde{R}^3}\right. \\
\qquad\qquad \left. - \dfrac{1}{3-4\nu}\dfrac{6cyz(z+c)}{\widetilde{R}^5}\right], \\
w^{(3)} = \dfrac{F_3}{16\pi\mu(1-\nu)}\left[(3-4\nu)\left(\dfrac{1}{R} - \dfrac{1}{\widetilde{R}}\right) + \dfrac{(z-c)^2}{R^3}\right. \\
\qquad \left. - \dfrac{(z+c)^2}{\widetilde{R}^3} + \dfrac{1}{3-4\nu}\dfrac{2cz}{\widetilde{R}^3} - \dfrac{1}{3-4\nu}\dfrac{6cz(z+c)^2}{\widetilde{R}^5}\right].
\end{cases}
\tag{1.16}
$$

或者将(1.14)～(1.16)式统一地写成

$$
u_i^{(j)} = \frac{F_j}{16\pi\mu(1-\nu)}\left[(3-4\nu)\left(\frac{1}{R} - \frac{1}{\widetilde{R}}\right)\delta_{ij} + \frac{R_i R_j}{R^3}\right.
$$

$$- \frac{R_i R_j (1-\delta_{ij}) + \widetilde{R}_i \widetilde{R}_j \delta_{ij}}{\widetilde{R}^3} + \frac{2}{3-4\nu} \frac{c x_3}{\widetilde{R}^3} (2\delta_{3i}\delta_{3j} - \delta_{ij})$$

$$\left. + \frac{1}{3-4\nu} \frac{6 c x_3 \widetilde{R}_i}{\widetilde{R}^5} (\widetilde{R}_j - 2\delta_{3j} \widetilde{R}_3) \right] \quad (i,j=1,2,3,\text{不求和}), \tag{1.17}$$

其中 $R_1=x$，$R_2=y$，$R_3=z-c$，$\widetilde{R}_1=x$，$\widetilde{R}_2=y$，$\widetilde{R}_3=z+c$，$x_3=z$，δ_{ij} 为 Kronecker 记号.

1.2 Mindlin 问题[195]

半空间的边界是自由的，即

$$\tau_{xz} = \tau_{yz} = \sigma_z = 0 \quad (z=0). \tag{1.18}$$

解 今选择调和函数 $\varphi_i(i=0,1,2,3)$ 使(1.18)式满足，按照(1.5)式，在 $z=0$ 时有下述条件：

$$\left\{\begin{aligned} &\psi_{1,3} + \varphi_{1,3} + \psi_{3,1} + \varphi_{3,1} - \frac{1}{1-2\nu}[x(\psi_{1,13} + \varphi_{1,13}) \\ &\qquad + y(\psi_{2,13} + \varphi_{2,13}) + \psi_{0,13} + \varphi_{0,13}] = 0, \\ &\psi_{2,3} + \varphi_{2,3} + \psi_{3,2} + \varphi_{3,2} - \frac{1}{1-2\nu}[x(\psi_{1,23} + \varphi_{1,23}) \\ &\qquad + y(\psi_{2,23} + \varphi_{2,23}) + \psi_{0,23} + \varphi_{0,23}] = 0, \\ &2\nu(\psi_{1,1} + \varphi_{1,1} + \psi_{2,2} + \varphi_{2,2}) + 2(1-\nu)(\psi_{3,3} + \varphi_{3,3}) \\ &\qquad - x(\psi_{1,33} + \varphi_{1,33}) - y(\psi_{2,33} + \varphi_{2,33}) \\ &\qquad - (\psi_{0,33} + \varphi_{0,33}) = 0, \end{aligned}\right. \quad z=0. \tag{1.19}$$

首先，在 $z \geqslant 0$ 时，令

$$\varphi_1 = \widetilde{\psi}_1, \quad \varphi_2 = \widetilde{\psi}_2 \quad (z \geqslant 0). \tag{1.20}$$

将(1.20)代入(1.19)式，并利用(1.7)式中的诸关系式，得到 $z=0$ 时的边界条件为

$$
\begin{cases}
\widetilde{\psi}_{3,1} + \varphi_{3,1} - \dfrac{1}{1-2\nu}(-\widetilde{\psi}_{0,13} + \varphi_{0,13}) = 0, \\
\widetilde{\psi}_{3,2} + \varphi_{3,2} - \dfrac{1}{1-2\nu}(-\widetilde{\psi}_{0,23} + \varphi_{0,23}) = 0, \\
4\nu(\widetilde{\psi}_{1,1} + \widetilde{\psi}_{2,2}) + 2(1-\nu)(-\widetilde{\psi}_{3,3} + \varphi_{3,3}) \\
\qquad - 2x\widetilde{\psi}_{1,33} - 2y\widetilde{\psi}_{2,33} - (\widetilde{\psi}_{0,33} + \varphi_{0,33}) = 0,
\end{cases}
\quad z = 0.
\tag{1.21}
$$

当 $z \geqslant 0$ 时,再令

$$
\varphi_{0,3} = (1-2\nu)(\widetilde{\psi}_3 + \varphi_3) + \widetilde{\psi}_{0,3} \quad (z \geqslant 0). \tag{1.22}
$$

将(1.22)代入(1.21),那么(1.21)的第一、第二式成立,而(1.21)的第三式成为

$$
\varphi_{3,3} = -4\nu(\widetilde{\psi}_{1,1} + \widetilde{\psi}_{2,2}) + (3-4\nu)\widetilde{\psi}_{3,3} + 2(x\widetilde{\psi}_{1,33} + y\widetilde{\psi}_{2,33}) + 2\widetilde{\psi}_{0,33} \quad (z = 0). \tag{1.23}
$$

注意到 $x\widetilde{\psi}_{1,3} - z\widetilde{\psi}_{1,1}$ 和 $y\widetilde{\psi}_{2,3} - z\widetilde{\psi}_{2,2}$ 为调和函数,以及

$$
\begin{aligned}
\widetilde{\psi}_{1,1} + \widetilde{\psi}_{2,2} &= -\frac{F_1}{4\pi\mu}\frac{x}{\widetilde{R}^3} - \frac{F_2}{4\pi\mu}\frac{y}{\widetilde{R}^3} \\
&= \frac{F_1}{4\pi\mu}\frac{\partial}{\partial z}\frac{x}{\widetilde{R}(\widetilde{R}+z+c)} + \frac{F_2}{4\pi\mu}\frac{\partial}{\partial z}\frac{y}{\widetilde{R}(\widetilde{R}+z+c)},
\end{aligned}
$$

可求出满足边界条件(1.23)的调和函数 φ_3 为

$$
\begin{aligned}
\varphi_3 = {} & \frac{1}{4\pi\mu}F_1\left[2(1-2\nu)\frac{x}{\widetilde{R}(\widetilde{R}+z+c)} - \frac{2cx}{\widetilde{R}^3}\right] \\
& + \frac{1}{4\pi\mu}F_2\left[2(1-2\nu)\frac{y}{\widetilde{R}(\widetilde{R}+z+c)} - \frac{2cy}{\widetilde{R}^3}\right] \\
& + \frac{1}{4\pi\mu}F_3\left[(3-4\nu)\frac{1}{\widetilde{R}} + \frac{2c(z+c)}{\widetilde{R}^3}\right] \quad (z \geqslant 0).
\end{aligned}
\tag{1.24}
$$

既然 φ_3 已知,将(1.22)式积分一次,得到

$$
\varphi_0 = \frac{F_1}{4\pi\mu}\left[-2(1-2\nu)^2\frac{x}{\widetilde{R}+z+c} + 2(1-2\nu)\frac{cx}{\widetilde{R}(\widetilde{R}+z+c)}\right]
$$

$$+\frac{F_2}{4\pi\mu}\left[-2(1-2\nu)^2\frac{y}{\widetilde{R}+z+c}+2(1-2\nu)\frac{cy}{\widetilde{R}(\widetilde{R}+z+c)}\right]$$

$$+\frac{F_3}{4\pi\mu}\left[4(1-\nu)(1-2\nu)\ln(\widetilde{R}+z+c)-(3-4\nu)\frac{c}{\widetilde{R}}\right]$$

$$(z\geqslant 0). \tag{1.25}$$

将(1.20)、(1.24)、(1.25)和(1.3)式代入(1.2),可得

$$H_1=\frac{F_1}{4\pi\mu}\left(\frac{1}{R}+\frac{1}{\widetilde{R}}\right),$$

$$H_2=\frac{F_2}{4\pi\mu}\left(\frac{1}{R}+\frac{1}{\widetilde{R}}\right),$$

$$H_3=\frac{F_3}{4\pi\mu}\left(\frac{1}{R}-\frac{1}{\widetilde{R}}\right)+\frac{F_1}{4\pi\mu}\left[2(1-2\nu)\frac{x}{\widetilde{R}(\widetilde{R}+z+c)}-\frac{2cx}{\widetilde{R}^3}\right]$$

$$+\frac{F_2}{4\pi\mu}\left[2(1-2\nu)\frac{y}{\widetilde{R}(\widetilde{R}+z+c)}-\frac{2cy}{\widetilde{R}^3}\right]$$

$$+\frac{F_3}{4\pi\mu}\left[4(1-\nu)\frac{1}{\widetilde{R}}+\frac{2c(z+c)}{\widetilde{R}^3}\right];$$

$$H_0=-\frac{cF_3}{4\pi\mu}\left(\frac{1}{R}+\frac{1}{\widetilde{R}}\right)$$

$$+\frac{F_1}{4\pi\mu}\left[-\frac{2(1-2\nu)^2x}{\widetilde{R}+z+c}+\frac{2(1-2\nu)cx}{\widetilde{R}(\widetilde{R}+z+c)}\right]$$

$$+\frac{F_2}{4\pi\mu}\left[-\frac{2(1-2\nu)^2y}{\widetilde{R}+z+c}+\frac{2(1-2\nu)cy}{\widetilde{R}(\widetilde{R}+z+c)}\right]$$

$$+\frac{F_3}{4\pi\mu}\left[4(1-\nu)(1-2\nu)\ln(\widetilde{R}+z+c)-2(1-2\nu)\frac{c}{\widetilde{R}}\right]. \tag{1.26}$$

将(1.26)代入(1.4)式可得 Mindlin 问题的位移场,按外力情况,写成如下三组:

$$
\begin{cases}
u^{(1)} = \dfrac{F_1}{16\pi\mu(1-\nu)}\left\{(3-4\nu)\dfrac{1}{R} + \dfrac{1}{\widetilde{R}} + \dfrac{x^2}{R^3} + (3-4\nu)\dfrac{x^2}{\widetilde{R}^3}\right. \\
\qquad + \dfrac{2cz}{\widetilde{R}^3} + 4(1-\nu)(1-2\nu)\left[\dfrac{1}{\widetilde{R}+z+c}\right. \\
\qquad \left.\left. - \dfrac{x^2}{\widetilde{R}(\widetilde{R}+z+c)^2}\right] - \dfrac{6cx^2z}{\widetilde{R}^5}\right\}, \\
v^{(1)} = \dfrac{F_1}{16\pi\mu(1-\nu)}\left\{\dfrac{xy}{R^3} + (3-4\nu)\dfrac{xy}{\widetilde{R}^3}\right. \\
\qquad \left. - 4(1-\nu)(1-2\nu)\dfrac{xy}{\widetilde{R}(\widetilde{R}+z+c)^2} - \dfrac{6cxyz}{\widetilde{R}^5}\right\}, \\
w^{(1)} = \dfrac{F_1}{16\pi\mu(1-\nu)}\left\{\dfrac{x(z-c)}{R^3} + (3-4\nu)\dfrac{x(z-c)}{\widetilde{R}^3}\right. \\
\qquad \left. + 4(1-\nu)(1-2\nu)\dfrac{x}{\widetilde{R}(\widetilde{R}+z+c)} - \dfrac{6cxz(z+c)}{\widetilde{R}^5}\right\};
\end{cases}
\tag{1.27}
$$

$$
\begin{cases}
u^{(2)} = \dfrac{F_2}{16\pi\mu(1-\nu)}\left\{\dfrac{xy}{R^3} + (3-4\nu)\dfrac{xy}{\widetilde{R}^3}\right. \\
\qquad \left. - 4(1-\nu)(1-2\nu)\dfrac{xy}{\widetilde{R}(\widetilde{R}+z+c)^2} - \dfrac{6cxyz}{\widetilde{R}^5}\right\}, \\
v^{(2)} = \dfrac{F_2}{16\pi\mu(1-\nu)}\left\{(3-4\nu)\dfrac{1}{R} + \dfrac{1}{\widetilde{R}} + \dfrac{y^2}{R^3} + (3-4\nu)\dfrac{y^2}{\widetilde{R}^3}\right. \\
\qquad + \dfrac{2cz}{\widetilde{R}^3} + 4(1-\nu)(1-2\nu)\left[\dfrac{1}{\widetilde{R}+z+c}\right. \\
\qquad \left.\left. - \dfrac{y^2}{\widetilde{R}(\widetilde{R}+z+c)^2}\right] - \dfrac{6cy^2z}{\widetilde{R}^5}\right\}, \\
w^{(2)} = \dfrac{F_2}{16\pi\mu(1-\nu)}\left\{\dfrac{y(z-c)}{R^3} + (3-4\nu)\dfrac{y(z-c)}{\widetilde{R}^3}\right. \\
\qquad \left. + 4(1-\nu)(1-2\nu)\dfrac{y}{\widetilde{R}(\widetilde{R}+z+c)} - \dfrac{6cyz(z+c)}{\widetilde{R}^5}\right\};
\end{cases}
\tag{1.28}
$$

$$\begin{cases} u^{(3)} = \dfrac{F_3}{16\pi\mu(1-\nu)}\left\{ \dfrac{x(z-c)}{R^3} + (3-4\nu)\dfrac{x(z-c)}{\widetilde{R}^3} \right. \\ \qquad \left. - 4(1-\nu)(1-2\nu)\dfrac{x}{\widetilde{R}(\widetilde{R}+z+c)} + \dfrac{6cxz(z+c)}{\widetilde{R}^5} \right\}, \\ v^{(3)} = \dfrac{F_3}{16\pi\mu(1-\nu)}\left\{ \dfrac{y(z-c)}{R^3} + (3-4\nu)\dfrac{y(z-c)}{\widetilde{R}^3} \right. \\ \qquad \left. - 4(1-\nu)(1-2\nu)\dfrac{y}{\widetilde{R}(\widetilde{R}+z+c)} + \dfrac{6cyz(z+c)}{\widetilde{R}^5} \right\}, \\ w^{(3)} = \dfrac{F_3}{16\pi\mu(1-\nu)}\left\{ (3-4\nu)\dfrac{1}{R} + [1+4(1-\nu)(1-2\nu)]\dfrac{1}{\widetilde{R}} \right. \\ \qquad \left. + \dfrac{(z-c)^2}{R^3} + (3-4\nu)\dfrac{(z+c)^2}{\widetilde{R}^3} - \dfrac{2cz}{\widetilde{R}^3} + \dfrac{6cz(z+c)^2}{\widetilde{R}^5} \right\}. \end{cases} \tag{1.29}$$

上述三组式子可统一地写成

$$\begin{aligned} u_i^{(j)} = \frac{F_j}{16\pi\mu(1-\nu)} & \left\{ \left[(3-4\nu)\frac{1}{R} + \frac{1}{\widetilde{R}} \right]\delta_{ij} \right. \\ & + 4(1-\nu)(1-2\nu)\frac{1}{\widetilde{R}}\delta_{3i}\delta_{3j} \\ & + \frac{R_iR_j}{R^3} + (3-4\nu)\frac{R_iR_j(1-\delta_{ij}) + \widetilde{R}_i\widetilde{R}_j\delta_{ij}}{\widetilde{R}^3} \\ & + \frac{4(1-\nu)(1-2\nu)}{\widetilde{R}+\widetilde{R}_3}\left[\delta_{ij} - \frac{\widetilde{R}_i\widetilde{R}_j}{\widetilde{R}(\widetilde{R}+\widetilde{R}_3)} \right](1-\delta_{3i})(1-\delta_{3j}) \\ & + \frac{4(1-\nu)(1-2\nu)}{\widetilde{R}(\widetilde{R}+\widetilde{R}_3)}(-\widetilde{R}_i\delta_{3j} + \widetilde{R}_j\delta_{3i})(1-\delta_{ij}) \\ & \left. + \frac{2cx_3}{\widetilde{R}^5}(\delta_{ij}\widetilde{R}^2 - 3\widetilde{R}_i\widetilde{R}_j)(1-2\delta_{3j}) \right\} \\ & \qquad (i,j=1,2,3,\text{不求和}). \end{aligned} \tag{1.30}$$

1.3　混合问题 A

半空间边界切向固定，法向自由，即

$$u = v = 0, \quad \sigma_z = 0 \quad (z = 0). \tag{1.31}$$

解 利用(1.4)和(1.5)式,将(1.31)式写成

$$\begin{cases}(3-4\nu)(\psi_1+\varphi_1)-x(\psi_1+\varphi_1)_{,1}\\ \qquad\qquad -y(\psi_2+\varphi_2)_{,1}-(\psi_0+\varphi_0)_{,1}=0,\\ (3-4\nu)(\psi_2+\varphi_2)-x(\psi_1+\varphi_1)_{,2}\\ \qquad\qquad -y(\psi_2+\varphi_2)_{,2}-(\psi_0+\varphi_0)_{,2}=0, \quad z=0.\\ 2\nu(\psi_1+\varphi_1)_{,1}+2\nu(\psi_2+\varphi_2)_{,2}\\ \qquad +2(1-\nu)(\psi_3+\varphi_3)_{,3}-x(\psi_1+\varphi_1)_{,33}\\ \qquad -y(\psi_2+\varphi_2)_{,33}-(\psi_0+\varphi_0)_{,33}=0,\end{cases} \tag{1.32}$$

不难看出,当 $z\geqslant 0$ 时,若

$$\varphi_i=-\widetilde{\psi}_i \quad (i=0,1,2), \qquad \varphi_3=-\widetilde{\psi}_3 \quad (z\geqslant 0), \tag{1.33}$$

则(1.32)成立.将(1.33)代入(1.2)式,可得

$$\begin{aligned} H_1&=\frac{F_1}{4\pi\mu}\left(\frac{1}{R}-\frac{1}{\widetilde{R}}\right), \quad H_2=\frac{F_2}{4\pi\mu}\left(\frac{1}{R}-\frac{1}{\widetilde{R}}\right),\\ H_3&=\frac{F_3}{4\pi\mu}\left(\frac{1}{R}+\frac{1}{\widetilde{R}}\right), \quad H_0=\frac{-cF_3}{4\pi\mu}\left(\frac{1}{R}-\frac{1}{\widetilde{R}}\right). \end{aligned} \tag{1.34}$$

将(1.34)代入(1.4)式,可得混合问题 A 的位移场,按集中力的情况可分为如下三组:

$$\begin{cases} u^{(1)}=\dfrac{F_1}{16\pi\mu(1-\nu)}\left[(3-4\nu)\left(\dfrac{1}{R}-\dfrac{1}{\widetilde{R}}\right)+\dfrac{x^2}{R^3}-\dfrac{x^2}{\widetilde{R}^3}\right],\\ v^{(1)}=\dfrac{F_1}{16\pi\mu(1-\nu)}\left(\dfrac{xy}{R^3}-\dfrac{xy}{\widetilde{R}^3}\right),\\ w^{(1)}=\dfrac{F_1}{16\pi\mu(1-\nu)}\left[\dfrac{x(z-c)}{R^3}-\dfrac{x(z+c)}{\widetilde{R}^3}\right]; \end{cases} \tag{1.35}$$

$$\begin{cases} u^{(2)}=\dfrac{F_2}{16\pi\mu(1-\nu)}\left(\dfrac{xy}{R^3}-\dfrac{xy}{\widetilde{R}^3}\right),\\ v^{(2)}=\dfrac{F_2}{16\pi\mu(1-\nu)}\left[(3-4\nu)\left(\dfrac{1}{R}-\dfrac{1}{\widetilde{R}}\right)+\dfrac{y^2}{R^3}-\dfrac{y^2}{\widetilde{R}^3}\right],\\ w^{(2)}=\dfrac{F_2}{16\pi\mu(1-\nu)}\left[\dfrac{y(z-c)}{R^3}-\dfrac{y(z+c)}{\widetilde{R}^3}\right]; \end{cases} \tag{1.36}$$

$$\left\{\begin{aligned}
u^{(3)} &= \frac{F_3}{16\pi\mu(1-\nu)}\left[\frac{x(z-c)}{R^3}+\frac{x(z+c)}{\widetilde{R}^3}\right],\\
v^{(3)} &= \frac{F_3}{16\pi\mu(1-\nu)}\left[\frac{y(z-c)}{R^3}+\frac{y(z+c)}{\widetilde{R}^3}\right],\\
w^{(3)} &= \frac{F_3}{16\pi\mu(1-\nu)}\left[(3-4\nu)\left(\frac{1}{R}+\frac{1}{\widetilde{R}}\right)\right.\\
&\qquad\left.+\frac{(z-c)^2}{R^3}+\frac{(z+c)^2}{\widetilde{R}^3}\right].
\end{aligned}\right. \tag{1.37}$$

可将上述三组式子统一地写成

$$u_i^{(j)} = \frac{F_j}{16\pi\mu(1-\nu)}\left\{(3-4\nu)\left[\frac{1}{R}-(1-2\delta_{3j})\frac{1}{\widetilde{R}}\right]\delta_{ij}\right.$$
$$\left.+\frac{R_iR_j}{R^3}-(1-2\delta_{3j})\frac{\widetilde{R}_i\widetilde{R}_j}{\widetilde{R}^3}\right\}$$
$$(i,j=1,2,3,\text{不求和}). \tag{1.38}$$

1.4 混合问题 B

半空间边界切向自由,法向固支,即

$$\tau_{xz}=\tau_{yz}=0,\quad w=0\quad(z=0). \tag{1.39}$$

解　利用(1.4)和(1.5)式,条件(1.39)可写成:

$$\left\{\begin{aligned}
&(\psi_{1,3}+\varphi_{1,3})+(\psi_{3,1}+\varphi_{3,1})-\frac{1}{1-2\nu}[x(\psi_{1,13}+\varphi_{1,13})\\
&\qquad+y(\psi_{2,13}+\varphi_{2,13})+\psi_{0,13}+\varphi_{0,13}]=0,\\
&(\psi_{2,3}+\varphi_{2,3})+(\psi_{3,2}+\varphi_{3,2})-\frac{1}{1-2\nu}[x(\psi_{1,23}+\varphi_{1,23})\\
&\qquad+y(\psi_{2,23}+\varphi_{2,23})+\psi_{0,23}+\varphi_{0,23}]=0,\\
&(3-4\nu)(\psi_3+\varphi_3)-x(\psi_{1,3}+\varphi_{1,3})-y(\psi_{2,3}+\varphi_{2,3})\\
&\qquad-(\psi_{0,3}+\varphi_{0,3})=0.
\end{aligned}\right. \tag{1.40}$$

不难看出,当 $z\geqslant 0$ 时,若

$$\varphi_i = \widetilde{\psi}_i \quad (i = 0,1,2), \qquad \varphi_3 = -\widetilde{\psi}_3 \quad (z \geqslant 0), \tag{1.41}$$

则当 $z=0$ 时,(1.40)式成立.将(1.3)和(1.40)代入(1.2)式,得

$$\begin{aligned} &H_1 = \frac{F_1}{4\pi\mu}\left(\frac{1}{R} + \frac{1}{\widetilde{R}}\right), \quad H_2 = \frac{F_2}{4\pi\mu}\left(\frac{1}{R} + \frac{1}{\widetilde{R}}\right), \\ &H_3 = \frac{F_3}{4\pi\mu}\left(\frac{1}{R} - \frac{1}{\widetilde{R}}\right), \quad H_0 = \frac{-cF_3}{4\pi\mu}\left(\frac{1}{R} + \frac{1}{\widetilde{R}}\right). \end{aligned} \tag{1.42}$$

把(1.42)代入(1.4)式,得到混合问题 B 的位移场,按集中力的情况,可分为如下三组:

$$\begin{cases} u^{(1)} = \dfrac{F_1}{16\pi\mu(1-\nu)}\left[(3-4\nu)\left(\dfrac{1}{R} + \dfrac{1}{\widetilde{R}}\right) + \dfrac{x^2}{R^3} + \dfrac{x^2}{\widetilde{R}^3}\right], \\ v^{(1)} = \dfrac{F_1}{16\pi\mu(1-\nu)}\left(\dfrac{xy}{R^3} + \dfrac{xy}{\widetilde{R}^3}\right), \\ w^{(1)} = \dfrac{F_1}{16\pi\mu(1-\nu)}\left[\dfrac{x(z-c)}{R^3} + \dfrac{x(z+c)}{\widetilde{R}^3}\right]; \end{cases} \tag{1.43}$$

$$\begin{cases} u^{(2)} = \dfrac{F_2}{16\pi\mu(1-\nu)}\left(\dfrac{xy}{R^3} + \dfrac{xy}{\widetilde{R}^3}\right), \\ v^{(2)} = \dfrac{F_2}{16\pi\mu(1-\nu)}\left[(3-4\nu)\left(\dfrac{1}{R} + \dfrac{1}{\widetilde{R}}\right) + \dfrac{y^2}{R^3} + \dfrac{y^2}{\widetilde{R}^3}\right], \\ w^{(2)} = \dfrac{F_2}{16\pi\mu(1-\nu)}\left[\dfrac{y(z-c)}{R^3} + \dfrac{y(z+c)}{\widetilde{R}^3}\right]; \end{cases} \tag{1.44}$$

$$\begin{cases} u^{(3)} = \dfrac{F_3}{16\pi\mu(1-\nu)}\left[\dfrac{x(z-c)}{R^3} - \dfrac{x(z+c)}{\widetilde{R}^3}\right], \\ v^{(3)} = \dfrac{F_3}{16\pi\mu(1-\nu)}\left[\dfrac{y(z-c)}{R^3} - \dfrac{y(z+c)}{\widetilde{R}^3}\right], \\ w^{(3)} = \dfrac{F_3}{16\pi\mu(1-\nu)}\left[(3-4\nu)\left(\dfrac{1}{R} - \dfrac{1}{\widetilde{R}}\right)\right. \\ \qquad\qquad \left. + \dfrac{(z-c)^2}{R^3} - \dfrac{(z+c)^2}{\widetilde{R}^3}\right]. \end{cases} \tag{1.45}$$

可将上述三组式子统一地写成

$$u_i^{(j)} = \frac{F_j}{16\pi\mu(1-\nu)}\left\{(3-4\nu)\left[\frac{1}{R}+(1-2\delta_{3j})\frac{1}{\widetilde{R}}\right]\delta_{ij} + \frac{R_iR_j}{R^3}+(1-2\delta_{3j})\frac{\widetilde{R}_i\widetilde{R}_j}{\widetilde{R}^3}\right\}$$

$$(i,j=1,2,3,\text{不求和}). \tag{1.46}$$

本节中 Lorentz 问题的解法属于 Phan-Thein[221]；Mindlin 问题的解由本书作者完成，这个问题也可以参见参考文献[185]；而两个混合问题由本书提出. Pan 和 Chou[214,215,216]给出了横观各向同性半空间和两个横观各向同性半空间组成的全空间的 Green 函数. 黄克服和王敏中[24]得到了两种材料组成空间的弹性力学基本解. Stephen 和 Wang[245]给出了 P-N 解的一些例子. 弹性通解在柱体和球体中的应用，请参见参考文献[185].

附注 1 如果集中力的作用点不在$(0,0,c)$而在(a,b,c)处，则将前述 4 个问题中的 x 和 y 分别换为 $x-a$ 和 $y-b$.

附注 2 在 Mindlin 问题中，令 $c=0$，则可得到半空间的边界上作用集中力的 Boussinesq 问题的解.

附注 3 在上述 4 个问题中，将坐标原点移至点$(0,0,c)$处，然后令 $c\to\infty$，可以得到在全空间中，有集中力作用于原点的 Kelvin 解，而且对 4 个问题而言，其极限值都相同.

§2 集中力作用在弹性半平面内

取平面直角坐标系，设弹性半平面为 $y\geqslant 0$，有集中力 $\boldsymbol{F}$ 作用在点$(0,c)$上，这里 $c>0$. 利用平面问题的特解和 P-N 通解，可设该问题的位移场为

$$\begin{cases} u = \dfrac{1}{4(1-\nu)}\left[(3-4\nu)H_1 - xH_{1,1} - yH_{2,1} - H_{0,1}\right], \\ v = \dfrac{1}{4(1-\nu)}\left[(3-4\nu)H_2 - xH_{1,2} - yH_{2,2} - H_{0,2}\right], \end{cases} \tag{2.1}$$

其中 $H_i=\psi_i+\varphi_i$，φ_i 为调和函数($i=0,1,2$)，而按第二章的(6.6)式 ψ_i 为

$$\begin{cases}\psi_0=\dfrac{cF_2}{2\pi\mu}\ln r,\\ \psi_i=-\dfrac{F_i}{2\pi\mu}\ln r\quad(i=1,2),\end{cases}\tag{2.2}$$

其中$(F_1,F_2)^{\mathrm T}=\boldsymbol{F}$,$r=\sqrt{x^2+(y-c)^2}$.

从(2.1)式,利用 Hooke 定律,可求出应力分量,今写出 τ_{xy} 和 σ_y 如下:

$$\begin{cases}\tau_{xy}=\dfrac{\mu}{2(1-\nu)}[(1-2\nu)(H_{1,2}+H_{2,1})-xH_{1,12}\\ \qquad\qquad -yH_{2,12}-H_{0,12}],\\ \sigma_y=\dfrac{\mu}{2(1-\nu)}[2\nu H_{1,1}+2(1-\nu)H_{2,2}-xH_{1,22}\\ \qquad\qquad -yH_{2,22}-H_{0,22}].\end{cases}\tag{2.3}$$

对 $y\leqslant0$ 的任一调和函数 $A(x,y)$,在 $y\geqslant0$ 定义

$$\widetilde{A}(x,y)=A(x,-y),\tag{2.4}$$

则有

$$\begin{cases}\left(\dfrac{\partial^2}{\partial x^2}+\dfrac{\partial^2}{\partial y^2}\right)\widetilde{A}=0,\quad y\geqslant0,\\ \widetilde{A}|_{y=0}=A|_{y=0},\\ \dfrac{\partial\widetilde{A}}{\partial x}\Big|_{y=0}=\dfrac{\partial A}{\partial x}\Big|_{y=0},\quad \dfrac{\partial\widetilde{A}}{\partial y}\Big|_{y=0}=-\dfrac{\partial A}{\partial y}\Big|_{y=0}.\end{cases}\tag{2.5}$$

根据 $y=0$ 的边界条件将问题分为如下 4 种.

问题 I 半平面边界是固支的,即

$$u=v=0\quad(y=0).\tag{2.6}$$

解 利用(2.1)式,条件(2.6)成为:

$$\begin{cases}(3-4\nu)(\psi_1+\varphi_1)-x(\psi_1+\varphi_1)_{,1}\\ \qquad\qquad -(\psi_0+\varphi_0)_{,1}=0,\\ (3-4\nu)(\psi_2+\varphi_2)-x(\psi_1+\varphi_1)_{,2}\\ \qquad\qquad -(\psi_0+\varphi_0)_{,2}=0,\end{cases}\quad y=0. \tag{2.7}$$

令

$$\varphi_0=-\tilde{\psi}_0,\quad \varphi_1=-\tilde{\psi}_1\quad (y\geqslant 0), \tag{2.8}$$

于是(2.7)的第一式满足，而(2.7)的第二式成为

$$(3-4\nu)(\tilde{\psi}_2+\varphi_2)+2x\tilde{\psi}_{1,2}+2\tilde{\psi}_{0,2}=0\quad (y=0). \tag{2.9}$$

由此，可令

$$\varphi_2=-\tilde{\psi}_2-\frac{2}{3-4\nu}(x\tilde{\psi}_{1,2}-y\tilde{\psi}_{1,1}+\tilde{\psi}_{0,2})\quad (y\geqslant 0). \tag{2.10}$$

从(2.8)、(2.10)和(2.2)式，可得

$$\begin{cases}H_0=\dfrac{cF_2}{2\pi\mu}\ln\dfrac{r}{\tilde{r}},\\ H_1=-\dfrac{F_1}{2\pi\mu}\ln\dfrac{r}{\tilde{r}},\\ H_2=-\dfrac{F_2}{2\pi\mu}\ln\dfrac{r}{\tilde{r}}+\dfrac{2}{3-4\nu}\left[\dfrac{F_1}{2\pi\mu}\dfrac{cx}{\tilde{r}^2}-\dfrac{F_2}{2\pi\mu}\dfrac{c(y+c)}{\tilde{r}^2}\right],\end{cases} \tag{2.11}$$

其中 $\tilde{r}=\sqrt{x^2+(y+c)^2}$. 将(2.11)代入(2.1)式，可得问题 I 的位移场，按集中力的情况，可分为如下两组：

$$\begin{cases}u^{(1)}=\dfrac{F_1}{8\pi\mu(1-\nu)}\Big[-(3-4\nu)\ln\dfrac{r}{\tilde{r}}+\dfrac{x^2}{r^2}-\dfrac{x^2}{\tilde{r}^2}\\ \qquad\qquad -\dfrac{2}{3-4\nu}\left(\dfrac{cy}{\tilde{r}^2}-\dfrac{2cx^2y}{\tilde{r}^4}\right)\Big],\\ v^{(1)}=\dfrac{F_1}{8\pi\mu(1-\nu)}\Big[\dfrac{x(y-c)}{r^2}-\dfrac{x(y-c)}{\tilde{r}^2}\\ \qquad\qquad +\dfrac{4}{3-4\nu}\dfrac{cxy(y+c)}{\tilde{r}^4}\Big];\end{cases} \tag{2.12}$$

$$\begin{cases} u^{(2)} = \dfrac{F_2}{8\pi\mu(1-\nu)}\Big\{\dfrac{x(y-c)}{r^2} - \dfrac{x(y-c)}{\tilde{r}^2} \\ \qquad\qquad - \dfrac{4}{3-4\nu}\dfrac{cxy(y+c)}{\tilde{r}^4}\Big\}, \\ v^{(2)} = \dfrac{F_2}{8\pi\mu(1-\nu)}\Big\{-(3-4\nu)\ln\dfrac{r}{\tilde{r}} + \dfrac{(y-c)^2}{r^2} - \dfrac{(y+c)^2}{\tilde{r}^2} \\ \qquad\qquad + \dfrac{2}{3-4\nu}\Big[\dfrac{cy}{\tilde{r}^2} - \dfrac{2cy(y+c)^2}{\tilde{r}^4}\Big]\Big\}. \end{cases} \tag{2.13}$$

将上述两组式子统一写成

$$u_\alpha^{(\beta)} = \frac{F_\beta}{8\pi\mu(1-\nu)}\Big[-(3-4\nu)\delta_{\alpha\beta}\ln\frac{r}{\tilde{r}} + \frac{r_\alpha r_\beta}{r^2} - \frac{r_\alpha r_\beta(1-\delta_{\alpha\beta}) + \tilde{r}_\alpha\tilde{r}_\beta\delta_{\alpha\beta}}{\tilde{r}^2} + \frac{2}{3-4\nu}\frac{cx_2}{\tilde{r}^2}(2\delta_{2\alpha}\delta_{2\beta} - \delta_{\alpha\beta}) + \frac{4}{3-4\nu}\frac{cx_2\tilde{r}_\alpha}{\tilde{r}^4}(\tilde{r}_\beta - 2\delta_{2\beta}\tilde{r}_2)\Big], \tag{2.14}$$

其中上下标 $\alpha,\beta=1,2$，不求和；$r_1=x, r_2=y-c, \tilde{r}_1=x, \tilde{r}_2=y+c, x_2=y$.

问题 Ⅱ (Melan[190,36]) 半平面边界是自由的，即

$$\tau_{xy} = \sigma_y = 0 \quad (y=0). \tag{2.15}$$

解 利用(2.3)式，边界条件(2.15)成为：

$$\begin{cases} (1-2\nu)(\psi_1+\varphi_1)_{,2} + (1-2\nu)(\psi_2+\varphi_2)_{,1} \\ \qquad\qquad - x(\psi_1+\varphi_1)_{,12} - (\psi_0+\varphi_0)_{,12} = 0, \\ 2\nu(\psi_1+\varphi_1)_{,1} + 2(1-\nu)(\psi_2+\varphi_2)_{,2} - x(\psi_1+\varphi_1)_{,22} \\ \qquad\qquad - (\psi_0+\varphi_0)_{,22} = 0. \end{cases} \tag{2.16}$$

令

$$\varphi_1 = \tilde{\psi}_1 \quad (y \geqslant 0). \tag{2.17}$$

将(2.17)代入(2.16)，得到 $y=0$ 时的边界条件：

$$\begin{cases}\tilde{\psi}_{2,1}+\varphi_{2,1}-\dfrac{1}{1-2\nu}(-\tilde{\psi}_{0,12}+\varphi_{0,12})=0, \\ 4\nu\tilde{\psi}_{1,1}+2(1-\nu)(-\tilde{\psi}_{2,2}+\varphi_{2,2}) \qquad\qquad y=0. \\ \qquad -2x\tilde{\psi}_{1,22}-\tilde{\psi}_{0,22}-\varphi_{0,22}=0,\end{cases} \tag{2.18}$$

令

$$\varphi_2=-\tilde{\psi}_2+\frac{1}{1-2\nu}(-\tilde{\psi}_{0,2}+\varphi_{0,2}) \quad (y\geqslant 0), \tag{2.19}$$

则 $y=0$ 时(2.18)的第一式成立,而(2.18)的第二式成为

$$\varphi_{0,22}=(3-4\nu)\tilde{\psi}_{0,22}+4(1-\nu)(1-2\nu)\tilde{\psi}_{2,2} + 2(1-2\nu)x\tilde{\psi}_{1,22}-4\nu(1-2\nu)\tilde{\psi}_{1,1}. \tag{2.20}$$

我们可求出 $y=0$ 时满足(2.20)式的调和函数 $\varphi_{0,2}$ 为

$$\varphi_{0,2}=(3-4\nu)\tilde{\psi}_{0,2}+4(1-\nu)(1-2\nu)\tilde{\psi}_2 + 2(1-2\nu)(x\tilde{\psi}_{1,2}-y\tilde{\psi}_{1,1})-2(1-2\nu)^2\int_y^{\infty}\tilde{\psi}_{1,1}\mathrm{d}y. \tag{2.21}$$

将(2.2)代入(2.21)式,得

$$\varphi_{0,2}=\frac{F_1}{2\pi\mu}\left[2(1-2\nu)^2\arctan\frac{x}{y+c}-2(1-2\nu)\frac{cx}{\tilde{r}^2}\right] + \frac{F_2}{2\pi\mu}\left[(3-4\nu)\frac{c(y+c)}{\tilde{r}^2}-4(1-\nu)(1-2\nu)\ln\tilde{r}\right]. \tag{2.22}$$

将(2.22)式再积分一次,得到 $y\geqslant 0$ 时的调和函数 φ_0 为

$$\varphi_0=\frac{F_1}{2\pi\mu}\left\{2(1-2\nu)^2\left[x\ln\tilde{r}+(y+c)\arctan\frac{x}{y+c}\right] + 2(1-2\nu)c\arctan\frac{x}{y+c}\right\} + \frac{F_2}{2\pi\mu}\left\{-4(1-\nu)(1-2\nu)\left[(y+c)\ln\tilde{r}-(y+c)\right.\right.$$

$$-x\arctan\frac{x}{y+c}\Big]+(3-4\nu)c\ln\tilde{r}\Big\}. \tag{2.23}$$

从(2.17)、(2.19)、(2.23)和(2.2)式得到

$$\begin{cases} H_1=-\dfrac{F_1}{2\pi\mu}\ln(r\tilde{r}), \\ H_2=-\dfrac{F_2}{2\pi\mu}\ln\dfrac{r}{\tilde{r}}+\dfrac{F_1}{2\pi\mu}\Big[2(1-2\nu)\arctan\dfrac{x}{y+c}-\dfrac{2cx}{\tilde{r}^2}\Big] \\ \qquad +\dfrac{F_2}{2\pi\mu}\Big[-4(1-\nu)\ln\tilde{r}+\dfrac{2c(y+c)}{\tilde{r}^2}\Big], \\ H_0=-\dfrac{cF_2}{2\pi\mu}\ln(r\tilde{r})+\dfrac{F_1}{2\pi\mu}\Big\{2(1-2\nu)^2\Big[x\ln\tilde{r} \\ \qquad +(y+c)\arctan\dfrac{x}{y+c}\Big]+2c(1-2\nu)\arctan\dfrac{x}{y+c}\Big\} \\ \qquad +\dfrac{F_2}{2\pi\mu}\Big\{-4(1-\nu)(1-2\nu)\Big[(y+c)\ln\tilde{r} \\ \qquad -(y+c)-x\arctan\dfrac{x}{y+c}\Big]+(3-4\nu)c\ln\tilde{r}\Big\}. \end{cases} \tag{2.24}$$

将(2.24)代入(2.1)式得到问题Ⅱ的位移场，按集中力情况分为下述两组：

$$\begin{cases} u^{(1)}=\dfrac{F_1}{8\pi\mu(1-\nu)}\Big[-(3-4\nu)\ln r \\ \qquad -(1+4(1-\nu)(1-2\nu))\ln\tilde{r} \\ \qquad +\dfrac{x^2}{r^2}+(3-4\nu)\dfrac{x^2}{\tilde{r}^2}+\dfrac{2cy}{\tilde{r}^2}-\dfrac{4cx^2y}{\tilde{r}^4}\Big], \\ v^{(1)}=\dfrac{F_1}{8\pi\mu(1-\nu)}\Big[\dfrac{x(y-c)}{r^2}+(3-4\nu)\dfrac{x(y-c)}{\tilde{r}^2} \\ \qquad +4(1-\nu)(1-2\nu)\arctan\dfrac{x}{y+c}-\dfrac{4cxy(y+c)}{\tilde{r}^4}\Big]; \end{cases} \tag{2.25}$$

$$\begin{cases} u^{(2)} = \dfrac{F_2}{8\pi\mu(1-\nu)}\Big[\dfrac{x(y-c)}{r^2} + (3-4\nu)\dfrac{x(y-c)}{\tilde{r}^2} \\ \qquad - 4(1-\nu)(1-2\nu)\arctan\dfrac{x}{y+c} + \dfrac{4cxy(y+c)}{\tilde{r}^4}\Big], \\ v^{(2)} = \dfrac{F_2}{8\pi\mu(1-\nu)}\Big[-(3-4\nu)\ln r \\ \qquad - (1+4(1-\nu)(1-2\nu))\ln\tilde{r} + \dfrac{(y-c)^2}{r^2} \\ \qquad + (3-4\nu)\dfrac{(y+c)^2}{\tilde{r}^2} - \dfrac{2cy}{\tilde{r}^2} + \dfrac{4cy(y+c)^2}{\tilde{r}^4}\Big]. \end{cases} \tag{2.26}$$

或者，统一地写成

$$\begin{aligned} u_\alpha^{(\beta)} = \frac{F_\beta}{8\pi\mu(1-\nu)}\Big\{ & -[(3-4\nu)\ln r + \ln\tilde{r}]\delta_{\alpha\beta} + \frac{r_\alpha r_\beta}{r^2} \\ & + (3-4\nu)\frac{r_\alpha r_\beta(1-\delta_{\alpha\beta}) + \tilde{r}_\alpha\tilde{r}_\beta\delta_{\alpha\beta}}{\tilde{r}^2} \\ & + \frac{2cx_2}{\tilde{r}^4}(\delta_{\alpha\beta}\tilde{r}^2 - 2\tilde{r}_\alpha\tilde{r}_\beta)(1-2\delta_{\alpha\beta}) \\ & + 4(1-\nu)(1-2\nu)\left(\arctan\frac{x}{y+c}\right)(\delta_{1\beta}\delta_{2\alpha} - \delta_{1\alpha}\delta_{2\beta}) \\ & - 4(1-\nu)(1-2\nu)(\ln\tilde{r})\delta_{\alpha\beta}\Big\}, \end{aligned} \tag{2.27}$$

其中 $\alpha,\beta=1,2$，不求和.

问题Ⅲ 半平面边界切向固支，法向自由，即

$$u = 0, \quad \sigma_y = 0 \quad (y = 0). \tag{2.28}$$

解 利用(2.1)和(2.3)式，可写出 $y=0$ 时的边界条件(2.28)为

$$\begin{cases} (3-4\nu)(\psi_1+\varphi_1) - x(\psi_1+\varphi_1)_{,1} - (\psi_0+\varphi_0)_{,1} = 0, \\ 2\nu(\psi_1+\varphi_1)_{,1} + 2(1-\nu)(\psi_2+\varphi_2)_{,2} - x(\psi_1+\varphi_1)_{,22} \\ \qquad\qquad - (\psi_0+\varphi_0)_{,22} = 0. \end{cases} \tag{2.29}$$

从(2.29)式，$y\geqslant 0$ 时有解

$$\varphi_0=-\tilde{\psi}_0,\quad \varphi_1=-\tilde{\psi}_1,\quad \varphi_2=\tilde{\psi}_2. \tag{2.30}$$

于是(2.30)和(2.2)式给出

$$H_1=-\frac{F_1}{2\pi\mu}\ln\frac{r}{\tilde{r}},\quad H_2=-\frac{F_2}{2\pi\mu}\ln(r\tilde{r}),\quad H_0=\frac{cF_2}{2\pi\mu}\ln\frac{r}{\tilde{r}}. \tag{2.31}$$

将(2.31)代入(2.1)式可得位移场为

$$\begin{cases}u^{(1)}=\dfrac{F_1}{8\pi\mu(1-\nu)}\left[-(3-4\nu)\ln\dfrac{r}{\tilde{r}}+\dfrac{x^2}{r^2}-\dfrac{x^2}{\tilde{r}^2}\right],\\ v^{(1)}=\dfrac{F_1}{8\pi\mu(1-\nu)}\left[\dfrac{x(y-c)}{r^2}-\dfrac{x(y+c)}{\tilde{r}^2}\right];\end{cases} \tag{2.32}$$

$$\begin{cases}u^{(2)}=\dfrac{F_2}{8\pi\mu(1-\nu)}\left[\dfrac{x(y-c)}{r^2}+\dfrac{x(y+c)}{\tilde{r}^2}\right],\\ v^{(2)}=\dfrac{F_2}{8\pi\mu(1-\nu)}\left[-(3-4\nu)\ln(r\tilde{r})\right.\\ \qquad\qquad \left.+\dfrac{(y-c)^2}{r^2}+\dfrac{(y+c)^2}{\tilde{r}^2}\right].\end{cases} \tag{2.33}$$

上述两组式可统一地写成

$$u_\alpha^{(\beta)}=\frac{F_\beta}{8\pi\mu(1-\nu)}\Big[-(3-4\nu)[\ln r-(1-2\delta_{2\beta})\ln\tilde{r}]\delta_{\alpha\beta} + \frac{r_\alpha r_\beta}{r^2}-(1-2\delta_{2\beta})\frac{\tilde{r}_\alpha\tilde{r}_\beta}{\tilde{r}^2}\Big], \tag{2.34}$$

其中 $\alpha,\beta=1,2$，不求和.

问题Ⅳ 半平面边界切向自由，法向固支，即

$$\tau_{xy}=0,\quad v=0\quad (y=0). \tag{2.35}$$

解 利用(2.3)和(2.1)式，可写出 $y=0$ 时的边界条件(2.35)为：

$$\begin{cases}(\psi_1+\varphi_1)_{,2}+(\psi_2+\varphi_2)_{,1}-\dfrac{1}{1-2\nu}\big[x(\psi_1+\varphi_1)_{,12}\\ \qquad\qquad\qquad\qquad\qquad\qquad+(\psi_0+\varphi_0)_{,12}\big]=0,\\ (3-4\nu)(\psi_2+\varphi_2)-x(\psi_1+\varphi_1)_{,2}-(\psi_0+\varphi_0)_{,2}=0.\end{cases} \tag{2.36}$$

对方程(2.36)，当 $y\geqslant 0$ 时，有解

$$\varphi_0=\widetilde{\psi}_0,\quad \varphi_1=\widetilde{\psi}_1,\quad \varphi_2=-\widetilde{\psi}_2. \tag{2.37}$$

从(2.37)和(2.2)式，得

$$H_1=-\frac{F_1}{2\pi\mu}\ln(r\widetilde{r}),\quad H_2=-\frac{F_2}{2\pi\mu}\ln\frac{r}{\widetilde{r}},\quad H_0=\frac{cF_2}{2\pi\mu}\ln(r\widetilde{r}). \tag{2.38}$$

将(2.38)代入(2.1)式，得位移场为

$$\begin{cases}u^{(1)}=\dfrac{F_1}{8\pi\mu(1-\nu)}\Big[-(3-4\nu)\ln(r\widetilde{r})+\dfrac{x^2}{r^2}+\dfrac{x^2}{\widetilde{r}^2}\Big],\\ v^{(1)}=\dfrac{F_1}{8\pi\mu(1-\nu)}\Big[\dfrac{x(y-c)}{r^2}+\dfrac{x(y+c)}{\widetilde{r}^2}\Big];\end{cases} \tag{2.39}$$

$$\begin{cases}u^{(2)}=\dfrac{F_2}{8\pi\mu(1-\nu)}\Big[\dfrac{x(y-c)}{r^2}-\dfrac{x(y+c)}{\widetilde{r}^2}\Big],\\ v^{(2)}=\dfrac{F_2}{8\pi\mu(1-\nu)}\Big[-(3-4\nu)\ln\dfrac{r}{\widetilde{r}}+\dfrac{(y-c)^2}{r^2}\\ \qquad\qquad\qquad\qquad\qquad\qquad-\dfrac{(y+c)^2}{\widetilde{r}^2}\Big].\end{cases} \tag{2.40}$$

上述两组式可统一地写成

$$u_\alpha^{(\beta)}=\frac{F_\beta}{8\pi\mu(1-\nu)}\Big\{-(3-4\nu)\big[\ln r+(1-2\delta_{2\beta})\ln\widetilde{r}\big]\delta_{\alpha\beta} \\ +\frac{r_\alpha r_\beta}{r^2}+(1-2\delta_{2\beta})\frac{\widetilde{r}_\alpha\widetilde{r}_\beta}{\widetilde{r}^2}\Big\}, \tag{2.41}$$

其中 $\alpha,\beta=1,2$，不求和.

关于平面问题也有类似于§1中的空间问题的三个附注，这里就不再重复了.

§3 从空间问题的解导出平面问题的解——发散积分之有限部分的应用

集中力作用于半空间内是一个三维问题，集中力作用于半平面内是一个二维问题. 从前两节中，我们注意到这两个问题的提出、解法和答案基本上是类似的. 这种类似还出现在弹性力学的其他一些问题中，例如三维全空间中和二维全平面上作用集中力的 Kelvin 问题，半空间和半平面的边界上作用集中力的 Boussinesq 问题等. 但是，它们的解答却是分别从弹性力学三维方程和二维方程导出来的.

能不能有一种方法，使三维的解答直接转变为二维的解答？Flamant[130]曾将三维的 Boussinesq 解转变为二维的解，然而他遇到了数学上的困难. 参考文献[54]利用发散积分的有限部分，将三维问题的解退化为二维问题的解.

现在以三维的 Mindlin 问题和二维的 Melan 问题为例，说明这种退化过程. 设 $\boldsymbol{F}=\boldsymbol{k}F_3$ 作用于点$(0,0,c)$上，如图 4.1 所示，此 Mindlin 问题的解答为(1.29)，我们记为$(u^{(s)},v^{(s)},w^{(s)})^{\mathrm{T}}$.

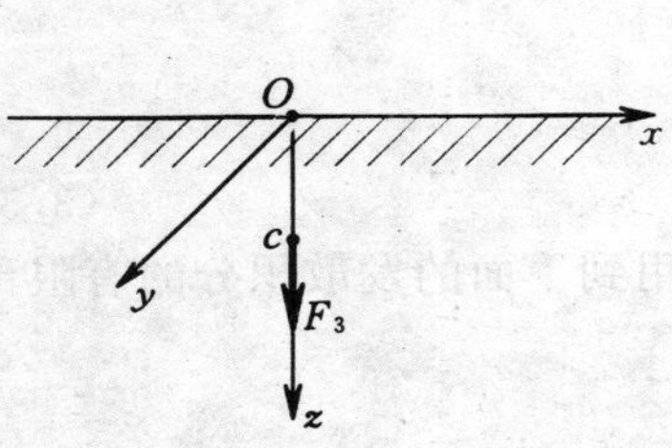

图　4.1

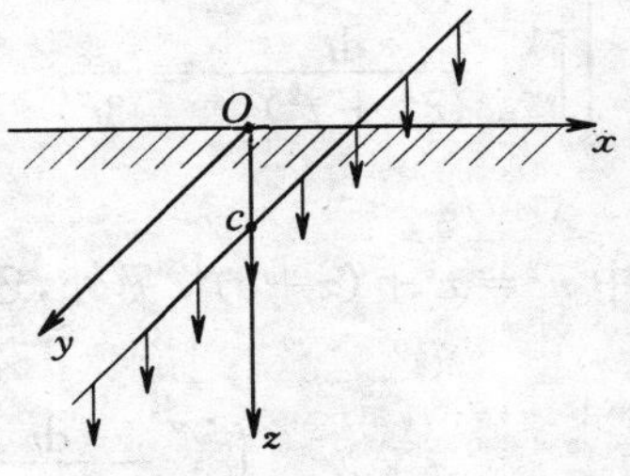

图　4.2

今在三维空间中，沿 Oyz 平面上的直线 $z=c$ 上，从 $-\infty$ 到 $+\infty$ 均匀分布载荷，如图 4.2 所示，这样我们即得到一个平面应变问题的解 $(u^{(p)},v^{(p)},w^{(p)})^{\mathrm{T}}$，

$$\begin{cases} u^{(p)}(x,y,z) = \int_{-\infty}^{+\infty} u^{(s)}(x,y-b,z)\mathrm{d}b, \\ v^{(p)}(x,y,z) = \int_{-\infty}^{+\infty} v^{(s)}(x,y-b,z)\mathrm{d}b, \\ w^{(p)}(x,y,z) = \int_{-\infty}^{+\infty} w^{(s)}(x,y-b,z)\mathrm{d}b. \end{cases} \tag{3.1}$$

在(3.1)的积分式中，作变数替换 $t=y-b$，可以看出，积分值与 y 无关，另外 $v^{(s)}(x,t,z)$ 是 t 的奇函数，于是

$$\begin{cases} u^{(p)}(x,z) = \int_{-\infty}^{+\infty} u^{(s)}(x,t,z)\mathrm{d}t, \\ 0 = \int_{-\infty}^{+\infty} v^{(s)}(x,t,z)\mathrm{d}t, \\ w^{(p)}(x,z) = \int_{-\infty}^{+\infty} w^{(s)}(x,t,z)\mathrm{d}t. \end{cases} \tag{3.2}$$

为了完成(3.2)式，我们用到下述无穷积分值：

$$\begin{cases} \int_{-\infty}^{+\infty} \frac{\mathrm{d}t}{(\tilde{r}^2+t^2)^{3/2}} = \frac{2}{\tilde{r}^2}, \\ \int_{-\infty}^{+\infty} \frac{x}{\sqrt{\tilde{r}^2+t^2}\left(\sqrt{\tilde{r}^2+t^2}+z+c\right)}\mathrm{d}t = 2\arctan\frac{x}{z+c}, \\ \int_{-\infty}^{+\infty} \frac{\mathrm{d}t}{(\tilde{r}^2+t^2)^{5/2}} = \frac{4}{3\tilde{r}^4}, \end{cases} \tag{3.3}$$

其中 $\tilde{r}^2=x^2+(z+c)^2$. 另外，还要用到下面的发散积分的有限部分：

$$\int_{-\infty}^{+\infty} \frac{\mathrm{d}t}{\sqrt{\tilde{r}^2+t^2}} = -2\ln\tilde{r}. \tag{3.4}$$

发散积分的有限部分是 Hadamard[148] 首先引进的. (3.4)式

左边的积分是发散的,但它可如下形式地求出. 注意到

$$\int_{-\infty}^{+\infty}\frac{\partial}{\partial\tilde{r}}\frac{\mathrm{d}t}{\sqrt{\tilde{r}^2+t^2}}=-\frac{2}{\tilde{r}},\tag{3.5}$$

如果认为(3.5)式中左边的积分和微分的次序是可交换的,那么有

$$\frac{\mathrm{d}}{\mathrm{d}\tilde{r}}\int_{-\infty}^{+\infty}\frac{\mathrm{d}t}{\sqrt{\tilde{r}^2+t^2}}=-\frac{2}{\tilde{r}}.\tag{3.6}$$

将(3.6)式,对 $\tilde{r}$ "积分",形式上即可得到(3.4)式,虽然从经典意义上来讲,上述积分和微分交换次序以及对 $\tilde{r}$ 的"积分"是不合法的,但可从广义函数(见参考文献[16])的观点来理解.

将(3.3)和(3.4)代入(3.2)式,并将 z 换为 y, F_3 换为 F_2,则就得到半平面内作用有集中力的 Melan 问题的解答(2.26). 对于(2.27)式也可同样得到,只是积分少许复杂一点.

类似的方法,可将§1中其他三个问题中的解答直接积分,就分别成为§2中三个问题的解答,也可以将空间的 Kelvin 解和 Boussinesq 解分别积分成平面相应问题的解. 发散积分的有限部分在平面问题中的一些应用,也可在参考文献[54]中找到. 对§5中的断裂问题,从空间问题的应力强度因子能得到平面问题相应的应力强度因子. 本节的方法也可用于弹性动力学、流体力学,以及其他学科的某些问题.

§4 从平面问题的解到空间问题的解 ——Radon 变换的应用

上一节利用发散积分的有限部分,从某些空间问题的解导出了某些平面问题的解. 本节反过来进行,将利用 Radon 变换,从某些平面问题的解导出某些空间问题的解.

4.1 Radon 变换

定义 4.1 设 $f(x,y,z)$ 为欧氏空间 E^3 上的可积函数,它的

Radon 变换为

$$\mathscr{R}\{f(x,y,z)\} \equiv \hat{f}(\xi,\eta,\varphi) \equiv \int_{-\infty}^{+\infty}\int_{-\infty}^{+\infty} f(x,\eta,z)\delta(\xi - \boldsymbol{n}\cdot\boldsymbol{r})\mathrm{d}x\mathrm{d}z, \tag{4.1}$$

其中 $\delta(*)$ 为 Dirac δ-函数，$\boldsymbol{n}=(\cos\varphi,0,-\sin\varphi)^{\mathrm{T}}$，上标"T"表示转置，$\boldsymbol{r}=(x,y,z)^{\mathrm{T}}$.

考虑变换

$$\begin{cases} x = p\cos\varphi + \zeta\sin\varphi, \\ z = -p\sin\varphi + \zeta\cos\varphi, \end{cases} \tag{4.2}$$

将(4.2)代入(4.1)式得

$$\hat{f}(\xi,\eta,\varphi) \equiv \int_{-\infty}^{+\infty}\int_{-\infty}^{+\infty} f(p\cos\varphi + \zeta\sin\varphi,\eta,-p\sin\varphi + \zeta\cos\varphi)\delta(\xi - p)\mathrm{d}p\mathrm{d}\zeta.$$

按 δ-函数的性质，上式成为

$$\mathscr{R}\{f\} = \hat{f}(\xi,\eta,\varphi) \equiv \int_{-\infty}^{+\infty} f(\xi\cos\varphi + \zeta\sin\varphi,\eta,-\xi\sin\varphi + \zeta\cos\varphi)\mathrm{d}\zeta. \tag{4.3}$$

(4.3)式可以认为是 Radon 变换的等价定义.

从图 4.3 看出，将平面(x,z)转动角度 φ 可变为新平面(ξ,ζ).

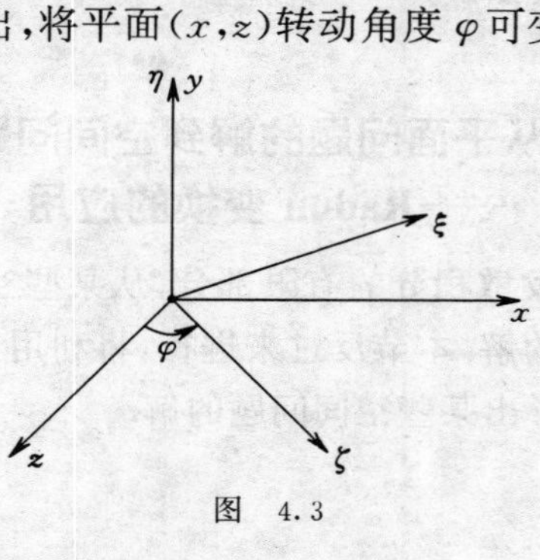

图　4.3

Radon 变换有如下的一些性质：

性质 1 $\mathscr{R}\{c_1f_1+c_2f_2\}=c_1\mathscr{R}\{f_1\}+c_2\mathscr{R}\{f_2\}$，其中 c_1,c_2 为实常数.

性质 2 $\mathscr{R}\{f(x-a,y,z-c)\}=\hat{f}(\xi-\boldsymbol{n}\cdot\boldsymbol{a},\eta,\varphi)$，其中 $\boldsymbol{a}=(a,0,c)^{\mathrm{T}}$.

证明

$$\begin{aligned}&\mathscr{R}\{f(x-a,y,z-c)\}\\&\quad=\int_{-\infty}^{+\infty}\int_{-\infty}^{+\infty}f(x-a,\eta,z-c)\delta(\xi-\boldsymbol{n}\cdot\boldsymbol{r})\mathrm{d}x\mathrm{d}z\\&\quad=\int_{-\infty}^{+\infty}\int_{-\infty}^{+\infty}f(x',\eta,z')\delta(\xi-\boldsymbol{n}\cdot(\boldsymbol{r}'+\boldsymbol{a}))\mathrm{d}x'\mathrm{d}z'\\&\quad=\hat{f}(\xi-\boldsymbol{n}\cdot\boldsymbol{a},\eta,\varphi),\end{aligned}$$

其中 $\boldsymbol{r}'=\boldsymbol{r}-\boldsymbol{a}$. 证毕.

性质 3

$$\mathscr{R}\left\{\frac{\partial f}{\partial x}\right\}=n_1\frac{\partial\hat{f}}{\partial\xi},\quad\mathscr{R}\left\{\frac{\partial f}{\partial y}\right\}=\frac{\partial\hat{f}}{\partial\eta},\quad\mathscr{R}\left\{\frac{\partial f}{\partial z}\right\}=n_3\frac{\partial\hat{f}}{\partial\xi}.$$

证明 按性质 1 和性质 2，有

$$\begin{aligned}\mathscr{R}\left\{\frac{\partial f}{\partial x}\right\}&=\mathscr{R}\left\{\lim_{\Delta x\to0}\frac{f(x+\Delta x,y,z)-f(x,y,z)}{\Delta x}\right\}\\&=\lim_{\Delta x\to0}\frac{\hat{f}(x+n_1\Delta x,y,z)-\hat{f}(x,y,z)}{\Delta x}=n_1\frac{\partial\hat{f}}{\partial\xi},\end{aligned}$$

其余的两式可类似得到. 证毕.

4.2 Radon 逆变换

记

$$\tilde{f}(\boldsymbol{r},\varphi)\equiv\tilde{f}(x,y,z,\varphi)=-\frac{1}{4\pi^2}\int_{-\infty}^{+\infty}\frac{1}{\lambda-t}\frac{\partial}{\partial\lambda}\hat{f}(\lambda,y,\varphi)\mathrm{d}\lambda,\tag{4.4}$$

其中

$$t=\boldsymbol{n}\cdot\boldsymbol{r}=x\cos\varphi-z\sin\varphi.\tag{4.5}$$

则 Radon 逆变换为

$$f(\boldsymbol{r}) = f(x,y,z) = \int_0^{2\pi} \widetilde{f}(\boldsymbol{r},\varphi)\mathrm{d}\varphi. \tag{4.6}$$

现在来证明(4.6)式. 设 $\boldsymbol{r}'=(x',y',z')$,我们有等式

$$\begin{aligned}&\int_{-\infty}^{+\infty}\int_{-\infty}^{+\infty} f(x',y,z')\log|\boldsymbol{n}\cdot(\boldsymbol{r}'-\boldsymbol{r})|\mathrm{d}x'\mathrm{d}z'\\&\quad=\int_{-\infty}^{+\infty}\int_{-\infty}^{+\infty} f(x',y,z')\\&\qquad\cdot\left\{\int_{-\infty}^{+\infty}\log|p|\delta[p-\boldsymbol{n}\cdot(\boldsymbol{r}'-\boldsymbol{r})]\mathrm{d}p\right\}\mathrm{d}x'\mathrm{d}z'.\end{aligned} \tag{4.7}$$

注意到

$$\begin{aligned}&\int_0^{2\pi}\log|\boldsymbol{n}\cdot(\boldsymbol{r}'-\boldsymbol{r})|\mathrm{d}\varphi\\&\quad=\int_0^{2\pi}\log|(x'-x)\cos\varphi-(z'-z)\sin\varphi|\mathrm{d}\varphi\\&\quad=\int_0^{2\pi}\log|\rho\sin(\varphi-\alpha)|\mathrm{d}\varphi,\end{aligned}$$

其中

$$\rho=\sqrt{(x'-x)^2+(z'-z)^2},$$

$$\sin\alpha=\frac{x'-x}{\rho},\quad \cos\alpha=\frac{z'-z}{\rho},$$

于是

$$\begin{aligned}\int_0^{2\pi}\log|\boldsymbol{n}\cdot(\boldsymbol{r}'-\boldsymbol{r})|\mathrm{d}\varphi&=\int_0^{2\pi}\log\rho\,\mathrm{d}\varphi+\int_0^{2\pi}\log|\sin t|\mathrm{d}t\\&=2\pi\log\frac{\rho}{2}.\end{aligned} \tag{4.8}$$

(4.8)式中利用了周期函数在任何一个周期间隔内的积分值都相等的性质,以及参考文献[15]中第二卷第三分册第 537 页的下述公式:

$$\int_0^{\pi/2}\log\sin t\mathrm{d}t=-\frac{\pi}{2}\log 2.$$

对(4.7)式的右边关于 φ 从 0 至 2π 积分，然后求二维 Laplace 算子，再按对数位势，得

$$\left(\frac{\partial^2}{\partial x^2}+\frac{\partial^2}{\partial z^2}\right)\int_0^{2\pi}\left\{\int_{-\infty}^{+\infty}\int_{-\infty}^{+\infty}f(x',y,z')\log|\boldsymbol{n}\cdot(\boldsymbol{r}'-\boldsymbol{r})|\mathrm{d}x'\mathrm{d}z'\right\}\mathrm{d}\varphi$$
$$=2\pi\left(\frac{\partial^2}{\partial x^2}+\frac{\partial^2}{\partial z^2}\right)\int_{-\infty}^{+\infty}\int_{-\infty}^{+\infty}f(x',y,z')(\log\rho-\log 2)\mathrm{d}x'\mathrm{d}z'$$
$$=2\pi\left(\frac{\partial^2}{\partial x^2}+\frac{\partial^2}{\partial z^2}\right)\int_{-\infty}^{+\infty}\int_{-\infty}^{+\infty}f(x',y,z')\log\rho\,\mathrm{d}x'\mathrm{d}z'$$
$$=(2\pi)^2f(x,y,z). \tag{4.9}$$

那么，从(4.7)和(4.9)式，以及 Radon 变换的定义(4.1)，得

$$(2\pi)^2f(x,y,z)$$
$$=\left(\frac{\partial^2}{\partial x^2}+\frac{\partial^2}{\partial z^2}\right)\int_0^{2\pi}\left\{\int_{-\infty}^{+\infty}\log|p|\left(\int_{-\infty}^{+\infty}\int_{-\infty}^{+\infty}f(x',y,z')\right.\right.$$
$$\left.\left.\cdot\,\delta[p-\boldsymbol{n}\cdot(\boldsymbol{r}'-\boldsymbol{r})]\mathrm{d}x'\mathrm{d}z'\right)\mathrm{d}p\right\}\mathrm{d}\varphi$$
$$=\left(\frac{\partial^2}{\partial x^2}+\frac{\partial^2}{\partial z^2}\right)\int_0^{2\pi}\left(\int_{-\infty}^{+\infty}\log|p|\ \hat{f}(p+\boldsymbol{n}\cdot\boldsymbol{r},y,\varphi)\mathrm{d}p\right)\mathrm{d}\varphi.$$

算出上式的两个二阶微商，考虑到 $n_1^2+n_3^2=\cos^2\varphi+\sin^2\varphi=1$，则有

$$(2\pi)^2f(x,y,z)=\int_0^{2\pi}\left(\int_{-\infty}^{+\infty}\log|p|\ \frac{\partial^2\hat{f}}{\partial\lambda^2}\bigg|_{\lambda=p+\boldsymbol{n}\cdot\boldsymbol{r}}\mathrm{d}p\right)\mathrm{d}\varphi.$$

再进行一次分部积分，并进行变量换元，从 p 变为 λ，得

$$(2\pi)^2f(x,y,z)=-\int_0^{2\pi}\left(\int_{-\infty}^{+\infty}\frac{1}{\lambda-\boldsymbol{n}\cdot\boldsymbol{r}}\frac{\partial}{\partial\lambda}\hat{f}(\lambda,y,\varphi)\mathrm{d}\lambda\right)\mathrm{d}\varphi. \tag{4.10}$$

不难看出，(4.10)式就是欲证之(4.4)和(4.6)式.

4.3 弹性力学方程组的 Radon 变换

以位移表示的弹性力学方程组为

$$\nabla^2\boldsymbol{u}+\frac{1}{1-2\nu}\nabla(\nabla\cdot\boldsymbol{u})=-\frac{1}{\mu}\boldsymbol{f}, \tag{4.11}$$

其中 $\boldsymbol{u}(x,y,z)$ 为位移矢量，ν 为 Poisson 比，μ 为剪切模量，$\boldsymbol{f}$ 是体力矢量，

$$\nabla=\boldsymbol{i}\frac{\partial}{\partial x}+\boldsymbol{j}\frac{\partial}{\partial y}+\boldsymbol{k}\frac{\partial}{\partial z},\quad \nabla^2=\nabla\cdot\nabla=\frac{\partial^2}{\partial x^2}+\frac{\partial^2}{\partial y^2}+\frac{\partial^2}{\partial z^2}.$$

今对方程(4.11)作 Radon 变换，按性质 1～3，有

$$\mathscr{R}(\nabla^2\boldsymbol{u})=n_1^2\frac{\partial^2\hat{\boldsymbol{u}}}{\partial\xi^2}+\frac{\partial^2\hat{\boldsymbol{u}}}{\partial\eta^2}+n_3^2\frac{\partial^2\hat{\boldsymbol{u}}}{\partial\xi^2}=\frac{\partial^2\hat{\boldsymbol{u}}}{\partial\xi^2}+\frac{\partial^2\hat{\boldsymbol{u}}}{\partial\eta^2}=\nabla_\xi^2\hat{\boldsymbol{u}},\tag{4.12}$$

$$\mathscr{R}(\nabla\cdot\boldsymbol{u})=n_1\frac{\partial\hat{u}}{\partial\xi}+\frac{\partial\hat{v}}{\partial\eta}+n_3\frac{\partial\hat{w}}{\partial\xi},\tag{4.13}$$

$$\begin{aligned}\mathscr{R}[\nabla(\nabla\cdot\boldsymbol{u})]=&\left(n_1^2\frac{\partial^2\hat{u}}{\partial\xi^2}+n_1\frac{\partial^2\hat{v}}{\partial\xi\partial\eta}+n_1n_3\frac{\partial\hat{w}}{\partial\xi^2}\right)\boldsymbol{i}\\&+\left(n_1\frac{\partial^2\hat{u}}{\partial\xi\partial\eta}+\frac{\partial^2\hat{v}}{\partial\eta^2}+n_3\frac{\partial\hat{w}}{\partial\xi\partial\eta}\right)\boldsymbol{j}\\&+\left(n_1n_3\frac{\partial^2\hat{u}}{\partial\xi^2}+n_3\frac{\partial^2\hat{v}}{\partial\xi\partial\eta}+n_3^2\frac{\partial\hat{w}}{\partial\xi^2}\right)\boldsymbol{k},\end{aligned}\tag{4.14}$$

其中 $\nabla_\xi^2=\frac{\partial^2}{\partial\xi^2}+\frac{\partial^2}{\partial\eta^2}$.

将(4.12)～(4.14)式代入(4.11)，得

$$\nabla_\xi^2\hat{\boldsymbol{u}}+\frac{1}{1-2\nu}\begin{bmatrix}\cos\varphi\dfrac{\partial}{\partial\xi}\left(\dfrac{\partial u^*}{\partial\xi}+\dfrac{\partial v^*}{\partial\eta}\right)\\ \dfrac{\partial}{\partial\eta}\left(\dfrac{\partial u^*}{\partial\xi}+\dfrac{\partial v^*}{\partial\eta}\right)\\ \sin\varphi\dfrac{\partial}{\partial\xi}\left(\dfrac{\partial u^*}{\partial\xi}+\dfrac{\partial v^*}{\partial\eta}\right)\end{bmatrix}=-\frac{1}{\mu}\hat{\boldsymbol{f}},\tag{4.15}$$

其中 $\boldsymbol{u}^*=\boldsymbol{\Omega}\hat{\boldsymbol{u}}$，这里

$$\boldsymbol{\Omega}=\begin{bmatrix}\cos\varphi & 0 & -\sin\varphi\\ 0 & 1 & 0\\ \sin\varphi & 0 & \cos\varphi\end{bmatrix}.$$

用矩阵 $\boldsymbol{\Omega}$ 乘以方程(4.15)两边，得

$$\begin{cases}\nabla_{\xi}^{2}u^{*}+\dfrac{1}{1-2\nu}\dfrac{\partial}{\partial\xi}\left(\dfrac{\partial u^{*}}{\partial\xi}+\dfrac{\partial v^{*}}{\partial\eta}\right)=-\dfrac{1}{\mu}f_{1}^{*},\\ \nabla_{\xi}^{2}v^{*}+\dfrac{1}{1-2\nu}\dfrac{\partial}{\partial\eta}\left(\dfrac{\partial u^{*}}{\partial\xi}+\dfrac{\partial v^{*}}{\partial\eta}\right)=-\dfrac{1}{\mu}f_{2}^{*},\\ \nabla_{\xi}^{2}w^{*}=-\dfrac{1}{\mu}f_{3}^{*},\end{cases}\qquad(4.16)$$

其中 $\boldsymbol{f}^{*}=\boldsymbol{\Omega f}$.

从(4.16)式可以看出,(u^{*},v^{*})构成了一个二维弹性力学平面问题,w^{*}为一个反平面问题.

4.4 例:Kelvin 基本解

考虑三维空间中在坐标原点施加 x-向集中力 q 的情形. 其时 $\boldsymbol{f}=(q,0,0)^{\mathrm{T}}\delta(\boldsymbol{r})$,这里 $\boldsymbol{r}=\boldsymbol{i}x+\boldsymbol{j}y+\boldsymbol{k}z$. 我们知道,三维问题的 Kelvin 基本解为(见第一章的(3.15)式)

$$u=\alpha q\frac{x^{2}}{r^{3}}+\beta q\frac{1}{r},\quad v=\alpha q\frac{xy}{r^{3}},\quad w=\alpha q\frac{xz}{r^{3}},\qquad(4.17)$$

其中

$$\alpha=\frac{1}{16\pi\mu(1-\nu)},\quad \beta=\frac{3-4\nu}{16\pi\mu(1-\nu)}.\qquad(4.18)$$

现在利用 Radon 变换的方法来求(4.17)式. 此时

$$\boldsymbol{f}^{*}=(q\cos\varphi,0,q\sin\varphi)^{\mathrm{T}}\delta(\boldsymbol{\rho}),$$

这里 $\boldsymbol{\rho}=\boldsymbol{i}\xi+\boldsymbol{j}\eta$. 从(4.16)式,按第二章平面问题 Kelvin 基本解公式(6.7)和 Laplace 方程基本解公式,得

$$\begin{cases}u^{*}=2\alpha q\cos\varphi\dfrac{\xi^{2}}{\rho^{2}}-2\beta q\sin\varphi\ln\rho,\\ v^{*}=2\alpha q\cos\varphi\dfrac{\xi\eta}{\rho^{2}},\\ w^{*}=-\dfrac{q}{2\pi\mu}\sin\varphi\ln\rho,\end{cases}\qquad(4.19)$$

其中 $\rho=\sqrt{\xi^{2}+\eta^{2}}$. 位移场 $\boldsymbol{u}$ 的 Radon 变换 $\hat{\boldsymbol{u}}=\boldsymbol{\Omega}^{-1}\boldsymbol{u}^{*}$,于是

$$\begin{cases} \hat{u}(\xi,\eta,\varphi) = 2\alpha q \cos^2\varphi \dfrac{\xi^2}{\rho^2} - 2\beta q \ln\rho - 2\alpha q \sin^2\varphi \ln\rho, \\ \hat{v}(\xi,\eta,\varphi) = 2\alpha q \cos\varphi \dfrac{\xi\eta}{\rho^2}, \\ \hat{w}(\xi,\eta,\varphi) = -2\alpha q \sin\varphi\cos\varphi \dfrac{\xi^2}{\rho^2} - 2\alpha q \sin\varphi\cos\varphi \ln\rho. \end{cases} \tag{4.20}$$

我们先来计算位移分量 v，按(4.4)式，有

$$\tilde{v}(\boldsymbol{r},\varphi) = -\frac{1}{4\pi^2}\int_{-\infty}^{+\infty} \frac{1}{\lambda - t}\frac{\partial}{\partial\lambda}\hat{v}(\lambda,y,\varphi)\mathrm{d}\lambda. \tag{4.21}$$

如果令 $\zeta=\lambda+\mathrm{i}y$，那么 $\hat{v}(\lambda,y,\varphi)=2\alpha q\cos\varphi\,\mathrm{Re}\dfrac{y}{\zeta}$，于是(4.21)式变为

$$\begin{aligned} \tilde{v}(\boldsymbol{r},\varphi) &= \frac{1}{2\pi\mathrm{i}}\frac{1}{2\pi\mathrm{i}}\int_{-\infty}^{+\infty}\frac{1}{\lambda-t}\frac{\partial}{\partial\lambda}\left[2\alpha q\mathrm{Re}\left(\frac{y}{\zeta}\right)\right]\cos\varphi\mathrm{d}\lambda \\ &= \frac{\alpha q}{\pi\mathrm{i}}\cos\varphi\,\mathrm{Im}\left\{\frac{1}{2\pi\mathrm{i}}\int_{-\infty}^{+\infty}\frac{1}{\lambda-t}\frac{\partial}{\partial\lambda}\left(\frac{y}{\zeta}\right)\mathrm{d}\lambda\right\} \\ &= -\frac{\alpha q}{\pi\mathrm{i}}\cos\varphi\,\mathrm{Im}\left\{\frac{1}{2\pi\mathrm{i}}\int_{-\infty}^{+\infty}\frac{1}{\lambda-t}\frac{y}{(\lambda+\mathrm{i}y)^2}\mathrm{d}\lambda\right\}. \end{aligned} \tag{4.22}$$

利用残数公式，求出(4.22)式中的无穷积分，得

$$\begin{aligned} \tilde{v}(\boldsymbol{r},\varphi) &= -\frac{\alpha q}{\pi\mathrm{i}}\cos\varphi\,\mathrm{Im}\left\{\frac{1}{2}\mathrm{sgn}(y)\frac{y}{(t+\mathrm{i}y)^2}\right\} \\ &= \frac{\alpha q}{\pi}\cos\varphi\,\mathrm{sgn}(y)\frac{y^2 t}{(t^2+y^2)^2}, \end{aligned} \tag{4.23}$$

其中 $\mathrm{sgn}(y)$ 为符号函数.

将(4.23)代入(4.6)式，注意到(4.23)中的 t 值由(4.5)式给出，那么位移分量 $v(\boldsymbol{r})$ 可写为

$$\begin{aligned} v(\boldsymbol{r}) &= \int_0^{2\pi}\tilde{v}(\boldsymbol{r},\varphi)\mathrm{d}\varphi \\ &= \frac{\alpha q}{\pi}y^2\mathrm{sgn}(y)\int_0^{2\pi}\frac{(x\cos\varphi - z\sin\varphi)\cos\varphi}{[(x\cos\varphi - z\sin\varphi)^2 + y^2]^2}\mathrm{d}\varphi \end{aligned}$$

$$= \frac{\alpha q}{\pi} y^2 \mathrm{sgn}(y) \int_0^{2\pi} \frac{\cos\varphi}{(r^2 - s^2)^2} \mathrm{d}s, \tag{4.24}$$

其中 $r = \sqrt{x^2 + y^2 + z^2}$，$s = x\sin\varphi + z\cos\varphi$，并有

$$\mathrm{d}s = (x\cos\varphi - z\sin\varphi)\mathrm{d}\varphi = t\mathrm{d}\varphi .$$

利用部分分式，(4.24)式成为

$$\begin{aligned} v(\boldsymbol{r}) &= \frac{\alpha q}{\pi} y^2 \mathrm{sgn}(y) \int_0^{2\pi} \left[\frac{1}{2r} \left(\frac{1}{r - s} + \frac{1}{r + s} \right) \right]^2 \cos\varphi \mathrm{d}s \\ &= \frac{\alpha q}{4\pi r^2} y^2 \mathrm{sgn}(y) \int_0^{2\pi} \left[\frac{1}{(r - s)^2} + \frac{1}{(r + s)^2} \right. \\ &\quad \left. + 2 \frac{1}{(r - s)(r + s)} \right] \cos\varphi \mathrm{d}s. \end{aligned} \tag{4.25}$$

对(4.25)式中的积分的前两项进行分部积分，得

$$\begin{aligned} v(\boldsymbol{r}) &= \frac{\alpha q}{4\pi r^2} y^2 \mathrm{sgn}(y) \int_0^{2\pi} \left[\left(\frac{1}{r - s} - \frac{1}{r + s} \right) \sin\varphi \right. \\ &\quad \left. + 2 \frac{t\cos\varphi}{(r - s)(r + s)} \right] \mathrm{d}\varphi \\ &= \frac{\alpha q}{2\pi r^2} y^2 \mathrm{sgn}(y) \int_0^{2\pi} \frac{x}{r^2 - s^2} \mathrm{d}\varphi . \end{aligned} \tag{4.26}$$

设 $x = \tau\cos\varepsilon$，$z = \tau\sin\varepsilon$，于是 $s = x\sin\varphi + z\cos\varphi = \tau\sin(\varphi + \varepsilon)$，这里 $\tau = \sqrt{x^2 + z^2}$. 将 s 的新表示式代入(4.26)式，得

$$v(\boldsymbol{r}) = \frac{\alpha q}{2\pi r^2} x y^2 \mathrm{sgn}(y) \int_0^{2\pi} \frac{1}{r^2 - \tau^2 \sin^2(\varphi + \varepsilon)} \mathrm{d}\varphi . \tag{4.27}$$

利用周期函数的性质，(4.27)式可写成

$$v(\boldsymbol{r}) = \frac{\alpha q}{2\pi r^2} x y^2 \mathrm{sgn}(y) \int_0^{2\pi} \frac{1}{r^2 - \tau^2 \sin^2\varphi} \mathrm{d}\varphi . \tag{4.28}$$

对(4.28)式中的被积函数再进行部分分式分解，并将其积分限从 $(0, 2\pi)$ 换为 $(0, \pi)$，得

$$v(\boldsymbol{r}) = \frac{\alpha q}{2\pi r^3} x y^2 \mathrm{sgn}(y) \int_0^{\pi} \left(\frac{1}{r - \tau\sin\varphi} + \frac{1}{r + \tau\sin\varphi} \right) \mathrm{d}\varphi. \tag{4.29}$$

将(4.29)式中的积分算出，得

$$v(\boldsymbol{r})=\frac{\alpha q}{2\pi r^{3}}xy^{2}\operatorname{sgn}(y)\left\{\frac{2}{|y|}\arctan\frac{r\tan\dfrac{\varphi}{2}-\tau}{|y|}\right.$$

$$\left.+\frac{2}{|y|}\arctan\frac{r\tan\dfrac{\varphi}{2}+\tau}{|y|}\right\}_{0}^{\pi}$$

$$=\alpha q\,\frac{xy}{r^{3}}. \tag{4.30}$$

(4.30)式即欲求的(4.17)的第二式.

类似的方法可求出(4.17)中的其余两式.

本节参照参考文献[295,296]写成. 利用 Radon 变换还可从二维的解求出更多的三维问题的解,例如半空间的 Mindlin 解、两个半空间组成的全空间的基本解、断裂问题的解等. 另见参考文献[112]和[293].

§5　具有半平面裂纹的无限空间

5.1　P-N 通解的变形

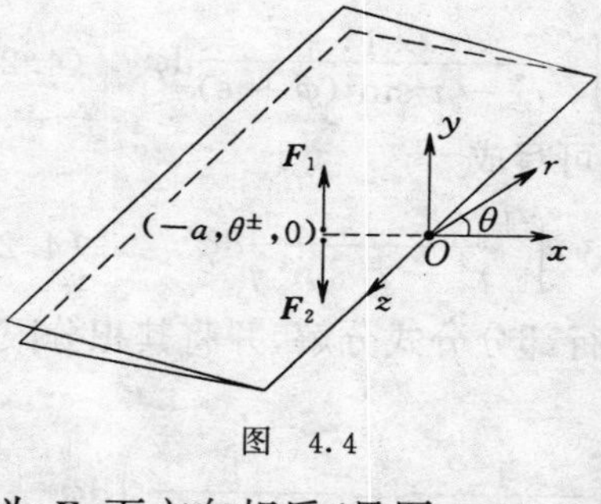

图　4.4

三维空间中取定直角坐标系,在全空间中有下列半平面的裂纹:

$$x\leqslant 0,\quad y=0,$$
$$-\infty<z<+\infty.$$

今设集中力 $\boldsymbol{F}_1$ 和 $\boldsymbol{F}_2$ 分别作用在裂纹两侧的点$(-a,0^{+},0)$和$(-a,0^{-},0)$上,其大小均为 F,而方向相反(见图 4.4). P-N 通解为

$$\boldsymbol{u}=\boldsymbol{P}-\frac{1}{4(1-\nu)}\nabla(P_0+\boldsymbol{r}\cdot\boldsymbol{P}), \tag{5.1}$$

其中 $\boldsymbol{P}$ 和 P_0 都是调和的，$\boldsymbol{r}=\boldsymbol{i}x+\boldsymbol{j}y+\boldsymbol{k}z$ 为矢径. 今令

$$\begin{cases}\boldsymbol{P}=\dfrac{\partial \boldsymbol{N}}{\partial y}+\boldsymbol{j}\alpha\nabla\cdot\boldsymbol{N},\\ P_0=4(1-\nu)\varphi+(1+\alpha)y\nabla\cdot\boldsymbol{N}-\boldsymbol{r}\cdot\boldsymbol{P},\end{cases}\tag{5.2}$$

这里 α 为待定常数，$\boldsymbol{N}$ 为调和矢量，φ 为调和函数. 将(5.2)代入(5.1)式，得到 P-N 通解的变形，

$$\boldsymbol{u}=\frac{\partial \boldsymbol{N}}{\partial y}+\boldsymbol{j}\alpha\nabla\cdot\boldsymbol{N}-\frac{1+\alpha}{4(1-\nu)}\nabla(y\nabla\cdot\boldsymbol{N})-\nabla\varphi.\tag{5.3}$$

不难看出，若 $\boldsymbol{N}$ 和 φ 是调和的，则由(5.2)所定义的 $\boldsymbol{P}$ 和 P_0 也是调和的. 反之，如果区域关于 y 是凸的，对调和矢量 $\boldsymbol{P}$，总可求得调和矢量 $\boldsymbol{N}$，使(5.2)的第一式成立；且当 P_0 调和，则由(5.2)的第二式所定义的 φ 也是调和的. 因此，对于 y 向凸的区域，(5.3)式是完备的. (5.3)式的分量式为

$$\begin{cases}u=N_{1,2}-\dfrac{1+\alpha}{4(1-\nu)}y(\nabla\cdot\boldsymbol{N})_{,1}-\varphi_{,1},\\ v=N_{2,2}+\left[\alpha-\dfrac{1+\alpha}{4(1-\nu)}\right]\nabla\cdot\boldsymbol{N}\\ \qquad -\dfrac{1+\alpha}{4(1-\nu)}y(\nabla\cdot\boldsymbol{N})_{,2}-\varphi_{,2},\\ w=N_{3,2}-\dfrac{1+\alpha}{4(1-\nu)}y(\nabla\cdot\boldsymbol{N})_{,3}-\varphi_{,3}.\end{cases}\tag{5.4}$$

利用 Hooke 定律，从(5.4)式可求出应力分量，今写出 $y=0$ 时的 τ_{yx}，τ_{yz} 和 σ_y：

$$\begin{cases}\dfrac{1}{\mu}\tau_{yx}=N_{1,22}+N_{2,21}+\left[\alpha-\dfrac{1+\alpha}{2(1-\nu)}\right](\nabla\cdot\boldsymbol{N})_{,1}-2\varphi_{,12},\\ \dfrac{1}{\mu}\tau_{yz}=N_{3,22}+N_{2,32}+\left[\alpha-\dfrac{1+\alpha}{2(1-\nu)}\right](\nabla\cdot\boldsymbol{N})_{,3}-2\varphi_{,23},\\ \dfrac{1}{\mu}\sigma_y=N_{2,22}+N_{2,22}-(1-\alpha)(\nabla\cdot\boldsymbol{N})_{,2}-2\varphi_{,22}.\end{cases}\tag{5.5}$$

5.2 对称载荷

由于问题的对称性,将问题考虑为半空间 $y\geqslant 0$ 上的弹性力学问题,既然半空间是凸的,P-N 通解的变形(5.3)可适用. 在 $y\geqslant 0$ 的边界 $y=0$ 上应适合下列条件:

$$\begin{cases} v(x,0,z)=0, \\ \tau_{yx}(x,0,z)=0, \quad y=0,x>0; \\ \tau_{yz}(x,0,z)=0, \end{cases} \tag{5.6}$$

$$\begin{cases} \sigma_y(x,0,z)=-F\delta(z)\delta(x+a), \\ \tau_{yx}(x,0,z)=0, \qquad y=0,x<0. \\ \tau_{yz}(x,0,z)=0, \end{cases} \tag{5.7}$$

利用(5.4)和(5.5),可将 $y=0$ 时 $x>0$ 和 $x<0$ 的边界条件写为

$$\begin{cases} N_{2,2}+\left[\alpha-\dfrac{1+\alpha}{4(1-\nu)}\right]\nabla\cdot\boldsymbol{N}-\varphi_{,2}=0, \\ N_{1,22}+N_{2,21}+\left[\alpha-\dfrac{1+\alpha}{2(1-\nu)}\right](\nabla\cdot\boldsymbol{N})_{,1}-2\varphi_{,12}=0, \\ N_{3,22}+N_{2,23}+\left[\alpha-\dfrac{1+\alpha}{2(1-\nu)}\right](\nabla\cdot\boldsymbol{N})_{,3}-2\varphi_{,32}=0 \end{cases}$$

$$(y=0,x>0); \tag{5.8}$$

和

$$\begin{cases} N_{2,22}+N_{2,22}-(1-\alpha)(\nabla\cdot\boldsymbol{N})_{,2}-2\varphi_{,22} \\ \quad =-\dfrac{F}{\mu}\delta(z)\delta(x+a), \\ N_{1,22}+N_{2,21}+\left[\alpha-\dfrac{1+\alpha}{2(1-\nu)}\right](\nabla\cdot\boldsymbol{N})_{,1}-2\varphi_{,21}=0, \\ N_{3,22}+N_{2,23}+\left[\alpha-\dfrac{1+\alpha}{2(1-\nu)}\right](\nabla\cdot\boldsymbol{N})_{,3}-2\varphi_{,23}=0 \end{cases}$$

$$(y=0,x<0). \tag{5.9}$$

若令

$$\alpha=\frac{1}{1-2\nu},\quad \varphi=\frac{1}{2}N_2, \tag{5.10}$$

则(5.8)和(5.9)式分别成为

$$\begin{cases} N_{2,2} + \dfrac{1}{1-2\nu}\nabla\cdot\boldsymbol{N} = 0, \\ N_{1,22} = 0, \\ N_{3,22} = 0; \end{cases} \quad y = 0, x > 0, \tag{5.11}$$

$$\begin{cases} N_{2,22} + \dfrac{2\nu}{1-2\nu}(\nabla\cdot\boldsymbol{N})_{,2} = -\dfrac{F}{\mu}\delta(z)\delta(x+a), \\ N_{1,22} = 0, \\ N_{3,22} = 0. \end{cases} \quad y = 0, x < 0. \tag{5.12}$$

再令

$$N_1 = N_3 = 0 \quad (y \geqslant 0), \tag{5.13}$$

则(5.11)和(5.12)式成为

$$\begin{cases} N_{2,2} = 0 & (y = 0, x > 0), \\ N_{2,22} = -(1-2\nu)\dfrac{F}{\mu}\delta(z)\delta(x+a) & (y = 0, x < 0). \end{cases} \tag{5.14}$$

对于调和函数 $N_{2,2}$，在边界条件(5.14)下的解为(详见本节5.3～5.5小节)

$$N_{2,2} = F\frac{1-2\nu}{\pi^2\mu}\phi(r,\theta,z), \tag{5.15}$$

其中(r,θ,z)为柱坐标，以及

$$\begin{cases} \phi = \dfrac{1}{\widetilde{R}}\arctan\left(2\dfrac{\sqrt{ar}}{\widetilde{R}}\sin\dfrac{\theta}{2}\right), \\ r = \sqrt{x^2+y^2}, \quad \theta = \arctan\dfrac{y}{x}, \\ \widetilde{R} = \sqrt{(x+a)^2+y^2+z^2}. \end{cases} \tag{5.16}$$

至此，问题已获解决，现在我们来求裂纹前沿的应力强度因子，其定义如下：

$$K_I = \lim_{x\to 0^+} \sqrt{2x}\sigma_y(x,0,z). \tag{5.17}$$

将(5.10)和(5.13)代入(5.5)式，可得

$$\sigma_y(x,0,z) = \frac{\mu}{1-2\nu}N_{2,22}. \tag{5.18}$$

将(5.15)代入(5.18)，再代入(5.17)式，得

$$K_I = \frac{\sqrt{2a}}{\pi^2(a^2+z^2)}F. \tag{5.19}$$

Meade 和 Keer[188](1984)曾讨论过上述问题，他们还考察了裂纹面作用有切向对称载荷，以及法向和切向反对称载荷的问题. 本节从(5.2)至(5.14)式的过程是按参考文献[51]的方式进行. 此问题亦曾由 Уфлянд[326]，Kassir 和 Sih[161~162]讨论过. 相应的平面问题也可以由本节的结论导出，即当在 z 方向作用有均匀线力时，应用叠加原理，从(5.19)式可得应力强度因子为

$$K_I = \frac{\sqrt{2a}}{\pi a}F. \tag{5.20}$$

上式亦可在参考文献[230]中找到. 黄克服和王敏中[23]于 1990 年研究了两种材料组成的具有界面裂纹的全空间问题.

5.3 Конторович-Лебедев 变换[310,326]

为了得到(5.15)式，本段首先介绍 Конторович-Лебедев 变换，然后在 5.4 小节中介绍一些必要的积分公式，最后在 5.5 小节中给出(5.15)式.

设 $f(r)$连续，在 $0<\varepsilon\leqslant r\leqslant\Delta<\infty$上有界变差($\varepsilon,\Delta$ 为常数)，且积分

$$\int_0^{1/2} |f(r)|\ln\frac{1}{r}\frac{\mathrm{d}r}{r},\quad \int_{1/2}^{\infty}|f(r)|\frac{\mathrm{d}r}{r} \tag{5.21}$$

收敛，则下面公式成立[310]：

$$f(r) = \frac{2}{\pi^2}\int_0^{\infty}\tau\mathrm{sh}(\pi\tau)K_{\mathrm{i}\tau}(r)\left[\int_0^{\infty}f(\rho)K_{\mathrm{i}\tau}(\rho)\frac{\mathrm{d}\rho}{\rho}\right]\mathrm{d}\tau, \tag{5.22}$$

其中 $K_{i\tau}$ 为 Macdonald 函数，即它满足方程

$$\frac{d^2}{dr^2}K_{i\tau}(r)+\frac{1}{r}\frac{d}{dr}K_{i\tau}(r)-\left(1+\frac{(i\tau)^2}{r^2}\right)K_{i\tau}(r)=0. \tag{5.23}$$

Конторович-Лебедев 变换定义为

$$F(\tau)=\int_0^\infty f(r)K_{i\tau}(r)\frac{dr}{r}\quad(\tau\geqslant 0). \tag{5.24}$$

从(5.22)和(5.24)式，可得 Конторович-Лебедев 逆变换为

$$f(r)=\frac{2}{\pi^2}\int_0^\infty \tau\mathrm{sh}(\pi\tau)F(\tau)K_{i\tau}(r)d\tau\quad(0<r<\infty). \tag{5.25}$$

5.4 几个积分公式

公式 1[289]：

$$K_{i\tau}(x)K_{i\tau}(y)=\int_0^\infty K_0(\sqrt{x^2+y^2+2xy\mathrm{ch}\eta})\cos(\eta\tau)d\eta. \tag{5.26}$$

公式 2：

$$I_2\equiv\int_0^\infty K_0(\sigma x)\cos(\sigma z)d\sigma=\frac{\pi}{2}\frac{1}{\sqrt{x^2+z^2}}. \tag{5.27}$$

证明 在参考文献[69]的第 496 页上有公式

$$K_0(\sigma x)=\int_0^\infty e^{-\sigma x\,\mathrm{ch}\,t}dt, \tag{5.28}$$

将(5.28)代入(5.27)式 I_2 的定义中，得

$$I_2=\int_0^\infty\left(\int_0^\infty e^{-\sigma x\,\mathrm{ch}\,t}\frac{e^{i\sigma z}+e^{-i\sigma z}}{2}d\sigma\right)dt.$$

对 σ 积出上式，得到

$$I_2=\frac{1}{2}\int_0^\infty\left(\frac{1}{x\mathrm{ch}t-iz}+\frac{1}{x\mathrm{ch}t+iz}\right)dt=\int_0^\infty\frac{x\mathrm{ch}t}{x^2\mathrm{ch}^2t+z^2}dt,$$

改写上式得

$$I_2 = \int_0^\infty \frac{\mathrm{d}(x\mathrm{sh}t)}{(x\mathrm{sh}t)^2 + (x^2 + z^2)}.$$

从上式立即得到(5.27)式.

公式 3:

$$\int_0^\infty \frac{\cos \tau\eta}{\sqrt{\mathrm{ch}\,\eta + \mathrm{ch}\,\alpha}}\mathrm{d}\eta = \frac{1}{\mathrm{sh}\,\pi\tau}\int_\alpha^\infty \frac{\sin \tau\eta}{\sqrt{\mathrm{ch}\,\eta - \mathrm{ch}\,\alpha}}\mathrm{d}\eta. \quad (5.29)$$

此公式,参见参考文献[310,第 216 页].

公式 4:

$$I_4 \equiv \int_0^\infty \frac{\mathrm{sh}\,\theta\tau}{\mathrm{ch}\,\pi\tau}\sin(\tau\eta)\mathrm{d}\tau = \frac{\sin\dfrac{\theta}{2}\mathrm{sh}\dfrac{\eta}{2}}{\cos\theta + \mathrm{ch}\,\eta}, \quad |\theta| < \pi. \quad (5.30)$$

证明　将 I_4 写成

$$I_4 = \int_0^\infty \frac{\mathrm{e}^{\theta\tau} - \mathrm{e}^{-\theta\tau}}{\mathrm{e}^{\pi\tau} + \mathrm{e}^{-\pi\tau}} \frac{\mathrm{e}^{\mathrm{i}\tau\eta} - \mathrm{e}^{-\mathrm{i}\tau\eta}}{2\mathrm{i}} \cdot \frac{\mathrm{d}\mathrm{e}^{\pi\tau}}{\pi\mathrm{e}^{\pi\tau}}, \quad (5.31)$$

令 $t = \mathrm{e}^{\pi\tau}$,(5.31)式成为

$$I_4 = \int_1^\infty \frac{t^{(\theta+\mathrm{i}\eta)/\pi} + t^{-(\theta+\mathrm{i}\eta)/\pi} - t^{(\theta-\mathrm{i}\eta)/\pi} - t^{-(\theta-\mathrm{i}\eta)/\pi}}{2(t^2+1)\pi\mathrm{i}}\mathrm{d}t. \quad (5.32)$$

在(5.32)式中,作变换 $t_1 = 1/t$,则有

$$I_4 = \int_0^1 \frac{t_1^{(\theta+\mathrm{i}\eta)/\pi} + t_1^{-(\theta+\mathrm{i}\eta)/\pi} - t_1^{(\theta-\mathrm{i}\eta)/\pi} - t_1^{-(\theta-\mathrm{i}\eta)/\pi}}{2(t_1^2+1)\pi\mathrm{i}}\mathrm{d}t_1. \quad (5.33)$$

将(5.32)和(5.33)式相加,得

$$I_4 = \frac{1}{4\pi\mathrm{i}}\int_0^\infty \frac{t^{(\theta+\mathrm{i}\eta)/\pi} + t^{-(\theta+\mathrm{i}\eta)/\pi} - t^{(\theta-\mathrm{i}\eta)/\pi} - t^{-(\theta-\mathrm{i}\eta)/\pi}}{(t^2+1)}\mathrm{d}t. \quad (5.34)$$

利用参考文献[69]的第 109 至 110 页上的公式,从(5.34)式可以得到

$$I_4 = \frac{1}{4\mathrm{i}}\Big[\frac{-1}{\sin(\theta+\mathrm{i}\eta)}\frac{(-\mathrm{i})^{(\theta+\mathrm{i}\eta)/\pi} - (\mathrm{i})^{(\theta+\mathrm{i}\eta)/\pi}}{2\mathrm{i}}$$

$$+ \frac{1}{\sin(\theta+\mathrm{i}\eta)}\frac{(-\mathrm{i})^{-(\theta+\mathrm{i}\eta)/\pi} - (\mathrm{i})^{-(\theta+\mathrm{i}\eta)/\pi}}{2\mathrm{i}}$$

$$
-\frac{-1}{\sin(\theta-\mathrm{i}\eta)}\frac{(-\mathrm{i})^{(\theta-\mathrm{i}\eta)/\pi}-(\mathrm{i})^{(\theta-\mathrm{i}\eta)/\pi}}{2\mathrm{i}}
$$

$$
\left.-\frac{1}{\sin(\theta-\mathrm{i}\eta)}\frac{(-\mathrm{i})^{-(\theta-\mathrm{i}\eta)/\pi}-(\mathrm{i})^{-(\theta-\mathrm{i}\eta)/\pi}}{2\mathrm{i}}\right]. \quad (5.35)
$$

将上式再作一些化简，即可得到(5.30)式.

公式 5：

$$
I_5\equiv\int_b^{\infty}\frac{\mathrm{d}t}{(t^2-c^2)\sqrt{t^2-b^2}}=\frac{1}{c\sqrt{b^2-c^2}}\arctan\frac{c}{\sqrt{b^2-c^2}}, \quad (5.36)
$$

其中 $b>c>0$.

5.5 Конторович-Лебедев 变换的应用

今考虑下述边值问题的求解

$$
\begin{cases}\nabla^2 f(x,y,z)=0, \quad y\geqslant 0,\\ f|_{y=0^+,x>0}=0,\\ \left.\dfrac{\partial f}{\partial y}\right|_{y=0^+,x<0}=-q\delta(z)\delta(x+a),\end{cases} \quad (5.37)
$$

其中 q 为常量，$\delta(z)$和 $\delta(x+a)$均为 Dirac 函数. 为解此问题，令

$$
f(r,\theta,z)=\sqrt{\frac{2}{\pi}}\int_0^{\infty}\int_0^{\infty}\phi(\sigma,\tau)\frac{\mathrm{sh}(\theta\tau)}{\tau\mathrm{ch}(\pi\tau)}K_{\mathrm{i}\tau}(\sigma r)\cos(\sigma z)\mathrm{d}\sigma\mathrm{d}\tau, \quad (5.38)
$$

即对 z 作 Fourier 变换，对 r 作 Конторович-Лебедев 变换，其中柱坐标如图 4.4 所示. 对(5.38)式的 f，作用 Laplace 算子∇^2，得

$$
\nabla^2 f=\sqrt{\frac{2}{\pi}}\int_0^{\infty}\int_0^{\infty}\phi(\sigma,\tau)\frac{\mathrm{sh}(\theta\tau)}{\tau\mathrm{ch}(\pi\tau)}\sigma^2\Big[\frac{\mathrm{d}^2}{\mathrm{d}t^2}K_{\mathrm{i}\tau}(t)
$$

$$
+\frac{1}{t}\frac{\mathrm{d}}{\mathrm{d}t}K_{\mathrm{i}\tau}(t)-\left(1+\frac{(\mathrm{i}\tau)^2}{t^2}\right)K_{\mathrm{i}\tau}(t)\Big]\cos(\sigma z)\mathrm{d}\sigma\mathrm{d}\tau, \quad (5.39)
$$

其中 $t=\sigma r$. 由于 Macdonald 函数 $K_{\mathrm{i}\tau}(t)$满足(5.23)式，从(5.39)

式可知，f 为调和函数，即 f 满足(5.37)的第一式的方程. 从(5.38)式,可算出

$$f|_{y=0^+,x>0} = f|_{\theta=0} = 0, \tag{5.40}$$

也就是说,f 满足 $y=0^+$右半平面的边界条件(5.37)的第二式.以下,从 $y=0^+$的左半平面边界条件(5.37)的第三式,来求出待定函数 $\varphi(\sigma,\tau)$.首先

$$\frac{\partial f}{\partial y} = \frac{\partial f}{\partial r}\sin\theta + \frac{\partial f}{\partial \theta}\frac{\cos\theta}{r}, \tag{5.41}$$

从上式可知

$$\left.\frac{\partial f}{\partial y}\right|_{y=0^+,x<0} = \left.\frac{\partial f}{\partial y}\right|_{\theta=\pi} = -\frac{1}{r}\left.\frac{\partial f}{\partial \theta}\right|_{\theta=\pi}. \tag{5.42}$$

利用边界条件(5.37)的第三式和(5.42)式,得

$$rq\delta(z)\delta(x+a) = \sqrt{\frac{2}{\pi}}\int_0^\infty\int_0^\infty \phi(\sigma,\tau)K_{i\tau}(\sigma r)\cos(\sigma z)\mathrm{d}\sigma\mathrm{d}\tau. \tag{5.43}$$

利用余弦 Fourier 变换,从上式,得

$$\int_0^\infty \phi(\sigma,\tau)K_{i\tau}(\sigma r)\mathrm{d}\sigma = \sqrt{\frac{2}{\pi}}\int_0^\infty rq\delta(z)\delta(r-a)\cos(\sigma z)\mathrm{d}z. \tag{5.44}$$

从上式可得

$$\int_0^\infty \phi(\sigma,\tau)K_{i\tau}(\sigma r)\mathrm{d}\tau = \frac{1}{2}\sqrt{\frac{2}{\pi}}rq\delta(r-a), \tag{5.45}$$

改写(5.45)式为

$$\frac{1}{2}\sqrt{\frac{2}{\pi}}rq\delta(r-a) = \frac{2}{\pi^2}\int_0^\infty \frac{\pi^2\phi(\sigma,\tau)}{2\tau\,\mathrm{sh}(\pi\tau)}\tau\,\mathrm{sh}(\pi\tau)K_{i\tau}(\sigma r)\mathrm{d}\tau. \tag{5.46}$$

于是,利用 Конторович-Лебедев 变换(5.24),得

$$\frac{\pi^2\phi(\sigma,\tau)}{2\tau\,\mathrm{sh}(\pi\tau)} = \int_0^\infty \frac{1}{2}\sqrt{\frac{2}{\pi}}rq\delta(r-a)K_{i\tau}(\sigma r)\frac{\mathrm{d}r}{r}. \tag{5.47}$$

从(5.47)式即可求出

$$\phi(\sigma,\tau)=\sqrt{\frac{2}{\pi^5}}\,q\tau\,\mathrm{sh}(\pi\tau)K_{\mathrm{i}\tau}(\sigma a), \tag{5.48}$$

再将(5.48)代入(5.38)式，得到 $f(r,\theta,z)$ 的积分表达式

$$f(r,\theta,z)=\frac{2q}{\pi^3}\int_0^{\infty}\int_0^{\infty}\mathrm{th}(\pi\tau)\mathrm{sh}(\theta\tau)K_{\mathrm{i}\tau}(\sigma a)K_{\mathrm{i}\tau}(\sigma r)\cos(\sigma z)\mathrm{d}\sigma\mathrm{d}\tau. \tag{5.49}$$

算出积分(5.49)，就可求出 $f(r,\theta,z)$ 的表达式. 为此，首先利用公式(5.26)，有

$$f=\frac{2q}{\pi^3}\int_0^{\infty}\int_0^{\infty}\int_0^{\infty}\mathrm{th}(\pi\tau)\mathrm{sh}(\theta\tau)K_0(\sigma\sqrt{a^2+r^2+2ar\,\mathrm{ch}\,\eta})\cdot\cos(\sigma z)\cos(\tau\eta)\mathrm{d}\eta\mathrm{d}\sigma\mathrm{d}\tau. \tag{5.50}$$

对 σ 算出积分(5.50)，考虑到公式(5.27)，得

$$f=\frac{q}{\pi^2}\frac{1}{\sqrt{2ar}}\int_0^{\infty}\int_0^{\infty}\mathrm{th}(\pi\tau)\mathrm{sh}(\theta\tau)\frac{\cos(\eta\tau)}{\mathrm{ch}\,\eta+\mathrm{ch}\,\alpha}\mathrm{d}\tau\mathrm{d}\eta, \tag{5.51}$$

其中

$$\mathrm{ch}\,\alpha=\frac{a^2+r^2+z^2}{2a\alpha}. \tag{5.52}$$

由于(5.29)式，(5.51)成为

$$f=\frac{2q}{\pi^2}\frac{1}{\sqrt{2ar}}\int_\alpha^{\infty}\left[\int_0^{\infty}\frac{\mathrm{sh}(\theta\tau)}{\mathrm{ch}(\pi\eta)}\sin(\tau\eta)\mathrm{d}\tau\right]\frac{\mathrm{d}\eta}{\sqrt{\mathrm{ch}\,\eta-\mathrm{ch}\,\alpha}}. \tag{5.53}$$

利用(5.30)式，算出(5.53)的内层积分，得

$$f=\frac{q}{\pi^2}\frac{1}{\sqrt{2ar}}\int_\alpha^{\infty}\frac{\sin\frac{\theta}{2}\,\mathrm{sh}\frac{\eta}{2}}{\mathrm{ch}\,\eta+\cos\theta}\frac{\mathrm{d}\eta}{\sqrt{\mathrm{ch}\,\eta-\mathrm{ch}\,\alpha}}. \tag{5.54}$$

按照双曲函数和三角函数的半角公式，(5.54)式又可化为

$$f=\frac{q}{2\pi^2}\frac{\sin\frac{\theta}{2}}{\sqrt{ar}}\int_\alpha^{\infty}\frac{\frac{1}{2}\,\mathrm{sh}\frac{\eta}{2}\,\mathrm{d}\eta}{\left(\mathrm{ch}^2\frac{\eta}{2}-\sin^2\frac{\theta}{2}\right)\sqrt{\mathrm{ch}^2\frac{\eta}{2}-\mathrm{ch}^2\frac{\alpha}{2}}}. \tag{5.55}$$

令

$$t = \operatorname{ch}\frac{\eta}{2}, \quad c = \sin\frac{\theta}{2}, \quad b = \operatorname{ch}\frac{\alpha}{2}, \tag{5.56}$$

则(5.55)式可改写为

$$f = \frac{q}{2\pi^2}\frac{c}{\sqrt{ar}}\int_b^\infty \frac{\mathrm{d}t}{(t^2 - c^2)\sqrt{t^2 - b^2}}. \tag{5.57}$$

利用公式(5.36),(5.57)式又可写为

$$f = \frac{q}{2\pi^2}\frac{1}{\sqrt{ar}}\frac{1}{\sqrt{b^2 - c^2}}\arctan\left(\frac{c}{\sqrt{b^2 - c^2}}\right). \tag{5.58}$$

由(5.56)的后两式,(5.58)式可改写为

$$f = \frac{q}{2\pi^2}\frac{1}{\sqrt{ar}}\frac{\sqrt{2}}{\sqrt{\operatorname{ch}\alpha + \cos\theta}}\arctan\left(\frac{\sqrt{2}\sin\dfrac{\theta}{2}}{\sqrt{\operatorname{ch}\alpha + \cos\theta}}\right). \tag{5.59}$$

将(5.52)代入(5.59)式,最终得到问题(5.37)的解为

$$f = \frac{q}{\pi^2}\frac{1}{\widetilde{R}}\arctan\left(2\sqrt{ar}\,\frac{\sin\dfrac{\theta}{2}}{\widetilde{R}}\right), \tag{5.60}$$

其中

$$\widetilde{R} = \sqrt{a^2 + r^2 + 2ar\cos\theta + z^2} = \sqrt{(x + a)^2 + y^2 + z^2}. \tag{5.61}$$

若 $q = \dfrac{1-2\nu}{\mu}F$,则(5.60)就成为(5.15).

本节利用 Конторович-Лебедев 变换解出了全空间中具半平面裂纹的问题. 对于全空间中具钱币形裂纹的问题,可以借助于 Mehler-Фок 变换求解,请参见参考文献[326]中的第Ⅳ部分. 空间裂纹问题的另一种解法是先作 Hankel 变换,再利用对偶积分方程获得解答,请参见参考文献[13,14]中的附录. 对于全空间具椭圆形裂纹,且裂纹面上分布有任意多项式型外力的问题,Wills 得到了显式解答,请参见参考文献[199]中的第 5 章.

§6 板的精化理论

6.1 板的各种理论

设板所占的弹性区域为 Ω,

$$\Omega = \left\{(x,y,z)\middle|(x,y) \in G, |z| \leqslant \frac{h}{2}\right\}, \tag{6.1}$$

其中 G 为一个二维区域;板的中面为 S,

$$S = \{(x,y,0) \mid (x,y) \in G\}. \tag{6.2}$$

设板的上、下表面的边界条件为

$$z = \pm \frac{h}{2} \text{ 时:} \quad \tau_{xz} = \tau_{yz} = 0, \quad \sigma_z = t^{\pm}. \tag{6.3}$$

将边界条件(6.3)分解成下述反对称边界条件和对称边界条件:

$$z = \pm \frac{h}{2}: \quad \tau_{xz} = \tau_{yz} = 0, \quad \sigma_z = \pm \frac{q}{2}, \tag{6.4}$$

$$z = \pm \frac{h}{2}: \quad \tau_{xz} = \tau_{yz} = 0, \quad \sigma_z = \frac{p}{2}, \tag{6.5}$$

其中 $q=t^+-t^-, p=(t^++t^-)$.

类似地,也可将板的侧面边界条件进行上述分解.这样,三维区域 Ω 中的弹性力学边值问题可分成反对称问题和对称问题.对称问题一般称为平面应力问题,它已在弹性力学课程中讨论过.反对称问题一般称为板的弯曲问题,或板的问题.

板的理论是利用板的中面上的变形来描述整个弹性区域 Ω 上的变形,显然,对三维弹性理论而言,板的理论是一种近似理论.由于近似方法的不同,近似程度的差异,出现了各种板的理论,比较著名的有下述理论.

经典板理论 中面 S 的挠度 $w(x,y)$满足方程

$$D\,\nabla^2\,\nabla^2 w = q, \tag{6.6}$$

其中 $D=\dfrac{Eh^3}{12(1-\nu^2)}$为板的弯曲刚度, E 为 Young 氏模量, ν 为

Poisson 比.

Reissner 厚板理论[227]：

$$D\ \nabla^2\ \nabla^2 w = q - \frac{2-\nu}{10(1-\nu)} h^2\ \nabla^2 q. \tag{6.7}$$

Hencky 厚板理论[151]：

$$D\ \nabla^2\ \nabla^2 w = q - \frac{1}{6(1-\nu)} h^2\ \nabla^2 q. \tag{6.8}$$

Kromm[171](1955)**和 Panc**[217](1975)**厚板理论**：

$$D\ \nabla^2\ \nabla^2 w = q - \frac{1}{5(1-\nu)} h^2\ \nabla^2 q. \tag{6.9}$$

Cheng[111]利用 B-G 通解，得到了一种板的精化理论. Wang 和 Shi[275]利用 P-N 弹性通解，以严格的方式得到了一种新的厚板理论，中面挠度 w 满足的方程为

$$D\ \nabla^2\ \nabla^2 w = q - \frac{8-3\nu}{40(1-\nu)} h^2\ \nabla^2 q. \tag{6.10}$$

不难看出，(6.10)式的精度介于(6.7)、(6.8)和(6.9)式之间. 下面来推导(6.10)式.

6.2　位移和应力的表达式

三维弹性力学位移场 $\boldsymbol{u}=(u_x,u_y,u_z)$的 P-N 通解为

$$\boldsymbol{u} = \boldsymbol{P} - \frac{1}{4(1-\nu)} \nabla_0 (P_0 + \boldsymbol{r}\cdot\boldsymbol{P}), \tag{6.11}$$

其中 $\boldsymbol{P}=(P_1,P_2,P_3)$. 在本节中，三维算子记为

$$\begin{cases} \nabla_0 = \boldsymbol{i}\dfrac{\partial}{\partial x} + \boldsymbol{j}\dfrac{\partial}{\partial y} + \boldsymbol{k}\dfrac{\partial}{\partial z}, \\ \nabla_0^2 = \nabla_0\cdot\nabla_0 = \dfrac{\partial^2}{\partial x^2} + \dfrac{\partial^2}{\partial y^2} + \dfrac{\partial^2}{\partial z^2}; \end{cases} \tag{6.12}$$

$\boldsymbol{P}$ 和 P_0 满足方程

$$\nabla_0^2 \boldsymbol{P} = \boldsymbol{0}, \quad \nabla_0^2 P_0 = 0; \tag{6.13}$$

而二维算子在本节中写为

$$\nabla = \boldsymbol{i}\frac{\partial}{\partial x} + \boldsymbol{j}\frac{\partial}{\partial y}, \quad \nabla^2 = \nabla \cdot \nabla = \frac{\partial^2}{\partial x^2} + \frac{\partial^2}{\partial y^2}. \tag{6.14}$$

从(6.12)和(6.14)式,得

$$\nabla_0^2 = \frac{\partial^2}{\partial z^2} + \nabla^2, \tag{6.15}$$

于是方程(6.13)成为

$$\left(\frac{\partial^2}{\partial z^2} + \nabla^2\right) P_i = 0 \quad (i = 0,1,2,3). \tag{6.16}$$

从弹性力学的边值问题不难看出,如果 u_x 和 u_y 为 z 的奇函数,u_z 为 z 的偶函数,由此得到的解满足反对称条件(6.4)以及侧面的反对称条件,按弹性力学解的唯一性定理,这也将是问题的唯一解. 这样,P_0、P_1 和 P_2 也将为 z 的奇函数,而 P_3 为 z 的偶函数. 按照 Lur'e[185]的符号算子法,从(6.16)式得到

$$\begin{cases} P_i = \dfrac{\sin(z\nabla)}{\nabla} g_i(x,y) \quad (i = 1,2), \\ P_3 = \cos(z\nabla) g_3(x,y), \end{cases} \tag{6.17}$$

其中

$$\begin{cases} \dfrac{\sin(z\nabla)}{\nabla} = z - \dfrac{1}{3!} z^3 \nabla^2 + \cdots, \\ \cos(z\nabla) = 1 - \dfrac{1}{2!} z^2 \nabla^2 + \cdots. \end{cases} \tag{6.18}$$

从(6.17)式可以算出

$$\nabla_0 \cdot \boldsymbol{P} = \frac{\sin(z\nabla)}{\nabla} e, \tag{6.19}$$

这里

$$e = \frac{\partial g_1}{\partial x} + \frac{\partial g_2}{\partial y} - \nabla^2 g_3. \tag{6.20}$$

在下面的 6.3 小节中,我们将证明:不失一般性,P_0 可如下选择:

$$P_0 + \boldsymbol{r} \cdot \boldsymbol{P} = -z\cos(z\nabla)\frac{e}{\nabla^2}. \tag{6.21}$$

上式中$\frac{e}{\nabla^2}=\frac{1}{\nabla^2}\left(\frac{\partial g_1}{\partial x}+\frac{\partial g_2}{\partial y}\right)-g_3$，且第一项理解为 $\frac{\partial g_1}{\partial x}+\frac{\partial g_2}{\partial y}$ 的对数位势.

将 $\boldsymbol{P}$ 的表达式(6.17)和 P_0 的表达式(6.21)代入 P-N 通解(6.11)得

$$\begin{cases} u_x = \dfrac{\sin(z\nabla)}{\nabla}g_1 + \dfrac{z\cos(z\nabla)}{4(1-\nu)}\dfrac{1}{\nabla^2}\dfrac{\partial e}{\partial x}, \\ u_y = \dfrac{\sin(z\nabla)}{\nabla}g_2 + \dfrac{z\cos(z\nabla)}{4(1-\nu)}\dfrac{1}{\nabla^2}\dfrac{\partial e}{\partial y}, \\ u_z = \cos(z\nabla)g_3 + \dfrac{\cos(z\nabla) - z\nabla\sin(z\nabla)}{4(1-\nu)}\dfrac{e}{\nabla^2}. \end{cases} \tag{6.22}$$

令

$$\begin{cases} \psi_x = -\left.\dfrac{\partial u_x}{\partial z}\right|_{z=0} = -\left[g_1 + \dfrac{1}{4(1-\nu)}\dfrac{1}{\nabla^2}\dfrac{\partial e}{\partial x}\right], \\ \psi_y = -\left.\dfrac{\partial u_y}{\partial z}\right|_{z=0} = -\left[g_2 + \dfrac{1}{4(1-\nu)}\dfrac{1}{\nabla^2}\dfrac{\partial e}{\partial y}\right], \\ w = u_z|_{z=0} = g_3 + \dfrac{1}{4(1-\nu)}\dfrac{e}{\nabla^2}, \end{cases} \tag{6.23}$$

将(6.23)代入(6.22)式，以 ψ_x、ψ_y 和 w 代替 g_1、g_2 和 g_3，得

$$\begin{cases} u_x = -\dfrac{\sin(z\nabla)}{\nabla}\psi_x \\ \qquad + \dfrac{1}{4(1-\nu)}\left[z\cos(z\nabla) - \dfrac{\sin(z\nabla)}{\nabla}\right]\dfrac{1}{\nabla^2}\dfrac{\partial e}{\partial x}, \\ u_y = -\dfrac{\sin(z\nabla)}{\nabla}\psi_y \\ \qquad + \dfrac{1}{4(1-\nu)}\left[z\cos(z\nabla) - \dfrac{\sin(z\nabla)}{\nabla}\right]\dfrac{1}{\nabla^2}\dfrac{\partial e}{\partial y}, \\ u_z = \cos(z\nabla)w - \dfrac{1}{4(1-\nu)}z\nabla\sin(z\nabla)\dfrac{e}{\nabla^2}, \end{cases} \tag{6.24}$$

其中

$$e = -(\psi_{x,x} + \psi_{y,y} + \nabla^2 w). \tag{6.25}$$

利用 Hooke 定律和几何关系，从(6.24)式可算出下述三个应力分

量

$$\begin{cases} \tau_{xz} = -\mu\Big[\cos(z\nabla)(\psi_x - w_{,x}) + \dfrac{z\nabla\sin(z\nabla)}{2(1-\nu)}\dfrac{1}{\nabla^2}e_{,x}\Big], \\ \tau_{yz} = -\mu\Big[\cos(z\nabla)(\psi_y - w_{,y}) + \dfrac{z\nabla\sin(z\nabla)}{2(1-\nu)}\dfrac{1}{\nabla^2}e_{,y}\Big], \\ \sigma_z = -\dfrac{\mu}{2(1-\nu)}\Big\{\Big[(1-2\nu)\dfrac{\sin(z\nabla)}{\nabla} + z\cos(z\nabla)\Big]e \\ \qquad + 4(1-\nu)\dfrac{\sin(z\nabla)}{\nabla}\nabla^2 w\Big\}. \end{cases} \tag{6.26}$$

6.3 公式(6.21)的证明

本小节利用 P-N 通解的不唯一性来证明公式(6.21)不失一般性. 对于位移场 $\boldsymbol{u}$,存在 $\boldsymbol{P}$ 和 P_0,并将其表成(6.11)式,其中 $\boldsymbol{P}$ 如(6.17)式所示,而

$$P_0 = \frac{\sin(z\nabla)}{\nabla}g_0(x,y). \tag{6.27}$$

按照第一章的公式(6.1),将 $\boldsymbol{P}$ 和 P_0 替换成下面的 $\widetilde{\boldsymbol{P}}$ 和 $\widetilde{P}_0$,(6.11)式依然成立:

$$\widetilde{\boldsymbol{P}} = \boldsymbol{P} + \nabla_0 A, \quad \widetilde{P}_0 = P_0 + 4(1-\nu)A - \boldsymbol{r}\cdot\nabla_0 A, \tag{6.28}$$

其中 A 为任一调和函数,有形式

$$A = \frac{\sin(z\nabla)}{\nabla}a(x,y). \tag{6.29}$$

今证明,适当选择 $a(x,y)$ 可有

$$\widetilde{P}_0 + \boldsymbol{r}\cdot\widetilde{\boldsymbol{P}} = -z\cos(z\nabla)\frac{\widetilde{e}}{\nabla^2}, \tag{6.30}$$

其中,$\widetilde{e}$ 的定义类似于(6.20)式,即

$$\widetilde{e} = \frac{\partial}{\partial x}\Big(g_1 + \frac{\partial a}{\partial x}\Big) + \frac{\partial}{\partial y}\Big(g_2 + \frac{\partial a}{\partial y}\Big) - \nabla^2(g_3 + a).$$

从上式不难看出,有

$$\widetilde{e} = e. \tag{6.31}$$

将(6.28)和(6.31)代入(6.30)式,得

$$P_0 + 4(1-\nu)A + \boldsymbol{r}\cdot\boldsymbol{P} = -z\cos(z\nabla)\frac{e}{\nabla^2}. \tag{6.32}$$

再把(6.27)、(6.17)和(6.20)代入(6.32)式,得到

$$A = -\frac{1}{4(1-\nu)}\Big[\frac{\sin(z\nabla)}{\nabla}g_0 + x\frac{\sin(z\nabla)}{\nabla}g_1 + y\frac{\sin(z\nabla)}{\nabla}g_2 + z\cos(z\nabla)\frac{1}{\nabla^2}\Big(\frac{\partial g_1}{\partial x} + \frac{\partial g_2}{\partial x}\Big)\Big]. \tag{6.33}$$

利用恒等式

$$\nabla^{2n}(x\nabla^2 g_1) = x\nabla^{2(n+1)}g_1 + 2n\frac{\partial}{\partial x}(\nabla^{2n}g_1),$$

得到

$$\begin{aligned} & x\nabla\sin(z\nabla)g_1 + z\cos(z\nabla)\frac{\partial g_1}{\partial x} \\ &= \Big[zx\nabla^2 g_1 - \frac{1}{3!}z^3 x\nabla^4 g_1 + \cdots + (-1)^n\frac{z^{2n+1}}{(2n+1)!}x\nabla^{2(n+1)}g_1 + \cdots\Big] \\ &\quad + \Big[z\frac{\partial g_1}{\partial x} - \frac{1}{2!}z^3\frac{\partial}{\partial x}(\nabla^2 g_1) + \cdots + (-1)^n\frac{z^{2n+1}}{(2n)!}\frac{\partial}{\partial x}(\nabla^{2n}g_1) + \cdots\Big] \\ &= \frac{\sin z\nabla}{\nabla}\Big(x\nabla^2 g_1 + \frac{\partial g_1}{\partial x}\Big). \end{aligned} \tag{6.34}$$

同理可得关于 g_2 的类似等式,将它们代入(6.33)式,得

$$A = -\frac{1}{4(1-\nu)}\frac{\sin z\nabla}{\nabla}\Big[g_0 + \frac{1}{\nabla^2}\Big(x\nabla^2 g_1 + y\nabla^2 g_2 + \frac{\partial g_1}{\partial x} + \frac{\partial g_2}{\partial y}\Big)\Big]. \tag{6.35}$$

从(6.35)式知,$A(x,y,z)$有形式(6.29),它为调和函数,于是当选择 A 为(6.35)时,(6.30)成立. 以下为方便起见,略去 $\widetilde{\boldsymbol{P}}$、$\widetilde{P}_0$

和 $\tilde{e}$ 符号上方的"～",即(6.21)式成立并不失一般性.

6.4 方程(6.10)的推导

将应力分量 τ_{xz}、τ_{yz}和 σ_z 的表达式(6.26),代入上下表面的边界条件(6.4),得

$$\begin{cases}\left(D_1 - D_2\dfrac{\partial^2}{\partial x^2}\right)\psi_x - D_2\dfrac{\partial^2}{\partial x\partial y}\psi_y - (D_1 + D_2\nabla^2)\dfrac{\partial w}{\partial x} = 0,\\ -D_2\dfrac{\partial^2}{\partial x\partial y}\psi_x + \left(D_1 - D_2\dfrac{\partial^2}{\partial y^2}\right)\psi_y - (D_1 + D_2\nabla^2)\dfrac{\partial w}{\partial y} = 0,\\ D_3\dfrac{\partial}{\partial x}\psi_x + D_3\dfrac{\partial}{\partial y}\psi_y - \left[\dfrac{4(1-\nu)}{h}D_2 - D_3\right]\nabla^2 w = \dfrac{2(1-\nu^2)}{E}q,\end{cases} \tag{6.36}$$

其中

$$\begin{cases}D_1 = 4(1-\nu)\cos\left(\dfrac{h}{2}\nabla\right),\\ D_2 = \dfrac{h}{\nabla}\sin\left(\dfrac{h}{2}\nabla\right),\\ D_3 = \dfrac{h}{2}\cos\left(\dfrac{h}{2}\nabla\right) + (1-2\nu)\dfrac{1}{\nabla}\sin\left(\dfrac{h}{2}\nabla\right).\end{cases} \tag{6.37}$$

引理 6.1 设 ψ_x 和 ψ_y 是 x、y 的函数,则存在函数 $F(x,y)$和 $f(x,y)$,使

$$\psi_x = \frac{\partial F}{\partial x} + \frac{\partial f}{\partial y}, \quad \psi_y = \frac{\partial F}{\partial y} - \frac{\partial f}{\partial x}. \tag{6.38}$$

证明 设 b_x、b_y 分别为 ψ_x、ψ_y 的对数位势,即有

$$\nabla^2 b_x = \psi_x, \quad \nabla^2 b_y = \psi_y. \tag{6.39}$$

改写上式为

$$\begin{cases}\psi_x = \dfrac{\partial}{\partial x}\left(\dfrac{\partial b_x}{\partial x} + \dfrac{\partial b_y}{\partial y}\right) + \dfrac{\partial}{\partial y}\left(\dfrac{\partial b_x}{\partial y} - \dfrac{\partial b_y}{\partial x}\right),\\ \psi_y = \dfrac{\partial}{\partial y}\left(\dfrac{\partial b_x}{\partial x} + \dfrac{\partial b_y}{\partial y}\right) - \dfrac{\partial}{\partial x}\left(\dfrac{\partial b_x}{\partial y} - \dfrac{\partial b_y}{\partial x}\right).\end{cases} \tag{6.40}$$

若令 $F = \dfrac{\partial b_x}{\partial x} + \dfrac{\partial b_y}{\partial y}$, $f = \dfrac{\partial b_x}{\partial y} - \dfrac{\partial b_y}{\partial x}$,则(6.40)即成为(6.38)式. 引理

证毕.

注　一般说来,对空间情形引理 6.1 未必成立.

借助于引理 6.1 的分解式(6.38),(6.36)式成为

$$\begin{cases}\dfrac{\partial}{\partial x}[(D_1-D_2\nabla^2)F-(D_1+D_2\nabla^2)w]+\dfrac{\partial}{\partial y}(D_1 f)=0,\\ \dfrac{\partial}{\partial y}[(D_1-D_2\nabla^2)F-(D_1+D_2\nabla^2)w]-\dfrac{\partial}{\partial x}(D_1 f)=0,\\ D_3\nabla^2F-\left[\dfrac{4(1-\nu)}{h}D_2-D_3\right]\nabla^2 w=\dfrac{2(1-\nu^2)}{E}q.\end{cases}\tag{6.41}$$

上式的前两式为 Cauchy-Riemann 方程,故可设

$$\begin{cases}D_1 f=\alpha(x,y),\\ (D_1-D_2\nabla^2)F-(D_1+D_2\nabla^2)w=\beta(x,y),\end{cases}\tag{6.42}$$

其中 α 和 β 为共轭调和函数,方程(6.42)有特解为

$$f=\frac{\alpha(x,y)}{4(1-\nu)},\quad F=\frac{\beta(x,y)}{4(1-\nu)},\quad w=0.\tag{6.43}$$

此特解不影响挠度 w,从(6.38)式看出,也不影响 ψ_x 和 ψ_y,故可略去此特解不计.这样(6.41)式成为

$$\begin{cases}D_1 f=0,\\ (D_1-D_2\nabla^2)F-(D_1+D_2\nabla^2)w=0,\\ D_3\nabla^2F-\left[\dfrac{4(1-\nu)}{h}D_2-D_3\right]\nabla^2 w=\dfrac{2(1-\nu^2)}{E}q.\end{cases}\tag{6.44}$$

对上式的第三式两边作用算子 $D_1-D_2\nabla^2$,再利用(6.44)的第二式,得

$$\left[2D_1D_3-\frac{4(1-\nu)}{h}D_1D_2+\frac{4(1-\nu)}{h}D_2\nabla^2\right]\nabla^2 w=\frac{2(1-\nu^2)}{E}(D_1-D_2\nabla^2)q.\tag{6.45}$$

把(6.37)代入(6.45)式得

$$\frac{Eh}{2(1-\nu^2)}\left[1-\frac{\sin(h\nabla)}{h\nabla}\right]\nabla^2 w$$
$$=\left[\cos\frac{h}{2}\nabla-\frac{1}{4(1-\nu)}h\nabla\sin\left(\frac{h}{2}\nabla\right)\right]q. \quad (6.46)$$

将展开式(6.18)代入(6.46),并略去 h^2 的高次项,得

$$D\left(1-\frac{1}{20}h^2\nabla^2\right)\nabla^4 w=\left[1-\frac{2-\nu}{8(1-\nu)}h^2\nabla^2\right]q, \quad (6.47)$$

其中 D 为板的弯曲刚度.

对(6.47)式的两边作用算子 $1+\frac{1}{20}h^2\nabla^2$,再略去 h^2 的高次项,得

$$D\nabla^4 w=\left[1-\frac{8-3\nu}{40(1-\nu)}h^2\nabla^2\right]q, \quad (6.48)$$

这就是(6.10)式.此外从(6.44)的第一式,按照余弦函数的无穷乘积,可得

$$\prod_{n=1,3,5,\cdots}^{\infty}\left[\nabla^2-\left(\frac{n\pi}{h}\right)^2\right]f=0. \quad (6.49)$$

为了分解(6.49)式,先证下面的引理.

引理 6.2 设 $f(x,y)$ 满足方程

$$(\nabla^2-c_1^2)(\nabla^2-c_2^2)f=0, \quad (6.50)$$

其中 c_1 和 c_2 为互不相同的常数,则存在 f_1 和 f_2,使

$$f=f_1+f_2, \quad (6.51)$$

且

$$(\nabla^2-c_1^2)f_1=0,\quad (\nabla^2-c_2^2)f_2=0. \quad (6.52)$$

证明 令 $g=(\nabla^2-c_1^2)f$. 因此 $(\nabla^2-c_2^2)g=0$. 于是有

$$(\nabla^2-c_1^2)f=g+\frac{1}{c_2^2-c_1^2}(\nabla^2-c_2^2)g=\frac{1}{c_2^2-c_1^2}(\nabla^2-c_1^2)g.$$

令 $f_1=f-f_2$, $f_2=g/(c_2^2-c_1^2)$. 引理证毕.

在引理 6.2 中,如果令

$$c_1^2=\pi^2/h^2,\quad c_2^2=9\pi^2/h^2,$$

则从引理的推导过程,可知(6.51)式中的 f_1 和 f_2 有如下表达式:

$$f_1 = \left[1 - \frac{h^2}{8\pi^2}\left(\nabla^2 - \frac{\pi^2}{h^2}\right)\right]f, \quad f_2 = \frac{h^2}{8\pi^2}\left(\nabla^2 - \frac{\pi^2}{h^2}\right)f.$$

若 $h \ll 1$,从上式可以看出,$f_2 \ll f_1$. 因此,在 $h \ll 1$ 的情况下,(6.51)和(6.52)式可以写成

$$f = f_1, \quad \left(\nabla^2 - \frac{\pi^2}{h^2}\right)f_1 = 0. \tag{6.53}$$

将上述推理,应用到方程(6.49),亦可认为(6.53)式成立. 我们知道,在 Reissner 提出的厚板理论中,关于剪切的方程为

$$\left(\nabla^2 - \frac{10}{h^2}\right)f = 0. \tag{6.54}$$

显然,本节所导出的(6.53)式与(6.54)式基本一致.

关于厚板理论请参考 Lo 等[180]、Reissner[228]、Piltner[224]、范家让[12]、Nicotra 等[207],以及柳春图和蒋持平[28]等人的文章.

附注　一般而言,板的理论有如下四类:

1. 实用理论. 如经典板理论、Reisser 板理论,以及 Mindlin 板理论等,其特点是预先假定解的形式.

2. 精化理论(或称**分解定理**). 该理论 1979 年由 Cheng[111]提出,他直接从方程出发将板的应力场分解成双调和场、剪切场和超越场三部分. 1992 年 Gregory 给出了上述命题的严格证明(参见 *J. Elasticity*, Vol. 28(1992), 1～28).

3. 边界层理论. 利用板的厚度作为小参数,按摄动方法进行内展开和外展开,再进行匹配,可得到板的方程(参见 Friedrichs 和 Dressler: *Comm. Pure Appl. Math.* Vol. XIV(1961), 1～33).

4. 直接理论. 将板作为一个客观的物理实体,不作为三维弹性理论的近似,而直接建立它的几何方程、本构方程和平衡方程,形成独立的理论体系. 此理论最初由 Cosserat 兄弟于 1908 年创立(参见 Naghdi: Theory of Shell and Plates, *Encyclopedia of Physics*, Chief ed. Flügge, Vol. Ⅵ a/2, 1972).

第五章 应力函数

前面四章研究了以位移表示的弹性力学方程的通解，本章所研究的应力函数，可以认为是平衡方程的通解. 比较著名的有 Airy[90]，Maxwell[187]，Morera[198]，Beltrami[94]，Schaefer[239]等人给出的应力函数，本章将介绍他们的工作. 此外，本章还将对以应力表示的弹性力学方程组进行积分.

§1 Beltrami-Schaefer 应力函数

不计体力时，弹性力学的平衡方程为

$$\nabla\cdot\boldsymbol{T}=\boldsymbol{0}, \tag{1.1}$$

其中

$$\boldsymbol{T}=\boldsymbol{e}_i\,\boldsymbol{e}_j\,\sigma_{ij} \tag{1.2}$$

为应力张量，它是对称的，即 $\sigma_{ij}=\sigma_{ji}$.

Beltrami[94]给出(1.1)的解

$$\boldsymbol{T}=\nabla\times\boldsymbol{\Phi}\times\nabla, \tag{1.3}$$

其中

$$\nabla=\boldsymbol{i}\frac{\partial}{\partial x}+\boldsymbol{j}\frac{\partial}{\partial y}+\boldsymbol{k}\frac{\partial}{\partial z},\quad \boldsymbol{\Phi}=\boldsymbol{e}_i\,\boldsymbol{e}_j\,\phi_{ij},\quad \phi_{ij}=\phi_{ji}.$$

(1.3)称为 Beltrami 解，其中的 $\boldsymbol{\Phi}$ 称为 Beltrami 应力函数张量，或简称为 Beltrami 应力函数.

Scheafer[239]将(1.3)式修正为

$$\boldsymbol{T}=\nabla\times\boldsymbol{\Phi}\times\nabla+\boldsymbol{h}\nabla+\nabla\boldsymbol{h}-\boldsymbol{I}\nabla\cdot\boldsymbol{h}, \tag{1.4}$$

这里 $\boldsymbol{I}$ 为单位张量，$\boldsymbol{h}$ 为调和矢量，即 $\boldsymbol{h}$ 满足

$$\nabla^2\boldsymbol{h}=\boldsymbol{0}, \tag{1.5}$$

式中 $\nabla^2=\nabla\cdot\nabla$ 为 Laplace 算子.（1.4）称为 Beltrami-Schaefer 解,其中的 $\boldsymbol{\Phi}$ 和 $\boldsymbol{h}$ 分别称为 Beltrami-Schaefer 应力函数张量和 Beltrami-Schaefer 应力函数矢量,或都简称为 Beltrami-Schaefer 应力函数.现在来验证下述定理.

定理 1.1　(1.4)式所给出的应力张量 $\boldsymbol{T}$ 是对称的,且满足平衡方程(1.1).

证明　首先,

$$\boldsymbol{T}^{\mathrm{T}}=\nabla\times\boldsymbol{\Phi}^{\mathrm{T}}\times\nabla+\nabla\boldsymbol{h}+\boldsymbol{h}\nabla-\boldsymbol{I}\nabla\cdot\boldsymbol{h},\tag{1.6}$$

其中上标"T"表示转置.由于 $\boldsymbol{\Phi}$ 是对称张量,从(1.6)和(1.4)式可知,$\boldsymbol{T}$ 为对称张量.

其次,利用下面的一些等式

$$\begin{aligned}&\nabla\cdot(\nabla\times\boldsymbol{\Phi}\times\nabla)=0,\\&\nabla\cdot(\boldsymbol{h}\nabla)=(\nabla\cdot\boldsymbol{h})\nabla,\\&\nabla\cdot(\nabla\boldsymbol{h})=\nabla^2\boldsymbol{h},\\&\nabla\cdot(\boldsymbol{I}\nabla\cdot\boldsymbol{h})=\nabla(\nabla\cdot\boldsymbol{h}),\end{aligned}\tag{1.7}$$

再注意到条件(1.5),则(1.4)式所给出的应力张量 $\boldsymbol{T}$ 满足方程(1.1).证毕.

(1.4)式的分量表示式如下:

$$\begin{cases}\sigma_{11}=2\phi_{23,23}-\phi_{22,33}-\phi_{33,22}+h_{1,1}-h_{2,2}-h_{3,3},\\\sigma_{22}=2\phi_{31,31}-\phi_{33,11}-\phi_{11,33}-h_{1,1}+h_{2,2}-h_{3,3},\\\sigma_{33}=2\phi_{12,12}-\phi_{11,22}-\phi_{22,11}-h_{1,1}-h_{2,2}+h_{3,3},\\\sigma_{23}=\phi_{11,23}+\phi_{23,11}-\phi_{31,12}-\phi_{12,13}+h_{2,3}+h_{3,2},\\\sigma_{31}=\phi_{22,31}+\phi_{31,22}-\phi_{12,23}-\phi_{23,12}+h_{3,1}+h_{1,3},\\\sigma_{12}=\phi_{33,12}+\phi_{12,33}-\phi_{23,31}-\phi_{31,23}+h_{1,2}+h_{2,1}.\end{cases}\tag{1.8}$$

在写出上式时,考虑到下述公式

$$\begin{aligned}&\nabla\times\boldsymbol{\Phi}\times\nabla=\boldsymbol{e}_i\,\boldsymbol{e}_j\,\varepsilon_{ksi}\,\varepsilon_{mnj}\,\phi_{sm,kn},\\&\nabla\boldsymbol{h}=\boldsymbol{e}_i\,\boldsymbol{e}_j\,h_{j,i},\\&\boldsymbol{h}\nabla=\boldsymbol{e}_i\,\boldsymbol{e}_j\,h_{i,j},\\&\nabla\cdot\boldsymbol{h}=h_{k,k},\end{aligned}\tag{1.9}$$

其中 ε_{ijk} 为 Ricci 符号：

$$\varepsilon_{ijk}=\begin{cases}1, & \text{当}(i,j,k)\text{是}(1,2,3)\text{的偶数次置换；}\\ -1, & \text{当}(i,j,k)\text{是}(1,2,3)\text{的奇数次置换；}\\ 0, & \text{其余情形.}\end{cases} \tag{1.10}$$

相应于二阶张量 $\boldsymbol{\Phi}$ 的矩阵为

$$[\boldsymbol{\Phi}]=\begin{bmatrix}\phi_{11} & \phi_{12} & \phi_{13}\\ \phi_{21} & \phi_{22} & \phi_{23}\\ \phi_{31} & \phi_{32} & \phi_{33}\end{bmatrix}, \tag{1.11}$$

如果上式中的矩阵,取成

$$[\boldsymbol{\Phi}_0]=\begin{bmatrix}0 & 0 & 0\\ 0 & 0 & 0\\ 0 & 0 & \phi_{33}\end{bmatrix},\ [\boldsymbol{\Phi}_1]=\begin{bmatrix}\phi_{11} & 0 & 0\\ 0 & \phi_{22} & 0\\ 0 & 0 & \phi_{33}\end{bmatrix},\ [\boldsymbol{\Phi}_2]=\begin{bmatrix}0 & \phi_{12} & \phi_{13}\\ \phi_{21} & 0 & \phi_{23}\\ \phi_{31} & \phi_{32} & 0\end{bmatrix}, \tag{1.12}$$

则分别称为 Airy，Maxwell，Morera 的应力函数. 如果 $\boldsymbol{\Phi}$ 相应地取成 $\boldsymbol{\Phi}_0,\boldsymbol{\Phi}_1,\boldsymbol{\Phi}_2$，那么(1.3)式的解，分别称为 Airy 解、Maxwell 解、Morera 解,而(1.4)式的解,则分别称为 Airy-Schaefer 解、Maxwell-Schaefer 解、Morera-Schaefer 解.

§2 Beltrami-Schaefer 解的完备性

2.1 完备性定理

Schaefer[239],Gurtin[145,146]都证明了 Beltrami-Schaefer 解是完备的.

定理 2.1 对于平衡方程(1.1)的任意一个解 $\boldsymbol{T}$,都存在一个对称张量 $\boldsymbol{\Phi}$ 与一个调和矢量 $\boldsymbol{h}$,使得(1.4)式成立.

证明 设 $\boldsymbol{T}$ 为平衡方程(1.1)的一个解,令

$$\boldsymbol{A}=\mathscr{F}(\boldsymbol{T}), \tag{2.1}$$

其中 $\mathscr{F}(\boldsymbol{T})$为 $\boldsymbol{T}$ 的 Newton 位势,有

$$\nabla^2 \boldsymbol{A} = \boldsymbol{T}. \tag{2.2}$$

关于对称张量 $\boldsymbol{A}$，有恒等式

$$\nabla^2 \boldsymbol{A} = \nabla \times [\boldsymbol{A} - \boldsymbol{I}J(\boldsymbol{A})] \times \nabla + (\nabla \cdot \boldsymbol{A})\nabla + \nabla(\boldsymbol{A}\cdot\nabla) - \boldsymbol{I}(\nabla\cdot\boldsymbol{A}\cdot\nabla), \tag{2.3}$$

其中 $J(\boldsymbol{A})$ 是 $\boldsymbol{A}$ 的迹. 在(2.3)式中，令

$$\boldsymbol{\Phi} = \boldsymbol{A} - \boldsymbol{I}J(\boldsymbol{A}), \quad \boldsymbol{h} = \nabla \cdot \boldsymbol{A}. \tag{2.4}$$

将(2.2)和(2.4)代入(2.3)式，立即得到所需证明的(1.4)式. 由于 $\boldsymbol{T}$ 满足方程(1.1)，可知 $\boldsymbol{h}$ 是调和的. 定理证毕.

2.2 广义逆矩阵的应用

现在，我们用算子方法，来求平衡方程的通解. 无体力时，三维弹性力学平衡方程为

$$\begin{cases} \dfrac{\partial \sigma_x}{\partial x} + \dfrac{\partial \tau_{yx}}{\partial y} + \dfrac{\partial \tau_{zx}}{\partial z} = 0, \\ \dfrac{\partial \tau_{xy}}{\partial x} + \dfrac{\partial \sigma_y}{\partial y} + \dfrac{\partial \tau_{zy}}{\partial z} = 0, \\ \dfrac{\partial \tau_{xz}}{\partial x} + \dfrac{\partial \tau_{yz}}{\partial y} + \dfrac{\partial \sigma_z}{\partial z} = 0. \end{cases} \tag{2.5}$$

将(2.5)式写成算子形式

$$\boldsymbol{P\sigma} = \boldsymbol{0}, \tag{2.6}$$

其中

$$\boldsymbol{P} = \begin{bmatrix} \partial_x & 0 & 0 & 0 & \partial_z & \partial_y \\ 0 & \partial_y & 0 & \partial_z & 0 & \partial_x \\ 0 & 0 & \partial_z & \partial_y & \partial_x & 0 \end{bmatrix}, \tag{2.7}$$

$$\boldsymbol{\sigma} = (\sigma_x, \sigma_y, \sigma_z, \tau_{yz}, \tau_{zx}, \tau_{xy})^{\mathrm{T}}. \tag{2.8}$$

方程(2.6)在结构上类似于第一章的(8.7)式，但两者有一个很大的差别，第一章(8.7)式中的算子矩阵是方阵，因此可利用“伴随矩阵”的概念，而本节(2.7)式的算子矩阵 $\boldsymbol{P}$ 是长方阵，伴随矩阵的概念已不能利用了，为此，我们将利用矩阵的广义逆(参见参考文献[21])，来构造(2.6)式的一般解. 令

$$\boldsymbol{Q}=\begin{bmatrix}\partial_x & -\partial_y & -\partial_z\\ -\partial_x & \partial_y & -\partial_z\\ -\partial_x & -\partial_y & \partial_z\\ 0 & \partial_z & \partial_y\\ \partial_z & 0 & \partial_x\\ \partial_y & \partial_x & 0\end{bmatrix},\tag{2.9}$$

从(2.7)和(2.9)式得

$$\boldsymbol{PQ}=\begin{bmatrix}1 & 0 & 0\\ 0 & 1 & 0\\ 0 & 0 & 1\end{bmatrix}\nabla^2,\tag{2.10}$$

$$\boldsymbol{QP}=\boldsymbol{I}\,\nabla^2-\boldsymbol{M},\tag{2.11}$$

其中 $\boldsymbol{I}$ 为 6×6 单位阵，而

$$\boldsymbol{M}=\begin{bmatrix}\partial_y^2+\partial_z^2 & \partial_y^2 & \partial_z^2 & 2\partial_y\partial_z & 0 & 0\\ \partial_x^2 & \partial_z^2+\partial_x^2 & \partial_z^2 & 0 & 2\partial_x\partial_z & 0\\ \partial_x^2 & \partial_y^2 & \partial_x^2+\partial_y^2 & 0 & 0 & 2\partial_x\partial_y\\ 0 & -\partial_y\partial_z & -\partial_y\partial_z & \partial_x^2 & -\partial_x\partial_y & -\partial_x\partial_z\\ -\partial_x\partial_z & 0 & -\partial_x\partial_z & -\partial_x\partial_y & \partial_y^2 & -\partial_y\partial_z\\ -\partial_x\partial_y & -\partial_x\partial_y & 0 & -\partial_x\partial_z & -\partial_y\partial_z & \partial_z^2\end{bmatrix}.\tag{2.12}$$

令

$$\boldsymbol{\psi}=\mathscr{F}(\boldsymbol{\sigma}),\tag{2.13}$$

$$\boldsymbol{\varphi}=\boldsymbol{P}\boldsymbol{\psi},\tag{2.14}$$

$$\boldsymbol{\sigma}^*=\boldsymbol{Q}\boldsymbol{\varphi},\tag{2.15}$$

其中 $\boldsymbol{\psi}=(\psi_{11},\psi_{22},\psi_{33},\psi_{23},\psi_{31},\psi_{12})^{\mathrm{T}}$，$\mathscr{F}(\boldsymbol{\sigma})$ 为 $\boldsymbol{\sigma}$ 的 Newton 位势（见第一章(2.7)式），$\boldsymbol{\varphi}=(\varphi_1,\varphi_2,\varphi_3)^{\mathrm{T}}$. 我们有

$$\nabla^2\boldsymbol{\varphi}=\boldsymbol{P}\,\nabla^2\boldsymbol{\psi}=\boldsymbol{P}\boldsymbol{\sigma}=\boldsymbol{0},\tag{2.16}$$

$$\boldsymbol{P}\boldsymbol{\sigma}^*=\boldsymbol{PQ}\boldsymbol{\varphi}=\nabla^2\boldsymbol{\varphi}=\boldsymbol{0}.\tag{2.17}$$

从(2.13)、(2.14)、(2.11)和(2.15)式得

$$\boldsymbol{\sigma}^* = \boldsymbol{QP\psi} = \nabla^2\boldsymbol{\psi} - \boldsymbol{M\psi} = \boldsymbol{\sigma} - \boldsymbol{M\psi}. \tag{2.18}$$

将上式移项得

$$\boldsymbol{\sigma} = \boldsymbol{M\psi} + \boldsymbol{\sigma}^*. \tag{2.19}$$

将(2.8)、(2.12)、(2.13)和(2.15)代入(2.19)式，即得(1.4)式，其中

$$\phi_{ij} = \psi_{ij} - \psi_{kk}\delta_{ij} = \mathscr{F}(\sigma_{ij}) - \mathscr{F}(\sigma_{kk})\delta_{ij}, \tag{2.20}$$

$$h_i = \varphi_i = \psi_{ij,j} = \frac{\partial}{\partial x_j}\mathscr{F}(\sigma_{ij}). \tag{2.21}$$

这样，我们就又一次证明了 Beltrami-Schaefer 解的完备性(参见参考文献[58]和[300])，其方法是第一章所用方法的推广，用类似的方法还可以证明 Airy-Scheafer 解的完备性. 参考文献[37]考虑了动应力函数张量.

§3　自平衡场和 Beltrami 解

定义 3.1 (Rieder[231])　区域 Ω 内的对称张量场 $\boldsymbol{T}$ 称为自平衡场，如果在 Ω 内的任一封闭曲面 S 上都有

$$\oiint_S \boldsymbol{n}\cdot\boldsymbol{T}\mathrm{d}s = \boldsymbol{0}, \quad \oiint_S \boldsymbol{r}\times(\boldsymbol{n}\cdot\boldsymbol{T})\mathrm{d}s = \boldsymbol{0}, \tag{3.1}$$

其中 $\boldsymbol{r}$ 为矢径，$\boldsymbol{n}$ 为 S 的单位外法向.

显然，若 $\boldsymbol{T}$ 是自平衡场，从(3.1)的第一式可推出 $\boldsymbol{T}$ 满足平衡方程

$$\nabla\cdot\boldsymbol{T} = \boldsymbol{0} \quad (\Omega). \tag{3.2}$$

反之，若对称张量 $\boldsymbol{T}$ 满足平衡方程(3.2)，而且区域 Ω 的边界为单闭曲面，则 $\boldsymbol{T}$ 也是自平衡场. 事实上，由于 S 的内部区域 Σ 将全在 Ω 内，按 Gauss 定理有

$$\oiint_S \boldsymbol{n}\cdot\boldsymbol{T}\mathrm{d}s = \iiint_\Sigma \nabla\cdot\boldsymbol{T}\mathrm{d}\tau = \boldsymbol{0}, \tag{3.3}$$

即(3.1)的第一式成立. 另外，有

$$\oiint_S \boldsymbol{r}\times(\boldsymbol{n}\cdot\boldsymbol{T})\mathrm{d}s = -\oiint_S \boldsymbol{n}\cdot(\boldsymbol{T}\times\boldsymbol{r})\mathrm{d}s = -\iiint_\Sigma \nabla\cdot(\boldsymbol{T}\times\boldsymbol{r})\mathrm{d}\tau. \tag{3.4}$$

再考虑到恒等式

$$\nabla\cdot(\boldsymbol{T}\times\boldsymbol{r})=(\nabla\cdot\boldsymbol{T})\times\boldsymbol{r}+\boldsymbol{T}\overset{\times}{\cdot}(\boldsymbol{r}\nabla)=(\nabla\cdot\boldsymbol{T})\times\boldsymbol{r}+\boldsymbol{T}\overset{\times}{\cdot}\boldsymbol{I},\tag{3.5}$$

$$\boldsymbol{T}\overset{\times}{\cdot}\boldsymbol{I}=\boldsymbol{0}\quad(\boldsymbol{T}\text{ 对称}),\tag{3.6}$$

其中 $\boldsymbol{I}$ 为单位张量. 从(3.2)、(3.4)、(3.5)和(3.6)式可知,(3.1)的第二式成立.

但是,对于多边界的区域,满足平衡方程(3.2)的对称张量场未必是自平衡场. 有下面的反例. 设

$$\Omega=\{(x_1,x_2,x_3)\,|\,a<x_1^2+x_2^2+x_3^2<b\},\tag{3.7}$$

$$\sigma_{ij}=\frac{\alpha_k x_k}{r^5}x_i x_j\quad(i,j=1,2,3),\tag{3.8}$$

这里 a 和 b 为正数,α_i 为非零常量. (3.7)式的区域 Ω 的边界不是单闭曲面,而是由两个球面 $x_1^2+x_2^2+x_3^2=a$ 和 $x_1^2+x_2^2+x_3^2=b$ 组成. 不难看出,张量场(3.8)是对称的,且满足平衡方程

$$\sigma_{ij,j}=0.\tag{3.9}$$

设 $a<c<b$,对球面 S_c: $x_1^2+x_2^2+x_3^2=c$,有

$$\oiint_{S_c}\sigma_{ij}n_j\mathrm{d}s=\frac{4}{3}\pi\alpha_i,\tag{3.10}$$

上式表明,虽然对称张量场(3.8)满足(3.2)式,但不满足(3.1)的第一式,即(3.8)式不是自平衡场.

定理 3.1 (Rieder[231]) Beltrami 解(1.3)是自平衡场.

证明 首先,解(1.3)是对称的. 其次,设 S 为区域 Ω 内的任一封闭曲面,现将 S 分成两个开口的曲面 S^+ 和 S^-,它们的边界曲线分别记为 L^+ 和 L^-. 利用 Stokes 公式于 S^+ 和 S^-,有

$$\begin{aligned}&\oiint_S\boldsymbol{n}\cdot[\nabla\times(\boldsymbol{\Phi}\times\nabla)]\mathrm{d}s\\&\quad=\iint_{S^+}\boldsymbol{n}\cdot[\nabla\times(\boldsymbol{\Phi}\times\nabla)]\mathrm{d}s+\iint_{S^-}\boldsymbol{n}\cdot[\nabla\times(\boldsymbol{\Phi}\times\nabla)]\mathrm{d}s\end{aligned}$$

$$= \oint_{L^+} \mathrm{d}\boldsymbol{r} \cdot (\boldsymbol{\Phi} \times \nabla) + \oint_{L^-} \mathrm{d}\boldsymbol{r} \cdot (\boldsymbol{\Phi} \times \nabla) = 0. \tag{3.11}$$

由于封闭曲线 L^+ 和 L^- 上积分的定向是相反的，因此(3.11)式中最后一个等式成立.

此外，我们有

$$\oiint_S \boldsymbol{r} \times [\boldsymbol{n} \cdot (\nabla \times \boldsymbol{\Phi} \times \nabla)] \mathrm{d}s = -\iint_S \boldsymbol{n} \cdot [(\nabla \times \boldsymbol{\Phi} \times \nabla) \times \boldsymbol{r}] \mathrm{d}s$$

$$= -\iint_S \boldsymbol{n} \cdot \{\nabla \times [(\boldsymbol{\Phi} \times \nabla) \times \boldsymbol{r}] + \nabla \times \boldsymbol{\Phi}\} \mathrm{d}s = \mathbf{0}. \tag{3.12}$$

上式中的第二个等式利用了下面 4 个恒等式：

$$\nabla \times [(\boldsymbol{\Phi} \times \nabla) \times \boldsymbol{r}] = [\nabla \times (\boldsymbol{\Phi} \times \nabla)] \times \boldsymbol{r} - (\boldsymbol{\Phi} \times \nabla) \overset{\times}{\times} (\boldsymbol{r}\nabla),$$
$$\boldsymbol{r}\nabla = \boldsymbol{I}, \quad (\boldsymbol{\Phi} \times \nabla) \overset{\times}{\times} \boldsymbol{I} = J(\boldsymbol{\Phi} \times \nabla)\boldsymbol{I} + \nabla \times \boldsymbol{\Phi}, \quad J(\boldsymbol{\Phi} \times \nabla) = 0. \tag{3.13}$$

而(3.12)中的第三个等式可以类似于(3.11)式而得到. (3.11)和(3.12)式都表明，$\nabla \times \boldsymbol{\Phi} \times \nabla$ 为自平衡场. 证毕.

定理 3.1 说明，对于非自平衡场不能用 Beltrami 应力函数表示，前述的例子又指出存在非自平衡场，因此一般说来，Beltrami 解是不完备的. 下面的定理，在某种意义上，可以说是 Rieder 定理的逆定理.

定理 3.2 (Carlson[105]) 若应力场是自平衡的，则 Beltrami 解(1.3)是完备的.

证明 已经证明了 Beltrami-Schaefer 解是完备的，因此我们只需证明，如果应力场自平衡，则 Beltrami-Schaefer 解(1.4)中的矢量 $\boldsymbol{h}$ 可取为零矢量. 按照定理 2.1 的证明过程，只需证明

$$h_i = A_{ij,j} = 0, \tag{3.14}$$

其中 A_{ij} 由(2.1)式定义，它们满足方程

$$\nabla^2 A_{ij} = \sigma_{ij}. \tag{3.15}$$

下面，我们将定义满足(3.15)的 A_{ij}，使(3.14)式成立. 设弹性

区域 Ω 的边界曲面为 $S_0,S_1,\cdots,S_m$，其中曲面 $S_k(k=0,1,\cdots,m)$ 互不相交，曲面 $S_1,\cdots,S_m$ 在曲面 S_0 之内，曲面 $S_k(k=0,1,\cdots,m)$ 之内的区域记为 Ω_k. 再作曲面 $\widetilde{S}$，使 S_0 全在 $\widetilde{S}$ 之内. S_0 与 $\widetilde{S}$ 之间的区域记为 Ω_0（见图 5.1）. 今作如下问题：

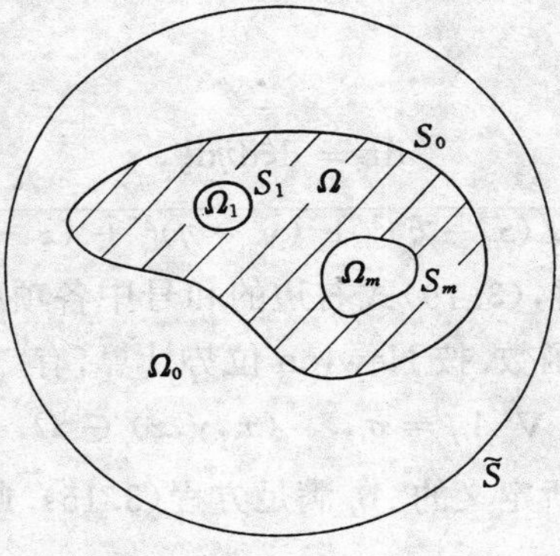

图 5.1

$$\begin{cases}\sigma_{ij,j}^{(k)}=0 & (\Omega_k),\\ \sigma_{ij}^{(k)}n_j^-=-\sigma_{ij}n_j^+ & (S_k)\end{cases}\quad (k=1,2,\cdots,m),\tag{3.16}$$

$$\begin{cases}\sigma_{ij,j}^{(0)}=0 & (\Omega_0),\\ \sigma_{ij}^{(0)}n_j^-=-\sigma_{ij}n_j^+ & (S_0),\\ \sigma_{ij}^{(0)}\tilde{n}_j=0 & (\widetilde{S}),\end{cases}\tag{3.17}$$

其中 $\boldsymbol{n}^+$ 表示区域 Ω 的单位外法向，$\boldsymbol{n}^-$ 表示 $\Omega_k(k=0,1,\cdots,m)$的单位外法向，显然 $\boldsymbol{n}^-=-\boldsymbol{n}^+$，$\tilde{\boldsymbol{n}}$ 表示 $\widetilde{S}$ 的单位外法向. 由于 σ_{ij} 是 Ω 内的自平衡场，因此

$$\begin{cases}\displaystyle\oiint_{S_k}\sigma_{ij}n_j^-\,\mathrm{d}s=0,\\ \displaystyle\oiint_{S_k}\varepsilon_{pqi}x_p\sigma_{qj}n_j^-\,\mathrm{d}s=0,\end{cases}\quad k=0,1,\cdots,m.\tag{3.18}$$

在条件(3.18)下，边界 S_k 上的合力与合力矩为零，因此按弹性力

学应力边值问题的存在性定理(Fichera[129]，1972)，在区域 Ω_k($k=0,1,\cdots,m$)中的问题(3.16)和(3.17)有解存在. 令

$$A_{ij}=-\frac{1}{4\pi}\iiint_{\Omega}\frac{\sigma_{ij}(\xi,\eta,\zeta)}{\rho}\mathrm{d}\tau+\sum_{k=0}^{m}\left\{-\frac{1}{4\pi}\iiint_{\Omega_k}\frac{\sigma_{ij}^{(k)}(\xi,\eta,\zeta)}{\rho}\mathrm{d}\tau\right\},\tag{3.19}$$

其中

$$\mathrm{d}\tau=\mathrm{d}\xi\mathrm{d}\eta\mathrm{d}\zeta,$$

$$\rho=\sqrt{(x-\xi)^2+(y-\eta)^2+(z-\zeta)^2}.$$

当$(x,y,z)\in\Omega$时，(3.19)式右边的和号中各项积分均无奇点，于是它们全为调和函数. 按 Newton 位势计算，有

$$\nabla^2A_{ij}=\sigma_{ij},\quad (x,y,z)\in\Omega,\tag{3.20}$$

那么由(3.19)式所定义的 A_{ij} 满足方程(3.15). 此外

$$A_{ij,j}=-\frac{1}{4\pi}\iiint_{\Omega}\frac{\partial}{\partial x_j}\frac{\sigma_{ij}}{\rho}\mathrm{d}\tau+\sum_{k=0}^{m}\left\{-\frac{1}{4\pi}\iiint_{\Omega_k}\frac{\partial}{\partial x_j}\frac{\sigma_{ij}^{(k)}}{\rho}\mathrm{d}\tau\right\}.\tag{3.21}$$

注意到 σ_{ij} 仅为(ξ,η,ζ)的函数，而 ρ 关于(x,y,z)和(ξ,η,ζ)是对称的，故有

$$\frac{\partial}{\partial x_j}\frac{\sigma_{ij}}{\rho}=\sigma_{ij}\frac{\partial}{\partial x_j}\frac{1}{\rho}=-\sigma_{ij}\frac{\partial}{\partial\xi_j}\frac{1}{\rho}=-\frac{\partial}{\partial\xi_j}\frac{\sigma_{ij}}{\rho}+\frac{1}{\rho}\frac{\partial\sigma_{ij}}{\partial\xi_j}.\tag{3.22}$$

由于 σ_{ij} 满足平衡方程，(3.22)式的第二项为零，故有

$$\frac{\partial}{\partial x_j}\frac{\sigma_{ij}}{\rho}=-\frac{\partial}{\partial\xi_j}\frac{\sigma_{ij}}{\rho}.\tag{3.23}$$

将(3.23)式以及关于 $\sigma_{ij}^{(k)}$ 的类似诸式代入(3.21)式，得

$$A_{ij,j}=\frac{1}{4\pi}\iiint_{\Omega}\frac{\partial}{\partial\xi_j}\frac{\sigma_{ij}}{\rho}\mathrm{d}\tau+\sum_{k=0}^{m}\left\{\frac{1}{4\pi}\iiint_{\Omega_k}\frac{\partial}{\partial\xi_j}\frac{\sigma_{ij}^{(k)}}{\rho}\mathrm{d}\tau\right\}.\tag{3.24}$$

在上式中，利用 Gauss 公式，得

$$A_{ij,j} = \frac{1}{4\pi}\sum_{k=0}^{m}\oiint_{S_k}\frac{1}{\rho}\sigma_{ij}n_j^{+}\mathrm{d}s + \frac{1}{4\pi}\sum_{k=0}^{m}\oiint_{S_k}\frac{1}{\rho}\sigma_{ij}^{(k)}n_j^{-}\mathrm{d}s. \quad (3.25)$$

按照(3.16)和(3.17)式的边界条件，得

$$A_{ij,j} = 0, \quad (3.26)$$

此即(3.14)式成立. 证毕.

如果在定理 3.2 的证明过程中，将(3.16)和(3.17)式略作修改，还可得到一个更一般的定理，对于非自平衡场，可利用边界上的合力与合力矩来表示 Beltrami-Schaefer 解中的调和矢量 $\boldsymbol{h}$. 为此，先证明一个引理.

引理 3.1 设 $\boldsymbol{F}$ 和 $\boldsymbol{M}$ 为给定的常矢量，则存在矢量

$$\boldsymbol{P} = \boldsymbol{a} + \boldsymbol{\omega} \times (\boldsymbol{r} - \boldsymbol{r}_c), \quad (3.27)$$

使得

$$\oiint_S \boldsymbol{P}\mathrm{d}s = \boldsymbol{F}, \quad \oiint_S (\boldsymbol{r} - \boldsymbol{r}_c) \times \boldsymbol{P}\mathrm{d}s = \boldsymbol{M}, \quad (3.28)$$

其中 S 为封闭曲面，$\boldsymbol{r}_c$ 为 S 的形心.

证明 将(3.27)代入(3.28)的第一式，得

$$\boldsymbol{a}\oiint_S \mathrm{d}s + \boldsymbol{\omega} \times \oiint_S (\boldsymbol{r} - \boldsymbol{r}_c)\mathrm{d}s = \boldsymbol{F}.$$

由此

$$\boldsymbol{a} = \boldsymbol{F}/s \quad (3.29)$$

就满足(3.28)的第一式，其中 s 为 S 的面积. 将(3.27)代入(3.28)的第二式，得

$$\begin{aligned}\boldsymbol{M} &= \oiint_S (\boldsymbol{r} - \boldsymbol{r}_c) \times \boldsymbol{a}\mathrm{d}s + \oiint_S (\boldsymbol{r} - \boldsymbol{r}_c) \times [\boldsymbol{\omega} \times (\boldsymbol{r} - \boldsymbol{r}_c)]\mathrm{d}s \\ &= \oiint_S \{[(\boldsymbol{r} - \boldsymbol{r}_c)\cdot(\boldsymbol{r} - \boldsymbol{r}_c)]\boldsymbol{\omega} - [(\boldsymbol{r} - \boldsymbol{r}_c)\cdot\boldsymbol{\omega}](\boldsymbol{r} - \boldsymbol{r}_c)\}\mathrm{d}s.\end{aligned} \quad (3.30)$$

可将(3.30)式写成

$$I_0\omega_i - I_{ij}\omega_j = M_i \quad (i = 1,2,3), \quad (3.31)$$

其中 $\boldsymbol{M}=(M_1,M_2,M_3)^{\mathrm{T}}$，$\boldsymbol{\omega}=(\omega_1,\omega_2,\omega_3)^{\mathrm{T}}$，$I_0$ 为 S 关于 $\boldsymbol{r}_c$ 的中心惯量，I_{ij} 为惯性张量分量，即

$$\begin{cases} I_0 = \oiint\limits_S (x_i - x_{ci})(x_i - x_{ci})\mathrm{d}s, \\ I_{ij} = \oiint\limits_S (x_i - x_{ci})(x_j - x_{cj})\mathrm{d}s. \end{cases} \tag{3.32}$$

如果坐标系取为曲面 S 的主轴坐标系，则有

$$I_{ij} = 0 \quad (i \neq j). \tag{3.33}$$

那么，从(3.31)式即可求出

$$\omega_i = \frac{M_i}{I_0 - I_i} \quad (i = 1,2,3), \tag{3.34}$$

其中 $I_1=I_{11}$，$I_2=I_{22}$，$I_3=I_{33}$. 引理证毕.

定理 3.3　设应力场 $\boldsymbol{T}$ 满足平衡方程(1.1)，那么总存在对称张量 $\boldsymbol{\Phi}$ 及调和矢量 $\boldsymbol{h}$，使(1.4)式成立，且 $\boldsymbol{h}$ 由下式给定

$$\boldsymbol{h} = \frac{1}{4\pi}\sum_{k=0}^{m}\left[\frac{\boldsymbol{F}^{(k)}}{s^{(k)}}\oiint\limits_{S_k}\frac{\mathrm{d}s}{\rho} + \boldsymbol{\omega}^{(k)} \times \oiint\limits_{S_k}\frac{\boldsymbol{r}-\boldsymbol{r}_c^{(k)}}{\rho}\mathrm{d}s\right]. \tag{3.35}$$

式中 $s^{(k)}$ 为曲面 S_k 的面积，$\boldsymbol{F}^{(k)}$ 为外力在曲面 S_k 上的合力，$\boldsymbol{r}_c^{(k)}$ 为曲面 S_k 的形心，而矢量 $\boldsymbol{\omega}^{(k)}$ 由下式决定：

$$\omega_i^{(k)} = \sum_{j=1}^{3} C_{ij}^{(k)} \frac{M_j^{(k)}}{I_0^{(k)} - I_j^{(k)}}, \tag{3.36}$$

这里 $M_j^{(k)}$ 为 S_k 上的合力矩分量，$I_0^{(k)}$ 和 $I_j^{(k)}$ 分别为 S_k 的中心惯量和主惯性矩，$C_{ij}^{(k)}$ 为坐标变换系数，此变换将 S_k 变到主惯性方向.

证明　设弹性区域 Ω 如图 5.1 所示，重复定理 3.2 的证明，将(3.16)和(3.17)式改为

$$\begin{cases} \sigma_{ij,j}^{(k)} = 0 & (\Omega_k), \\ \sigma_{ij}^{(k)} n_j^- = -\sigma_{ij}n_j^+ + P_i^{(k)} & (S_k); \end{cases} \tag{3.37}$$

$$\begin{cases} \sigma_{ij,j}^{(0)} = 0 & (\Omega_0), \\ \sigma_{ij}^{(0)} n_j^- = -\sigma_{ij}n_j^+ + P_i^{(0)} & (S_0), \\ \sigma_{ij}^{(0)} \tilde{n}_j = 0 & (\tilde{S}), \end{cases} \tag{3.38}$$

其中

$$P_i^{(k)} = \frac{F_i^{(k)}}{s^{(k)}} + \varepsilon_{ijq}\omega_j^{(k)}(x_q - x_{cq}^{(k)}). \quad (3.39)$$

将引理 3.1 用于曲面 S_k，常矢量相应地为 $\boldsymbol{F}^{(k)}$ 和 $\boldsymbol{M}^{(k)}$，它们是外力在曲面 S_k 上的合力和合力矩；$\boldsymbol{\omega}^{(k)}=(\omega_1^{(k)},\omega_2^{(k)},\omega_3^{(k)})^{\mathrm{T}}$，由引理 3.1 中的相应的(3.34)式所决定，$k=1,2,\cdots,m$. 重复定理 3.2 的证明过程，相应于(3.25)式，可以得到

$$h_i = \frac{1}{4\pi}\sum_{k=0}^{m}\oiint_{S_k}\frac{1}{\rho}\left\{\frac{F_i^{(k)}}{s^{(k)}} + \varepsilon_{ijq}\omega_j^{(k)}[x_q - x_{cq}^{(k)}]\right\}\mathrm{d}s, \quad (3.40)$$

此即欲证之(3.35)式. 证毕.

显然，定理 3.3 是定理 3.2 的推广，若 $\boldsymbol{F}^{(k)}=0$，$\boldsymbol{M}^{(k)}=0$，从(3.35)和(3.36)可看出 $\boldsymbol{h}=0$，于是定理 3.3 就退化成定理 3.2. Stippes[253]给出了 $\boldsymbol{h}$ 的另一种形式，Hackl 和 Zastrow[147]用拓扑学的观点研究了应力函数.

§4 Maxwell 解和 Morera 解

上一节我们证明了对自平衡场 $\boldsymbol{T}$，存在对称张量 $\boldsymbol{\Phi}$，使

$$\boldsymbol{T} = \nabla\times\boldsymbol{\Phi}\times\nabla, \quad (4.1)$$

即 Beltrami 解是完备的. 应力张量 $\boldsymbol{T}$ 定义在弹性区域 Ω 内，因此应力函数张量 $\boldsymbol{\Phi}$ 也定义在 Ω 内. $\boldsymbol{\Phi}$ 在 Ω 的闭包 $\overline{\Omega}$ 中有各种 k 阶连续微商，记为 $\boldsymbol{\Phi}\in C^k(\overline{\Omega})$，按照本书的约定，$\boldsymbol{\Phi}$ 具有所需的 k 阶连续微商. 我们还假定 Ω 的边界是由分片的具有 k 阶连续微商的曲面组成. 此外，按照函数推广定理，$\boldsymbol{\Phi}$ 可保持类推广到全空间 E^3 中，即存在函数 $\boldsymbol{\Phi}^*\in C^k(E^3)$，它在 $\overline{\Omega}$ 中与 $\boldsymbol{\Phi}$ 相等(参见参考文献[291]和[196]，或菲赫金哥尔茨著《微积分学教程》[15]第一版第一卷第二分册附录). 在本节和下节中，我们将不区分 $\boldsymbol{\Phi}$ 和 $\boldsymbol{\Phi}^*$，并认为 $\boldsymbol{\Phi}$ 在全空间 E^3 中具有所需的各阶连续微商.

如果将(4.1)式中的 $\boldsymbol{\Phi}$ 换成

$$\tilde{\boldsymbol{\Phi}} = \boldsymbol{\Phi} + \boldsymbol{a}\nabla + \nabla\boldsymbol{a}, \tag{4.2}$$

其中 $\boldsymbol{a}$ 为任意矢量场，则(4.1)式依然成立. 相应于 $\tilde{\boldsymbol{\Phi}}$ 的矩阵为

$$[\tilde{\boldsymbol{\Phi}}] = \begin{bmatrix} \phi_{11} + 2a_{1,1} & \phi_{12} + a_{1,2} + a_{2,1} & \phi_{13} + a_{1,3} + a_{3,1} \\ * & \phi_{22} + 2a_{2,2} & \phi_{23} + a_{2,3} + a_{3,2} \\ * & * & \phi_{33} + 2a_{3,3} \end{bmatrix}, \tag{4.3}$$

其中“*”元素表示与相应的元素对称.

现在证明，适当选择 $\boldsymbol{a}$ 可使(4.3)式中对角线诸元素为零，即

$$\phi_{11} + 2a_{1,1} = 0, \quad \phi_{22} + 2a_{2,2} = 0, \quad \phi_{33} + 2a_{3,3} = 0. \tag{4.4}$$

事实上，令

$$\begin{cases} a_1 = -\dfrac{1}{2}\displaystyle\int_0^x \phi_{11}(\xi, y, z)\mathrm{d}\xi, \\ a_2 = -\dfrac{1}{2}\displaystyle\int_0^y \phi_{22}(x, \eta, z)\mathrm{d}\eta, \\ a_3 = -\dfrac{1}{2}\displaystyle\int_0^z \phi_{33}(x, y, \zeta)\mathrm{d}\zeta, \end{cases} \tag{4.5}$$

则(4.4)式成立. 由于假定 $\boldsymbol{\Phi} \in C^k(E^3)$，所以(4.5)中的积分都是有意义的. 当(4.3)式中对角元素为零时，此即(1.12)中的 Morera 应力函数张量 $\boldsymbol{\Phi}_2$. 联系到定理 2.1 和定理 3.2，得到下列定理.

定理 4.1　关于 Morera 应力函数，有

(1) 一般情况下，Morera-Schaefer 解总完备.

(2) 如果应力场自平衡，则 Morera 解完备.

今在(4.3)式中，适当选择 a_i，使非对角线诸元素为零，即

$$\begin{cases} \phi_{12} + a_{1,2} + a_{2,1} = 0, \\ \phi_{13} + a_{1,3} + a_{3,1} = 0, \\ \phi_{23} + a_{2,3} + a_{3,2} = 0. \end{cases} \tag{4.6}$$

事实上，如果令

$$\begin{cases} a_1 = \int_0^y\int_0^z f_1(x,\eta,\zeta)\mathrm{d}\eta\mathrm{d}\zeta - \int_0^y \phi_{12}(x,\eta,0)\mathrm{d}\eta, \\ a_2 = \int_0^z\int_0^x f_2(\xi,y,\zeta)\mathrm{d}\zeta\mathrm{d}\xi - \int_0^z \phi_{23}(0,y,\zeta)\mathrm{d}\zeta, \\ a_3 = \int_0^x\int_0^y f_3(\xi,\eta,z)\mathrm{d}\xi\mathrm{d}\eta - \int_0^x \phi_{31}(\xi,0,z)\mathrm{d}\xi, \end{cases} \tag{4.7}$$

其中

$$\begin{cases} f_1 = \frac{1}{2}(-\phi_{12,3} + \phi_{32,1} - \phi_{31,2}), \\ f_2 = \frac{1}{2}(-\phi_{23,1} + \phi_{13,2} - \phi_{12,3}), \\ f_3 = \frac{1}{2}(-\phi_{31,2} + \phi_{21,3} - \phi_{23,1}), \end{cases} \tag{4.8}$$

则(4.6)式成立.于是,我们有下述定理.

定理 4.2 关于 Maxwell 应力函数,有

(1) 一般情况下,Maxwell-Schaefer 解完备.

(2) 如果应力场自平衡,则 Maxwell 解完备.

Gurtin[146,第57,58页]曾证明了 Morera 解的完备性,但用他的方法不能证明 Maxwell 解的完备性.本节采用 Rostamian[234]的方法,即采用函数推广的方法,解决了 Morera 解和 Maxwell 解的完备性,同时也可用来解决下一节的 Блох 解的完备性的问题.

§5 Блох 应力函数

Beltrami 应力函数张量 $\boldsymbol{\Phi}$ 所对应的矩阵[$\boldsymbol{\Phi}$]有 6 个元素,Maxwell 取了对角线的三个元素,Morera 取了非对角线的三个元素,Блох[306]则推广了他们的工作,他任取[$\boldsymbol{\Phi}$]中的三个元素作为应力函数,这样共有六类 20 种应力函数.

第一类:

$$[\boldsymbol{\Phi}_1] = \begin{bmatrix} \phi_{11} & 0 & 0 \\ 0 & \phi_{22} & 0 \\ 0 & 0 & \phi_{33} \end{bmatrix}; \tag{5.1}$$

第二类：

$$[\boldsymbol{\Phi}_2]=\begin{bmatrix}0 & \phi_{12} & \phi_{13}\\ \phi_{21} & 0 & \phi_{23}\\ \phi_{31} & \phi_{32} & 0\end{bmatrix}; \tag{5.2}$$

第三类：

$$[\boldsymbol{\Phi}_3]=\begin{bmatrix}\phi_{11} & \phi_{12} & 0\\ \phi_{21} & \phi_{22} & 0\\ 0 & 0 & 0\end{bmatrix}; \tag{5.3}$$

第四类：

$$[\boldsymbol{\Phi}_4]=\begin{bmatrix}\phi_{11} & 0 & \phi_{13}\\ 0 & 0 & \phi_{23}\\ \phi_{31} & \phi_{32} & 0\end{bmatrix}; \tag{5.4}$$

第五类：

$$[\boldsymbol{\Phi}_5]=\begin{bmatrix}\phi_{11} & 0 & 0\\ 0 & \phi_{22} & \phi_{23}\\ 0 & \phi_{32} & 0\end{bmatrix}; \tag{5.5}$$

第六类：

$$[\boldsymbol{\Phi}_6]=\begin{bmatrix}0 & 0 & \phi_{13}\\ 0 & 0 & \phi_{23}\\ \phi_{31} & \phi_{32} & \phi_{33}\end{bmatrix}. \tag{5.6}$$

将坐标进行轮换，第一、二类都只有 1 种，第三、六类各有 3 种，第四、五类各有 6 种，这样，共有 20 种应力函数. 其中第一、二类即 Maxwell 应力函数和 Morera 应力函数. 仿照上节 Rostamian 的方法，可以证明前五类 17 种应力函数都有定理 4.1 和 4.2 类似的结论，本节不再详述. 对于第六类应力函数，它所对应的解是不完备的. 例如，假定应力场是自平衡的，在(1.3)式中 $\boldsymbol{\Phi}$ 取(5.6)式的形式，按(1.8)式可以看出

$$\sigma_{33}=0. \tag{5.7}$$

因此，如果 $\sigma_{33}\neq 0$，那么应力场不可能通过(5.6)式中的应力函数 $\boldsymbol{\Phi}_6$ 来表示. 现在指出条件(5.7)，也是 $\boldsymbol{\Phi}_6$ 完备的充要条件，即有(参见参考文献[80])：

定理 5.1　对自平衡应力场 $\boldsymbol{T}$，若条件(5.7)满足，那么总存在(5.6)式所表示的 $\boldsymbol{\Phi}_6$，使 $\boldsymbol{T}$ 表成

$$\boldsymbol{T} = \nabla \times \boldsymbol{\Phi}_6 \times \nabla. \tag{5.8}$$

证明　由于 Beltrami 应力函数 $\boldsymbol{\Phi}$ 是完备的，设 $\boldsymbol{T}$ 已表成(1.3)的形式，那么按(1.8)式，条件(5.7)为

$$\phi_{11,22} + \phi_{22,11} = 2\phi_{12,12}. \tag{5.9}$$

现在假定 ϕ_{ij} 已推广到全空间. 令

$$\begin{cases} a_1 = -\dfrac{1}{2}\displaystyle\int_{(0,0,z)}^{(x,y,z)} [\phi_{11} + (y-\eta)(\phi_{11,2} - \phi_{12,1})]\mathrm{d}\xi \\ \qquad + [\phi_{12} + (y-\eta)(\phi_{21,2} - \phi_{22,1})]\mathrm{d}\eta, \\ a_2 = -\dfrac{1}{2}\displaystyle\int_{(0,0,z)}^{(x,y,z)} [\phi_{12} - (x-\xi)(\phi_{11,2} - \phi_{12,1})]\mathrm{d}\xi \\ \qquad + [\phi_{22} - (x-\xi)(\phi_{21,2} - \phi_{22,1})]\mathrm{d}\eta. \end{cases} \tag{5.10}$$

由于条件(5.9)，可知(5.10)式中的两个线积分与路径无关，即由(5.10)式所定义的 a_1 和 a_2 是存在的. 从(5.10)可得

$$2a_{1,1} = -\phi_{11}, \quad 2a_{2,2} = -\phi_{22}, \quad a_{1,2} + a_{2,1} = -\phi_{12}. \tag{5.11}$$

这样，按照上节定理 4.1 的方法，可知(5.8)式成立. 证毕.

附注　Блох 的方法可推广用于应变协调方程，参见参考文献[25，第 12～14 页；63；66；288].

§6　以应力表示的弹性力学方程组的积分

无体力时，以应力表示的弹性力学方程组由下列平衡方程和 Beltrami 应力协调方程构成：

$$\begin{cases} \nabla\cdot\boldsymbol{T} = \boldsymbol{0}, \\ \nabla^2\boldsymbol{T} + \dfrac{1}{1+\nu}\nabla[\nabla J(\boldsymbol{T})] = \boldsymbol{0}, \end{cases} \tag{6.1}$$

其中 ν 为 Poisson 比，$J(\boldsymbol{T})$ 表示应力张量 $\boldsymbol{T}$ 的迹. 从 Beltrami-Schaefer 解的完备性可知，存在对称张量 $\boldsymbol{\Phi}$ 和调和矢量 $\boldsymbol{h}$，使满足(6.1)中平衡方程的应力场 $\boldsymbol{T}$ 可表成形式

$$\boldsymbol{T} = \nabla \times \boldsymbol{\Phi} \times \nabla + \boldsymbol{h}\nabla + \nabla\boldsymbol{h} - \boldsymbol{I}(\nabla \cdot \boldsymbol{h}), \tag{6.2}$$

其中

$$\boldsymbol{\Phi} = \boldsymbol{A} - \boldsymbol{I}J(\boldsymbol{A}), \quad \boldsymbol{h} = \nabla \cdot \boldsymbol{A}, \quad \boldsymbol{A} = \mathscr{F}(\boldsymbol{T}), \tag{6.3}$$

这里 $\mathscr{F}(\boldsymbol{T})$ 表示 $\boldsymbol{T}$ 的 Newton 位势. 从(6.3)的第一式可算出

$$\boldsymbol{A} = \boldsymbol{\Phi} - \frac{1}{2}\boldsymbol{I}J(\boldsymbol{\Phi}). \tag{6.4}$$

本节的目的乃是求满足方程组(6.1)的第二式的(6.2)，并求出其中 $\boldsymbol{\Phi}$ 和 $\boldsymbol{h}$ 的特殊形式. 对(6.1)的第二式取迹，得

$$\nabla^2 J(\boldsymbol{T}) = 0, \tag{6.5}$$

即 $J(\boldsymbol{T})$ 为调和函数. 有恒等式

$$\nabla \times \boldsymbol{I}\varphi \times \nabla = \nabla\nabla\varphi - \boldsymbol{I}\,\nabla^2\varphi, \tag{6.6}$$

其中 φ 为任意标量场. 在(6.6)式中，令 $\varphi = J(\boldsymbol{T})$，由于(6.5)式，得

$$\nabla \times \boldsymbol{I}J(\boldsymbol{T}) \times \nabla = \nabla\nabla J(\boldsymbol{T}). \tag{6.7}$$

将(6.2)代入(6.1)的第二式，考虑到 $\boldsymbol{h}$ 为调和矢量，以及(6.7)式和(6.3)的第三式，得

$$\nabla \times \nabla^2\left[\boldsymbol{\Phi} + \frac{1}{1+\nu}\boldsymbol{I}J(\boldsymbol{A})\right] \times \nabla = \boldsymbol{0}. \tag{6.8}$$

(6.8)式可视为场 $\left[\boldsymbol{\Phi} + \frac{1}{1+\nu}\boldsymbol{I}J(\boldsymbol{A})\right]$ 的应变协调方程，按照 Volterra 积分公式(见参考文献[65，第 39～41 页])，存在矢量场 $\boldsymbol{a}$，使

$$\nabla^2\left[\boldsymbol{\Phi} + \frac{1}{1+\nu}\boldsymbol{I}J(\boldsymbol{A})\right] = \boldsymbol{a}\nabla + \nabla\boldsymbol{a}. \tag{6.9}$$

从上式可知，

$$\boldsymbol{\Phi} + \frac{1}{1+\nu}\boldsymbol{I}J(\boldsymbol{A}) = \boldsymbol{a}^*\,\nabla + \nabla\boldsymbol{a}^* + \boldsymbol{H}, \tag{6.10}$$

其中 $\boldsymbol{a}^* = \mathscr{F}(\boldsymbol{a})$，$\boldsymbol{H}$ 为对称调和张量场，即

$$\nabla^2\boldsymbol{H} = \boldsymbol{0}. \tag{6.11}$$

将(6.10)代入(6.2)式,得

$$\boldsymbol{T}=\nabla\times\boldsymbol{\Psi}\times\nabla+\boldsymbol{h}\nabla+\nabla\boldsymbol{h}-\boldsymbol{I}\nabla\cdot\boldsymbol{h},\tag{6.12}$$

其中

$$\boldsymbol{\Psi}=\boldsymbol{H}-\frac{1}{1+\nu}\boldsymbol{I}J(\boldsymbol{A}).\tag{6.13}$$

我们有恒等式

$$\begin{aligned}\nabla\times\boldsymbol{H}\times\nabla=&\nabla^2\boldsymbol{H}+\nabla\nabla J(\boldsymbol{H})-(\nabla\cdot\boldsymbol{H})\nabla\\&-\nabla(\boldsymbol{H}\cdot\nabla)+\boldsymbol{I}[\nabla\cdot\boldsymbol{H}\cdot\nabla-\nabla^2J(\boldsymbol{H})],\end{aligned}\tag{6.14}$$

对(6.14)取迹,得

$$J(\nabla\times\boldsymbol{H}\times\nabla)=\nabla\cdot\boldsymbol{H}\cdot\nabla-\nabla^2J(\boldsymbol{H}).\tag{6.15}$$

再对(6.12)取迹,利用(6.15)、(6.13)、(6.11)、(6.6)和(6.3)的第三式,得

$$J(\boldsymbol{T})=\nabla\cdot\boldsymbol{H}\cdot\nabla+\frac{2}{1+\nu}J(\boldsymbol{T})-\nabla\cdot\boldsymbol{h},\tag{6.16}$$

即

$$-\frac{1-\nu}{1+\nu}J(\boldsymbol{T})=\nabla\cdot\boldsymbol{H}\cdot\nabla-\nabla\cdot\boldsymbol{h}.\tag{6.17}$$

设 $\boldsymbol{B}=\mathscr{F}(\boldsymbol{H}),\boldsymbol{b}=\mathscr{F}(\boldsymbol{h})$,那么

$$\boldsymbol{H}=\nabla^2\boldsymbol{B},\quad \boldsymbol{h}=\nabla^2\boldsymbol{b}.\tag{6.18}$$

利用(6.18)式,从(6.17)式得

$$-\frac{1-\nu}{1+\nu}J(\boldsymbol{A})=\nabla\cdot\boldsymbol{B}\cdot\nabla-\nabla\cdot\boldsymbol{b}+\nabla^2b_0,\tag{6.19}$$

其中 b_0 为双调和函数. 对(6.18)的第二式求散度,得

$$\nabla^2(\nabla\cdot\boldsymbol{b})=\nabla\cdot\boldsymbol{h}=\frac{1}{2}\nabla^2(\boldsymbol{r}\cdot\boldsymbol{h}),\tag{6.20}$$

上式中第二个等号考虑了 $\boldsymbol{h}$ 为调和矢量. 从(6.20)式解出

$$\nabla\cdot\boldsymbol{b}=\frac{1}{2}\boldsymbol{r}\cdot\boldsymbol{h}-\nabla^2b_1,\tag{6.21}$$

这里 b_1 为双调和函数. 将(6.18)、(6.19)和(6.21)代入(6.13),得

$$\boldsymbol{\Psi}=\nabla^2\boldsymbol{B}+\frac{1}{1-\nu}\boldsymbol{I}[\nabla\cdot\boldsymbol{B}\cdot\nabla-\frac{1}{2}\boldsymbol{r}\cdot\boldsymbol{h}+\nabla^2(b_0+b_1)].\tag{6.22}$$

设

$$\boldsymbol{B}^* = \boldsymbol{B} + \frac{1}{2-\nu}\boldsymbol{I}(b_0 + b_1), \tag{6.23}$$

将其代入(6.22)式,得

$$\boldsymbol{\Psi} = \nabla^2\boldsymbol{B}^* + \frac{1}{1-\nu}\boldsymbol{I}\left(\nabla\cdot\boldsymbol{B}^*\cdot\nabla - \frac{1}{2}\boldsymbol{r}\cdot\boldsymbol{h}\right). \tag{6.24}$$

令

$$\boldsymbol{\Phi}^* = \nabla^2\boldsymbol{B}^* + \frac{1}{1-\nu}\boldsymbol{I}(\nabla\cdot\boldsymbol{B}^*\cdot\nabla), \tag{6.25}$$

则有

$$\boldsymbol{\Psi} = \boldsymbol{\Phi}^* - \frac{1}{2(1-\nu)}\boldsymbol{I}(\boldsymbol{r}\cdot\boldsymbol{h}). \tag{6.26}$$

将(6.26)代入(6.12)式,利用恒等式(6.6)得

$$\boldsymbol{T} = \nabla\times\boldsymbol{\Phi}^*\times\nabla - \frac{1}{2(1-\nu)}[\nabla\nabla(\boldsymbol{r}\cdot\boldsymbol{h}) - \boldsymbol{I}\,\nabla^2(\boldsymbol{r}\cdot\boldsymbol{h})] + \boldsymbol{h}\nabla + \nabla\boldsymbol{h} - \boldsymbol{I}\,\nabla\cdot\boldsymbol{h}. \tag{6.27}$$

利用(6.20)的第二个等式,(6.27)式成为

$$\boldsymbol{T} = \nabla\times\boldsymbol{\Phi}^*\times\nabla + \left[\boldsymbol{h} - \frac{1}{4(1-\nu)}\nabla(\boldsymbol{r}\cdot\boldsymbol{h})\right]\nabla + \nabla\left[\boldsymbol{h} - \frac{1}{4(1-\nu)}\nabla(\boldsymbol{r}\cdot\boldsymbol{h})\right] + \boldsymbol{I}\frac{\nu}{1-\nu}(\nabla\cdot\boldsymbol{h}), \tag{6.28}$$

其中 $\boldsymbol{h}$ 为调和矢量,$\boldsymbol{\Phi}^*$ 由(6.25)式给出,那里 $\boldsymbol{B}^*$ 为双调和对称张量.也就是说,既满足平衡方程又满足协调方程的应力张量 $\boldsymbol{T}$ 必有形式(6.28).

反之,如果 $\boldsymbol{B}^*$ 为任意双调和对称张量,$\boldsymbol{h}$ 为任意调和矢量,则(6.28)式满足(6.1)中的两个方程.首先,对(6.28)取散度,得

$$\nabla\cdot\boldsymbol{T} = \nabla\left[\nabla\cdot\boldsymbol{h} - \frac{1}{2(1-\nu)}\nabla\cdot\boldsymbol{h}\right] + \left[\nabla^2\boldsymbol{h} - \frac{1}{2(1-\nu)}\nabla(\nabla\cdot\boldsymbol{h})\right] + \frac{\nu}{1-\nu}\nabla(\nabla\cdot\boldsymbol{h}) = \boldsymbol{0}. \tag{6.29}$$

上面推导中，利用了$\nabla^2\boldsymbol{h}=\boldsymbol{0}$，于是(6.1)中平衡方程满足.

其次，对(6.28)取 Laplace 算子，注意到(6.25)和$\boldsymbol{B}^*$的双调和性，得

$$\nabla^2\boldsymbol{T}=\nabla\times\left[\frac{1}{1-\nu}\boldsymbol{I}(\nabla\cdot\nabla^2\boldsymbol{B}^*\cdot\nabla)\right]\times\nabla-\frac{1}{1-\nu}\nabla\nabla(\nabla\cdot\boldsymbol{h}). \tag{6.30}$$

利用恒等式(6.6)，并注意到$\nabla^2\nabla^2\boldsymbol{B}^*=\boldsymbol{0}$，(6.30)式成为

$$\nabla^2\boldsymbol{T}=\frac{1}{1-\nu}\nabla\nabla(\nabla\cdot\nabla^2\boldsymbol{B}^*\cdot\nabla-\nabla\cdot\boldsymbol{h}). \tag{6.31}$$

再对(6.28)式取迹，利用恒等式(6.15)得

$$\begin{aligned}J(\boldsymbol{T})=&\nabla\cdot\left[\nabla^2\boldsymbol{B}^*+\frac{1}{1-\nu}\boldsymbol{I}(\nabla\cdot\boldsymbol{B}^*\cdot\nabla)\right]\cdot\nabla\\&-\nabla^2\frac{3}{1-\nu}(\nabla\cdot\boldsymbol{B}^*\cdot\nabla)\\&+2\nabla\cdot\boldsymbol{h}-\frac{1}{1-\nu}\nabla\cdot\boldsymbol{h}+\frac{3\nu}{1-\nu}\nabla\cdot\boldsymbol{h}.\end{aligned} \tag{6.32}$$

有恒等式

$$\nabla\cdot(\boldsymbol{I}\varphi)\cdot\nabla=\nabla^2\varphi, \tag{6.33}$$

其中φ为标量. 利用(6.33)，那么(6.32)式成为

$$J(\boldsymbol{T})=-\frac{1+\nu}{1-\nu}(\nabla\cdot\nabla^2\boldsymbol{B}^*\cdot\nabla-\nabla\cdot\boldsymbol{h}). \tag{6.34}$$

从(6.31)和(6.34)式可知，(6.28)式的$\boldsymbol{T}$满足(6.1)中 Beltrami 应力协调方程. 因此，我们得到了如下定理.

定理 6.1(Блох[306]) 以应力表示的弹性力学方程(6.1)的通解为(6.28)式.

附注 1 定理 6.1 还可按另一种顺序来证明.

首先，关于(6.1)中 Beltrami 应力协调方程的通解如下：

$$\boldsymbol{T}=\nabla^2\boldsymbol{M}-\frac{1}{2+\nu}\nabla\nabla J(\boldsymbol{M}), \tag{6.35}$$

其中$\boldsymbol{M}$为双调和对称张量，即

$$\nabla^2\nabla^2\boldsymbol{M}=\boldsymbol{0}. \tag{6.36}$$

事实上,不难验证(6.35)满足(6.1)的第二式.此外,设 $\boldsymbol{T}$ 满足(6.1)的第二式,则不难证明

$$\boldsymbol{M}=\mathscr{F}(\boldsymbol{T})+\frac{1}{1+\nu}\nabla\nabla\mathscr{F}\{\mathscr{F}[J(\boldsymbol{T})]\}, \tag{6.37}$$

即为(6.35)中所需的双调和张量.

其次,将(6.37)代入(6.1)中的平衡方程,得

$$\nabla^2\nabla\left[\boldsymbol{M}-\frac{1}{2+\nu}\boldsymbol{I}J(\boldsymbol{M})\right]=\mathbf{0}.$$

然后,利用 Bertrami-Schefer 应力函数,从(6.38)式经过一些计算就可以得到欲求的(6.28)式.

附注 2 关于方程组(6.1)中 9 个方程可看成 6 个方程和 3 个边界条件的问题,参见参考文献[22]和[65,第 104～105 页].

§7 位移的表示

7.1 解法一

在上一节中,已求出满足平衡方程和 Beltrami 应力协调方程的应力张量 $\boldsymbol{T}$,即满足弹性力学全部方程的 $\boldsymbol{T}$,如(6.28)所示.本节将利用广义 Hooke 定律求出位移的表达式.为此,利用恒等式(6.14),将(6.28)式改写成

$$\begin{aligned}\boldsymbol{T}=&\nabla^2\boldsymbol{\Phi}^*+\nabla\nabla J(\boldsymbol{\Phi}^*)-2\hat{\nabla}(\nabla\cdot\boldsymbol{\Phi}^*)\\&+\boldsymbol{I}[\nabla\cdot\boldsymbol{\Phi}^*\cdot\nabla-\nabla^2J(\boldsymbol{\Phi}^*)]\\&+2\hat{\nabla}\left[\boldsymbol{h}-\frac{1}{4(1-\nu)}\nabla(\boldsymbol{r}\cdot\boldsymbol{h})\right]+\frac{\nu}{1-\nu}\boldsymbol{I}(\nabla\cdot\boldsymbol{h}),\end{aligned} \tag{7.1}$$

其中 $\hat{\nabla}$ 表示梯度算子的对称部分,即

$$\hat{\nabla}\boldsymbol{a}=(\boldsymbol{a}\nabla+\nabla\boldsymbol{a})/2. \tag{7.2}$$

引入新的张量

$$\boldsymbol{A}^*=\boldsymbol{\Phi}^*-\frac{1}{2}\boldsymbol{I}J(\boldsymbol{\Phi}^*). \tag{7.3}$$

从(7.3)式,可得

$$\begin{cases}\boldsymbol{\Phi}^* = \boldsymbol{A}^* + \boldsymbol{I}J(\boldsymbol{\Phi}^*)/2, \\ J(\boldsymbol{\Phi}^*) = -2J(\boldsymbol{A}^*), \\ \nabla\cdot\boldsymbol{\Phi}^* = \nabla\cdot\boldsymbol{A}^* - \nabla J(\boldsymbol{A}^*), \\ 2\,\hat{\nabla}(\nabla\cdot\boldsymbol{\Phi}^*) = 2\,\hat{\nabla}(\nabla\cdot\boldsymbol{A}^*) - 2\nabla\nabla J(\boldsymbol{A}^*), \\ \nabla\cdot\boldsymbol{\Phi}^*\cdot\nabla = \nabla\cdot\boldsymbol{A}^*\cdot\nabla - \nabla^2 J(\boldsymbol{A}^*). \end{cases} \tag{7.4}$$

将(7.3)和(7.4)式代入(7.1)式,得

$$\boldsymbol{T} = \nabla^2\boldsymbol{A}^* - 2\,\hat{\nabla}(\nabla\cdot\boldsymbol{A}^*) + \boldsymbol{I}(\nabla\cdot\boldsymbol{A}^*\cdot\nabla) + 2\,\hat{\nabla}\left[\boldsymbol{h} - \frac{1}{4(1-\nu)}\nabla(\boldsymbol{r}\cdot\boldsymbol{h})\right] + \frac{\nu}{1-\nu}\boldsymbol{I}(\nabla\cdot\boldsymbol{h}). \tag{7.5}$$

将(6.25)代入(7.3)式,得

$$\boldsymbol{A}^* = \nabla^2\boldsymbol{B}^* - \frac{1}{2}\boldsymbol{I}J(\nabla^2\boldsymbol{B}^*) - \frac{1}{2(1-\nu)}\boldsymbol{I}(\nabla\cdot\boldsymbol{B}^*\cdot\nabla), \tag{7.6}$$

其中 $\boldsymbol{B}^*$ 为双调和张量,即

$$\nabla^2\nabla^2\boldsymbol{B}^* = \boldsymbol{0}. \tag{7.7}$$

从(7.6)式,可得

$$\begin{cases}\nabla^2\boldsymbol{A}^* = -\dfrac{1}{2(1-\nu)}\boldsymbol{I}(\nabla\cdot\nabla^2\boldsymbol{B}^*\cdot\nabla), \\ \nabla\cdot\boldsymbol{A}^*\cdot\nabla = \dfrac{1-2\nu}{2(1-\nu)}\nabla\cdot\nabla^2\boldsymbol{B}^*\cdot\nabla. \end{cases} \tag{7.8}$$

将(7.8)代入(7.5)式,得

$$\boldsymbol{T} = -2\,\hat{\nabla}(\nabla\cdot\boldsymbol{A}^*) + 2\,\hat{\nabla}\left[\boldsymbol{h} - \frac{1}{4(1-\nu)}\nabla(\boldsymbol{r}\cdot\boldsymbol{h})\right] + \frac{\nu}{1-\nu}\boldsymbol{I}(\nabla\cdot\boldsymbol{h} - \nabla\cdot\nabla^2\boldsymbol{B}^*\cdot\nabla). \tag{7.9}$$

广义 Hooke 定律为

$$2\mu\,\hat{\nabla}\boldsymbol{u} = \boldsymbol{T} - \frac{\nu}{1+\nu}\boldsymbol{I}J(\boldsymbol{T}), \tag{7.10}$$

将(7.9)和关于 $J(\boldsymbol{T})$ 的(6.34)代入(7.10)式,得

$$2\mu\,\hat{\nabla}\,\boldsymbol{u} = 2\,\hat{\nabla}\left[\boldsymbol{h} - \frac{1}{4(1-\nu)}\nabla(\boldsymbol{r}\cdot\boldsymbol{h}) - \nabla\cdot\boldsymbol{A}^*\right]. \tag{7.11}$$

从(7.11)式,不计刚体位移,得

$$\mu\,\boldsymbol{u} = \boldsymbol{h} - \frac{1}{4(1-\nu)}\nabla(\boldsymbol{r}\cdot\boldsymbol{h}) - \nabla\cdot\boldsymbol{A}^*. \tag{7.12}$$

利用(7.6)式,得

$$\nabla\cdot\boldsymbol{A}^* = \nabla\cdot(\nabla^2\boldsymbol{B}^*) - \frac{1}{2}\nabla\left[\nabla^2 J(\boldsymbol{B}^*) + \frac{1}{1-\nu}\nabla\cdot\boldsymbol{B}^*\cdot\nabla\right]. \tag{7.13}$$

令

$$\boldsymbol{h}^* = \nabla\cdot(\nabla^2\boldsymbol{B}^*), \tag{7.14}$$

由于(7.7)式,有

$$\nabla^2\boldsymbol{h}^* = \boldsymbol{0}. \tag{7.15}$$

对(7.14)取散度,得

$$\nabla\cdot\boldsymbol{h}^* = \nabla^2(\nabla\cdot\boldsymbol{B}^*\cdot\nabla). \tag{7.16}$$

由于(7.15)式,有

$$\nabla\cdot\boldsymbol{h}^* = \frac{1}{2}\,\nabla^2(\boldsymbol{r}\cdot\boldsymbol{h}^*). \tag{7.17}$$

从(7.16)和(7.17)式,得

$$\nabla\cdot\boldsymbol{B}^*\cdot\nabla = \frac{1}{2}(\boldsymbol{r}\cdot\boldsymbol{h}^* + h_0), \tag{7.18}$$

其中 h_0 为调和函数.

将(7.13)、(7.14)和(7.18)代入(7.12)式,得

$$\mu\boldsymbol{u} = \boldsymbol{h} - \boldsymbol{h}^* - \frac{1}{4(1-\nu)}\nabla[\boldsymbol{r}\cdot(\boldsymbol{h}-\boldsymbol{h}^*) - h_0 - 2(1-\nu)J(\nabla^2\boldsymbol{B}^*)]. \tag{7.19}$$

令

$$\begin{cases} \boldsymbol{P} = \dfrac{1}{\mu}(\boldsymbol{h}-\boldsymbol{h}^*), \\ P_0 = -\dfrac{1}{\mu}[h_0 + 2(1-\nu)J(\nabla^2\boldsymbol{B}^*)], \end{cases} \tag{7.20}$$

则(7.19)式成为

$$\begin{cases} \boldsymbol{u} = \boldsymbol{P} - \dfrac{1}{4(1-\nu)} \nabla (P_0 + \boldsymbol{r} \cdot \boldsymbol{P}), \\ \nabla^2 \boldsymbol{P} = 0, \quad \nabla^2 P_0 = 0. \end{cases} \tag{7.21}$$

(7.21)式即第一章§3中所述 Papkovich-Neuber 通解. 这样,通过积分以应力为未知量的弹性力学方程组,也得到了位移的通解.

7.2 解法二

按照(6.3)的第三式和(6.4)式,得

$$\boldsymbol{T} = \nabla^2 \boldsymbol{A} = \nabla^2 \boldsymbol{\Phi} - \boldsymbol{I}\, \nabla^2 J(\boldsymbol{\Phi})/2. \tag{7.22}$$

将(6.9)代入(7.22)式,得

$$\boldsymbol{T} = 2\,\hat{\nabla} \boldsymbol{a} - \boldsymbol{I}\, \frac{\nu}{2(1+\nu)} \nabla^2 J(\boldsymbol{\Phi}). \tag{7.23}$$

对(6.9)两边取迹,得

$$\nabla^2 J(\boldsymbol{\Phi}) = -\frac{4(1+\nu)}{1-2\nu} \nabla \cdot \boldsymbol{a}. \tag{7.24}$$

将(7.24)代入(7.23)式,得

$$\boldsymbol{T} = 2\,\hat{\nabla}\, \boldsymbol{a} + \frac{2\nu}{1-2\nu} \boldsymbol{I} (\nabla \cdot \boldsymbol{a}). \tag{7.25}$$

对(7.25)取迹,得

$$J(\boldsymbol{T}) = \frac{2(1+\nu)}{1-2\nu} \nabla \cdot \boldsymbol{a}. \tag{7.26}$$

将(7.25)和(7.26)代入广义 Hooke 定律(7.10),得

$$2\mu\, \hat{\nabla} \boldsymbol{u} = 2\, \hat{\nabla}\, \boldsymbol{a}. \tag{7.27}$$

因此,不计刚体位移,有

$$\mu \boldsymbol{u} = \boldsymbol{a}. \tag{7.28}$$

对(6.9)取散度,得

$$\nabla^2 \left[\nabla \cdot \boldsymbol{\Phi} - \frac{1}{2(1+\nu)} \nabla J(\boldsymbol{\Phi}) \right] = \nabla^2 \boldsymbol{a} + \nabla (\nabla \cdot \boldsymbol{a}). \tag{7.29}$$

将(7.24)代入(7.29),得

$$\nabla^2\left[\nabla\cdot\boldsymbol{\Phi}-\frac{1}{2}\nabla J(\boldsymbol{\Phi})+\frac{1}{4(1+\nu)}\nabla J(\boldsymbol{\Phi})\right]=\nabla^2\boldsymbol{a}. \tag{7.30}$$

从(7.30),得

$$\boldsymbol{a}=\nabla\cdot\boldsymbol{\Phi}-\frac{1}{2}\nabla J(\boldsymbol{\Phi})+\frac{1}{4(1+\nu)}\nabla J(\boldsymbol{\Phi})+\boldsymbol{h}_1, \tag{7.31}$$

其中 $\boldsymbol{h}_1$ 为调和矢量. 从(6.3)的第二式和(6.4),得

$$\boldsymbol{h}=\nabla\cdot\boldsymbol{\Phi}-\frac{1}{2}\nabla J(\boldsymbol{\Phi}). \tag{7.32}$$

将(7.32)代入(7.31),得

$$\boldsymbol{a}=\boldsymbol{h}+\boldsymbol{h}_1+\frac{1}{4(1+\nu)}\nabla J(\boldsymbol{\Phi}). \tag{7.33}$$

对(7.25)取散度,并利用(7.24),得

$$\nabla\cdot\boldsymbol{T}=\nabla^2\boldsymbol{a}+\nabla\nabla\cdot\boldsymbol{a}-\frac{\nu}{2(1+\nu)}\nabla\nabla^2 J(\boldsymbol{\Phi}). \tag{7.34}$$

对(7.33)取 Laplace 算子和散度,分别得

$$\nabla^2\boldsymbol{a}=\frac{1}{4(1+\nu)}\nabla\nabla^2 J(\boldsymbol{\Phi}), \tag{7.35}$$

$$\nabla\cdot\boldsymbol{a}=\nabla\cdot(\boldsymbol{h}+\boldsymbol{h}_1)+\frac{1}{4(1+\nu)}\nabla^2 J(\boldsymbol{\Phi}). \tag{7.36}$$

将(7.35)和(7.36)代入(7.34),并考虑到平衡方程,得

$$\nabla\nabla^2 J(\boldsymbol{\Phi})=-\frac{2(1+\nu)}{1-\nu}\nabla\nabla\cdot(\boldsymbol{h}+\boldsymbol{h}_1). \tag{7.37}$$

由于 $\boldsymbol{h}+\boldsymbol{h}_1$ 为调和矢量,(7.37)可写为

$$\nabla^2\nabla J(\boldsymbol{\Phi})=\nabla^2\nabla\left[-\frac{1+\nu}{1-\nu}\boldsymbol{r}\cdot(\boldsymbol{h}+\boldsymbol{h}_1)\right]. \tag{7.38}$$

从(7.38),得

$$\nabla J(\boldsymbol{\Phi})=-\frac{1+\nu}{1-\nu}\nabla[\boldsymbol{r}\cdot(\boldsymbol{h}+\boldsymbol{h}_1)+\mu P_0], \tag{7.39}$$

其中 P_0 为调和函数. 将(7.39)代入(7.33),得

$$a = \mu\left[P - \frac{1}{4(1-\nu)}\nabla(P_0 + r \cdot P)\right], \tag{7.40}$$

其中 $\mu P = h + h_1$ 为调和矢量. 将(7.40)式代入(7.28)式,即得 Papkovich-Neuber 解(7.21).

§8 矢量分析的相关命题

设有散度为零的矢量场 a,

$$\nabla \cdot a = 0. \tag{8.1}$$

我们观察到,方程(8.1)与平衡方程(1.1),从数学上来说是类似的.(1.1)是二阶张量的散度为零,而(8.1)则是一阶张量的散度为零,因此,处理方法也应是类似的.将方程(8.1)改写成算子形式:

$$Pa = 0, \tag{8.2}$$

$$P = (\partial_x, \partial_y, \partial_z), \quad a = (a_x, a_y, a_z)^{\mathrm{T}}. \tag{8.3}$$

设

$$Q = (\partial_x, \partial_y, \partial_z)^{\mathrm{T}}, \tag{8.4}$$

则有

$$PQ = \nabla^2, \tag{8.5}$$

$$QP = I\,\nabla^2 - M, \tag{8.6}$$

其中 I 为 3×3 单位阵,而

$$M = \begin{bmatrix} \partial_y^2 + \partial_z^2 & -\partial_x\partial_y & -\partial_x\partial_z \\ -\partial_y\partial_x & \partial_z^2 + \partial_x^2 & -\partial_y\partial_z \\ -\partial_z\partial_x & -\partial_z\partial_y & \partial_x^2 + \partial_y^2 \end{bmatrix}. \tag{8.7}$$

不难看出,M 可写成两个矩阵的乘积,

$$M = -\begin{bmatrix} 0 & -\partial_z & \partial_y \\ \partial_z & 0 & -\partial_x \\ -\partial_y & \partial_x & 0 \end{bmatrix}\begin{bmatrix} 0 & -\partial_z & \partial_y \\ \partial_z & 0 & -\partial_x \\ -\partial_y & \partial_x & 0 \end{bmatrix}. \tag{8.8}$$

本章§2与第一章§8完全类似,令

$$\boldsymbol{a}^{*} = \boldsymbol{Q}\varphi, \tag{8.9}$$

$$\varphi = \boldsymbol{P}\boldsymbol{\psi}, \tag{8.10}$$

$$\boldsymbol{\psi} = \mathscr{F}(\boldsymbol{a}), \tag{8.11}$$

其中 φ 为标量,$\boldsymbol{\psi}$ 为矢量,$\mathscr{F}$ 为 Newton 位势. 因而有

$$\boldsymbol{a}^{*} = \boldsymbol{QP}\boldsymbol{\psi} = \nabla^2\boldsymbol{\psi} - \boldsymbol{M}\boldsymbol{\psi}. \tag{8.12}$$

利用(8.11),从(8.12),得

$$\boldsymbol{a} = \boldsymbol{a}^{*} + \boldsymbol{M}\boldsymbol{\psi}. \tag{8.13}$$

从(8.9),得(8.13)式中的 $\boldsymbol{a}^{*}$ 可改写成

$$\boldsymbol{a}^{*} = \nabla\varphi. \tag{8.14}$$

利用(8.8),将(8.13)中的 $\boldsymbol{M}\boldsymbol{\psi}$ 项改写成

$$\boldsymbol{M}\boldsymbol{\psi} = -\nabla\times(\nabla\times\boldsymbol{\psi}). \tag{8.15}$$

令

$$\boldsymbol{b} = -\nabla\times\boldsymbol{\psi}. \tag{8.16}$$

将(8.14)、(8.15)和(8.16)代入(8.13)式,得

$$\boldsymbol{a} = \nabla\varphi + \nabla\times\boldsymbol{b} \qquad (\nabla\cdot\boldsymbol{b} = 0), \tag{8.17}$$

此式即著名的矢量的 Helmholtz 分解. 如果将(8.17)代入(8.1),可得

$$\nabla^2\varphi = 0. \tag{8.18}$$

Stevenson[252]证明了下列命题:

命题　设 $\boldsymbol{a}$ 为区域 Ω 中的矢量场,如果对 Ω 中任意封闭面 S 总有

$$\oiint_S \boldsymbol{n}\cdot\boldsymbol{a}\,\mathrm{d}s = 0, \tag{8.19}$$

其中 $\boldsymbol{n}$ 为 S 的单位外法向. 则存在无散场 $\boldsymbol{b}$,使

$$\boldsymbol{a} = \nabla\times\boldsymbol{b} \qquad (\nabla\cdot\boldsymbol{b} = 0). \tag{8.20}$$

我们可以认为,§2中的恒等式(2.3)是 Helmholtz 分解的推广;Beltrami-Schaefer 应力函数 $\boldsymbol{\Phi}$ 和 $\boldsymbol{h}$ 是(8.16)、(8.17)和(8.18)式中的 $\boldsymbol{\psi}$ 和 φ 的推广;Carlson 定理 3.2 是 Stevenson 命题的推广. 显然,本章的方法可以推广到 r 阶 n 维张量.

第六章　弹性势论

在 Laplace 方程的边值问题中，位势理论起了重要的作用．在弹性力学的边值问题中，它同样起着重要作用．基本解是位势理论的基础，本章首先介绍集中力的严格定义和极限过程下的弹性力学基本解，然后借助于互易公式推导出解的各种表示和各种边界积分方程，再考察 Kupradze 弹性势论、中值定理、Schwartz 交替法等内容．

§1　Kelvin 基本解

1.1　Sternberg-Eubanks 集中力

在弹性力学中，集中力是一个派生的概念，它被认为是连续分布力的极限．关于集中体力，Sternberg 和 Eubanks[249]给出了一个严格的定义．

定义 1.1　$\boldsymbol{f}_m(\boldsymbol{r}-\boldsymbol{r}_0)$称为在矢径为 $\boldsymbol{r}_0$ 的点上收敛到大小为 $\boldsymbol{F}$ 的体力序列，如果它满足如下 4 个条件：

(1) $\boldsymbol{f}_m(\boldsymbol{r}-\boldsymbol{r}_0)\in C^2(E^3)$，

(2) $\boldsymbol{f}_m(\boldsymbol{r}-\boldsymbol{r}_0)=0$，　在 $E^3\backslash\Sigma_{1/m}(\boldsymbol{r}_0)$中，

(3) $$\iiint_{E^3}\boldsymbol{f}_m(\boldsymbol{r}-\boldsymbol{r}_0)\mathrm{d}\tau_r\rightarrow\boldsymbol{F},\quad m\rightarrow\infty,\tag{1.1}$$

(4) $$\iiint_{E^3}|\boldsymbol{f}_m(\boldsymbol{r}-\boldsymbol{r}_0)|\mathrm{d}\tau_r<M,\quad m=1,2,\cdots,$$

并记作

$$\boldsymbol{f}_m(\boldsymbol{r}-\boldsymbol{r}_0)\rightarrow\boldsymbol{F},\quad m\rightarrow\infty.\tag{1.2}$$

其中，E^3 为三维欧氏空间，$C^2(E^3)$表示 E^3 中具有二阶连续导数的集合，$\Sigma_{1/m}(\boldsymbol{r}_0)$表示以 $\boldsymbol{r}_0$ 为心、$1/m$ 为半径的球体，记号"\"表示集合的"差"，$\boldsymbol{F}$ 为常矢量，M 为常量.

现在指出，对给定的 $\boldsymbol{r}_0$ 和 $\boldsymbol{F}$，总存在 $\boldsymbol{f}_m(\boldsymbol{r}-\boldsymbol{r}_0)$使(1.1)的 4 个条件成立. 不妨设 $\boldsymbol{r}_0=0$，例如

$$\boldsymbol{f}_m(\boldsymbol{r}) = \boldsymbol{F} f_m(r), \tag{1.3}$$

其中

$$f_m(r) = \begin{cases} \dfrac{1}{C_m}\mathrm{e}^{-\left(r-\frac{1}{m}\right)^{-2}}, & 0 \leqslant r < 1/m, \\ 0, & r \geqslant 1/m, \end{cases} \tag{1.4}$$

$$C_m = 4\pi\int_0^{1/m} \mathrm{e}^{-\left(r-\frac{1}{m}\right)^{-2}} r^2 \mathrm{d}r. \tag{1.5}$$

不难看出，由(1.3)所定义的体力序列 $\boldsymbol{f}_m(\boldsymbol{r})$是球对称的.

对于集中面力，Turteltaub 和 Sternberg[271]也给出了相类似的定义.

1.2　基本解定理

有体力的弹性力学方程为

$$\nabla^2 \boldsymbol{u} + \frac{1}{1-2\nu}\nabla(\nabla\cdot\boldsymbol{u}) = -\frac{1}{\mu}\boldsymbol{f}, \tag{1.6}$$

其中 $\boldsymbol{u}$ 为位移矢量，ν 为 Poisson 比，μ 为剪切模量，$\boldsymbol{f}$ 为体力. 在第一章 § 3 中，已求出方程(1.6)的特解为

$$\boldsymbol{u}(\boldsymbol{r}) = \alpha\left[(3-4\nu)\iiint_\Omega \frac{\boldsymbol{f}(\boldsymbol{\xi})}{\rho}\mathrm{d}\tau_\xi + \iiint_\Omega \frac{\boldsymbol{\rho}\cdot\boldsymbol{f}(\boldsymbol{\xi})}{\rho^3}\boldsymbol{\rho}\,\mathrm{d}\tau_\xi\right], \tag{1.7}$$

这里 $\alpha=\dfrac{1}{16\pi\mu(1-\nu)}$，$\Omega$ 为弹性区域，$\rho=|\boldsymbol{\rho}|$，而

$$\boldsymbol{\rho} = \boldsymbol{r} - \boldsymbol{\xi} = \boldsymbol{i}(x-\xi) + \boldsymbol{j}(y-\eta) + \boldsymbol{k}(z-\zeta). \tag{1.8}$$

设

$$\boldsymbol{u}^F(\boldsymbol{r}) = \alpha\left[(3-4\nu)\frac{\boldsymbol{F}}{R} + \frac{\boldsymbol{R}\cdot\boldsymbol{F}}{R^3}\boldsymbol{R}\right], \tag{1.9}$$

其中 $R=|\boldsymbol{R}|$,而

$$\boldsymbol{R}=\boldsymbol{r}-\boldsymbol{r}_0=\boldsymbol{i}(x-x_0)+\boldsymbol{j}(y-y_0)+\boldsymbol{k}(z-z_0), \tag{1.10}$$

$\boldsymbol{u}^F$ 通常称为弹性力学问题的 Kelvin 基本解,或基本解. 本段将证明下述定理.

定理 1. 1(Sternberg 和 Eubanks[249]) 如果在定义 1. 1 下,有

$$\boldsymbol{f}_m(\boldsymbol{r}-\boldsymbol{r}_0)\to\boldsymbol{F}\quad(m\to\infty). \tag{1.11}$$

设

$$\boldsymbol{u}_m(\boldsymbol{r})=\alpha\Big[(3-4\nu)\iiint_{\Omega}\frac{\boldsymbol{f}_m(\boldsymbol{\xi}-\boldsymbol{r}_0)}{\rho}\mathrm{d}\tau_\xi+\iiint_{\Omega}\frac{\boldsymbol{\rho}\cdot\boldsymbol{f}_m(\boldsymbol{\xi}-\boldsymbol{r}_0)}{\rho^3}\boldsymbol{\rho}\,\mathrm{d}\tau_\xi\Big], \tag{1.12}$$

则对 $|\boldsymbol{r}-\boldsymbol{r}_0|\geqslant 1/K$,$K$ 为任意给定的常数,一致地有

$$\boldsymbol{u}_m(\boldsymbol{r})\to\boldsymbol{u}^F(\boldsymbol{r})\quad(m\to\infty). \tag{1.13}$$

证明 记

$$\boldsymbol{H}_m(\boldsymbol{r})=\frac{1}{4\pi\mu}\iiint_{E^3}\frac{\boldsymbol{f}_m(\boldsymbol{\xi}-\boldsymbol{r}_0)}{\rho}\mathrm{d}\tau_\xi, \tag{1.14}$$

$$\boldsymbol{H}(\boldsymbol{r})=\frac{1}{4\pi\mu}\frac{\boldsymbol{F}}{R}, \tag{1.15}$$

$$H_{0m}(\boldsymbol{r})=\frac{1}{4\pi\mu}\iiint_{E^3}\frac{\boldsymbol{\xi}\cdot\boldsymbol{f}_m(\boldsymbol{\xi}-\boldsymbol{r}_0)}{\rho}\mathrm{d}\tau_\xi, \tag{1.16}$$

$$H_0(\boldsymbol{r})=\frac{1}{4\pi\mu}\frac{\boldsymbol{r}_0\cdot\boldsymbol{F}}{R}. \tag{1.17}$$

那么(1. 12)和(1. 9)式可分别写成

$$\boldsymbol{u}_m(\boldsymbol{r})=\boldsymbol{H}_m(\boldsymbol{r})-\frac{1}{4(1-\nu)}\nabla\big[H_{0m}(\boldsymbol{r})+\boldsymbol{r}\cdot\boldsymbol{H}_m(\boldsymbol{r})\big], \tag{1.18}$$

$$\boldsymbol{u}^F(\boldsymbol{r})=\boldsymbol{H}(\boldsymbol{r})-\frac{1}{4(1-\nu)}\nabla\big[H_0(\boldsymbol{r})+\boldsymbol{r}\cdot\boldsymbol{H}_m(\boldsymbol{r})\big]. \tag{1.19}$$

现在来估计差

$$
\begin{aligned}
&|\boldsymbol{H}_m(\boldsymbol{r})-\boldsymbol{H}(\boldsymbol{r})| \\
&=\frac{1}{4\pi\mu}\left|\iiint\limits_{\Sigma_{1/m}}\frac{\boldsymbol{f}_m(\boldsymbol{\xi}-\boldsymbol{r}_0)}{\rho}\mathrm{d}\tau_\xi-\frac{\boldsymbol{F}}{R}\right|,\quad |\boldsymbol{r}-\boldsymbol{r}_0|\geqslant\frac{1}{K}.
\end{aligned}\tag{1.20}
$$

在得到上式时，用到了定义 1.1 中条件(2). 在(1.20)中插入一项，利用三角不等式和积分绝对值不等式，得

$$
\begin{aligned}
|\boldsymbol{H}_m(\boldsymbol{r})-\boldsymbol{H}(\boldsymbol{r})|\leqslant\frac{1}{4\pi\mu}\Bigg[&\iiint\limits_{\Sigma_{1/m}}|\boldsymbol{f}_m(\boldsymbol{\xi}-\boldsymbol{r}_0)|\left|\frac{1}{\rho}-\frac{1}{R}\right|\mathrm{d}\tau_\xi \\
&+\frac{1}{R}\left|\iiint\limits_{\Sigma_{1/m}}\boldsymbol{f}_m(\boldsymbol{\xi}-\boldsymbol{r}_0)\mathrm{d}\tau_\xi-\boldsymbol{F}\right|\Bigg].
\end{aligned}\tag{1.21}
$$

先来估计(1.21)的第一项，当 $1/m<1/2K$ 时，从图 6.1，不难得到

$$
\left|\frac{1}{\rho}-\frac{1}{R}\right|=\frac{|\rho-R|}{\rho R}\leqslant\frac{|\boldsymbol{\xi}-\boldsymbol{r}_0|}{\rho R}\leqslant\frac{2K^2}{m}.\tag{1.22}
$$

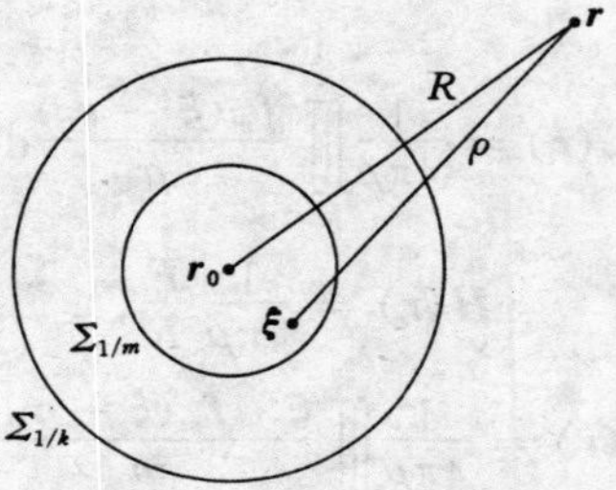

图　6.1

将(1.22)代入(1.21)，并考虑到定义 1.1 中的条件(4)，得

$$
\begin{aligned}
&|\boldsymbol{H}_m(\boldsymbol{r})-\boldsymbol{H}(\boldsymbol{r})| \\
&\leqslant\frac{1}{4\pi\mu}\left[\frac{2K^2}{m}M+\frac{1}{R}\left|\iiint\limits_{\Sigma_{1/m}}\boldsymbol{f}_m(\boldsymbol{\xi}-\boldsymbol{r}_0)\mathrm{d}\tau_\xi-\boldsymbol{F}\right|\right].
\end{aligned}\tag{1.23}
$$

由于 K 给定，M 也是定数，当 m 充分大时，再利用定义 1.1 中的条件(3)，可知(1.23)式右端为任意小，且与 $\boldsymbol{r}$ 的位置无关，即 $\boldsymbol{H}_m(\boldsymbol{r})$在$|\boldsymbol{r}-\boldsymbol{r}_0|\geqslant 1/K$ 上一致收敛于 $\boldsymbol{H}(\boldsymbol{r})$.

同理可证,$H_{0m}(\boldsymbol{r})$在$|\boldsymbol{r}-\boldsymbol{r}_0|\geqslant 1/K$ 上也一致收敛于 $H_0(\boldsymbol{r})$. 还可以证明,$\boldsymbol{H}_m(\boldsymbol{r})$和 $\boldsymbol{H}_{0m}(\boldsymbol{r})$的各种一阶导数,分别一致收敛于 $\boldsymbol{H}(\boldsymbol{r})$和 $H_0(\boldsymbol{r})$相应的各种一阶导数. 对(1.18)和(1.19)作差,可知,$\boldsymbol{u}_m(\boldsymbol{r})$一致收敛于 $\boldsymbol{u}^F(\boldsymbol{r})$. 定理证毕.

附注 还可证明 $\boldsymbol{H}_m(\boldsymbol{r})$和 $H_{0m}(\boldsymbol{r})$的各种高阶导数,分别一致收敛于 $\boldsymbol{H}(\boldsymbol{r})$和 $H_0(\boldsymbol{r})$相应的各种高阶导数,这样由 $\boldsymbol{u}_m(\boldsymbol{r})$生成的应力就一致收敛于 $\boldsymbol{u}^F(\boldsymbol{r})$生成的应力.

1.3 定理 1.1 的反例

如果定义 1.1 中缺少一致有界的条件(4),则定理 1.1 可能不成立. 有反例如下(Sternberg 和 Eubanks[249]):不妨设 $\boldsymbol{r}_0=\boldsymbol{0}$,

$$\boldsymbol{f}_m(\boldsymbol{r}) = \begin{cases} (\boldsymbol{i}+\boldsymbol{j}+\boldsymbol{k})f_m(r), & 0\leqslant r<1/m, \\ \boldsymbol{0}, & r\geqslant 1/m, \end{cases} \tag{1.24}$$

其中

$$f_m(r) = Cm^{11}\left(r-\frac{1}{m}\right)^3\left(30r^3-6\frac{r^2}{m}-3\frac{r}{m^2}-\frac{1}{m^3}\right), \tag{1.25}$$

这里 C 为待定常数. 将(1.25)式展开,有

$$f_m(r) = Cm^{11}\left(30r^6-96\frac{r^5}{m}+105\frac{r^4}{m^2}-40\frac{r^3}{m^3}+\frac{1}{m^6}\right), \tag{1.26}$$

从上式,不难算出

$$\int_0^{1/m} r^2 f_m(r)\mathrm{d}r = 0, \tag{1.27}$$

$$\int_0^{1/m} r^4 f_m(r)\mathrm{d}r = -\frac{C}{165}. \tag{1.28}$$

对于(1.24)式所定义的体力序列,由于

$$f_m\left(\frac{1}{m}\right) = f'_m\left(\frac{1}{m}\right) = f''_m\left(\frac{1}{m}\right) = 0, \tag{1.29}$$

所以定义 1.1 中的条件(1)成立. 另外,条件(2)显然成立. 关于条

件(3)，由于(1.27)式，我们有

$$\iiint\limits_{E^3} \boldsymbol{f}_m(\boldsymbol{\xi})\mathrm{d}\tau_\xi = (\boldsymbol{i}+\boldsymbol{j}+\boldsymbol{k})\int_0^{2\pi}\int_0^{\pi}\int_0^{1/m} f_m(t)t^2\sin\theta\,\mathrm{d}t\mathrm{d}\theta\mathrm{d}\varphi$$

$$= 4\pi(\boldsymbol{i}+\boldsymbol{j}+\boldsymbol{k})\int_0^{1/m} t^2 f_m(t)\mathrm{d}t = \mathbf{0}, \tag{1.30}$$

其中 $\mathrm{d}\tau_\xi = \mathrm{d}\xi\mathrm{d}\eta\mathrm{d}\zeta = t^2\sin\theta\,\mathrm{d}t\mathrm{d}\theta\mathrm{d}\varphi$,

$$\xi = t\sin\theta\sin\varphi,\quad \eta = t\sin\theta\cos\varphi,\quad \zeta = t\cos\theta. \tag{1.31}$$

(1.30)式表明，定义 1.1 中的条件(3)中的 $\boldsymbol{F}$ 为零. 如果定理 1.1 忽略条件(4)，对(1.24)的体力序列而言，将有零位移场，即(1.13)式为

$$\boldsymbol{u}_m(\boldsymbol{r}) \to \mathbf{0}\quad (m\to\infty). \tag{1.32}$$

现在来导出矛盾. 我们计算体力序列(1.24)对于在 z 轴上的 $\boldsymbol{r}$ 所生成的 Kelvin 特解，先算(1.18)式中的 $\boldsymbol{H}_m(\boldsymbol{r})$ 和 $H_{0m}(\boldsymbol{r})$：

$$\boldsymbol{H}_m(\boldsymbol{r}) = \frac{1}{4\pi\mu}(\boldsymbol{i}+\boldsymbol{j}+\boldsymbol{k})\iiint\limits_{\Sigma_{1/m}} f_m(t)\,\frac{1}{\rho}t^2\sin\theta\,\mathrm{d}t\mathrm{d}\theta\mathrm{d}\varphi$$

$$= \frac{1}{2\mu}(\boldsymbol{i}+\boldsymbol{j}+\boldsymbol{k})\int_0^{1/m} t^2 f_m(t)\left(\int_0^{\pi}\frac{\sin\theta\mathrm{d}\theta}{\sqrt{r^2-2rt\cos\theta+t^2}}\right)\mathrm{d}t$$

$$= \frac{1}{\mu r}(\boldsymbol{i}+\boldsymbol{j}+\boldsymbol{k})\int_0^{1/m} t^2 f_m(t)\mathrm{d}t = \mathbf{0}, \tag{1.33}$$

$$H_{0m}(\boldsymbol{r}) = -\frac{1}{4\pi\mu}\iiint\limits_{\Sigma_{1/m}} \frac{1}{\rho}\,\boldsymbol{\xi}\cdot\boldsymbol{f}_m(\boldsymbol{\xi})\mathrm{d}\tau_\xi$$

$$= -\frac{1}{4\pi\mu}\iiint\limits_{\Sigma_{1/m}} (\xi+\eta+\zeta)f_m(t)\,\frac{t^2\sin\theta}{\sqrt{r^2-2rt\cos\theta+t^2}}\mathrm{d}t\mathrm{d}\theta\mathrm{d}\varphi, \tag{1.34}$$

其中 $\boldsymbol{r}$ 在 z 轴上. 将球坐标关系式(1.31)代入(1.34)，先对 φ 从 0 至 2π 积分，得

$$H_{0m}(\boldsymbol{r}) = -\frac{1}{2\mu}\int_0^{1/m} t^3 f_m(t)\left(\int_0^{\pi}\frac{\sin\theta\cos\theta\,\mathrm{d}\theta}{\sqrt{r^2-2rt\cos\theta+t^2}}\right)\mathrm{d}t.$$

对上式,算出 θ 的积分,得

$$H_{0m}(\boldsymbol{r}) = -\frac{1}{3\mu r^2}\int_0^{1/m} t^4 f_m(t)\mathrm{d}t. \tag{1.35}$$

利用(1.28)式,由(1.35)式得

$$H_{0m}(\boldsymbol{r}) = \frac{C}{495\mu}\frac{1}{r^2}. \tag{1.36}$$

若令 $C=-1980(1-\nu)\mu$,则上式成为

$$H_{0m}(\boldsymbol{r}) = -4(1-\nu)\frac{1}{r^2}. \tag{1.37}$$

将(1.37)和(1.33)代入(1.18)式,对 z 轴上的 $\boldsymbol{r}$,有

$$\boldsymbol{u}_m(\boldsymbol{r})\cdot k = \frac{\partial}{\partial z}\left(\frac{1}{r^2}\right). \tag{1.38}$$

(1.38)与(1.32)式是矛盾的,其原因在于体力序列(1.24)不满足(1.1)的条件(4).事实上,

$$\iiint_{E^3} |\boldsymbol{f}_m(\boldsymbol{\xi})|\mathrm{d}\tau_\xi = 4\sqrt{3}\,\pi\int_0^{1/m} t^2|f_m(t)|\mathrm{d}t$$

$$\geqslant 4\sqrt{3}\,\pi\int_0^{1/5m} t^2|f_m(t)|\mathrm{d}t, \tag{1.39}$$

当 $t\leqslant\dfrac{1}{5m}$ 时,有

$$\left|t-\frac{1}{m}\right| \geqslant \frac{4}{5m}; \tag{1.40}$$

$$\left|30t^3-\frac{6}{m}t^2-\frac{3t}{m^2}-\frac{1}{m^3}\right|$$

$$= \left|6t^2\left(-5t+\frac{1}{m}\right)+\frac{3t}{m^2}+\frac{1}{m^3}\right| \geqslant \frac{1}{m^3}; \tag{1.41}$$

$$|f_m(t)| \geqslant Cm^{11}\left(\frac{4}{5m}\right)^3\frac{1}{m^3} = \frac{64}{125}Cm^5. \tag{1.42}$$

将(1.42)代入(1.39)式,得

$$\iiint_{E^3} |\boldsymbol{f}_m(\boldsymbol{\xi})|\mathrm{d}\tau_\xi \geqslant \frac{256}{125}\sqrt{3}\,\pi Cm^5\int_0^{1/5m} t^2\mathrm{d}t \to \infty \quad (m\to\infty). \tag{1.43}$$

上式表示，对(1.24)的体力序列，(1.1)中的条件(4)不成立.

此反例表明，(1.1)中的一致有界条件(4)十分重要，不可省略.

1.4 基本解的性质

定理 1.2 基本解(1.9)具有如下性质：

(1) 在 $E\backslash\{\boldsymbol{r}_0\}$ 上满足无体力的弹性力学方程；

(2) $$\oiint_{\partial\Sigma_\eta(\boldsymbol{r}_0)} \boldsymbol{t}\mathrm{d}s_\xi = -\boldsymbol{F}, \tag{1.44}$$

$$\oiint_{\partial\Sigma_\eta(\boldsymbol{r}_0)} (\boldsymbol{\xi}-\boldsymbol{r}_0)\times\boldsymbol{t}\mathrm{d}s_\xi = \boldsymbol{0}; \tag{1.45}$$

(3) $\boldsymbol{u}=O\left(\frac{1}{R}\right)$, $\boldsymbol{r}\to\boldsymbol{r}_0$, $\quad \boldsymbol{u}=O\left(\frac{1}{r}\right)$, $\boldsymbol{r}\to\infty$,

其中 $\eta>0$ 为任意正数，$\boldsymbol{t}$ 为基本解(1.9)所生成的面力.

证明 性质(1)和(3)显然成立. 现在我们来证明性质(2). 设 $\boldsymbol{f}_m(\boldsymbol{r}-\boldsymbol{r}_0)$ 为在 $\boldsymbol{r}_0$ 收敛于 $\boldsymbol{F}$ 的体力序列，则有

$$\oiint_{\partial\Sigma_\eta(\boldsymbol{r}_0)} \boldsymbol{t}_m\mathrm{d}s_\xi + \iiint_{\Sigma_\eta(\boldsymbol{r}_0)} \boldsymbol{f}_m(\boldsymbol{\xi}-\boldsymbol{r}_0)\mathrm{d}\tau_\xi = \boldsymbol{0}, \tag{1.46}$$

其中 $\boldsymbol{t}_m=\boldsymbol{n}\cdot\boldsymbol{T}_m$，$\boldsymbol{n}$ 为 $\partial\Sigma_\eta(\boldsymbol{r}_0)$ 的单位外法向，$\boldsymbol{T}_m$ 为相应于 $\boldsymbol{u}_m$ 的应力场. 将(1.46)取极限，即得(1.44)式. 此外，有

$$\oiint_{\partial\Sigma_\eta(\boldsymbol{r}_0)} (\boldsymbol{\xi}-\boldsymbol{r}_0)\times\boldsymbol{t}_m\mathrm{d}s_\xi + \iiint_{\Sigma_\eta(\boldsymbol{r}_0)} (\boldsymbol{\xi}-\boldsymbol{r}_0)\times\boldsymbol{f}_m(\boldsymbol{\xi}-\boldsymbol{r}_0)\mathrm{d}\tau_\xi = \boldsymbol{0}, \tag{1.47}$$

从上式得

$$\left|\oiint_{\partial\Sigma_\eta(\boldsymbol{r}_0)} (\boldsymbol{\xi}-\boldsymbol{r}_0)\times\boldsymbol{t}_m\mathrm{d}s_\xi\right| \leqslant \iiint_{\Sigma_\eta(\boldsymbol{r}_0)} |\boldsymbol{\xi}-\boldsymbol{r}_0||\boldsymbol{f}(\boldsymbol{\xi}-\boldsymbol{r}_0)|\mathrm{d}\tau_\xi \leqslant \frac{M}{m}. \tag{1.48}$$

从(1.48)和(1.47)式可知，当 $m\to\infty$ 时，(1.45)成立. 定理证毕.

Sternberg 和 Eubanks[249]不仅给出了上述定理 1.2，还证明

了：如果位移场 $\boldsymbol{u}$ 满足定理 1.2 的条件(1)、(2)和(3)，则 $\boldsymbol{u}$ 为 Kelvin 基本解(1.9). 他们也指出了条件(3)是重要的，不可缺少的，否则就有反例. 事实上，若 $\boldsymbol{u}$ 满足定理 1.2 的条件(1)和(2)，那么 $\boldsymbol{u}+\boldsymbol{u}^{(11)}$，$\boldsymbol{u}+\boldsymbol{u}^{(22)}$ 等高阶奇异场均满足定理 1.2 的条件(1)和(2)，其中 $\boldsymbol{u}^{(11)}$ 和 $\boldsymbol{u}^{(22)}$ 等的定义见下面的 1.5 小节.

1.5 二重奇异解

将在 $\boldsymbol{r}_0$ 沿 $\boldsymbol{e}_i$ 方向上作用单位力的 Kelvin 基本解，记为

$$\boldsymbol{u}^{(i)}(\boldsymbol{r}) = \alpha\left[(3-4\nu)\frac{\boldsymbol{e}_i}{R} + \frac{R_i}{R^3}\boldsymbol{R}\right] \quad (i=1,2,3), \tag{1.49}$$

其中 $\boldsymbol{R}=\boldsymbol{r}-\boldsymbol{r}_0$.（注：$\boldsymbol{u}^{(i)}(\boldsymbol{r})$ 的量纲并不是长度，这是因为(1.49)中略去了力的单位，然而这种记法却为今后的应用带来方便.）令

$$\boldsymbol{u}^{(ij)}(\boldsymbol{r}) = \frac{\partial}{\partial x_j}\boldsymbol{u}^{(i)}(\boldsymbol{r}) \quad (i,j=1,2,3), \tag{1.50}$$

将(1.49)代入(1.50)式，得

$$\boldsymbol{u}^{(ij)} = \frac{\alpha}{R^3}\left[-(3-4\nu)R_j\boldsymbol{e}_i + \delta_{ij}\boldsymbol{R} + R_i\boldsymbol{e}_j - \frac{3R_iR_j}{R^2}\boldsymbol{R}\right] \quad (i,j=1,2,3). \tag{1.51}$$

为说明 $\boldsymbol{u}^{(ij)}$ 的力学意义，我们将 $\boldsymbol{u}^{(i)}$ 明确写成 $\boldsymbol{u}(\boldsymbol{r};\boldsymbol{r}_0,\boldsymbol{e}_i)$，再将(1.50)式右端的微商写成极限形式：

$$\boldsymbol{u}^{(ij)} = \lim_{h\to 0}\frac{\boldsymbol{u}(\boldsymbol{r};\boldsymbol{r}_0,\boldsymbol{e}_i) - \boldsymbol{u}(\boldsymbol{r}-h\boldsymbol{e}_j;\boldsymbol{r}_0,\boldsymbol{e}_i)}{h}, \tag{1.52}$$

考虑到 $\boldsymbol{u}^{(i)}$ 的形式(1.49)，可将(1.52)写成

$$\boldsymbol{u}^{(ij)} = \lim_{h\to 0}\left[\boldsymbol{u}\left(\boldsymbol{r};\boldsymbol{r}_0,\frac{1}{h}\boldsymbol{e}_i\right) + \boldsymbol{u}\left(\boldsymbol{r};\boldsymbol{r}_0+h\boldsymbol{e}_j,-\frac{1}{h}\boldsymbol{e}_i\right)\right]. \tag{1.53}$$

从上式可以看出，在 $\boldsymbol{r}_0$ 沿 $\boldsymbol{e}_i$ 方向作用大小为 $1/h$ 的力，在 $\boldsymbol{r}_0+h\boldsymbol{e}_j$ 沿负 $\boldsymbol{e}_i$ 方向作用大小为 $1/h$ 的力，当 $h\to 0$ 时，其相应的位移场为 $\boldsymbol{u}^{(ij)}$，见图 6.2. 从(1.50)或(1.51)式，以及上面提及的解释，可得下述定理.

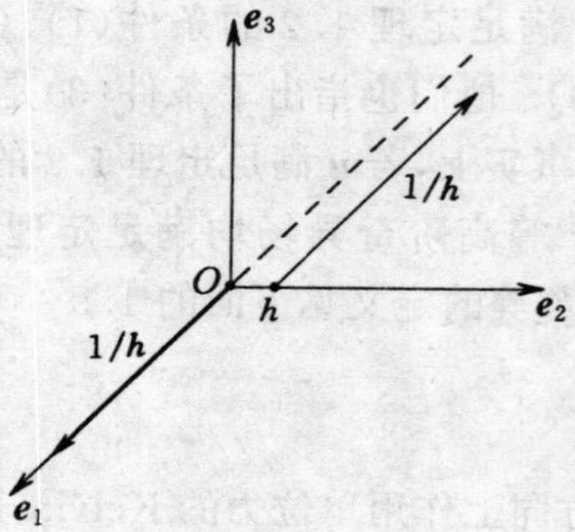

图　6.2

定理 1.3　二重奇异解 $\boldsymbol{u}^{(ij)}$ 有如下三个性质：

(1) 在 $E\backslash\{\boldsymbol{r}_0\}$ 上，$\boldsymbol{u}^{(ij)}$ 满足无体力的弹性力学方程；

(2) $$\oint\!\!\oint_{\partial\Sigma_\eta(\boldsymbol{r}_0)} \boldsymbol{t}^{(ij)}\mathrm{d}s=0, \tag{1.54}$$

$$\oint\!\!\oint_{\partial\Sigma_\eta(\boldsymbol{r}_0)} (\boldsymbol{\xi}-\boldsymbol{r}_0)\times\boldsymbol{t}^{(ij)}\mathrm{d}s=-\boldsymbol{e}_i\times\boldsymbol{e}_j; \tag{1.55}$$

(3) 当 $R\to 0$ 或 $R\to\infty$ 时

$$\boldsymbol{u}^{(ij)}=O\left(\frac{1}{R^2}\right), \tag{1.56}$$

其中 $\boldsymbol{t}^{(ij)}$ 表示相应于位移场 $\boldsymbol{u}^{(ij)}$ 的面力.

显然，$\boldsymbol{u}^{(11)}$，$\boldsymbol{u}^{(22)}$，$\boldsymbol{u}^{(33)}$ 相当于零力、零力矩作用下的位移场，记

$$\boldsymbol{u}^{(0)}=\boldsymbol{u}^{(11)}+\boldsymbol{u}^{(22)}+\boldsymbol{u}^{(33)}, \tag{1.57}$$

我们称 $\boldsymbol{r}_0$ 为压力中心. 将(1.51)代入(1.57)式，得

$$\boldsymbol{u}^{(0)}=\frac{1-2\nu}{8\pi\mu(1-\nu)}\nabla\left(\frac{1}{R}\right). \tag{1.58}$$

从(1.51)也可看出，当 $i\neq j$ 时，$\boldsymbol{u}^{(ij)}\neq\boldsymbol{u}^{(ji)}$，记

$$\breve{\boldsymbol{u}}^{(i)}=\frac{1}{2}\varepsilon_{ijk}\boldsymbol{u}^{(jk)}=-\frac{\boldsymbol{R}\times\boldsymbol{e}_i}{8\pi\mu R^3}, \tag{1.59}$$

我们称 $\boldsymbol{r}_0$ 为旋转中心. 无论压力中心还是旋转中心，其相应的位移场(1.58)和(1.59)，都相当于零力和零力矩下的位移场，且它们

的奇性阶都与 $\boldsymbol{u}^{(ij)}$ 相同. 由此可知,定理 1.3 的三个性质不能唯一确定二重奇异解 $\boldsymbol{u}^{(ij)}$.

1.6 基本解的应力场

基本解(1.49)的分量为

$$u_i^{(k)} = \alpha\left[(3-4\nu)\frac{1}{R}\delta_{ik} + \frac{1}{R^3}R_kR_i\right]; \tag{1.60}$$

广义 Hooke 定律为

$$\sigma_{ij}^{(k)} = \lambda\theta^{(k)}\delta_{ij} + \mu(u_{i,j}^{(k)} + u_{j,i}^{(k)}), \tag{1.61}$$

其中 $\theta^{(k)} = u_{i,i}^{(k)}$. 我们求出

$$u_{i,j}^{(k)} = \alpha\left[-(3-4\nu)\frac{1}{R^3}R_j\delta_{ki} + \frac{\delta_{ij}R_k + \delta_{kj}R_i}{R^3} - \frac{3R_iR_jR_k}{R^5}\right], \tag{1.62}$$

$$u_{i,i}^{(k)} = -2\alpha(1-2\nu)\frac{R_k}{R^3}. \tag{1.63}$$

将(1.62)和(1.63)代入(1.61)式,得到应力分量

$$\sigma_{ij}^{(k)} = -2\mu\alpha\left[\frac{3}{R^5}R_iR_jR_k + \frac{1-2\nu}{R^3}(R_i\delta_{jk} + R_j\delta_{ki} - R_k\delta_{ij})\right]. \tag{1.64}$$

§2 互易公式

设 $\boldsymbol{u}$ 为任意矢量场,记

$$\mathscr{L}\boldsymbol{u} \equiv \mu\nabla^2\boldsymbol{u} + (\lambda+\mu)\nabla(\nabla\cdot\boldsymbol{u}), \tag{2.1}$$

其中 λ、μ 为 Lamé 常数. 那么,对另一任意矢量场 $\boldsymbol{v}$,并记 $\sigma_{ij}(\boldsymbol{v})$ 为由 $\boldsymbol{v}$ 生成的应力场,有

$$\iiint_\Omega \boldsymbol{u}\cdot\mathscr{L}\boldsymbol{v}\,\mathrm{d}\tau = \iiint_\Omega u_i\,\sigma_{ij,j}(\boldsymbol{v})\,\mathrm{d}\tau. \tag{2.2}$$

利用分部积分,从(2.2)式,得

$$\iiint_{\Omega} \boldsymbol{u} \cdot \mathscr{L} \boldsymbol{v} \mathrm{d}\tau = \oiint_{\partial\Omega} \boldsymbol{u} \cdot \boldsymbol{t}(\boldsymbol{v}) \mathrm{d}s - 2\iiint_{\Omega} w(\boldsymbol{u},\boldsymbol{v}) \mathrm{d}\tau, \tag{2.3}$$

这里 $\boldsymbol{t}(\boldsymbol{v})$ 表示由 $\boldsymbol{v}$ 生成的面力，而

$$w(\boldsymbol{u},\boldsymbol{v}) = \frac{1}{2}\gamma_{ij}(\boldsymbol{u})\sigma_{ij}(\boldsymbol{v}) = \frac{1}{2}[\lambda\theta(\boldsymbol{u})\theta(\boldsymbol{v}) + 2\mu\gamma_{ij}(\boldsymbol{u})\gamma_{ij}(\boldsymbol{v})]. \tag{2.4}$$

我们用 $\gamma_{ij}(\boldsymbol{u})$ 和 $\gamma_{ij}(\boldsymbol{v})$ 分别表示由 $\boldsymbol{u}$ 和 $\boldsymbol{v}$ 生成的应变场，

$$\theta(\boldsymbol{u}) = \gamma_{ii}(\boldsymbol{u}), \quad \theta(\boldsymbol{v}) = \gamma_{ii}(\boldsymbol{v}).$$

从(2.4)式可知，w 关于 $\boldsymbol{u},\boldsymbol{v}$ 是对称的，即

$$w(\boldsymbol{u},\boldsymbol{v}) = w(\boldsymbol{v},\boldsymbol{u}). \tag{2.5}$$

在(2.3)式中，将 $\boldsymbol{u},\boldsymbol{v}$ 的位置交换，得

$$\iiint_{\Omega} \boldsymbol{v} \cdot \mathscr{L} \boldsymbol{u} \mathrm{d}\tau = \oiint_{\partial\Omega} \boldsymbol{v} \cdot \boldsymbol{t}(\boldsymbol{u}) \mathrm{d}s - 2\iiint_{\Omega} w(\boldsymbol{v},\boldsymbol{u}) \mathrm{d}\tau. \tag{2.6}$$

将(2.3)和(2.6)两式相减，由于 $w(\boldsymbol{u},\boldsymbol{v})$ 的对称性，得

$$\iiint_{\Omega} (\boldsymbol{u} \cdot \mathscr{L} \boldsymbol{v} - \boldsymbol{v} \cdot \mathscr{L} \boldsymbol{u}) \mathrm{d}\tau = \oiint_{\partial\Omega} [\boldsymbol{u} \cdot \boldsymbol{t}(\boldsymbol{v}) - \boldsymbol{v} \cdot \boldsymbol{t}(\boldsymbol{u})] \mathrm{d}s, \tag{2.7}$$

通常称(2.7)为互易公式(Betti[95]). 我们有如下三个推论.

推论 2.1 弹性力学的边值问题的解是唯一的.

证明 在(2.3)中，令 $\boldsymbol{v} = \boldsymbol{u}$，且设

$$\mathscr{L}\boldsymbol{u} = 0, \quad \boldsymbol{t} \cdot \boldsymbol{u}|_{\partial\Omega} = 0, \tag{2.8}$$

那么

$$\iiint_{\Omega} w(\boldsymbol{u},\boldsymbol{u}) \mathrm{d}\tau = 0. \tag{2.9}$$

由于应变能 $w(\boldsymbol{u},\boldsymbol{u})$ 是正定的，从(2.9)式得

$$w(\boldsymbol{u},\boldsymbol{u}) = 0. \tag{2.10}$$

因此，$\gamma_{ij}=0$，$\sigma_{ij}=0$，即应变场唯一，应力场唯一，而位移场精确到刚体位移. 这就是唯一性定理.

推论 2.2 弹性力学应力边值问题存在的必要条件是：体力和面力构成平衡力学，即：

$$\iiint_{\Omega} \boldsymbol{f} \mathrm{d}\tau + \oiint_{\partial\Omega} \boldsymbol{t} \mathrm{d}s = \mathbf{0}, \tag{2.11}$$

$$\iiint_{\Omega} \boldsymbol{r} \times \boldsymbol{f} \mathrm{d}\tau + \oiint_{\partial\Omega} \boldsymbol{r} \times \boldsymbol{t} \mathrm{d}s = \mathbf{0}, \tag{2.12}$$

其中 $\boldsymbol{f}$ 为给定体力，$\boldsymbol{t}$ 为给定面力.

证明 在(2.6)式中，令

$$\boldsymbol{v} = \boldsymbol{a}, \quad \mathscr{L}\boldsymbol{u} + \boldsymbol{f} = \mathbf{0}, \tag{2.13}$$

其中 $\boldsymbol{a}$ 为任意常矢量，则有

$$\boldsymbol{a} \cdot \left[\iiint_{\Omega} \boldsymbol{f} \mathrm{d}\tau + \oiint_{\partial\Omega} \boldsymbol{t} \mathrm{d}s \right] = \mathbf{0}. \tag{2.14}$$

由于 $\boldsymbol{a}$ 的任意性，从(2.14)式即得(2.11)式.

在(2.6)式中，再令

$$\boldsymbol{v} = \boldsymbol{\omega} \times \boldsymbol{r}, \quad \mathscr{L}\boldsymbol{u} + \boldsymbol{f} = \mathbf{0}, \tag{2.15}$$

其中 $\boldsymbol{\omega}$ 为任意常矢量，则有

$$\boldsymbol{\omega} \cdot \left[\iiint_{\Omega} \boldsymbol{r} \times \boldsymbol{f} \mathrm{d}\tau + \oiint_{\partial\Omega} \boldsymbol{r} \times \boldsymbol{t} \mathrm{d}s \right] = \mathbf{0}. \tag{2.16}$$

由于 $\boldsymbol{\omega}$ 的任意性，从(2.16)式即得(2.12)式. 证毕.

推论 2.3(不存在定理，Ericksen[119]) 若问题

$$\begin{cases} \mathscr{L}\boldsymbol{u} = \mathbf{0} \quad (\Omega), \\ \boldsymbol{u}|_{\partial_u \Omega} = \mathbf{0}, \quad \boldsymbol{t}(\boldsymbol{u})|_{\partial_t \Omega} = \mathbf{0} \end{cases} \tag{2.17}$$

有非显然解 $\boldsymbol{u}^*$，则对某个体力 $\boldsymbol{f}^*$，下述问题无解：

$$\begin{cases} \mathscr{L}\boldsymbol{v} + \boldsymbol{f}^* = \mathbf{0} \quad (\Omega), \\ \boldsymbol{v}|_{\partial_u \Omega} = \mathbf{0}, \quad \boldsymbol{t}(\boldsymbol{v})|_{\partial_t \Omega} = \mathbf{0}. \end{cases} \tag{2.18}$$

证明 在互易公式(2.7)中，设 $\boldsymbol{u} = \boldsymbol{u}^*$，则有

$$\iiint_{\Omega} (\boldsymbol{u}^* \cdot \mathscr{L}\boldsymbol{v} - \boldsymbol{v} \cdot \mathscr{L}\boldsymbol{u}^*) \mathrm{d}\tau = \oiint_{\partial\Omega} [\boldsymbol{u}^* \cdot \boldsymbol{t}(\boldsymbol{v}) - \boldsymbol{v} \cdot \boldsymbol{t}(\boldsymbol{u}^*)] \mathrm{d}s. \tag{2.19}$$

如果 $\partial_u \Omega$ 非空，在(2.18)式中，设 $\boldsymbol{f}^* = C\boldsymbol{u}^*$（其中 C 为常数，适当量纲)，那么(2.19)式成为

$$\iiint_{\Omega} \boldsymbol{u}^* \cdot \boldsymbol{u}^* \mathrm{d}\tau = \boldsymbol{0}. \tag{2.20}$$

由此 $\boldsymbol{u}^*=\boldsymbol{0}$，但 $\boldsymbol{u}^*$ 为非零解，矛盾，即(2.18)无解．如果 $\partial_u\Omega$ 为空集，令

$$\widetilde{\boldsymbol{f}} = C[\boldsymbol{u}^* - \boldsymbol{\omega} \times (\boldsymbol{r} - \boldsymbol{r}_c) - \boldsymbol{a}], \tag{2.21}$$

其中 $\boldsymbol{r}_c$ 为 Ω 的形心，$\boldsymbol{\omega}$ 和 $\boldsymbol{a}$ 为常矢量，并选择它们使下面两式成立：

$$\iiint \widetilde{\boldsymbol{f}}\, \mathrm{d}\tau = \boldsymbol{0}, \quad \iiint \boldsymbol{r} \times \widetilde{\boldsymbol{f}}\, \mathrm{d}\tau = \boldsymbol{0}. \tag{2.22}$$

按第五章§6 中引理 6.1 的方法，(2.22)可成立．由于 $\boldsymbol{u}^*$ 是非显然解，当然不可能是刚体位移场，因此，

$$\widetilde{\boldsymbol{u}} = \boldsymbol{u}^* - \boldsymbol{\omega} \times (\boldsymbol{r} - \boldsymbol{r}_c) - \boldsymbol{a} \tag{2.23}$$

也是非显然解，因为对应力边值问题而言，刚体位移场是显然解．以 $\widetilde{\boldsymbol{u}}$ 代替 $\boldsymbol{u}^*$，重复(2.19)和(2.20)式的论证，得

$$\iiint \widetilde{\boldsymbol{u}} \cdot \widetilde{\boldsymbol{u}}\, \mathrm{d}\tau = \boldsymbol{0}.$$

此亦矛盾．推论证毕．

§3 Somigliana 公式，边界积分方程

3.1 Somigliana 公式

设点 $\boldsymbol{r}_0$ 在区域 Ω 内，记区域 $\Omega' = \Omega \backslash \Sigma_\eta(\boldsymbol{r}_0)$，这里 $\Sigma_\eta(\boldsymbol{r}_0)$ 是以 $\boldsymbol{r}_0$ 为心、η 为半径的球，我们认定 η 充分小，使球 $\Sigma_\eta(\boldsymbol{r}_0)$ 全在区域 Ω 内．显然，当 $\eta \to 0$ 时，区域 $\Omega' \to \Omega$．今在区域 Ω' 中应用 Betti 互易公式(2.7)，并令 $\boldsymbol{u}$ 为具有体力 $\boldsymbol{f}$ 的弹性力学问题的解，即

$$\mathscr{L}\boldsymbol{u} + \boldsymbol{f} = \boldsymbol{0}. \tag{3.1}$$

再令 $\boldsymbol{v}$ 为 i 方向上给定单位力时的 Kelvin 基本解(1.49)，即

$$\boldsymbol{v} = \boldsymbol{u}^{(i)}(\boldsymbol{r} - \boldsymbol{r}_0). \tag{3.2}$$

将满足(3.1)的 $\boldsymbol{u}$ 和(3.2)中的 $\boldsymbol{v}$ 代入(2.7)式，得到

$$\iiint_{\Omega'}[\boldsymbol{u}(\xi)\cdot\mathscr{L}\boldsymbol{u}^{(i)}(\boldsymbol{\xi}-\boldsymbol{r}_0)-\boldsymbol{u}^{(i)}(\boldsymbol{\xi}-\boldsymbol{r}_0)\cdot\mathscr{L}\boldsymbol{u}(\boldsymbol{\xi})]\mathrm{d}\tau_\xi$$

$$=\oiint_{\partial\Omega}[\boldsymbol{u}(\xi)\cdot\boldsymbol{t}^{(i)}(\boldsymbol{\xi}-\boldsymbol{r}_0)-\boldsymbol{u}^{(i)}(\boldsymbol{\xi}-\boldsymbol{r}_0)\cdot\boldsymbol{t}(\boldsymbol{\xi})]\mathrm{d}s_\xi$$

$$-\oiint_{\partial\Sigma_\eta(r_0)}[\boldsymbol{u}(\xi)\cdot\boldsymbol{t}^{(i)}(\boldsymbol{\xi}-\boldsymbol{r}_0)-\boldsymbol{u}^{(i)}(\boldsymbol{\xi}-\boldsymbol{r}_0)\cdot\boldsymbol{t}(\boldsymbol{\xi})]\mathrm{d}s_\xi, \tag{3.3}$$

其中 $\boldsymbol{t}$ 和 $\boldsymbol{t}^{(i)}$ 分别为 $\boldsymbol{u}$ 和 $\boldsymbol{u}^{(i)}$ 所生成的面力. 将(3.3)式左端的体积分和右端的第二个面积分分别记为 I_1 和 I_2. 由于区域 Ω' 与区域 $\Sigma_\eta(\boldsymbol{r}_0)$ 各自边界的外法向相反,因而 I_2 前有个负号. 既然 $\boldsymbol{r}_0$ 不在区域 Ω' 中,那么 $\boldsymbol{u}^{(i)}$ 在 Ω' 中无奇点,于是在 Ω' 中有 $\mathscr{L}\boldsymbol{u}^{(i)}(\boldsymbol{\xi}-\boldsymbol{r}_0)=0$,因此

$$I_1=\iiint_{\Omega'}\boldsymbol{u}^{(i)}(\boldsymbol{\xi}-\boldsymbol{r}_0)\cdot\boldsymbol{f}(\boldsymbol{\xi})\mathrm{d}\tau_\xi. \tag{3.4}$$

对于 I_2,将其改写为

$$I_2=\boldsymbol{u}(\boldsymbol{r}_0)\cdot\oiint_{\partial\Sigma_\eta(r_0)}\boldsymbol{t}^{(i)}(\boldsymbol{\xi}-\boldsymbol{r}_0)\mathrm{d}s_\xi$$

$$+\oiint_{\partial\Sigma_\eta(r_0)}\{[\boldsymbol{u}(\boldsymbol{\xi})-\boldsymbol{u}(\boldsymbol{r}_0)]\cdot\boldsymbol{t}^{(i)}(\boldsymbol{\xi}-\boldsymbol{r}_0)-\boldsymbol{u}^{(i)}(\boldsymbol{\xi}-\boldsymbol{r}_0)\cdot\boldsymbol{t}(\boldsymbol{\xi})\}\mathrm{d}s_\xi. \tag{3.5}$$

为计算(3.5)式右端的第一个面积分,按基本解 $\boldsymbol{u}^{(i)}$ 所相应的应力分量表达式(1.64),可知球面 $\partial\Sigma_\delta(\boldsymbol{r}_0)$上的面力 $\boldsymbol{t}^{(i)}$ 为

$$t_j^{(i)}=\sigma_{jk}^{(i)}n_k=-2\mu\alpha\left[\frac{3}{\rho^5}\rho_i\rho_j\rho_k+\frac{1-2\nu}{\rho^3}(\rho_j\delta_{ik}+\rho_k\delta_{ij}-\rho_i\delta_{jk})\right]\frac{\rho_k}{\rho}$$

$$=-2\mu\alpha\frac{1}{\eta^4}[3\rho_i\rho_j+(1-2\nu)\rho^2\delta_{ij}], \tag{3.6}$$

其中 $\boldsymbol{\rho}=\boldsymbol{\xi}-\boldsymbol{r}_0$. 于是

$$\oiint_{\partial\Sigma_\eta(\boldsymbol{r}_0)} t_j^{(i)}(\boldsymbol{\xi}-\boldsymbol{r}_0)\mathrm{d}s_\xi$$

$$=\frac{-1}{8\pi(1-\nu)\eta^4}\oiint_{\partial\Sigma_\eta(\boldsymbol{r}_0)}[3\rho_i\rho_j+(1-2\nu)\eta^2\delta_{ij}]\mathrm{d}s_\xi=-\delta_{ij}. \tag{3.7}$$

在得到上式时,利用了下面的积分

$$\oiint_{\partial\Sigma_\eta(\boldsymbol{r}_0)}[3\rho_i\rho_j]\mathrm{d}s_\xi=\delta_{ij},\qquad \oiint_{\partial\Sigma_\eta(\boldsymbol{r}_0)}\eta^2\mathrm{d}s_\xi=4\pi\eta^4\delta_{ij}. \tag{3.8}$$

(3.7)式也可从(1.46)式直接看出. 对于(3.5)式右端的第二个面积分,我们知道 $\boldsymbol{u}^{(i)}(\boldsymbol{\xi}-\boldsymbol{r}_0)$和 $\boldsymbol{t}^{(i)}(\boldsymbol{\xi}-\boldsymbol{r}_0)$在 $\boldsymbol{r}_0$ 附近分别有一阶和二阶奇性,因此,当小球 $\Sigma_\eta(\boldsymbol{r}_0)$的半径 $\eta\to0$ 时,考虑到位移场 $\boldsymbol{u}(\boldsymbol{\xi})$的连续性,则(3.5)式右端第二个面积分趋于零. 将(3.8)代入(3.5)式,得

$$I_2=u_j(\boldsymbol{r}_0)\oiint_{\partial\Sigma_\eta(\boldsymbol{r}_0)}t_j^{(i)}(\boldsymbol{\xi}-\boldsymbol{r}_0)\mathrm{d}s_\xi+o(1)$$

$$=-u_j(\boldsymbol{r}_0)\delta_{ij}+o(1)=-u_i(\boldsymbol{r}_0)+o(1), \tag{3.9}$$

其中 $o(1)$表示 $\eta\to0$ 时,也趋于零的无穷小量.

将(3.4)和(3.9)代入(3.3)式,并令 $\eta\to0$,再将 $\boldsymbol{r}_0$ 换成 $\boldsymbol{r}$,我们就得到

$$u_i(\boldsymbol{r})=\oiint_{\partial\Omega}[\boldsymbol{u}^{(i)}(\boldsymbol{\xi}-\boldsymbol{r})\cdot\boldsymbol{t}(\boldsymbol{\xi})-\boldsymbol{u}(\boldsymbol{\xi})\cdot\boldsymbol{t}^{(i)}(\boldsymbol{\xi}-\boldsymbol{r})]\mathrm{d}s_\xi$$

$$+\iiint_\Omega\boldsymbol{u}^{(i)}(\boldsymbol{\xi}-\boldsymbol{r})\cdot\boldsymbol{f}(\boldsymbol{\xi})\mathrm{d}\tau_\xi. \tag{3.10}$$

(3.10)式称为 Somigliana[242](1885)公式,它以 $\partial\Omega$ 上的位移和面力表示 Ω 内任意一点 $\boldsymbol{r}$ 的位移.

3.2　边界积分方程

当点 $\boldsymbol{r}_0$ 在光滑边界 $\partial\Omega$ 上时,将小球 $\Sigma_\eta(\boldsymbol{r}_0)$和球面 $\partial\Sigma_\eta(\boldsymbol{r}_0)$分

别用半球 $\Sigma'_\eta(\boldsymbol{r}_0)$ 和半球面 $\partial\Sigma'_\eta(\boldsymbol{r}_0)$ 来代替,(3.7)式将成为

$$\iint\limits_{\partial\Sigma'_\eta(\boldsymbol{r}_0)} t_j^{(i)}(\boldsymbol{\xi}-\boldsymbol{r}_0)\mathrm{d}s_\xi = -\frac{1}{2}\delta_{ij}. \tag{3.11}$$

再对(3.10)式的推导过程适当改变,可以得到

$$\frac{1}{2}u_i(\boldsymbol{r}) = \oiint\limits_{\partial\Omega}[\boldsymbol{u}^{(i)}(\boldsymbol{\xi}-\boldsymbol{r})\cdot\boldsymbol{t}(\boldsymbol{\xi}) - \boldsymbol{u}(\boldsymbol{\xi})\cdot\boldsymbol{t}^{(i)}(\boldsymbol{\xi}-\boldsymbol{r})]\mathrm{d}s_\xi$$
$$+\iiint\limits_{\Omega}\boldsymbol{u}^{(i)}(\boldsymbol{\xi}-\boldsymbol{r})\cdot\boldsymbol{f}(\boldsymbol{\xi})\mathrm{d}\tau_\xi \quad (\boldsymbol{r}\in\partial\Omega). \tag{3.12}$$

在边界上的位移 $\boldsymbol{u}$ 和面力 $\boldsymbol{t}$,弹性力学问题只能预先给定一个,而另一个则是未知的,这样(3.12)式可以看成一个方程,称为直接边界积分方程,或边界积分方程. 通过此方程,从已知的位移或面力,可求出边界上未知的面力或位移. 然后,通过 Somigliana 公式(3.10),就可以得到区域内各点的位移场. 边界积分方程(3.12)中的核 $\boldsymbol{t}^{(i)}(\boldsymbol{\xi}-\boldsymbol{r})$ 具有二阶奇性,其阶数与面积元的维数相同,因此方程(3.12)为奇异积分方程,此处奇异积分理解为 Cauchy 主值意义下的积分,关于奇异积分方程的存在性问题,参见米赫林著《多维奇异积分和积分方程》(1965). 将边界积分方程(3.12)离散化,可形成所谓边界元素法.

3.3 *C* 矩阵

(3.10)和(3.12)式可综合写成

$$C_{ij}u_j(\boldsymbol{r}) = \oiint\limits_{\partial\Omega}[\boldsymbol{u}^{(i)}(\boldsymbol{\xi}-\boldsymbol{r})\cdot\boldsymbol{t}(\boldsymbol{\xi}) - \boldsymbol{u}(\boldsymbol{\xi})\cdot\boldsymbol{t}^{(i)}(\boldsymbol{\xi}-\boldsymbol{r})]\mathrm{d}s_\xi$$
$$+\iiint\limits_{\Omega}\boldsymbol{u}^{(i)}(\boldsymbol{\xi}-\boldsymbol{r})\cdot\boldsymbol{f}(\boldsymbol{\xi})\mathrm{d}\tau_\xi, \tag{3.13}$$

其中

$$C_{ij} = \begin{cases}\delta_{ij}, & \text{当 } \boldsymbol{r}\in\Omega \text{ 时},\\ \delta_{ij}/2, & \text{当 } \boldsymbol{r}\in\partial\Omega \text{ 时},\\ 0, & \text{当 } \boldsymbol{r}\in\Omega^- \text{ 时},\end{cases} \tag{3.14}$$

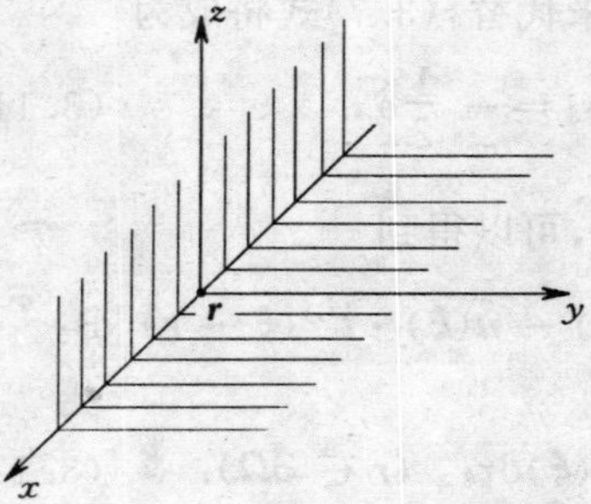

图 6.3

这里 Ω^- 为 Ω 的外区域，即 $\Omega^- = E\backslash(\Omega\cap\partial\Omega)$. (3.14)的第三个等式的证明类似于前两个.

当边界 $\partial\Omega$ 不光滑时，也有方程(3.13)，只是 C_{ij} 比较复杂一些. 例如，当 $\boldsymbol{r}$ 处于 1/4 空间的棱上(图 6.3)时，考察(3.10)式的推导过程，主要改变的是(3.7)式中的积分范围，此时不是在整个球面 $\partial\Sigma_\eta(\boldsymbol{r}_0)$上，而是在 1/4 球面 S 上，即

$$C_{ij}=-\iint_S t_j^{(i)}(\boldsymbol{\xi}-\boldsymbol{r}_0)\mathrm{d}s_\xi$$

$$=\frac{1}{8\pi(1-\nu)\eta^4}\iint_S[3\rho_i\rho_j+(1-2\nu)\eta^2\delta_{ij}]\mathrm{d}s_\xi. \quad (3.15)$$

曲面 S 可用球坐标参数表成

$$\begin{cases}\rho_1=\eta\sin\theta\cos\varphi,\\ \rho_2=\eta\sin\theta\sin\varphi,\\ \rho_3=\eta\cos\theta,\end{cases} \quad (3.16)$$

其中 θ 和 φ 的取值范围是

$$0\leqslant\theta\leqslant\pi/2,\quad 0\leqslant\varphi\leqslant\pi. \quad (3.17)$$

不难算出，

$$\begin{aligned}&\iint_S[3\rho_1\rho_1]\mathrm{d}s_\xi=\iint_S[3\rho_2\rho_2]\mathrm{d}s_\xi=\iint_S[3\rho_3\rho_3]\mathrm{d}s_\xi=\pi\eta^4,\\ &\iint_S[3\rho_1\rho_2]\mathrm{d}s_\xi=\iint_S[3\rho_1\rho_3]\mathrm{d}s_\xi=0,\\ &\iint_S[3\rho_2\rho_3]\mathrm{d}s_\xi=2\eta^4,\\ &\iint_S\eta^2\delta_{ij}\mathrm{d}s_\xi=\pi\eta^4\delta_{ij}.\end{aligned} \quad (3.18)$$

将(3.18)代入(3.15)式,当 $\boldsymbol{r}$ 处于 1/4 空间的棱上时,得到矩阵 $\boldsymbol{C}$ 的表达式为

$$\boldsymbol{C}=\frac{1}{8\pi}\begin{bmatrix}2\pi & 0 & 0\\ 0 & 2\pi & 2/(1-\nu)\\ 0 & 2/(1-\nu) & 2\pi\end{bmatrix}. \tag{3.19}$$

再如,当 $\boldsymbol{r}$ 处于某卦限的顶点(图 6.4)时,可类似地得到

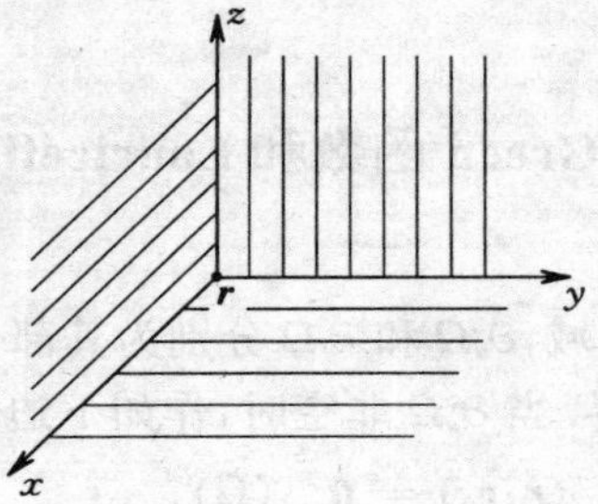

图 6.4

$$\boldsymbol{C}=\frac{1}{8\pi}\begin{bmatrix}\pi & 1/(1-\nu) & 1/(1-\nu)\\ 1/(1-\nu) & \pi & 1/(1-\nu)\\ 1/(1-\nu) & 1/(1-\nu) & \pi\end{bmatrix}. \tag{3.20}$$

Hartmann[150]和 Mantič[186]都讨论过矩阵 $\boldsymbol{C}=(C_{ij})$ 的问题.

3.4 梯度,散度和旋度的 Somigliana 表示式

如果对表示式(3.10)取微商,还可以得到

$$u_{i,j}(\boldsymbol{r})=\oiint_{\partial\Omega}[\boldsymbol{u}^{(ij)}(\boldsymbol{\xi}-\boldsymbol{r})\cdot\boldsymbol{t}(\boldsymbol{\xi})-\boldsymbol{u}(\boldsymbol{\xi})\cdot\boldsymbol{t}^{(ij)}(\boldsymbol{\xi}-\boldsymbol{r})]\mathrm{d}s_\xi + \iiint_{\Omega}\boldsymbol{u}^{(ij)}(\boldsymbol{\xi}-\boldsymbol{r})\cdot\boldsymbol{f}(\boldsymbol{\xi})\mathrm{d}\tau_\xi, \tag{3.21}$$

$$\nabla\cdot\boldsymbol{u}(\boldsymbol{r})=\oiint_{\partial\Omega}[\boldsymbol{u}^{(0)}(\boldsymbol{\xi}-\boldsymbol{r})\cdot\boldsymbol{t}(\boldsymbol{\xi})-\boldsymbol{u}(\boldsymbol{\xi})\cdot\boldsymbol{t}^{(0)}(\boldsymbol{\xi}-\boldsymbol{r})]\mathrm{d}s_\xi + \iiint_{\Omega}\boldsymbol{u}^{(0)}(\boldsymbol{\xi}-\boldsymbol{r})\cdot\boldsymbol{f}(\boldsymbol{\xi})\mathrm{d}\tau_\xi, \tag{3.22}$$

$$\frac{1}{2}[\nabla\times\boldsymbol{u}(\boldsymbol{r})]_i=\oint\!\!\!\oint_{\partial\Omega}[\breve{\boldsymbol{u}}^{(i)}(\boldsymbol{\xi}-\boldsymbol{r})\cdot\boldsymbol{t}(\boldsymbol{\xi})-\boldsymbol{u}(\boldsymbol{\xi})\cdot\breve{\boldsymbol{t}}^{(i)}(\boldsymbol{\xi}-\boldsymbol{r})]\mathrm{d}s_\xi$$
$$+\iiint_{\Omega}\breve{\boldsymbol{u}}^{(i)}(\boldsymbol{\xi}-\boldsymbol{r})\cdot\boldsymbol{f}(\boldsymbol{\xi})\mathrm{d}\tau_\xi,\qquad(3.23)$$

其中 $\boldsymbol{r}\in\Omega$,而 $\boldsymbol{u}^{(ij)}$、$\boldsymbol{u}^{(0)}$和 $\breve{\boldsymbol{u}}^{(i)}$分别由(1.51)、(1.57)和(1.59)所定义,$\boldsymbol{t}^{(ij)}$、$\boldsymbol{t}^{(0)}$和 $\breve{\boldsymbol{t}}^{(i)}$分别相应于 $\boldsymbol{u}^{(ij)}$、$\boldsymbol{u}^{(0)}$和 $\breve{\boldsymbol{u}}^{(i)}$所生成的面力.

§4　Green 函数和 Lauricella 公式

4.1　Green 函数

设 Ω 为弹性区域,$\partial_u\Omega$ 和 $\partial_t\Omega$ 分别为其部分边界,它们互不重叠,其和为全部边界. 当 $\partial_u\Omega$ 非空时,作如下边值问题:

$$\begin{cases}\mathscr{L}\hat{\boldsymbol{u}}^{(i)}(\boldsymbol{r};\boldsymbol{r}_0)=\boldsymbol{0}\quad(\Omega),\\ \hat{\boldsymbol{u}}^{(i)}(\boldsymbol{r};\boldsymbol{r}_0)|_{\partial_u\Omega}=-\boldsymbol{u}^{(i)}(\boldsymbol{r}-\boldsymbol{r}_0)|_{\partial_u\Omega},\\ \boldsymbol{n}\cdot\hat{\boldsymbol{T}}^{(i)}(\boldsymbol{r};\boldsymbol{r}_0)|_{\partial_t\Omega}=-\boldsymbol{t}^{(i)}(\boldsymbol{r}-\boldsymbol{r}_0)|_{\partial_t\Omega},\end{cases}\qquad(4.1)$$

其中 $\boldsymbol{r}_0$ 在区域内,$\boldsymbol{u}^{(i)}(\boldsymbol{r}-\boldsymbol{r}_0)$为在 $\boldsymbol{r}_0$ 作用 $\boldsymbol{i}$ 向单位点力的 Kelvin 基本解,$\boldsymbol{t}^{(i)}(\boldsymbol{r}-\boldsymbol{r}_0)$为相应的面力. 令

$$\tilde{\boldsymbol{u}}^{(i)}(\boldsymbol{r};\boldsymbol{r}_0)=\boldsymbol{u}^{(i)}(\boldsymbol{r}-\boldsymbol{r}_0)+\hat{\boldsymbol{u}}^{(i)}(\boldsymbol{r};\boldsymbol{r}_0).\qquad(4.2)$$

从(4.1)式可知,$\tilde{\boldsymbol{u}}^{(i)}(\boldsymbol{r};\boldsymbol{r}_0)$在 $\Omega\backslash\{\boldsymbol{r}_0\}$上满足无体力的弹性力学方程,且在 $\boldsymbol{r}_0$ 有与基本解 $\boldsymbol{u}^{(i)}(\boldsymbol{r}-\boldsymbol{r}_0)$同样的奇性,而在边界上满足齐次边界条件. 即有

$$\begin{cases}\mathscr{L}\tilde{\boldsymbol{u}}^{(i)}(\boldsymbol{r};\boldsymbol{r}_0)=\boldsymbol{0},\quad\boldsymbol{r}\in\Omega\backslash\{\boldsymbol{r}_0\},\\ \tilde{\boldsymbol{u}}^{(i)}(\boldsymbol{r};\boldsymbol{r}_0)|_{\partial_u\Omega}=\boldsymbol{0},\\ \boldsymbol{n}\cdot\tilde{\boldsymbol{T}}^{(i)}(\boldsymbol{r};\boldsymbol{r}_0)|_{\partial_t\Omega}=\boldsymbol{0},\end{cases}\qquad(4.3)$$

称 $\tilde{\boldsymbol{u}}^{(i)}(\boldsymbol{r};\boldsymbol{r}_0)$为区域 Ω 上的 Green 函数.

在(4.1)式中,已假定 $\partial_u\Omega$ 非空,对于全部边界上都给定面力的情况,其 Green 函数参见参考文献[183,第 245～247 页].

4.2 Green 函数的对称性

设 $\boldsymbol{r}_1$ 和 $\boldsymbol{r}_0$ 为 Ω 内互异的两点，Green 函数有如下的对称性：

$$\widetilde{u}_i^{(j)}(\boldsymbol{r}_0;\boldsymbol{r}_1) = \widetilde{u}_j^{(i)}(\boldsymbol{r}_1;\boldsymbol{r}_0). \tag{4.4}$$

事实上，在互易公式(2.7)中，令

$$\begin{cases}\boldsymbol{u} = \boldsymbol{u}_m^{(j)}(\boldsymbol{r}-\boldsymbol{r}_1) + \hat{\boldsymbol{u}}^{(j)}(\boldsymbol{r};\boldsymbol{r}_1),\\ \boldsymbol{v} = \boldsymbol{u}_m^{(i)}(\boldsymbol{r}-\boldsymbol{r}_0) + \hat{\boldsymbol{u}}^{(i)}(\boldsymbol{r};\boldsymbol{r}_0),\end{cases} \tag{4.5}$$

其中 $\boldsymbol{u}_m^{(j)}$ 和 $\boldsymbol{u}_m^{(i)}$ 是分别相应于在 $\boldsymbol{r}_1$ 和 $\boldsymbol{r}_0$ 处收敛的体力序列所产生的位移场. 它们的定义如 (1.12) 所示. 类似于 Somigliana 公式(3.10)的推导，可以得到

$$\widetilde{u}_i^{(j)}(\boldsymbol{r}_0;\boldsymbol{r}_1) - \widetilde{u}_j^{(i)}(\boldsymbol{r}_1;\boldsymbol{r}_0)$$

$$= \oiint_{\partial\Omega}[\widetilde{\boldsymbol{u}}^{(i)}(\boldsymbol{\xi},\boldsymbol{r}_1)\cdot\widetilde{\boldsymbol{t}}^{(j)}(\boldsymbol{\xi},\boldsymbol{r}_0) - \widetilde{\boldsymbol{u}}^{(j)}(\boldsymbol{\xi},\boldsymbol{r}_0)\cdot\widetilde{\boldsymbol{t}}^{(i)}(\boldsymbol{\xi},\boldsymbol{r}_1)]\mathrm{d}s_\xi. \tag{4.6}$$

由边界条件(4.4)的第二、第三式可知，(4.7)右端的面积分为零. 这样(4.7)就是(4.5)式. 证毕.

4.3 Lauricella 公式

设 $\boldsymbol{u}$ 满足下述弹性力学边值问题：

$$\begin{cases}\mathscr{L}\boldsymbol{u} + \boldsymbol{f} = \boldsymbol{0},\\ \boldsymbol{u}|_{\partial_u\Omega} = \overline{\boldsymbol{u}},\\ \boldsymbol{n}\cdot\boldsymbol{T}|_{\partial_t\Omega} = \boldsymbol{t},\end{cases} \tag{4.7}$$

其中 $\boldsymbol{f}$ 为给定体力，$\overline{\boldsymbol{u}}$ 为给定位移，$\boldsymbol{t}$ 为给定面力，并假定 $\partial_u\Omega$ 非空. 在互易公式 (2.7) 中，$\boldsymbol{u}$ 取(4.7)式中的位移场，而 $\boldsymbol{v}$ 取为(4.1)式所确定的位移场 $\hat{\boldsymbol{u}}^{(i)}(\boldsymbol{r};\boldsymbol{r}_0)$. 由于(4.7)的 $\boldsymbol{u}$ 和(4.1)的 $\hat{\boldsymbol{u}}^{(i)}(\boldsymbol{r};\boldsymbol{r}_0)$在 Ω 内均无奇点，则有

$$0 = \oiint_{\partial\Omega}[\hat{\boldsymbol{u}}^{(i)}(\boldsymbol{\xi},\boldsymbol{r}_0)\cdot\boldsymbol{t}(\boldsymbol{\xi}) - \boldsymbol{u}(\boldsymbol{\xi})\cdot\hat{\boldsymbol{t}}^{(i)}(\boldsymbol{\xi},\boldsymbol{r}_0)]\mathrm{d}s_\xi$$

$$+\iiint_{\Omega} \hat{\boldsymbol{u}}^{(i)}(\boldsymbol{\xi},\boldsymbol{r}_0)\cdot\boldsymbol{f}(\boldsymbol{\xi})\mathrm{d}\tau_{\xi}. \tag{4.8}$$

将(4.8)中的 $\boldsymbol{r}_0$ 换成 $\boldsymbol{r}$，再与 Somigliana 公式(3.7)相加，得

$$u_i(\boldsymbol{r})=\oiint_{\partial\Omega}[\widetilde{\boldsymbol{u}}^{(i)}(\boldsymbol{\xi},\boldsymbol{r})\cdot\boldsymbol{t}(\boldsymbol{\xi})-\boldsymbol{u}(\boldsymbol{\xi})\cdot\widetilde{\boldsymbol{t}}^{(i)}(\boldsymbol{\xi},\boldsymbol{r})]\mathrm{d}s_{\xi}$$

$$+\iiint_{\Omega}\widetilde{\boldsymbol{u}}^{(i)}(\boldsymbol{\xi},\boldsymbol{r})\cdot\boldsymbol{f}(\boldsymbol{\xi})\mathrm{d}\tau_{\xi}. \tag{4.9}$$

考虑到 Green 函数 $\widetilde{\boldsymbol{u}}^{(i)}$ 的边界条件(4.3)的第二、第三式，(4.9)式将成为

$$u_i(\boldsymbol{r})=\iint_{\partial_t\Omega}\widetilde{\boldsymbol{u}}^{(i)}(\boldsymbol{\xi},\boldsymbol{r})\cdot\boldsymbol{t}(\boldsymbol{\xi})\mathrm{d}s_{\xi}-\iint_{\partial_u\Omega}\boldsymbol{u}(\boldsymbol{\xi})\cdot\widetilde{\boldsymbol{t}}^{(i)}(\boldsymbol{\xi},\boldsymbol{r})\mathrm{d}s_{\xi}$$

$$+\iiint_{\Omega}\widetilde{\boldsymbol{u}}^{(i)}(\boldsymbol{\xi},\boldsymbol{r})\cdot\boldsymbol{f}(\boldsymbol{\xi})\mathrm{d}\tau_{\xi}, \tag{4.10}$$

其中点 $\boldsymbol{r}$ 在 Ω 内，(4.10)式称为 Lauricella 公式[174]. 当区域 Ω 上的 Green 函数 $\widetilde{\boldsymbol{u}}^{(i)}$ 求出以后，利用边界上已知的边界条件，按照 Lauricella 公式(4.10)，就可以算出 Ω 内任一点 $\boldsymbol{r}$ 的位移 $\boldsymbol{u}(\boldsymbol{r})$. 然而，一般说来，求 Green 函数是相当困难的. 目前，用有限解析形式表示的 Green 函数不多，其中著名的为半空间的 Mindlin 问题和 Lorentz 问题(参见本书第四章 §1).

4.4 位移梯度，散度和旋度的 Lauricella 公式

对 Laricella 公式(4.10)取微商，可以得到

$$u_{i,j}(\boldsymbol{r})=\iint_{\partial_t\Omega}\widetilde{\boldsymbol{u}}^{(ij)}(\boldsymbol{\xi},\boldsymbol{r})\cdot\boldsymbol{t}(\boldsymbol{\xi})\mathrm{d}s_{\xi}-\iint_{\partial_u\Omega}\boldsymbol{u}(\boldsymbol{\xi})\cdot\boldsymbol{t}^{(ij)}(\boldsymbol{\xi},\boldsymbol{r})\mathrm{d}s_{\xi}$$

$$+\iiint_{\Omega}\widetilde{\boldsymbol{u}}^{(ij)}(\boldsymbol{\xi},\boldsymbol{r})\cdot\boldsymbol{f}(\boldsymbol{\xi})\mathrm{d}\tau_{\xi}\quad(\boldsymbol{r}\in\Omega), \tag{4.11}$$

$$\nabla\cdot\boldsymbol{u}(\boldsymbol{r})=\iint_{\partial_t\Omega}\widetilde{\boldsymbol{u}}^{(0)}(\boldsymbol{\xi},\boldsymbol{r})\cdot\boldsymbol{t}(\boldsymbol{\xi})\mathrm{d}s_{\xi}-\iint_{\partial_u\Omega}\boldsymbol{u}(\boldsymbol{\xi})\cdot\widetilde{\boldsymbol{t}}^{(0)}(\boldsymbol{\xi},\boldsymbol{r})\mathrm{d}s_{\xi}$$

$$+\iiint\limits_{\Omega}\tilde{\boldsymbol{u}}^{(0)}(\boldsymbol{\xi},\boldsymbol{r})\cdot\boldsymbol{f}(\boldsymbol{\xi})\mathrm{d}\tau_{\xi}\quad(\boldsymbol{r}\in\Omega),\tag{4.12}$$

$$\frac{1}{2}[\nabla\times\boldsymbol{u}(\boldsymbol{r})]_i=\iint\limits_{\partial_t\Omega}\tilde{\tilde{\boldsymbol{u}}}^{(i)}(\boldsymbol{\xi},\boldsymbol{r})\cdot\boldsymbol{t}(\boldsymbol{\xi})\mathrm{d}s_{\xi}-\iint\limits_{\partial_u\Omega}\boldsymbol{u}(\boldsymbol{\xi})\cdot\tilde{\tilde{\boldsymbol{t}}}^{(i)}(\boldsymbol{\xi},\boldsymbol{r})\mathrm{d}s_{\xi}$$

$$+\iiint\limits_{\Omega}\tilde{\tilde{\boldsymbol{u}}}^{(i)}(\boldsymbol{\xi},\boldsymbol{r})\cdot\boldsymbol{f}(\boldsymbol{\xi})\mathrm{d}\tau_{\xi}\quad(\boldsymbol{r}\in\Omega),\tag{4.13}$$

其中

$$\tilde{\boldsymbol{u}}^{(ij)}(\boldsymbol{\xi},\boldsymbol{r})=\frac{\partial\tilde{\boldsymbol{u}}^{(i)}}{\partial x_j},\quad\tilde{\boldsymbol{u}}^{(0)}(\boldsymbol{\xi},\boldsymbol{r})=\tilde{\boldsymbol{u}}^{(ii)},\quad\tilde{\tilde{\boldsymbol{u}}}^{(i)}(\boldsymbol{\xi},\boldsymbol{r})=\frac{1}{2}\varepsilon_{ijk}\tilde{\boldsymbol{u}}^{(jk)},\tag{4.14}$$

而 $\tilde{\boldsymbol{t}}^{(ij)}$,$\tilde{\boldsymbol{t}}^{(0)}$和 $\tilde{\tilde{\boldsymbol{t}}}^{(i)}$分别为相应于 $\tilde{\boldsymbol{u}}^{(ij)}$,$\tilde{\boldsymbol{u}}^{(0)}$,$\tilde{\tilde{\boldsymbol{u}}}^{(i)}$的面力.

§5 Brebbia 间接公式和间接边界积分方程

5.1 间接公式

设 $\boldsymbol{u}$ 在区域上满足方程

$$\mathscr{L}\boldsymbol{u}=\boldsymbol{0}\quad(\Omega),\tag{5.1}$$

今记 Ω 的外区域为 Ω^-. 作如下两个问题：

$$\begin{cases}\mathscr{L}\boldsymbol{u}^{(d)}=\boldsymbol{0}\quad(\Omega^-),\\ \boldsymbol{u}^{(d)}|_{\partial\Omega^-}=\boldsymbol{u}|_{\partial\Omega};\end{cases}\tag{5.2}$$

$$\begin{cases}\mathscr{L}\boldsymbol{u}^{(s)}=\boldsymbol{0}\quad(\Omega^-),\\ \boldsymbol{n}\cdot\boldsymbol{T}^{(s)}|_{\partial\Omega^-}=\boldsymbol{n}\cdot\boldsymbol{T}|_{\partial\Omega}.\end{cases}\tag{5.3}$$

当 $\boldsymbol{r}\in\Omega$,对 $\boldsymbol{u}^{(d)}$和 $\boldsymbol{u}^{(s)}$而言,$\boldsymbol{r}$ 在定义域 Ω^-之外,按 Somigliana 公式(3.13)和(3.14)的第三式,有

$$\boldsymbol{0}=\oiint\limits_{\partial\Omega^-}[\boldsymbol{u}^{(i)}(\boldsymbol{\xi}-\boldsymbol{r})\cdot\boldsymbol{t}^{(d)}(\boldsymbol{\xi})$$

$$-\boldsymbol{u}^{(d)}(\boldsymbol{\xi})\cdot\boldsymbol{t}^{(i)}(\boldsymbol{\xi}-\boldsymbol{r})]\mathrm{d}s_{\xi}\quad(\boldsymbol{r}\in\Omega),\tag{5.4}$$

$$\boldsymbol{0}=\oiint\limits_{\partial\Omega^-}[\boldsymbol{u}^{(i)}(\boldsymbol{\xi}-\boldsymbol{r})\cdot\boldsymbol{t}^{(s)}(\boldsymbol{\xi})$$

$$-\boldsymbol{u}^{(s)}(\boldsymbol{\xi})\cdot\boldsymbol{t}^{(i)}(\boldsymbol{\xi}-\boldsymbol{r})]\mathrm{d}s_{\xi}\quad(\boldsymbol{r}\in\Omega).\tag{5.5}$$

在上述两式中,将 $\partial\Omega^{-}$ 换成 $\partial\Omega$,注意到它们的单位外法向方向相反,因而(5.4)和(5.5)又可写成

$$\mathbf{0}=\oiint_{\partial\Omega}[\boldsymbol{u}^{(i)}(\boldsymbol{\xi}-\boldsymbol{r})\cdot\boldsymbol{t}^{(d)}(\boldsymbol{\xi})+\boldsymbol{u}^{(d)}(\boldsymbol{\xi})\cdot\boldsymbol{t}^{(i)}(\boldsymbol{\xi}-\boldsymbol{r})]\mathrm{d}s_{\xi}\quad(\boldsymbol{r}\in\Omega),\tag{5.6}$$

$$\mathbf{0}=\oiint_{\partial\Omega}[\boldsymbol{u}^{(i)}(\boldsymbol{\xi}-\boldsymbol{r})\cdot\boldsymbol{t}^{(s)}(\boldsymbol{\xi})+\boldsymbol{u}^{(s)}(\boldsymbol{\xi})\cdot\boldsymbol{t}^{(i)}(\boldsymbol{\xi}-\boldsymbol{r})]\mathrm{d}s_{\xi}\quad(\boldsymbol{r}\in\Omega).\tag{5.7}$$

将 Somigliana 公式(3.10)分别加上公式(5.6)或减去公式(5.7),得

$$u_i(\boldsymbol{r})=\oiint_{\partial\Omega}\boldsymbol{u}^{(i)}(\boldsymbol{\xi}-\boldsymbol{r})\cdot\boldsymbol{g}_1(\boldsymbol{\xi})\mathrm{d}s_{\xi}\quad(\boldsymbol{r}\in\Omega),\tag{5.8}$$

$$u_i(\boldsymbol{r})=\oiint_{\partial\Omega}\boldsymbol{t}^{(i)}(\boldsymbol{\xi}-\boldsymbol{r})\cdot\boldsymbol{g}_2(\boldsymbol{\xi})\mathrm{d}s_{\xi}\quad(\boldsymbol{r}\in\Omega),\tag{5.9}$$

其中 $\boldsymbol{g}_1(\boldsymbol{\xi})=\boldsymbol{t}(\boldsymbol{\xi})+\boldsymbol{t}^{(d)}(\boldsymbol{\xi}),\boldsymbol{g}_2(\boldsymbol{\xi})=-\boldsymbol{u}(\boldsymbol{\xi})-\boldsymbol{u}^{(s)}(\boldsymbol{\xi})$.

(5.8)和(5.9)称为 Brebbia 间接表示公式,其中 $\boldsymbol{g}_1$ 和 $\boldsymbol{g}_2$ 只有分别解出问题(5.2)和(5.3)才能得到. 也就是说,Brebbia 公式是通过 $\partial\Omega$ 上的间接量 $\boldsymbol{g}_1$ 和 $\boldsymbol{g}_2$ 来表示 Ω 内任一点的位移.

5.2 Brebbia 间接积分方程

当边界光滑时,类似于(5.6)和(5.7)式有

$$\frac{1}{2}u_i^{(d)}(\boldsymbol{r})=\oiint_{\partial\Omega}[\boldsymbol{u}^{(i)}(\boldsymbol{\xi}-\boldsymbol{r})\cdot\boldsymbol{t}^{(d)}(\boldsymbol{\xi})+\boldsymbol{u}^{(d)}(\boldsymbol{\xi})\cdot\boldsymbol{t}^{(i)}(\boldsymbol{\xi}-\boldsymbol{r})]\mathrm{d}s_{\xi}\quad(\boldsymbol{r}\in\partial\Omega),\tag{5.10}$$

$$\frac{1}{2}u_i^{(s)}(\boldsymbol{r})=\oiint_{\partial\Omega}[\boldsymbol{u}^{(i)}(\boldsymbol{\xi}-\boldsymbol{r})\cdot\boldsymbol{t}^{(s)}(\boldsymbol{\xi})+\boldsymbol{u}^{(s)}(\boldsymbol{\xi})\cdot\boldsymbol{t}^{(i)}(\boldsymbol{\xi}-\boldsymbol{r})]\mathrm{d}s_{\xi}\quad(\boldsymbol{r}\in\partial\Omega).\tag{5.11}$$

将公式(3.12)分别加上(5.10)或减去(5.11)式,得

$$u_i(\boldsymbol{r}) = \oiint\limits_{\partial\Omega} \boldsymbol{u}^{(i)}(\boldsymbol{\xi} - \boldsymbol{r}) \cdot \boldsymbol{g}_1(\boldsymbol{\xi}) \mathrm{d}s_\xi \quad (\boldsymbol{r} \in \partial\Omega), \tag{5.12}$$

$$u_i(\boldsymbol{r}) = \oiint\limits_{\partial\Omega} \boldsymbol{t}^{(i)}(\boldsymbol{\xi} - \boldsymbol{r}) \cdot \boldsymbol{g}_2(\boldsymbol{\xi}) \mathrm{d}s_\xi - \frac{1}{2} g_{2i}(\boldsymbol{r}) \quad (\boldsymbol{r} \in \partial\Omega). \tag{5.13}$$

方程(5.12)和(5.13)称为 Brebbia 间接边界积分方程. 当边界上给定位移 $\boldsymbol{u}$ 时,从它们可求出 $\boldsymbol{g}_1$ 或 $\boldsymbol{g}_2$,然后代入(5.8)或(5.9)式,就可求出区域 Ω 内的位移场 $\boldsymbol{u}$. 将(5.12)和(5.13)式离散化,能得到所谓间接边界元素法. 本节内容参见参考文献[103].

§6 Kupradze 弹性势论和边值问题的存在性

6.1 Kupradze 弹性势论

Kupradze[172,173]将调和函数的势论完整地推广到弹性力学,并由此证明了弹性力学边值问题的存在性,本节介绍他的理论. 设

$$Y_i(\boldsymbol{r}) = \iiint\limits_{\Omega} \boldsymbol{u}^{(i)}(\boldsymbol{\xi} - \boldsymbol{r}) \cdot \boldsymbol{\varphi}(\boldsymbol{\xi}) \mathrm{d}\tau_\xi \quad (\boldsymbol{r} \in \Omega), \tag{6.1}$$

$$Y_i^{(1)}(\boldsymbol{r}) = \oiint\limits_{\partial\Omega} \boldsymbol{u}^{(i)}(\boldsymbol{\xi} - \boldsymbol{r}) \cdot \boldsymbol{\varphi}^{(1)}(\boldsymbol{\xi}) \mathrm{d}s_\xi \quad (\boldsymbol{r} \in \Omega), \tag{6.2}$$

$$Y_i^{(2)}(\boldsymbol{r}) = \oiint\limits_{\partial\Omega} \boldsymbol{t}^{(i)}(\boldsymbol{\xi} - \boldsymbol{r}) \cdot \boldsymbol{\varphi}^{(2)}(\boldsymbol{\xi}) \mathrm{d}s_\xi \quad (\boldsymbol{r} \in \Omega), \tag{6.3}$$

其中 $\boldsymbol{u}^{(i)}$ 为(1.49)所定义的基本解, $\boldsymbol{\varphi}, \boldsymbol{\varphi}^{(1)}$, 和 $\boldsymbol{\varphi}^{(2)}$ 分别为给定的矢量, $Y_i, Y_i^{(1)}$ 和 $Y_i^{(2)}$ 分别称为弹性体位势、弹性单层位势和弹性双层位势. 关于 $Y_i, Y_i^{(1)}$ 和 $Y_i^{(2)}$ 有如下的定理.

定理 6.1 设 $\mathscr{L}$ 为弹性算子(2.1),则有

$$\mathscr{L}\boldsymbol{Y} = \boldsymbol{\varphi}, \quad \mathscr{L}\boldsymbol{Y}^{(1)} = \boldsymbol{0}, \quad \mathscr{L}\boldsymbol{Y}^{(2)} = \boldsymbol{0}. \tag{6.4}$$

此定理显然成立.

定理 6.2 当 $\boldsymbol{r}$ 从 Ω 内趋于边界 $\partial\Omega$ 时,有

$$Y_i^{(2)}(\boldsymbol{r}) = \oiint\limits_{\partial\Omega} \boldsymbol{t}^{(i)}(\boldsymbol{\xi} - \boldsymbol{r}) \cdot \boldsymbol{\varphi}^{(2)}(\boldsymbol{r}) \mathrm{d}s_\xi - \frac{1}{2}\boldsymbol{\varphi}_i^{(2)}(\boldsymbol{r}) \quad (\boldsymbol{r} \in \partial\Omega). \tag{6.5}$$

证明　当 $\boldsymbol{r}\in\Omega$ 时,(6.3)式可改写成

$$Y_i^{(2)}(\boldsymbol{r}) = A_i(\boldsymbol{r}) + B_i(\boldsymbol{r}) \quad (\boldsymbol{r} \in \Omega), \tag{6.6}$$

其中

$$A_i(\boldsymbol{r}) = \oiint\limits_{\partial\Omega} \boldsymbol{t}^{(i)}(\boldsymbol{\xi} - \boldsymbol{r}) \cdot [\boldsymbol{\varphi}^{(2)}(\boldsymbol{\xi}) - \boldsymbol{\varphi}^{(2)}(\boldsymbol{r})] \mathrm{d}s_\xi \quad (\boldsymbol{r} \in \Omega), \tag{6.7}$$

$$B_i(\boldsymbol{r}) = \Big[\oiint\limits_{\partial\Omega} \boldsymbol{t}^{(i)}(\boldsymbol{\xi} - \boldsymbol{r}) \mathrm{d}s_\xi\Big] \cdot \boldsymbol{\varphi}^{(2)}(\boldsymbol{r}) \quad (\boldsymbol{r} \in \Omega). \tag{6.8}$$

对$\boldsymbol{\varphi}^{(2)}(\boldsymbol{r})$我们加上适当的连续性条件,例如,一阶导数连续,或者 Lipschitz 条件,那么,当 $\boldsymbol{r}\in\partial\Omega$ 时(6.7)就有意义,记为 $A_i^b(\boldsymbol{r})$;而且当 $\boldsymbol{r}$ 从 Ω 内趋于边界时,$A_i(\boldsymbol{r})$就一致趋于 $A_i^b(\boldsymbol{r})$. 关于此事实的严格证明类似于调和函数的势论,见索波列夫著《数学物理方程》(1958).

现在考察 $B_i(\boldsymbol{r})$,设 $\boldsymbol{t}_m^{(i)}$ 是由体力序列 $\boldsymbol{f}_m^{(i)}$ 相应的 Kelvin 解 $\boldsymbol{u}_m^{(i)}$ 所生成的面力序列,由于 $\partial\Omega$ 上的面力和 Ω 内的体力平衡,即

$$\oiint\limits_{\partial\Omega} \boldsymbol{t}_m^{(i)}(\boldsymbol{\xi} - \boldsymbol{r}) \mathrm{d}s_\xi + \iiint\limits_{\Omega} \boldsymbol{f}_m^{(i)}(\boldsymbol{\xi} - \boldsymbol{r}) \mathrm{d}\tau_\xi = \boldsymbol{0}. \tag{6.9}$$

从上式,可以得到

$$\oiint\limits_{\partial\Omega} \boldsymbol{t}_m^{(i)}(\boldsymbol{\xi} - \boldsymbol{r}) \mathrm{d}s_\xi = -\iiint\limits_{\Omega} \boldsymbol{f}_m^{(i)}(\boldsymbol{\xi} - \boldsymbol{r}) \mathrm{d}s_\xi = \begin{cases} -\boldsymbol{e}_i, & \text{当 } \boldsymbol{r} \in \Omega, \\ -\boldsymbol{e}_i/2, & \text{当 } \boldsymbol{r} \in \partial\Omega. \end{cases} \tag{6.10}$$

在推导上式中第二个等式时,总假定边界是光滑的,于是当 $\boldsymbol{r}\in\partial\Omega$ 时,(6.10)式中的体积分实际上是半球,由于(1.5)式,$\boldsymbol{f}_m^{(i)}$ 总可选成球对称的,因此(6.10)成立. 在(6.10)中,令 $m\to\infty$,即得

$$\oiint_{\partial\Omega} \boldsymbol{t}^{(i)}(\boldsymbol{\xi}-\boldsymbol{r})\mathrm{d}s_{\xi} = \begin{cases} -\boldsymbol{e}_i, & \text{当 } \boldsymbol{r}\in\Omega, \\ -\boldsymbol{e}_i/2, & \text{当 } \boldsymbol{r}\in\partial\Omega. \end{cases} \tag{6.11}$$

将(6.11)代入(6.8)式，可得

$$B_i(\boldsymbol{r}) = \begin{cases} -\varphi_i^{(2)}(\boldsymbol{r}), & \text{当 } \boldsymbol{r}\in\Omega, \\ -\varphi_i^{(2)}(\boldsymbol{r})/2, & \text{当 } \boldsymbol{r}\in\partial\Omega. \end{cases} \tag{6.12}$$

设当 $\boldsymbol{r}$ 从 Ω 内趋于 $\partial\Omega$ 时的极限值记为 $B_i^I(\boldsymbol{r})$，$\boldsymbol{r}\in\partial\Omega$ 时的边界值为 $B_i^b(\boldsymbol{r})$，从上式有

$$B_i^I(\boldsymbol{r}) = -\boldsymbol{\varphi}_i^{(2)}(\boldsymbol{r}),\quad B_i^b(\boldsymbol{r}) = -\boldsymbol{\varphi}_i^{(2)}(\boldsymbol{r})/2. \tag{6.13}$$

今在(6.6)式中，令 $\boldsymbol{r}$ 从 Ω 内趋于边界 $\partial\Omega$，则有

$$Y_i^{(2)}(\boldsymbol{r}) = A_i^b(\boldsymbol{r}) + B_i^I(\boldsymbol{r})\quad (\boldsymbol{r}\in\partial\Omega). \tag{6.14}$$

当 $\boldsymbol{r}\in\partial\Omega$ 时，记

$$\oiint_{\partial\Omega} \boldsymbol{t}^{(i)}(\boldsymbol{\xi}-\boldsymbol{r})\cdot\boldsymbol{\varphi}^{(2)}(\boldsymbol{\xi})\mathrm{d}s_{\xi} = A_i^b(\boldsymbol{r}) + B_i^b(\boldsymbol{r}); \tag{6.15}$$

另外，从(6.13)式有

$$B_i^I(\boldsymbol{r}) = B_i^b(\boldsymbol{r}) - \boldsymbol{\varphi}_i^{(2)}(\boldsymbol{r})/2, \tag{6.16}$$

将(6.16)和(6.15)代入(6.14)式，即得欲证之(6.5)式. 证毕.

定理 6.3 当 $\boldsymbol{r}$ 由 Ω 内趋于边界 $\partial\Omega$ 时，有

$$t_i^{(1)}(\boldsymbol{r}) = \oiint_{\partial\Omega} \boldsymbol{n}(\boldsymbol{r})\cdot\boldsymbol{T}_r^{(i)}(\boldsymbol{\xi}-\boldsymbol{r})\cdot\boldsymbol{\varphi}^{(1)}(\boldsymbol{\xi})\mathrm{d}s_{\xi} + \varphi_i^{(1)}(\boldsymbol{r})/2\quad (\boldsymbol{r}\in\partial\Omega), \tag{6.17}$$

其中 $t_i^{(1)}(\boldsymbol{r})$ 是 $\boldsymbol{Y}^{(1)}(\boldsymbol{r})$ 所生成的面力，$\boldsymbol{T}_r^{(i)}$ 是 $\boldsymbol{u}^{(i)}(\boldsymbol{\xi}-\boldsymbol{r})$ 对 $\boldsymbol{r}$ 而言所生成的应力张量.

证明 当 $\boldsymbol{r}\in\Omega$ 时，从(6.2)式，可得

$$t_i^{(1)}(\boldsymbol{r}) = \oiint_{\partial\Omega} \boldsymbol{n}(\boldsymbol{r})\cdot\boldsymbol{T}_r^{(i)}(\boldsymbol{\xi}-\boldsymbol{r})\cdot\boldsymbol{\varphi}^{(1)}(\boldsymbol{\xi})\mathrm{d}s_{\xi}\quad (\boldsymbol{r}\in\partial\Omega). \tag{6.18}$$

将上式改写为

$$t_i^{(1)}(\boldsymbol{r}) = A_i(\boldsymbol{r}) + B_i(\boldsymbol{r})\quad (\boldsymbol{r}\in\Omega), \tag{6.19}$$

其中

$$A_i(\boldsymbol{r}) = \oiint_{\partial\Omega} [\boldsymbol{n}(\boldsymbol{r}) - \boldsymbol{n}(\boldsymbol{\xi})] \cdot \boldsymbol{T}_r^{(i)}(\boldsymbol{\xi} - \boldsymbol{r}) \cdot \boldsymbol{\varphi}^{(1)}(\boldsymbol{\xi}) \mathrm{d}s_\xi \quad (\boldsymbol{r} \in \Omega), \tag{6.20}$$

$$B_i(\boldsymbol{r}) = \oiint_{\partial\Omega} \boldsymbol{n}(\boldsymbol{\xi}) \cdot \boldsymbol{T}_r^{(i)}(\boldsymbol{\xi} - \boldsymbol{r}) \cdot \boldsymbol{\varphi}^{(1)}(\boldsymbol{\xi}) \mathrm{d}s_\xi \quad (\boldsymbol{r} \in \Omega). \tag{6.21}$$

对 $\boldsymbol{n}(\boldsymbol{r})$加上适当连续条件，与定理 6.2 相同，可知当 $\boldsymbol{r} \in \partial\Omega$ 时，$A_i(\boldsymbol{r})$有边界值 $A_i^b(\boldsymbol{r})$，而且当 $\boldsymbol{r}$ 从 Ω 内趋于边界时，$A_i(\boldsymbol{r})$也一致趋于这个边界值 $A_i^b(\boldsymbol{r})$. 设 $\boldsymbol{T}_\xi^{(i)}(\boldsymbol{\xi} - \boldsymbol{r})$表示 $\boldsymbol{u}^{(i)}(\boldsymbol{\xi} - \boldsymbol{r})$关于 $\boldsymbol{\xi}$ 所生成的应力张量，按(1.61)式，有

$$\boldsymbol{T}_\xi^{(i)}(\boldsymbol{\xi} - \boldsymbol{r}) = - \boldsymbol{T}_r^{(i)}(\boldsymbol{\xi} - \boldsymbol{r}). \tag{6.22}$$

将(6.22)代入(6.21)式，得

$$B_i(\boldsymbol{r}) = - \oiint_{\partial\Omega} \boldsymbol{n}(\boldsymbol{\xi}) \cdot \boldsymbol{T}_\xi^{(i)}(\boldsymbol{\xi} - \boldsymbol{r}) \cdot \boldsymbol{\varphi}^{(1)}(\boldsymbol{\xi}) \mathrm{d}s_\xi \quad (\boldsymbol{r} \in \Omega), \tag{6.23}$$

而 $\boldsymbol{t}^{(i)}(\boldsymbol{\xi} - \boldsymbol{r}) = \boldsymbol{n}(\boldsymbol{\xi}) \cdot \boldsymbol{T}_\xi^{(i)}(\boldsymbol{\xi} - \boldsymbol{r})$，这样(6.23)式成为

$$B_i(\boldsymbol{r}) = - \oiint_{\partial\Omega} \boldsymbol{t}^{(i)}(\boldsymbol{\xi} - \boldsymbol{r}) \cdot \boldsymbol{\varphi}^{(1)}(\boldsymbol{\xi}) \mathrm{d}s_\xi \quad (\boldsymbol{r} \in \Omega). \tag{6.24}$$

我们仿照定理 6.2 中类似的讨论，当 $\boldsymbol{r}$ 从 Ω 内趋于边界 $\partial\Omega$ 时，由(6.24)式得

$$B_i^I(\boldsymbol{r}) = - \oiint_{\partial\Omega} \boldsymbol{t}^{(i)}(\boldsymbol{\xi} - \boldsymbol{r}) \cdot \boldsymbol{\varphi}^{(1)}(\boldsymbol{\xi}) \mathrm{d}s_\xi + \frac{1}{2}\varphi_i^{(1)}(\boldsymbol{\xi}) \quad (\boldsymbol{r} \in \Omega). \tag{6.25}$$

现在，令 $\boldsymbol{r}$ 从 Ω 内趋于边界 $\partial\Omega$，从(6.19)式可得

$$t_i^{(1)}(\boldsymbol{r}) = - A_i^b(\boldsymbol{r}) + B_i^I(\boldsymbol{r}) \quad (\boldsymbol{r} \in \partial\Omega). \tag{6.26}$$

将(6.25)代入(6.26)式，即得欲证之(6.17)式. 证毕.

附注　如果考虑当 $\boldsymbol{r}$ 从 Ω 外趋于 $\partial\Omega$ 时 $Y_i^{(1)}$ 和 $Y_i^{(2)}$ 的极限值，类似于定

理 6.2 和 6.3 的定理亦成立,则应将(6.5)式右端的 $\varphi_i^{(2)}(\boldsymbol{r})/2$ 前的负号改为正号,将(6.17)式右端的 $\varphi_i^{(1)}(\boldsymbol{r})/2$ 前的正号改为负号.

6.2 弹性力学边值问题的存在性

设有弹性力学位移边值问题和应力边值问题:

$$\begin{cases} \mathscr{L}\boldsymbol{u} = \boldsymbol{0} \quad (\Omega), \\ \boldsymbol{u}|_{\partial\Omega} = \overline{\boldsymbol{u}}; \end{cases} \tag{6.27}$$

$$\begin{cases} \mathscr{L}\boldsymbol{u} = \boldsymbol{0} \quad (\Omega), \\ \boldsymbol{n}\cdot\boldsymbol{T}|_{\partial\Omega} = \boldsymbol{t}. \end{cases} \tag{6.28}$$

令问题(6.27)和(6.28)的位移场分别由双层位势和单层位势表示,即

$$u_i(\boldsymbol{r}) = \oiint_{\partial\Omega} \boldsymbol{t}^{(i)}(\boldsymbol{\xi}-\boldsymbol{r})\cdot\boldsymbol{\varphi}^{(2)}(\boldsymbol{\xi})\mathrm{d}s_\xi \quad (\boldsymbol{r}\in\Omega), \tag{6.29}$$

$$u_i(\boldsymbol{r}) = \oiint_{\partial\Omega} \boldsymbol{u}^{(i)}(\boldsymbol{\xi}-\boldsymbol{r})\cdot\boldsymbol{\varphi}^{(1)}(\boldsymbol{\xi})\mathrm{d}s_\xi \quad (\boldsymbol{r}\in\Omega). \tag{6.30}$$

按照定理 6.1,由(6.29)和(6.30)式所给出的 $u_i(\boldsymbol{r})$ 都满足无体力的弹性力学方程,即满足(6.27)的第一式和(6.28)的第一式. 从(6.29)和(6.30)式,按定理 6.2 和 6.3,为了满足(6.27)和(6.28)的边界条件,则有积分方程

$$\overline{u}_i(\boldsymbol{r}) = \oiint_{\partial\Omega} \boldsymbol{t}^{(i)}(\boldsymbol{\xi}-\boldsymbol{r})\cdot\boldsymbol{\varphi}^{(2)}(\boldsymbol{r})\mathrm{d}s_\xi - \frac{1}{2}\varphi_i^{(2)}(\boldsymbol{r}) \quad (\boldsymbol{r}\in\partial\Omega), \tag{6.31}$$

$$t_i(\boldsymbol{r}) = \oiint_{\partial\Omega} \boldsymbol{n}(\boldsymbol{r})\cdot\boldsymbol{T}_r^{(i)}(\boldsymbol{\xi}-\boldsymbol{r})\cdot\boldsymbol{\varphi}^{(1)}(\boldsymbol{\xi})\mathrm{d}s_\xi + \frac{1}{2}\varphi_i^{(1)}(\boldsymbol{r}) \quad (\boldsymbol{r}\in\partial\Omega), \tag{6.32}$$

其中 $\overline{u}_i(\boldsymbol{r})$ 和 $t_i(\boldsymbol{r})$ 在 $\partial\Omega$ 上是给定的,未知函数为 $\varphi_i^{(1)}$ 和 $\varphi_i^{(2)}$. 方程(6.31)和(6.32)中的积分核 $\boldsymbol{t}^{(i)}(\boldsymbol{\xi}-\boldsymbol{r})$ 和 $\boldsymbol{T}_r^{(i)}(\boldsymbol{\xi}-\boldsymbol{r})$ 都有二阶奇性,与面积元的维度相同,因此积分方程(6.31)和(6.32)都是第二类 Fredholm 奇异积分方程. Kupradze[172,173]证明了这些奇异积分方程存在着解 $\varphi_i^{(1)}$ 和 $\varphi_i^{(2)}$. 因此,由公式(6.29)和(6.30)所定义

的位移场，分别是弹性力学位移边值问题(6.27)和应力边值问题(6.28)的解. Kupradze 的工作奠定了弹性力学的基础，是对弹性力学这一学科的重大贡献. Kupradze[173]还将他的研究结果推广到热弹性力学和偶应力弹性力学问题. Fichera[129]利用 Sobolev 空间的方法也证明了弹性力学边值问题的存在性.

附注　Brebbia 间接边界积分方程(5.13)和 Kupradze 积分方程(6.31)在形式上颇为相似，但实质上完全不同. Brebbia 是在假设弹性力学边值问题存在的事实以后，导出了(5.13)，而 Kupradze 是用(6.31)来证明弹性力学边值问题的存在性. 不过积分方程(5.13)却给出了 Kupradze 双层位势(6.3)中的密度矢量 $\boldsymbol{\varphi}^{(2)}(\boldsymbol{r})$的一个物理解释.

§7　中值公式与局部边界积分方程

7.1　中值公式

对于无体力的弹性力学位移场 $\boldsymbol{u}$，将 Somigliana 公式(3.10)应用于球上，可得如下的中值定理.

定理 7.1

$$\boldsymbol{u}(O)=\frac{3}{16\pi R^2(2-3\nu)}\oiint_{\partial\Sigma_R}\{5(\boldsymbol{u}\cdot\boldsymbol{n})\boldsymbol{n}+(1-4\nu)\boldsymbol{u}\}\mathrm{d}s,\quad(7.1)$$

其中 $\boldsymbol{u}(O)$表示在 O 点的位移，$\partial\Sigma_R$ 表示以 O 为中心，R 为半径的球面.

证明　按(3.10)式，有

$$u_i(O)=\oiint_{\partial\Sigma_R}[u_j^{(i)}t_j-u_jt_j^{(i)}]\mathrm{d}s.\quad(7.2)$$

将 $u_j^{(i)}$ 和 $\sigma_{kj}^{(i)}$的表达式(1.49)和(1.64)代入(7.2)式，得

$$u_i(O)=\alpha\oiint_{\partial\Sigma_R}\Big[(3-4\nu)\frac{1}{\rho}\delta_{ij}t_j+\frac{1}{\rho^3}\rho_i\rho_jt_j\Big]\mathrm{d}s,$$

$$+2\mu\alpha\oiint_{\partial\Sigma_R}\Big[\frac{1}{\rho^5}3\rho_i\rho_j\rho_k+\frac{1-2\nu}{\rho^3}(\rho_j\delta_{ik}+\rho_k\delta_{ij}-\rho_i\delta_{kj}\Big]u_jn_k\mathrm{d}s,$$

$$(7.3)$$

其中 $\boldsymbol{\rho}$ 为从球心出发的矢径，$\alpha=1/16\pi\mu(1-\nu)$.

考虑到无体力时，封闭曲面上的面力 $\boldsymbol{t}$ 的合力为零，于是(7.3)式中第一个面积分的第一项积分为零，再将(7.3)略作化简，有

$$u_i(O)=\frac{\alpha}{R^3}\oiint_{\partial\Sigma_R}\rho_i\rho_j\sigma_{jk}n_k\mathrm{d}s+\frac{2\mu\alpha}{R^2}\oiint_{\partial\Sigma_R}\{3n_in_ju_j+(1-2\nu)u_i\}\mathrm{d}s, \tag{7.4}$$

式中 σ_{jk} 为相应于 $\boldsymbol{u}$ 的应力分量，n_i 为 $\partial\Sigma_R$ 上单位外法向的方向余弦. 在球面上有 $\rho_i=Rn_i$. 将(7.4)中第一个面积分记为 J，利用 Gauss 公式，得

$$J\equiv\oiint_{\partial\Sigma_R}\rho_i\rho_j\sigma_{jk}n_k\mathrm{d}s=\iiint_{\Sigma_R}(\rho_i\rho_j\sigma_{jk})_{,k}\mathrm{d}\tau, \tag{7.5}$$

其中 Σ_R 为以 O 为心 R 为半径的球体. 考虑到平衡方程

$$\sigma_{jk,k}=0, \tag{7.6}$$

(7.5)式可改成为

$$J=\iiint_{\Sigma_R}(\rho_j\sigma_{ji}+\rho_i\sigma_{jj})\mathrm{d}\tau. \tag{7.7}$$

按 Hooke 定律，

$$\sigma_{ji}=\lambda u_{k,k}\delta_{ji}+\mu(u_{j,i}+u_{i,j}), \tag{7.8}$$

$$\sigma_{jj}=(3\lambda+2\mu)u_{k,k}, \tag{7.9}$$

将(7.8)和(7.9)代入(7.7)式，得

$$J=\iiint_{\Sigma_R}[(4\lambda+2\mu)\rho_iu_{k,k}+\mu\rho_ju_{j,i}+\mu\rho_ju_{i,j}]\mathrm{d}\tau. \tag{7.10}$$

为了再用 Gauss 公式，改写(7.10)式为

$$J=\iiint_{\Sigma_R}\{(4\lambda+2\mu)[(\rho_iu_k)_{,k}-\delta_{ik}u_k] \\ +\mu[(\rho_ju_j)_{,i}-\delta_{ij}u_j]+\mu[(\rho_ju_i)_{,j}-\delta_{jj}u_i]\}\mathrm{d}\tau. \tag{7.11}$$

从(7.11)得

$$J = \oiint_{\partial\Sigma_R} [(4\lambda + 2\mu)\rho_i u_k n_k + \mu\rho_j u_j n_i + \mu\rho_j u_i n_j] \mathrm{d}s$$

$$- (4\lambda + 6\mu) \iiint_{\Sigma_R} u_i \mathrm{d}\tau. \tag{7.12}$$

将(7.12)代入(7.4)式,得

$$u_i(O) = \frac{\mu\alpha}{R^2} \oiint_{\partial\Sigma_R} \left[\frac{9 - 10\nu}{1 - 2\nu} n_i n_j n_j + (3 - 4\nu) u_i \right] \mathrm{d}s$$

$$- \frac{2\mu\alpha(3 - 2\nu)}{(1 - 2\nu)R^3} \iiint_{\Sigma_R} u_i \mathrm{d}\tau. \tag{7.13}$$

为了消去(7.13)式中的体积分项,将弹性力学方程

$$\nabla^2 u_i + \frac{1}{1 - 2\nu} u_{j,ji} = 0 \tag{7.14}$$

乘以 ρ^2,作体积分,再应用 Gauss 定理,得

$$0 = \iiint_{\Sigma_R} \rho^2 \left(u_{i,jj} + \frac{1}{1 - 2\nu} u_{j,ji} \right) \mathrm{d}\tau$$

$$= \oiint_{\partial\Sigma_R} R^2 \left(u_{i,j} n_j + \frac{1}{1 - 2\nu} u_{j,j} n_i \right) \mathrm{d}s$$

$$- \iiint_{\Sigma_R} 2 \left(u_{i,j}\rho_j + \frac{1}{1 - 2\nu} u_{j,j}\rho_i \right) \mathrm{d}\tau. \tag{7.15}$$

而(7.15)式中的面积分项为零,事实上

$$\oiint_{\partial\Sigma_R} \left(u_{i,j} n_j + \frac{1}{1 - 2\nu} u_{j,j} n_i \right) \mathrm{d}s = \iiint_{\Sigma_R} \left(u_{i,jj} + \frac{1}{1 - 2\nu} u_{j,ji} \right) \mathrm{d}\tau = 0. \tag{7.16}$$

对(7.15)式的体积分,继续利用 Gauss 定理,可得

$$R \oiint_{\partial\Sigma_R} \left(u_i + \frac{1}{1 - 2\nu} u_j n_i n_j \right) \mathrm{d}s - \frac{2(2 - 3\nu)}{1 - 2\nu} \iiint_{\Sigma_R} u_i \mathrm{d}\tau = 0. \tag{7.17}$$

再利用(7.17)式，消去(7.13)式中的体积分项，略加整理，即得欲证之(7.1)式. 证毕.

7.2 逆定理

设(7.1)式对区域 Ω 中任意一点 $\boldsymbol{r}$、任意半径 η，以及全在 Ω 中的球 $\Sigma_\eta(\boldsymbol{r})$ 上都成立，即设

$$u_i(\boldsymbol{r}) = \frac{3}{16\pi\eta^2(2-3\nu)} \oint\!\!\!\oint_{\partial\Sigma_\eta(\boldsymbol{r})} [5n_i n_j u_j(\boldsymbol{\xi}) + (1-4\nu)u_i(\boldsymbol{\xi})]\mathrm{d}s_\xi, \tag{7.18}$$

则 $u_i(\boldsymbol{r})$ 满足弹性力学方程(7.14).

证明 先导出两个辅助公式，按 Gauss 定理，有

$$\iiint_{\Sigma_\eta(\boldsymbol{r})} (\xi_j - x_j)u_{i,j}\mathrm{d}\tau_\xi = \eta \iint_{\partial\Sigma_\eta(\boldsymbol{r})} u_i(\boldsymbol{\xi})\mathrm{d}s_\xi - 3\iiint_{\Sigma_\eta(\boldsymbol{r})} u_i(\boldsymbol{\xi})\mathrm{d}\tau_\xi. \tag{7.19}$$

改写(7.19)式可得第一个辅助公式

$$\oint\!\!\!\oint_{\partial\Sigma_\eta(\boldsymbol{r})} u_i(\boldsymbol{\xi})\mathrm{d}s_\xi = \frac{1}{\eta}\iiint_{\Sigma_\eta(\boldsymbol{r})} [(\xi_j - x_j)u_{i,j}(\boldsymbol{\xi}) + 3u_i(\boldsymbol{\xi})]\mathrm{d}\tau_\xi; \tag{7.20}$$

再按 Gauss 公式，又有

$$\iiint_{\Sigma_\eta(\boldsymbol{r})} (\xi_i - x_i)u_{i,j}\mathrm{d}\tau_\xi = \eta \oint\!\!\!\oint_{\partial\Sigma_\eta(\boldsymbol{r})} u_j n_j n_i \mathrm{d}s_\xi - \iiint_{\Sigma_\eta(\boldsymbol{r})} u_i \mathrm{d}\tau_\xi, \tag{7.21}$$

改写(7.21)，得第二个辅助公式

$$\oint\!\!\!\oint_{\partial\Sigma_\eta(\boldsymbol{r})} n_i n_j u_j \mathrm{d}s = \frac{1}{\eta}\iiint_{\Sigma_\eta(\boldsymbol{r})} [(\xi_i - x_i)u_{j,j} + u_i]\mathrm{d}\tau_\xi. \tag{7.22}$$

将辅助公式(7.20)和(7.22)代入(7.18)式，得

$$u_i(\boldsymbol{r}) = \frac{1}{\frac{4}{3}\pi\eta^3}\iiint_{\Sigma_\eta(\boldsymbol{r})} \Big[u_i(\xi) + \frac{1-4\nu}{4(2-3\nu)}(\xi_j - x_j)u_{i,j}(\boldsymbol{\xi})$$

$$+\frac{5}{4(2-3\nu)}(\xi_i-x_i)u_{j,j}(\boldsymbol{\xi})\Big]\mathrm{d}\tau_{\xi}. \quad (7.23)$$

按调和函数平均值的逆定理(见参考文献[27,第 226 页])可知,(7.23)式右端体积分号内的函数对 ξ_i 的 Laplace 算子,当 $\xi_i=x_i$ 时为零,即为

$$\nabla_{\xi}^2\Big[u_i(\boldsymbol{\xi})+\frac{1-4\nu}{4(2-3\nu)}(\xi_j-x_j)u_{i,j}(\boldsymbol{\xi})+\frac{5}{4(2-3\nu)}(\xi_i-x_i)u_{j,j}(\boldsymbol{\xi})\Big]_{\xi_i=x_i}=0. \quad (7.24)$$

算出上式的 Laplace 算子,得

$$\Big\{\frac{10(1-2\nu)}{4(2-3\nu)}\Big[\nabla_{\xi}^2u_i(\boldsymbol{\xi})+\frac{1}{1-2\nu}u_{j,ji}(\boldsymbol{\xi})\Big]+\frac{1-4\nu}{4(2-3\nu)}(\xi_j-x_j)\ \nabla_{\xi}^2u_{i,j}(\boldsymbol{\xi})+\frac{5}{4(2-3\nu)}(\xi_i-x_i)\ \nabla_{\xi}^2u_{j,j}(\boldsymbol{\xi})\Big\}_{\xi_i=x_i}=0. \quad (7.25)$$

从上式即得(7.14)式. 逆定理证毕.

7.3　γ_{ik} 的一个中值定理

我们知道,对固定的 k, $u_{i,k}$ 亦满足平衡方程(7.14),即

$$\nabla^2u_{i,k}+\frac{1}{1-2\nu}u_{j,kji}=0. \quad (7.26)$$

将(7.1)式中的 u_i 换成 $u_{i,k}$, R 换成 r,重复 7.1 小节所证,有

$$u_{i,k}(O)=\frac{3}{16\pi r^2(2-3\nu)}\oint\!\!\!\oint_{\partial\Sigma_r}[5u_{j,k}n_jn_i+(1-4\nu)u_{i,k}]\mathrm{d}s. \quad (7.27)$$

用 r^4 乘以(7.27)式两端,并从 0 至 R 积分,得

$$\frac{R^5}{5}u_{i,k}(O)=\frac{3}{16\pi(2-3\nu)}\iiint_{\Sigma_R}[5u_{j,k}x_jx_i+(1-4\nu)u_{i,k}r^2]\mathrm{d}\tau. \quad (7.28)$$

类似于(7.17)式有

$$r\oiint_{\partial\Sigma_r}\left(u_{i,k}+\frac{1}{1-2\nu}u_{j,k}n_in_j\right)\mathrm{d}s=\frac{2(2-3\nu)}{1-2\nu}\iiint_{\Sigma_r}u_{i,k}\mathrm{d}\tau. \tag{7.29}$$

(7.29)式右端用 Gauss 公式转变成面积分,再以 r 乘式的两端,并对 r 由 0 至 R 积分,得到

$$\iiint_{\Sigma_R}\left(u_{i,k}r^2+\frac{1}{1-2\nu}u_{j,k}x_ix_j\right)\mathrm{d}\tau=\frac{2(2-3\nu)}{1-2\nu}\iiint_{\Sigma_R}u_ix_k\mathrm{d}\tau, \tag{7.30}$$

或者

$$\iiint_{\Sigma_R}u_{j,k}x_ix_j\mathrm{d}\tau=\iiint_{\Sigma_R}[2(2-3\nu)u_ix_k-(1-2\nu)u_{i,k}r^2]\mathrm{d}\tau. \tag{7.31}$$

将(7.31)代入(7.28)式,即得

$$\frac{R^5}{5}u_{i,k}(O)=\frac{3}{8\pi}\iiint_{\Sigma_R}(5u_ix_k-u_{i,k}r^2)\mathrm{d}\tau; \tag{7.32}$$

同理

$$\frac{R^5}{5}u_{k,i}(O)=\frac{3}{8\pi}\iiint_{\Sigma_R}(5u_kx_i-u_{k,i}r^2)\mathrm{d}\tau. \tag{7.33}$$

将(7.32)和(7.33)式相加,即得本小节欲证之中值定理:

$$\frac{R^5}{5}\gamma_{ik}(O)=\frac{3}{8\pi}\iiint_{\Sigma_R}[5(u_kx_i+u_ix_k)-\gamma_{ik}r^2]\mathrm{d}\tau. \tag{7.34}$$

对于 γ_{ij} 和 σ_{ij},还有一些中值公式,例如:

$$\gamma_{ij}(O)=\frac{3}{8\pi R^2(7-10\nu)}\oiint_{\partial\Sigma_R}[7u_kn_k(5n_in_j-\delta_{ij})-10\nu(u_in_j+n_iu_j)]\mathrm{d}s, \tag{7.35}$$

$$\sigma_{ij}(O)=\frac{3}{8\pi R^2(7+5\nu)}\oiint_{\partial\Sigma_R}[10\nu t_in_j+7t_kn_k(5n_in_j-\delta_{ij})]\mathrm{d}s. \tag{7.36}$$

上述两式的证明请参见参考文献[146,第134～138页].本节关于中值定理及其逆定理的工作属于Diaz和Payne[113,114],Bramble和Payne[102],他们还导出了其他不同类型的中值公式.关于弹性振动问题和Winkler地基问题的中值定理,参见参考文献[44,41,42].

7.4 局部边界积分方程

Zhu等[302]于1998年提出了一种基于"局部边界积分方程"的无网络计算方法.本节指出局部边界积分方程就是中值定理.

以位移表示的弹性力学平衡方程为

$$(\mathscr{L}\boldsymbol{u})_i \equiv u_{i,jj} + \frac{1}{1-2\nu}u_{j,ji} = -\frac{1}{\mu}f_i \quad (\Omega), \tag{7.37}$$

其中算子$(\mathscr{L}\boldsymbol{u})_i(i=1,2,3)$由上式定义,$\boldsymbol{u}=(u_1,u_2,u_3)$为位移矢量,$\nu$是Poisson比,$\mu$为剪切模量,$f_i$为体力,重复的下标表示求和,$\Omega$为弹性区域.

互易定理有如下形式:

$$\int_{\Sigma}[(\mathscr{L}\boldsymbol{u})_i v_i - u_i(\mathscr{L}\boldsymbol{v})_i]\mathrm{d}\tau = \int_{\partial\Sigma}[t_i(\boldsymbol{u})v_i - u_i t_i(\boldsymbol{v})]\mathrm{d}s, \tag{7.38}$$

这里Σ是Ω内的子区域,$\boldsymbol{v}=(v_1,v_2,v_3)$是$\Omega$内的任意矢量场,$\partial\Sigma$是$\Sigma$的边界曲面,$t_i(\boldsymbol{u})$和$t_i(\boldsymbol{v})$分别是由$\boldsymbol{u}$和$\boldsymbol{v}$生成的边界面力.

Kelvin基本解为

$$u_i^{(k)}(\boldsymbol{x}-\boldsymbol{\xi}) = \alpha\left[(3-4\nu)\frac{1}{r}\delta_{ik} + \frac{r_i r_k}{r^3}\right] \quad (i,k=1,2,3), \tag{7.39}$$

此处$\boldsymbol{r}=\boldsymbol{i}(x-\xi)+\boldsymbol{j}(y-\eta)+\boldsymbol{k}(z-\zeta)$, $\boldsymbol{x}\in\Omega$, δ_{ik}是Kronecker记号,

$$\alpha = \frac{1}{16\pi\mu(1-\nu)}. \tag{7.40}$$

于是$u_i^{(k)}$满足$f_i=\delta(\boldsymbol{x}-\boldsymbol{\xi})\delta_{ik}$的方程(7.37),而$\delta(\boldsymbol{x}-\boldsymbol{\xi})$是$\delta$-函

数. 相应于 $u_i^{(k)}$ 的应力分量 $\sigma_{ij}^{(k)}$ 为

$$\sigma_{ij}^{(k)} = -2\mu\alpha\left[\frac{3}{r^5}r_i r_j r_k + \frac{1-2\nu}{r^3}(r_i\delta_{jk} + r_j\delta_{ik} - r_k\delta_{ij})\right]. \tag{7.41}$$

利用参考文献[302]的观点，我们按下面的边值问题引入基本解 $u_i^{(k)}$ 的“伴随位移” $\hat{\boldsymbol{u}}_i^{(k)}$：

$$\begin{cases}(\mathscr{L}\,\hat{\boldsymbol{u}}^{(k)})_i = 0 & (\Sigma_R), \\ \hat{u}_i^{(k)} = u_i^{(k)} & (\partial\Sigma_R),\end{cases} \quad i,k = 1,2,3, \tag{7.42}$$

其中 Σ_R 是以点 $\boldsymbol{x}$ 为心、R 为半径的球，并假定 $\Sigma_R \subset \Omega$.

我们不难得到边值问题(7.42)的解为

$$\hat{u}_i^{(k)}(\boldsymbol{x}-\boldsymbol{\xi}) = \alpha\left[(3-4\nu)\frac{1}{R}\delta_{ik} + \frac{r_i r_k}{R^3} + \frac{\beta}{R}\left(1-\frac{r^2}{R^2}\right)\delta_{ik}\right]$$
$$(i,k=1,2,3), \tag{7.43}$$

其中

$$\beta = \frac{3-2\nu}{2(2-3\nu)}. \tag{7.44}$$

由“伴随位移” $\hat{u}_i^{(k)}$ 所生成的“伴随应力” $\hat{\sigma}_{ij}^{(k)}$ 为

$$\hat{\sigma}_{ij}^{(k)}(\boldsymbol{x}-\boldsymbol{\xi}) = \frac{\mu\alpha(1+\nu)}{(2-3\nu)R^3}[4r_k\delta_{ij} - (r_i\delta_{jk} + r_j\delta_{ik})]$$
$$(i,k=1,2,3). \tag{7.45}$$

令

$$\tilde{u}_i^{(k)} = u_i^{(k)} - \hat{u}_i^{(k)}. \tag{7.46}$$

则 $\tilde{u}_i^{(k)}$ 满足下述的边值问题

$$\begin{cases}(\mathscr{L}\tilde{\boldsymbol{u}}^{(k)})_i = \delta(\boldsymbol{x}-\boldsymbol{\xi})\delta_{ik} & (\Sigma_R), \\ \tilde{u}_i^{(k)} = 0 & (\partial\Sigma_R),\end{cases} \quad i,k = 1,2,3, \tag{7.47}$$

在互易公式(7.38)中，令

$$(\mathscr{L}\boldsymbol{u})_i = 0 \quad 和 \quad v_i = \tilde{u}_i^{(k)}, \quad i,k = 1,2,3, \tag{7.48}$$

那么，按照§3获得 Somigliana 公式的方法，我们可以得到

$$u_k(\boldsymbol{x}) = -\int_{\partial\Sigma_R} [u_i(\boldsymbol{\xi})\widetilde{\sigma}_{ij}^{(k)}(\boldsymbol{x}-\boldsymbol{\xi})n_j]\mathrm{d}s_\xi \quad (k=1,2,3), \tag{7.49}$$

其中 $\Sigma_R \subset \Omega$, $\partial\Sigma_R$ 是球 Σ_R 的表面, n_j 是 $\partial\Sigma_R$ 的外法向. 方程(7.49)就是所谓"局部边界积分方程", 再利用移动最小二乘法, 就构成弹性力学空间问题的"无网格"计算方法.

如果我们把(7.45)和(7.41)代入(7.49)式, 注意到 $r_i = Rn_i$, 就有

$$u_k(\boldsymbol{x}) = \frac{3}{16\pi R^2(2-3\nu)}\int_{\partial\Sigma_R} [5n_k n_j u_j + (1-4\nu)u_k]\mathrm{d}s_\xi. \tag{7.50}$$

上式正是中值公式(7.1), 因此"局部边界积分方程"与中值公式完全等价. 也可以说我们给出了中值公式的一个新的导出方法. 由于等价是双向的, 对于各种不同类型的中值公式, 也就成为不同类型的"局部边界积分方程"了.

利用"局部边界积分方程"的方法还可给中值公式的逆定理以一个新的证明. 假设对任意的点 $\boldsymbol{x} \in \Omega$ 和任意的 $\Sigma_R \subset \Omega$, 则 u_k 将成为弹性位移场, 即要证 u_k 将满足下述方程:

$$(\mathscr{L}\boldsymbol{u})_k \equiv u_{k,jj} + \frac{1}{1-2\nu}u_{j,jk} = 0 \quad (\Omega). \tag{7.51}$$

事实上, 在互易公式(7.38)中, 令

$$v_i = \widetilde{u}_i^{(k)} \quad (i,k=1,2,3), \tag{7.52}$$

则有

$$\begin{aligned}\int_{\Sigma_R} (\mathscr{L}\boldsymbol{u})_i\,\widetilde{u}_i^{(k)}\mathrm{d}\tau &= \int_{\partial\Sigma_R} [u_i(\boldsymbol{\xi})\widetilde{\sigma}_{ij}^{(k)}(\boldsymbol{x}-\boldsymbol{\xi})n_j]\mathrm{d}s_\xi - u_k(\boldsymbol{x}) \\ &= \frac{3}{16\pi R^2(2-3\nu)}\int_{\partial\Sigma_R} [5n_k n_j u_j + (1-4\nu)u_k]\mathrm{d}s_\xi - u_k(\boldsymbol{x}).\end{aligned} \tag{7.53}$$

按假定, 上式中的右端为零, 其左端可改写为

$$\int_{\Sigma_R} (\mathscr{L}\boldsymbol{u})_i \, \tilde{u}_i^{(k)} \mathrm{d}\tau = [\mathscr{L}\boldsymbol{u}(\boldsymbol{x})]_i \int_{\Sigma_R} \tilde{u}_i^{(k)} \mathrm{d}\tau + \int_{\Sigma_R} [\mathscr{L}\boldsymbol{u}(\boldsymbol{\xi}) - \mathscr{L}\boldsymbol{u}(\boldsymbol{x})]_i \, \tilde{u}_i^{(k)} \mathrm{d}\tau, \tag{7.54}$$

其中

$$\begin{aligned} \tilde{u}_i^{(k)} &= u_i^{(k)} - \hat{u}_i^{(k)} \\ &= \alpha\Big[(3-4\nu)\Big(\frac{1}{r} - \frac{1}{R}\Big)\delta_{ik} + \Big(\frac{1}{r^3} - \frac{1}{R^3}\Big) r_i r_k \\ &\quad - \frac{\beta}{R}\Big(1 - \frac{r^2}{R^2}\Big)\delta_{ik}\Big]. \end{aligned} \tag{7.55}$$

利用上式，我们得到

$$\int_{\Sigma_R} \tilde{u}_i^{(k)} \mathrm{d}\tau = \frac{9(1-\nu)(1-2\nu) + 2\nu^2}{5(2-3\nu)} 2\pi\alpha R^2 \delta_{ik}, \tag{7.56}$$

$$\int_{\Sigma_R} |\tilde{u}_i^{(k)}| \mathrm{d}\tau = O(R^2), \quad 当\ R \to 0. \tag{7.57}$$

因此，我们有

$$|\mathscr{L}\boldsymbol{u}(\boldsymbol{\xi}) - \mathscr{L}\boldsymbol{u}(\boldsymbol{x})| = o(1), \quad 当\ R \to 0. \tag{7.58}$$

综合(7.53)到(7.58)，得到

$$[\mathscr{L}\boldsymbol{u}(\boldsymbol{x})]_i \frac{2(1-\nu)(13-20\nu)}{5(2-3\nu)} \pi R^2 \delta_{ik} = o(R^2), \quad 当\ R \to 0. \tag{7.59}$$

以 R^2 除上式两端，并令 $R \to 0$，则即得(7.51)式. 证毕.

中值定理的逆定理对于无网格计算方法的收敛性来说，提供了某种保证.

显然，本小节的方法对于调和函数、双调和函数也是有效的. 参考文献[294,73]曾研究过基于中值定理的计算方法，参考文献[29]研究了平面弹性力学问题的无网格计算方法.

§8　势论与通解

利用势论可以给出弹性力学通解完备性的一个新证明.

定理 8.1(P-N 解的完备性)　设 u_i 为弹性力学位移场,则存在调和函数 P_0 和 $P_i(i=1,2,3)$,使 u_i 表成

$$u_i = 4(1-\nu)P_i - (P_0 + x_jP_j)_{,i} \quad (i=1,2,3). \tag{8.1}$$

证明　将基本解的表达式(1.60)代入 Brebbia 间接公式(5.8)或 Kupradze 单层位势(6.2),位移场可写成

$$u_i(\boldsymbol{r}) = \alpha(3-4\nu)\oiint_{\partial\Omega}\frac{\varphi_i^{(1)}(\boldsymbol{\xi})}{\rho}\mathrm{d}s_\xi + \alpha\oiint_{\partial\Omega}\frac{(\xi_i-x_i)(\xi_j-x_j)}{\rho^3}\varphi_j^{(1)}(\boldsymbol{\xi})\mathrm{d}s_\xi, \tag{8.2}$$

其中 $\rho=|\boldsymbol{\rho}|$, $\boldsymbol{\rho}=\boldsymbol{i}(\xi-x)+\boldsymbol{j}(\eta-y)+\boldsymbol{k}(\zeta-z)$, 而常数 $\alpha=1/16\pi\mu(1-\nu)$. 设调和函数 $P_i(i=0,1,2,3)$如下定义:

$$P_i(\boldsymbol{r}) = \alpha\oiint_{\partial\Omega}\frac{\varphi_i^{(1)}(\boldsymbol{\xi})}{\rho}\mathrm{d}s_\xi \quad (i=1,2,3), \tag{8.3}$$

$$P_0(\boldsymbol{r}) = -\alpha\oiint_{\partial\Omega}\frac{\xi_j\varphi_j^{(1)}(\boldsymbol{\xi})}{\rho}\mathrm{d}s_\xi. \tag{8.4}$$

从(8.3)和(8.4)式,有

$$\begin{aligned}(P_0+x_jP_j)_{,i} &= -\alpha\left[\oiint_{\partial\Omega}\frac{(\xi_j-x_j)}{\rho}\varphi_j^{(1)}(\boldsymbol{\xi})\mathrm{d}s_\xi\right]_{,i} \\ &= \alpha\oiint_{\partial\Omega}\frac{\varphi_i^{(1)}(\boldsymbol{\xi})}{\rho}\mathrm{d}s_\xi - \alpha\oiint_{\partial\Omega}\frac{(\xi_i-x_i)(\xi_j-x_j)}{\rho^3}\varphi_j^{(1)}(\boldsymbol{\xi})\mathrm{d}s_\xi.\end{aligned} \tag{8.5}$$

将(8.3)和(8.5)代入(8.2),即得(8.1)式. 证毕.

定理 8.2(B-G 解的完备性)　设 u_i 为弹性力学位移场,则存

在双调和函数 G_i，使

$$u_i = 2(1-\nu)\nabla^2 G_i - G_{j,ji} \quad (i=1,2,3). \tag{8.6}$$

证明 将(1.64)代入 Brebbia 间接公式(5.9)或 Kupradze 双层位势(6.3)，有

$$u_i(\boldsymbol{r}) = -2\mu\alpha \oiint_{\partial\Omega} \Big[\frac{3}{\rho^5}\rho_i\rho_j\rho_k + \frac{1-2\nu}{\rho^3}(\rho_j\delta_{ik} + \rho_k\delta_{ij} - \rho_i\delta_{jk})\Big] n_k \varphi_j^{(2)} \mathrm{d}s_\xi. \tag{8.7}$$

令

$$G_i = \mu\alpha \oiint_{\partial\Omega} \frac{1}{\rho}\Big(\rho_j\delta_{ik} + \rho_k\delta_{ij} + \frac{\nu}{1-2\nu}\rho_i\delta_{jk}\Big) n_j \varphi_k^{(2)} \mathrm{d}s_\xi, \tag{8.8}$$

对(8.8)作用 Laplace 算子，得

$$\nabla^2 G_i = -2\mu\alpha \oiint_{\partial\Omega} \frac{1}{\rho^3}\Big(\rho_j\delta_{ik} + \rho_k\delta_{ij} + \frac{2\nu}{1-2\nu}\rho_i\delta_{jk}\Big) n_j \varphi_k^{(2)} \mathrm{d}s_\xi. \tag{8.9}$$

由于 ρ_j/ρ^3 为调和函数，从(8.9)可知

$$\nabla^2\nabla^2 G_i = 0. \tag{8.10}$$

其次，(8.8)给出

$$G_{s,s} = -2\mu\alpha \oiint_{\partial\Omega} \Big(\frac{1}{\rho^3}\rho_j\rho_k + \frac{1}{1-2\nu}\frac{1}{\rho}\delta_{jk}\Big) n_j \varphi_k^{(2)} \mathrm{d}s_\xi. \tag{8.11}$$

由(8.11)，求出

$$G_{s,si} = 2\mu\alpha \oiint_{\partial\Omega} \Big[\frac{3}{\rho^5}\rho_i\rho_j\rho_k - \frac{1}{\rho^3}\Big(\rho_j\delta_{ik} + \rho_k\delta_{ij} - \frac{1}{1-2\nu}\rho_i\delta_{jk}\Big)\Big] n_j \varphi_k^{(2)} \mathrm{d}s_\xi. \tag{8.12}$$

从(8.9)和(8.12)式可得

$$-G_{s,si} + (1-\nu)\nabla^2 G_i = 2\mu\alpha \oiint_{\partial\Omega} \Big[\frac{3}{\rho^5}\rho_i\rho_j\rho_k - \frac{1-2\nu}{\rho^3}(\rho_j\delta_{ik} + \rho_k\delta_{ij} - \rho_i\delta_{jk})\Big] n_j \varphi_k^{(2)} \mathrm{d}s. \tag{8.13}$$

这样(8.13)式的右端与(8.9)式的右端相同,因此它们的左端也相同,故(8.7)式成立.证毕.

本节内容参见参考文献[281]和[299].

§9 Schwartz 交替法

Schwartz 在解调和函数的边值问题时,采用了交替法(参见参考文献[27,第 239~243 页]).Соболев[324]将这种方法推广至弹性力学的边值问题.设有区域 Ω,它是区域 Ω_1 和 Ω_2 之和,区域 Ω_1 和 Ω_2 有重叠部分.设 Ω_1 的边界 $\partial\Omega_i$ 为 $\partial_1\Omega_i$ 和 $\partial_2\Omega_i$ 两部分之和,且 $\partial_1\Omega_i$ 与 $\partial_2\Omega_i$ 没有重叠部分($i=1,2$),区域 Ω 的边界为 $\partial_1\Omega_1\cup\partial_2\Omega_2$(如图 6.5 所示),即

$$\Omega=\Omega_1\cup\Omega_2,\quad \Omega_{12}=\Omega_1\cap\Omega_2,$$
$$\partial\Omega_1=\partial_1\Omega_1\cup\partial_2\Omega_1,\quad \partial_1\Omega_1\cap\partial_2\Omega_1=\varnothing,$$
$$\partial\Omega_2=\partial_1\Omega_2\cup\partial_2\Omega_2,\quad \partial_1\Omega_2\cap\partial_2\Omega_2=\varnothing,$$
$$\partial\Omega=\partial_1\Omega_1\cup\partial_2\Omega_2,\quad \partial\Omega_{12}=\partial_1\Omega_2\cup\partial_2\Omega_1,$$

其中符号“$\cup$”与“$\cap$”分别表示集合的“和”与“交”.图 6.5 中左斜线的区域为 Ω_1,右斜线的区域为 Ω_2,同时具有左右斜线的区域为 Ω_{12}.

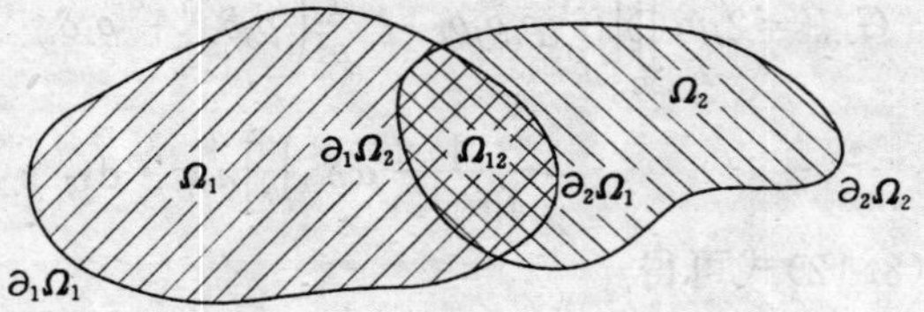

图 6.5

作为 Schwartz 交替法应用的例子,考虑下述弹性力学的位移边值问题:

$$\begin{cases}\mathscr{L}\boldsymbol{u}=\mathbf{0} \quad (\Omega),\\ \boldsymbol{u}|_{\partial\Omega}=\boldsymbol{\psi}.\end{cases} \tag{9.1}$$

第一步,先求 Ω_1 中的边值问题:

$$\begin{cases}\mathscr{L}\boldsymbol{u}_1=\mathbf{0} \quad (\Omega_1),\\ \boldsymbol{u}_1|_{\partial_1\Omega_1}=\boldsymbol{\psi},\\ \boldsymbol{u}_1|_{\partial_2\Omega_1}=\mathbf{0}.\end{cases} \tag{9.2}$$

第二步,在 $\boldsymbol{u}^{(1)}$解出以后,再求 Ω_2 中的下述边值问题:

$$\begin{cases}\mathscr{L}\boldsymbol{u}_2=\mathbf{0} \quad (\Omega_2),\\ \boldsymbol{u}_2|_{\partial_1\Omega_2}=\boldsymbol{u}_1|_{\partial_1\Omega_2},\\ \boldsymbol{u}_2|_{\partial_2\Omega_2}=\boldsymbol{\psi}.\end{cases} \tag{9.3}$$

如果 $\boldsymbol{u}_2$ 解出,再求 $\boldsymbol{u}_3,\boldsymbol{u}_4,\cdots$.一般的,当求出 $\boldsymbol{u}_1,\cdots,\boldsymbol{u}_{2k}(k\geqslant 1)$ 以后,求解下述边值问题:

$$\begin{cases}\mathscr{L}\boldsymbol{u}_{2k+1}=\mathbf{0} \quad (\Omega_1),\\ \boldsymbol{u}_{2k+1}|_{\partial_1\Omega_1}=\boldsymbol{\psi},\\ \boldsymbol{u}_{2k+1}|_{\partial_2\Omega_1}=\boldsymbol{u}_{2k}|_{\partial_2\Omega_1};\end{cases} \tag{9.4}$$

$$\begin{cases}\mathscr{L}\boldsymbol{u}_{2k+2}=\mathbf{0} \quad (\Omega_2),\\ \boldsymbol{u}_{2k+2}|_{\partial_1\Omega_2}=\boldsymbol{u}_{2k+1}|_{\partial_1\Omega_2},\\ \boldsymbol{u}_{2k+2}|_{\partial_2\Omega_2}=\boldsymbol{\psi}.\end{cases} \tag{9.5}$$

现设 $\boldsymbol{u}_1,\boldsymbol{u}_2,\cdots,\boldsymbol{u}_{2k},\cdots$都已求出,令

$$\boldsymbol{u}^{(2k-1)}(\boldsymbol{r})=\begin{cases}\boldsymbol{u}_{2k-1}(\boldsymbol{r}), & \boldsymbol{r}\in\Omega_1,\\ \boldsymbol{u}_{2k-2}(\boldsymbol{r}), & \boldsymbol{r}\in\Omega\backslash\Omega_1;\end{cases} \tag{9.6}$$

$$\boldsymbol{u}^{(2k)}(\boldsymbol{r})=\begin{cases}\boldsymbol{u}_{2k}(\boldsymbol{r}), & \boldsymbol{r}\in\Omega_2,\\ \boldsymbol{u}_{2k-1}(\boldsymbol{r}), & \boldsymbol{r}\in\Omega\backslash\Omega_2.\end{cases} \tag{9.7}$$

Соболев[324]利用位势理论已证明:在区域 Ω_{12}上,有

$$\lim_{k\to\infty}\boldsymbol{u}^{(2k-1)}(\boldsymbol{r})=\lim_{k\to\infty}\boldsymbol{u}^{(2k)}(\boldsymbol{r}) \quad (\boldsymbol{r}\in\Omega_{12}). \tag{9.8}$$

而在 Ω 上,(9.8)式中的两个极限值都看成在 Ω_{12}上的开拓,也都存在且相同,即(9.8)式在 Ω 上也成立.

通过上述 Schwartz 交替法，即利用 Ω_1 和 Ω_2 上的解获得了 Ω 上的解. Соболев 还研究边界条件给定在 Ω_{12}上的交替法. 对于弹性力学平面问题的交替法、应力边值问题的交替法和弹性稳定的 Schwartz 交替法，请参见参考文献[313,315]和[91].

§10 伪应力及其应用

10.1 各向同性体的伪应力

我们知道，应力分量 σ_{ij} 与位移分量的关系是

$$\sigma_{ij} = \lambda u_{k,k}\delta_{ij} + \mu(u_{i,j} + u_{j,i}). \tag{10.1}$$

Fosdick[132]提出了一种伪应力，其分量 τ_{ij} 与位移之间的关系为：

$$\tau_{ij} = (\lambda + 2\mu)u_{k,k}\delta_{ij} + \mu(u_{i,j} - u_{j,i}). \tag{10.2}$$

伪应力有类似于应力的性质. 下面的两个性质，第一个表明伪应力与应力在“合力”上的一致；第二个表明，在互易定理中，伪应力可取代应力.

性质 1 设 Ω 为弹性区域，S 为 Ω 内的任意封闭曲面. 则有

$$\oiint_S s_i\,\mathrm{d}s = \oiint_S t_i\,\mathrm{d}s, \tag{10.3}$$

其中

$$s_i = \tau_{ij}\,n_j, \quad t_i = \sigma_{ij}\,n_j. \tag{10.4}$$

这里 n_i 为曲面 S 的单位外法向的方向余弦.

证明 从(10.2)和(10.1)式，有

$$\oiint_S (s_i - t_i)\mathrm{d}s = 2\mu\oiint_S (u_{k,k}\,\delta_{ij} - u_{j,i})n_j\mathrm{d}s, \tag{10.5}$$

又有恒等式

$$\varepsilon_{pki}\varepsilon_{pqj}\,u_{k,q} = u_{k,k}\delta_{ij} - u_{j,i}. \tag{10.6}$$

另外，对任意可微矢量场 $\boldsymbol{a}$，按 Stokes 定理，总有

$$\oiint_S (\nabla\times\boldsymbol{a})\cdot\boldsymbol{n}\mathrm{d}s = 0. \tag{10.7}$$

而上式亦即

$$\oiint_S \varepsilon_{pqj}\, a_{p,q}\, n_j\, \mathrm{d}s = 0. \tag{10.8}$$

按(10.6)和(10.8),可将(10.5)式写成

$$\oiint_S (s_i - t_i)\mathrm{d}s = 2\mu \oiint_S \varepsilon_{pqj}\, \varepsilon_{pki}\, u_{k,q}\, n_j\, \mathrm{d}s = 0. \tag{10.9}$$

证毕.

性质 2 对任意矢量 u_i 和 $\tilde{u}_i$,有等式

$$\oiint_{\partial\Omega} s_i(\boldsymbol{u})\tilde{u}_i\, \mathrm{d}s = \iiint_{\Omega} [G(\boldsymbol{u},\tilde{\boldsymbol{u}}) + \mathscr{L}_i(\boldsymbol{u})\tilde{u}_i]\mathrm{d}\tau, \tag{10.10}$$

$$\oiint_{\partial\Omega} \{\mathscr{L}_i(\boldsymbol{u})\tilde{u}_i - \mathscr{L}_i(\tilde{\boldsymbol{u}})u_i\}\mathrm{d}\boldsymbol{v} = \oiint_{\partial\Omega} [s_i(\boldsymbol{u})\tilde{u}_i - u_i s_i(\tilde{\boldsymbol{u}})]\mathrm{d}s, \tag{10.11}$$

其中

$$G(\boldsymbol{u},\tilde{\boldsymbol{u}}) = (\lambda + 2\mu)u_{i,i}\, \tilde{u}_{j,j} + \mu\varepsilon_{pij}\, u_{i,j}(\varepsilon_{pkq}\, \tilde{u}_{k,q}), \tag{10.12}$$

$$\mathscr{L}_i(\boldsymbol{u}) = \mu u_{i,jj} + (\lambda + \mu)u_{j,ji}. \tag{10.13}$$

证明 将(10.4)的第一式和(10.2)代入(10.10)式的左端,得

$$\oiint_{\partial\Omega} s_i(\boldsymbol{u})\tilde{u}_i\mathrm{d}s = \oiint_{\partial\Omega} [(\lambda + 2\mu)u_{k,k}\, \tilde{u}_{i,i} + \mu(u_{i,j} - u_{j,i})\tilde{u}_i\, n_j]\mathrm{d}s.$$

利用 Gauss 公式,上式又成为

$$\begin{aligned}\oiint_{\partial\Omega} s_i(\boldsymbol{u})\tilde{u}_i\mathrm{d}s = \iiint_{\Omega} [&(\lambda + 2\mu)u_{k,k}\, \tilde{u}_i\, n_i + \mu(u_{i,j} - u_{j,i})\tilde{u}_{i,j} \\ &+ (\lambda + 2\mu)u_{k,ki}\, \tilde{u}_i + \mu(u_{i,jj} - u_{j,ij})\tilde{u}_i]\mathrm{d}\tau.\end{aligned} \tag{10.14}$$

注意到恒等式

$$\begin{aligned}\varepsilon_{pij}\, \varepsilon_{pkq}\, u_{i,j}\, \tilde{u}_{k,q} &= (\delta_{ik}\delta_{jq} - \delta_{iq}\delta_{jk})u_{i,j}\tilde{u}_{k,q} = u_{i,j}\tilde{u}_{i,j} - u_{q,k}\tilde{u}_{q,k} \\ &= (u_{i,j} - u_{j,i})\tilde{u}_{i,j},\end{aligned} \tag{10.15}$$

利用(10.15)式,以及定义(10.12)和(10.13),因而从(10.14)式即得(10.10)式.将(10.10)中 $\boldsymbol{u}$ 和 $\tilde{\boldsymbol{u}}$的位置交换,可得另一式,将此

式与(10.10)相减,即得(10.11)式.证毕.

性质2乃是新的Betti互易定理,利用这个性质可以得到许多有趣的结果.我们知道,当Lamé系数在条件

$$\mu > 0, \quad 3\lambda + 2\mu > 0 \tag{10.16}$$

或在等价条件

$$\mu > 0, \quad -1 < \nu < 1/2 \tag{10.17}$$

之下,弹性力学混合边值问题的解是唯一的.利用新的互易定理,对于位移边值问题的唯一性,条件(10.16)或(10.17)可放松,有下面的定理.

定理10.1　如果Lamé系数满足条件

$$\mu(\lambda + 2\mu) > 0, \tag{10.18}$$

或者满足等价条件

$$\mu \neq 0, \quad \nu \notin [1/2, 1], \tag{10.19}$$

则弹性力学的位移边值问题的解唯一.

证明　只要证:若 u_i 是无体力的弹性力学位移场,且在边界 $\partial\Omega$ 上固支,则 u_i 在 Ω 中为零.设

$$\begin{cases} \mathscr{L}_i(\boldsymbol{u}) = \boldsymbol{0} & (\Omega), \\ u_i = \boldsymbol{0} & (\partial\Omega). \end{cases} \tag{10.20}$$

在(10.10)中,令 $\tilde{\boldsymbol{u}} = \boldsymbol{u}$,再利用条件(10.20),那么(10.10)成为

$$\iiint_{\Omega} [(\lambda + 2\mu)(u_{i,i})^2 + \mu(\varepsilon_{pij} u_{i,j})(\varepsilon_{pkl} u_{k,l})] d\tau = 0. \tag{10.21}$$

当条件(10.18)或等价条件(10.19)成立时,从(10.21)式可推出

$$\nabla \cdot \boldsymbol{u} = 0, \quad \nabla \times \boldsymbol{u} = \boldsymbol{0}. \tag{10.22}$$

利用恒等式

$$\nabla \times (\nabla \cdot \boldsymbol{u}) = \nabla(\nabla \cdot \boldsymbol{u}) - \nabla^2 \boldsymbol{u}, \tag{10.23}$$

将(10.22)代入(10.23)式,得到

$$\nabla^2 \boldsymbol{u} = \boldsymbol{0}. \tag{10.24}$$

即 $\boldsymbol{u}$ 为调和矢量,而按(10.20)的第二式可知,$\boldsymbol{u}$ 在边界上为零,按

调和函数 Dirichlet 边值问题的唯一性定理,可知在区域内部全为零.证毕.

利用新的互易公式(10.11),重复§3中推导 Somigliana 公式的方法,可以得到一个弹性力学位移场新的表示公式:

$$C_{ij}u_j(\boldsymbol{r})=\oiint_{\partial\Omega}[\boldsymbol{u}^{(i)}(\boldsymbol{\xi}-\boldsymbol{r})\cdot\boldsymbol{s}(\boldsymbol{\xi})-\boldsymbol{u}(\boldsymbol{\xi})\cdot\boldsymbol{s}^{(i)}(\boldsymbol{\xi}-\boldsymbol{r})]\mathrm{d}s_\xi$$

$$+\iiint_{\Omega}\boldsymbol{u}^{(i)}(\boldsymbol{\xi}-\boldsymbol{r})\cdot\boldsymbol{f}(\boldsymbol{\xi})\mathrm{d}\tau_\xi, \qquad (10.25)$$

其中

$$C_{ij}=\begin{cases}\delta_{ij}, & 当\ \boldsymbol{r}\in\Omega\ 时,\\ \delta_{ij}/2, & 当\ \boldsymbol{r}\in\partial\Omega\ 时,\\ 0, & 当\ \boldsymbol{r}\in\Omega^-\ 时,\end{cases} \qquad (10.26)$$

$$s_k^{(i)}=\tau_{kj}(\boldsymbol{u}^{(i)})n_j, \qquad (10.27)$$

这里 $\boldsymbol{u}^{(i)}$ 为基本解,$s_k^{(i)}$ 表示由基本解 $\boldsymbol{u}^{(i)}$ 所生成的伪面力.

当 $\boldsymbol{r}\in\partial\Omega$ 时(10.25)成为一个新的边界积分方程,其离散化可形成新的边界元素法.

参考文献[60]将 Fosdick 的工作从各向同性体推广至各向异性体.

10.2 各向异性体的伪应力

设各向异性体的应力 σ_{ij} 和伪应力 τ_{ij} 有如下表示:

$$\begin{aligned}\sigma_{ij}&=E_{ijks}\,u_{k,s},\\ \tau_{ij}&=\sigma_{ij}+A_{ijks}\,u_{k,s},\end{aligned} \qquad (10.28)$$

其中 E_{ijks} 是弹性常数,它是完全对称的,且使应变能正定,A_{ijks} 是待定常数.

为确定 A_{ijks},令伪应力 τ_{ij} 亦具有性质1和性质2.首先,从伪应力与应力在曲面上的合力相等,得

$$\oiint_S(s_i-t_i)\mathrm{d}s=\oiint_S A_{ijks}\,u_{k,s}\,n_j\,\mathrm{d}s=\iiint_\Omega A_{ijks}\,u_{k,sj}\,\mathrm{d}\tau=0, \qquad (10.29)$$

上式对任意的 u_k 都成立，给出

$$A_{ijks}=-A_{iskj}. \tag{10.30}$$

其次

$$\oiint_S \tau_{ij}(\boldsymbol{u})n_j v_i \,\mathrm{d}\tau=\iiint_\Omega [(E_{ijks}+A_{ijks})u_{i,j}v_{k,s}]\mathrm{d}\tau, \tag{10.31}$$

为保证对称性，上式给出

$$A_{ijks}=A_{ksij}=-A_{kjis}. \tag{10.32}$$

上式中后一个等号用到了(10.30)式.(10.30)和(10.32)两式表明 A_{ijks} 关于下标 i,k 和下标 j,s 分别是反交换的，因此 A_{ijks} 有下列表达式：

$$A_{ijks}=B_{pq}\varepsilon_{pik}\varepsilon_{qjs}, \tag{10.33}$$

其中 ε_{pik} 为置换符号.

将上式的 A_{ijks} 按通常应力应变关系的刚度矩阵的方法，排成如下的 9×9 对称矩阵(其顺序参见(10.37)和(10.38)两式)：

$$\begin{bmatrix}
0 & B_{33} & B_{22} & -B_{32} & -B_{23} & 0 & 0 & 0 & 0\\
 & 0 & B_{11} & 0 & 0 & -B_{13} & -B_{13} & 0 & 0\\
 & & 0 & 0 & 0 & 0 & 0 & -B_{21} & -B_{12}\\
 & & & 0 & -B_{11} & B_{12} & 0 & B_{31} & 0\\
 & & & & 0 & 0 & B_{21} & 0 & B_{13}\\
 & & \text{对} & & & 0 & -B_{22} & B_{23} & 0\\
 & & & & & & 0 & 0 & B_{32}\\
 & & & & \text{称} & & & 0 & -B_{33}\\
 & & & & & & & & 0
\end{bmatrix}, \tag{10.34}$$

各向同性时 Fosdick[132]的伪应力相当于 $B_{pq}=2\mu\delta_{pq}$ 的特殊情形.对于各向异性时的伪应力也可导出新的 Somigliana 公式，其形式与(10.25)式基本一致.

10.3 横观各向同性弹性力学位移边值问题的唯一性

横观各向同性体有 5 个弹性常数,记为

$$\lambda,\quad \mu,\quad \lambda',\quad \mu',\quad E.$$

考虑伪应力与应变之间的"伪刚度矩阵",此时为:

$$\begin{bmatrix}
\lambda+2\mu & \lambda+B_{33} & \lambda'+B_{11} & & & & & & \\
\lambda+B_{33} & \lambda+2\mu & \lambda'+B_{11} & & & & & & \\
\lambda'+B_{11} & \lambda'+B_{11} & E & & & & & & \\
 & & & \mu' & \mu'-B_{11} & & & & \\
 & & & \mu'-B_{11} & \mu' & & & & \\
 & & & & & \mu' & \mu'-B_{11} & & \\
 & & & & & \mu'-B_{11} & \mu' & & \\
 & & & & & & & \mu & \mu-B_{33} \\
 & & & & & & & \mu-B_{33} & \mu
\end{bmatrix} \tag{10.35}$$

在该矩阵中未写出的元素为零,并已假定

$$B_{11}=B_{22},\quad B_{ij}=0\quad (i\neq j). \tag{10.36}$$

我们知道,对于真实的应力,它的刚度矩阵就是(10.35)中舍弃 B_{ij} 后的矩阵,其应变能正定的条件是

(1) $\lambda+2\mu>0,\mu>0,\mu'>0$;

(2) $\lambda+\mu>0$;

(3) $E>(\lambda')^2/(\lambda+\mu)$.

对伪应力而言,令

$$\boldsymbol{\tau}=(\tau_{11},\tau_{22},\tau_{33},\tau_{23},\tau_{32},\tau_{31},\tau_{13},\tau_{12},\tau_{21})^{\mathrm{T}}, \tag{10.37}$$

$$\partial\boldsymbol{u}=(u_{1,1},u_{2,2},u_{3,3},u_{2,3},u_{3,2},u_{1,3},u_{3,1},u_{1,2},u_{2,1})^{\mathrm{T}}, \tag{10.38}$$

其中上标"T"表示转置,下标中的逗号表示对其后的变量取微商.按照(10.28)式,由(10.37)、(10.38)所定义的 $\boldsymbol{\tau}$ 与 $\partial\boldsymbol{u}$ 之间的转换矩阵为(10.35),而矩阵(10.35)正定的条件是:

(1′) $\lambda+2\mu>0,\mu>0,\mu'>0$;

(2′) $\max[0,-2(\lambda+\mu)]<B_{33}<2\mu$;

(3′) $E>\dfrac{(\lambda'+B_{11})^2}{\lambda+2\mu}$, $0<B_{11}<2\mu'$:

情形(3′.1)：$\lambda'>0$：$E>\dfrac{(\lambda')^2}{\lambda+2\mu}$ $(B_{11}\to+0)$，

情形(3′.2)：$-2\mu<\lambda'\leqslant 0$：$E>0$ $(B_{11}=-\lambda')$，

情形(3′.3)：$\lambda'\leqslant-2\mu'$：$E>\dfrac{(\lambda'+2\mu')^2}{\lambda+2\mu}$ $(B_{11}=2\mu')$.

由此，我们有：

定理 2　在条件(1′)～(3′)之下横观各向同性弹性力学位移边值问题是唯一的.

证明　在(10.31)式中取 $v_i=u_i$，若在边界上 $u_i=0$，从正定性可知，在全区域内 $u_{i,j}=0$；又由于在边界上 $u_i=0$，故在全区域内 $u_i=0$. 证毕.

从条件(1)～(3)和条件(1′)～(3′)可以看出：条件(1)和条件(1′)相同；条件(2)对 λ 与 μ 有限制，而总存在满足条件(2′)的 B_{33}，于是条件(2′)对 λ 与 μ 没有限制；不管在哪一种情形下，条件(3′)总比条件(3)弱. 因此利用伪应力于横观各向同性弹性力学位移边值问题，得到了较弱的唯一性条件.

第七章 Saint-Venant 原理

本章研究弹性力学中十分重要的 Saint-Venant 原理，并讨论与该原理量化有关的半无限条和半无限圆柱的端头问题，最后指出传统的板的边界条件与 Saint-Venant 原理相悖.

§1 Saint-Venant 原理的 Boussinesq 表述

Saint-Venant[238] (1855)用半逆解法得到了柱体扭转问题和弯曲问题的解，由于他注意到一个事实，使按特殊边界条件的解答有了普遍的意义. 这个事实是：如果加于柱体一端的两种外载荷是静力等效的，也就是合力和合力矩相同，那么由它们所引起的两种应力场，在距端部较远的地方相差甚微.

Boussinesq[101] (1885)将上述思想一般化，叙述为：加于弹性体上的平衡力系，如果作用点限于某个给定的球内，那么该平衡力系对于远离球的点所产生的应力是可以忽略的. 并称之为"Sanit-Venant 原理".

Saint-Venant 原理在工程力学界被广泛使用，成为梁、板和壳等实用理论的基础. 然而这样叙述的 Saint-Venant 原理不够准确，有模糊不清的地方. Toupin[270] (1965)举出了一个反例，说明

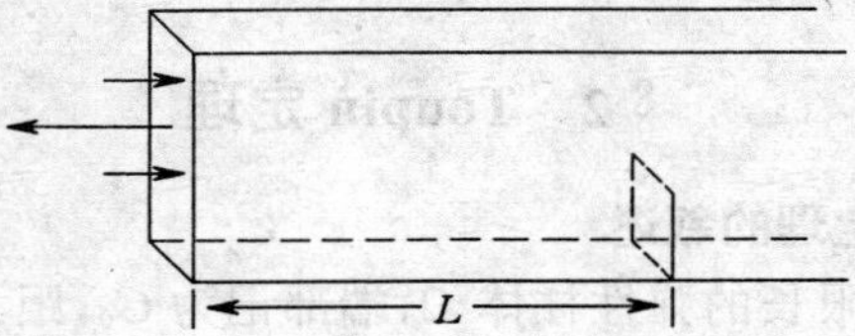

图 7.1

Saint-Venant 原理对几何形状是有要求的. 他考察了一个长的矩形梁，在距端部 L 处有一裂纹(图 7.1)，显然，无论 L 多么大，在裂纹尖端附近的应力场都充分大，不可忽略.

Toupin 的例子说明有必要精确叙述 Saint-Venant 原理，并且需要从弹性力学基本规律出发给予严格地证明，也就是说，Saint-Venant 原理应该是弹性力学边值问题解的某种属性. 近一个世纪以来，众多学者研究了 Saint-Venant 原理的精确叙述和严格证明. 早期的研究者有 Southwell[243](1923)、Goodier[137](1937)等.

v. Mises[197]于 1945 年较精确地叙述了 Saint-Venant 原理，Sternberg[247]于 1954 年证明了 v. Mises 的叙述. Toupin[270]于 1965 年证明了端部受平衡外载的半无限柱体，其应力按与端部的距离成指数衰减. Kowles[167]，Knowles 和 Sternberg[169]，Бердичевский[305]分别证明了平面问题、轴对称问题，以及锥体的 Saint-Venant 原理. Robinson[233]于 1966 年曾经用非标准分析研究了 Saint-Venant 原理. Horgan[152,153]研究了各向异性弹性力学和 Stokes 流的 Saint-Venant 原理. Horgan 和 Knowles[155]，Horgan[154]曾对百年来的 Saint-Venant 原理研究状况予以综述，并介绍了该原理被推广到非线性弹性、热弹性、微极弹性和粘弹性等领域中的情况.

显然，Saint-Venant 原理应该是椭圆型方程的某种性质. 一般说来，双曲型方程不具有此性质. Boley[99]于 1955 年举出反例，说明 Saint-Venant 原理对弹性动力学不成立.

在本章 § 2 和 § 3 两节中，我们将分别较详细地介绍 Toupin[270]和 Knowles[167]的工作.

§ 2 Toupin 定理

2.1 Toupin 定理的叙述

设有半无限长的弹性柱体 Ω，端部记为 G_0，距 G_0 为 l 的截面和大于 l 的弹性体分别记为 G_l 和 Ω_l(图 7.2). 假定坐标原点在 G_0

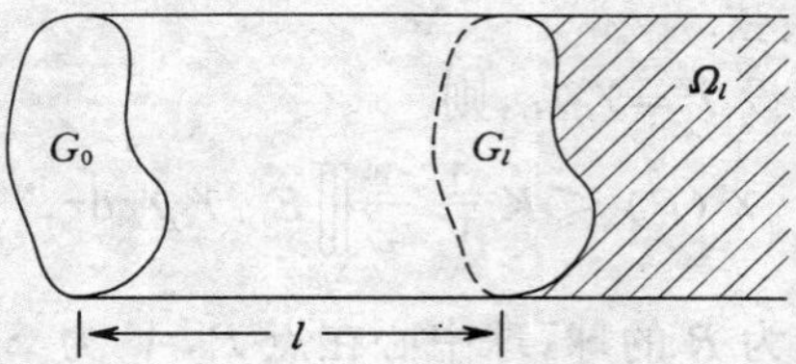

图 7.2

的形心上，z 轴平行于柱体的母线，指向 Ω 内，建立直角坐标系 (x,y,z). 设应变能密度 w 为

$$w(\boldsymbol{u}) = \frac{1}{2}E_{ijks}\gamma_{ij}\gamma_{ks} = \frac{1}{2}\sigma_{ij}\gamma_{ij}, \tag{2.1}$$

其中 γ_{ij} 和 σ_{ij} 分别为与位移 u_i 所对应的应变分量和应力分量，E_{ijks} 为弹性常数张量，它是完全对称的和正定的，即

$$E_{ijks} = E_{ksij} = E_{jiks} = E_{ijsk}, \quad E_{ijks}\gamma_{ij}\gamma_{ks} > 0 \quad (\gamma_{ij}\text{ 不全为零}). \tag{2.2}$$

设 Ω_l 中的应变能为 $U(l)$，即

$$U(l) = \iiint_{\Omega_l} w(\boldsymbol{u})\mathrm{d}\tau = \frac{1}{2}\iiint_{\Omega_l}\sigma_{ij}\gamma_{ij}\,\mathrm{d}\tau. \tag{2.3}$$

利用应变能，Toupin[270]得到了如下两个结论.

定理 2.1 设 Ω 不受体力，且

(1) Ω 的侧面上无外载；

(2) Ω 的端部 G_0 上加有平衡的外载荷，即

$$\iint_{G_0} t_i\,\mathrm{d}s = 0, \quad \iint_{G_0}\varepsilon_{ijk}\,x_j\,t_k\,\mathrm{d}x = 0; \tag{2.4}$$

(3) $\lim\limits_{l\to\infty}\iint_{G_l} u_i\,t_i\,\mathrm{d}s = 0.$ (2.5)

则 Ω_l 中的应变能满足不等式

$$U(l) \leqslant U(0)\mathrm{e}^{-\frac{l-s}{\eta(s)}}, \tag{2.6}$$

其中 s 为常数，$l>s$，$\eta(s)$为与 s 有关的常数，$t_i=\sigma_{ij}n_j$，n_j 为单位

外法向的方向余弦.

定理 2.2　设 $\gamma^2=\gamma_{ij}\gamma_{ij}$,则

$$\gamma^2(P)\leqslant K\frac{1}{V}\frac{1}{2}\iiint\limits_{\Sigma_R}E_{ijks}\gamma_{ij}\gamma_{ks}\mathrm{d}\tau, \tag{2.7}$$

其中 Σ_R 为半径为 R 的球,球中心在点 P, V 为 Σ_R 的体积, K 为常数.

从定理 2.1 和 2.2 可得到应变分量按指数衰减的逐点估计.

2.2　定理 2.1 的证明

记截面 G_l 和 G_{l+s} 之间的弹性体为 Ω_{ls}, 在 Ω_{ls} 中的应变能记为 $U(l,s)$,显然有

$$U(l)=\lim_{s\to+\infty}U(l,s). \tag{2.8}$$

另一方面,利用无体力的平衡方程和 Gauss 定理,有

$$U(l,s)=\frac{1}{2}\iiint\limits_{\Omega_{ls}}\sigma_{ij}u_{i,j}\,\mathrm{d}\tau=\frac{1}{2}\iiint\limits_{\Omega_{ls}}(\sigma_{ij}u_i)_{,j}\,\mathrm{d}\tau$$

$$=\frac{1}{2}\iint\limits_{\partial\Omega_{ls}}\sigma_{ij}u_in_j\mathrm{d}s,$$

其中 $\partial\Omega_{ls}$ 表示 Ω_{ls} 的边界曲面. 考虑到侧面无外力的假定(2),上式成为

$$U(l,s)=\frac{1}{2}\iint\limits_{G_l}t_iu_i\,\mathrm{d}s-\frac{1}{2}\iint\limits_{G_{l+s}}t_iu_i\,\mathrm{d}s. \tag{2.9}$$

利用假定(3),在(2.9)式中取极限,得

$$\lim_{s\to\infty}U(l,s)=\frac{1}{2}\iint\limits_{G_l}t_iu_i\,\mathrm{d}s. \tag{2.10}$$

综合(2.8)和(2.10),得到(2.3)式所定义的应变能 $U(l)$ 的另一种表达式

$$U(l)=\frac{1}{2}\iint\limits_{G_l}t_iu_i\,\mathrm{d}s. \tag{2.11}$$

记

$$\bar{u}_i = u_i + a_i + \varepsilon_{ijk} b_j x_k, \tag{2.12}$$

按第五章§3中引理3.1的方法,总可选择常数 a_i 和 b_i,使下面两式成立:

$$\iint_{G_l} \bar{u}_i \, \mathrm{d}s = 0, \quad \iint_{G_l} \varepsilon_{ijk} x_j \bar{u}_k \mathrm{d}s = 0, \tag{2.13}$$

当然 a_i 和 b_j 将与 l 有关.

由于无体力和侧面无外载,那么从假定(2)可知,在任意载面 G_l 上的应力也自平衡,即有

$$\iint_{G_l} t_i \, \mathrm{d}s = 0, \quad \iint_{G_l} \varepsilon_{ijk} x_j t_k \, \mathrm{d}s = 0. \tag{2.14}$$

利用(2.12)、(2.13)和(2.14)诸式,得到

$$U(l) = \frac{1}{2} \iint_{G_l} t_i u_i \, \mathrm{d}s = \frac{1}{2} \iint_{G_l} t_i \bar{u}_i \, \mathrm{d}s. \tag{2.15}$$

按 Schwartz 不等式,从(2.15)式,得

$$U(l) \leqslant \frac{1}{2} \sqrt{\left(\iint_{G_l} \sum_{i=1}^{3} t_i^2 \mathrm{d}s \right) \left(\iint_{G_l} \sum_{i=1}^{3} \bar{u}_i^2 \mathrm{d}s \right)}. \tag{2.16}$$

因为几何平均值不大于算术平均值,可知对任意非负实数 a 和 b,有

$$\sqrt{ab} = \sqrt{\alpha a \frac{b}{\alpha}} \leqslant \frac{1}{2} \left(\alpha a + \frac{b}{\alpha} \right), \tag{2.17}$$

其中 α 为正的实数. 利用(2.17)式,(2.16)成为

$$U(l) \leqslant \frac{1}{4} \left(\alpha \iint_{G_l} \sum_{i=1}^{3} t_i^2 \mathrm{d}s + \frac{1}{\alpha} \iint_{G_l} \sum_{i=1}^{3} \bar{u}_i^2 \mathrm{d}s \right). \tag{2.18}$$

再用 Schwartz 不等式,可得

$$\sum_{i=1}^{3} t_i^2 = \sum_{i=1}^{3} \left(\sum_{j=1}^{3} \sigma_{ij} n_j \right)^2 \leqslant \sum_{i=1}^{3} \left(\sum_{j=1}^{3} \sigma_{ij}^2 \right) \left(\sum_{j=1}^{3} n_j^2 \right) \leqslant \sum_{i,j=1}^{3} \sigma_{ij}^2. \tag{2.19}$$

按 2.4 小节的附录 A 中的(2.49)式,有

$$\sum_{i,j=1}^{3}\sigma_{ij}^2 \leqslant 2\mu^* w(\bar{\boldsymbol{u}}), \tag{2.20}$$

其中 $w(\bar{\boldsymbol{u}})$表示由位移 $\bar{\boldsymbol{u}}$ 所产生的应变能,$\mu^*=\mu_M^2/\mu_m$,μ_M 和 μ_m 分别表示弹性常数矩阵的最大和最小本征值. 将(2.19)和(2.20)代入(2.18)式,得

$$U(l) \leqslant \frac{1}{4}\left[2\mu^*\alpha\iint_{G_l} w(\bar{\boldsymbol{u}})\mathrm{d}s + \frac{1}{\alpha}\iint_{G_l}\bar{u}^2\mathrm{d}s\right], \tag{2.21}$$

其中 $\bar{u}^2=\sum_{i=1}^{3}u_i^2$. 记

$$Q(l,s) = \frac{1}{s}\int_l^{l+s} U(t)\mathrm{d}t, \tag{2.22}$$

将(2.21)代入(2.22)式,得

$$Q(l,s) \leqslant \frac{1}{4s}\left[2\mu^*\alpha\iiint_{\Omega_{ls}} w(\bar{\boldsymbol{u}})\mathrm{d}t + \frac{1}{\alpha}\iiint_{\Omega_{ls}}\bar{u}^2\mathrm{d}\tau\right]. \tag{2.23}$$

设 $\lambda_0(s)$为相应于 Ω_{ls} 自由振动的最小非零振动频率,按 2.4 小节附录 B 中的(2.55)式,有

$$\lambda_0(s) \leqslant \iiint_{\Omega_{ls}} w(\bar{\boldsymbol{u}})\mathrm{d}\tau \Big/ \frac{1}{2}\iiint_{\Omega_{ls}}\bar{u}^2\mathrm{d}\tau. \tag{2.24}$$

将(2.24)代入(2.23)式,得

$$Q(l,s) \leqslant \frac{1}{2s}\left[\mu^*\alpha + \frac{1}{\alpha\lambda_0(s)}\right]\iiint_{\Omega_{ls}} w(\bar{\boldsymbol{u}})\mathrm{d}\tau. \tag{2.25}$$

按(2.9)和(2.11)两式,(2.25)又可写为

$$Q(l,s) \leqslant \eta(s,\alpha)\,\frac{1}{s}[U(l) - U(s+l)], \tag{2.26}$$

其中 $\eta(s,\alpha)=\frac{1}{2}\left[\mu^*\alpha+\frac{1}{\alpha\lambda_0(s)}\right]$,当 $\alpha=\frac{1}{\sqrt{\mu^*\lambda_0(s)}}$时,$\eta(s,\alpha)$最小,其值为

$$\eta(s) = \sqrt{\frac{\mu^*}{\lambda_0(s)}}.$$

从(2.22)式可以看出

$$\frac{\mathrm{d}Q}{\mathrm{d}l}=\frac{1}{s}[U(l+s)-U(l)]. \tag{2.27}$$

将(2.27)代入(2.26)式,得

$$\eta(s)\,\frac{\mathrm{d}Q}{\mathrm{d}l}+Q\leqslant 0, \tag{2.28}$$

此即

$$\frac{\mathrm{d}}{\mathrm{d}l}[Q(l,s)\mathrm{e}^{l/\eta(s)}]\leqslant 0. \tag{2.29}$$

将(2.29)式的两端从 l_1 至 l_2 积分,得

$$Q(l_2,s)\mathrm{e}^{l_2/\eta(s)}-Q(l_1,s)\mathrm{e}^{l_1/\eta(s)}\leqslant 0, \tag{2.30}$$

于是

$$\frac{Q(l_2,s)}{Q(l_1,s)}\leqslant \mathrm{e}^{-(l_2-l_1)/\eta(s)}. \tag{2.31}$$

另一方面,注意到 $U(l)$ 是单调递减的,则有

$$\frac{U(l_2+s)}{U(l_1)}\leqslant\frac{\dfrac{1}{s}\displaystyle\int_{l_2}^{l_2+s}U(t)\mathrm{d}t}{\dfrac{1}{s}\displaystyle\int_{l_1}^{l_1+s}U(t)\mathrm{d}t}=\frac{Q(l_2,s)}{Q(l_1,s)}. \tag{2.32}$$

将(2.31)代入(2.32)式,得

$$U(l_2+s)\leqslant U(l_1)\mathrm{e}^{-(l_2-l_1)/\eta(s)}. \tag{2.33}$$

在(2.33)中,令 $l_1=0, l_2=l-s$,即得欲证之(2.6)式. 证毕.

2.3 定理 2.2 的证明

从第六章的(7.34)式,有

$$\frac{R^5}{5}\gamma_{ik}(P)=\frac{3}{8\pi}\iiint\limits_{\Sigma_R}\left[\frac{5}{2}(u_ix_k+u_kx_i)-\gamma_{ik}r^2\right]\mathrm{d}\tau, \tag{2.34}$$

其中 $r^2=x_1^2+x_2^2+x_3^2$. 将(2.34)式两边平方,并利用 Schwartz 不等式,得

$$\frac{R^{10}}{25}\gamma_{ik}^2 \leqslant \frac{9V}{64\pi^2}\iiint\limits_{\Sigma_R}\left[\frac{5}{2}(u_i x_k + u_k x_i) - \gamma_{ik} r^2\right]^2 \mathrm{d}\tau, \tag{2.35}$$

其中 $V=\frac{4}{3}\pi R^3$. 对(2.35)式求和，得

$$\gamma^2(P) \leqslant \frac{75}{16\pi R^7}\iiint\limits_{\Sigma_R}\sum_{i,k=1}^{3}\left[\frac{5}{2}(u_i x_k + u_k x_i) - \gamma_{ik} r^2\right]^2 \mathrm{d}\tau. \tag{2.36}$$

当 $\alpha>0$ 时，对任意实数 a 和 b 有不等式：

$$(a+b)^2 \leqslant a^2 + b^2 + 2|ab| \leqslant (1+\alpha)a^2 + \left(1+\frac{1}{\alpha}\right)b^2. \tag{2.37}$$

利用(2.37)式，将(2.36)可写成

$$\gamma^2(P) \leqslant \frac{75}{16\pi R^7}\iiint\limits_{\Sigma_R}\left[25(1+\alpha)\sum_{i,k=1}^{3}\left(\frac{u_i x_k + u_k x_i}{2}\right)^2 + \left(1+\frac{1}{\alpha}\right)\gamma^2 r^4\right]\mathrm{d}\tau. \tag{2.38}$$

由于 $u^2=u_1^2+u_2^2+u_3^2$，有

$$\sum_{i,k=1}^{3}\left(\frac{u_i x_k + u_k x_i}{2}\right)^2 \leqslant \sum_{i,k=1}^{3}\frac{(u_i x_k)^2 + (u_k x_i)^2}{2} \leqslant \sum_{i,k=1}^{3} u_i^2 x_k^2 = u^2 r^2. \tag{2.39}$$

又由 2.4 小节附录 A 中的(2.48)式，给出

$$\gamma^2 \leqslant \frac{2}{\mu_m} w(\bar{\boldsymbol{u}}). \tag{2.40}$$

将(2.39)、(2.24)和(2.40)代入(2.38)式，得

$$\begin{aligned}\gamma^2(P) &\leqslant \frac{75}{16\pi R^7}\iiint\limits_{\Sigma_R}\left[25(1+\alpha)\frac{2}{\lambda_0(s)}r^2 w(\boldsymbol{u}) + \left(1+\frac{1}{\alpha}\right)\frac{2}{\mu_m}r^4 w(\boldsymbol{u})\right]\mathrm{d}\tau \\ &\leqslant \frac{25}{2}\left[25(1+\alpha)\frac{1}{R^2\lambda_0(s)} + \left(1+\frac{1}{\alpha}\right)\frac{1}{\mu_m}\right]\frac{1}{V}\iiint w(\boldsymbol{u})\mathrm{d}\tau.\end{aligned} \tag{2.41}$$

选择 $\alpha=\frac{R}{5}\sqrt{\frac{\lambda_0(s)}{\mu_m}}$,那么(2.41)成为

$$\gamma^2(P)\leqslant K\frac{1}{V}\iiint w(\boldsymbol{u})\mathrm{d}\tau, \tag{2.42}$$

其中

$$K=\frac{25}{2\mu_m}\left[1+\frac{5}{R}\sqrt{\frac{\mu_m}{\lambda_0(s)}}\right]^2.$$

(2.42)即为所求之(2.7)式. 证毕.

2.4 附录

附录 A 应变能密度的上下界

今引入应变和应力的规范形式(见参考文献[5,55,189]),设

$$\begin{aligned}\boldsymbol{\gamma}&=(\gamma_{11},\gamma_{22},\gamma_{33},\sqrt{2}\,\gamma_{23},\sqrt{2}\,\gamma_{31},\sqrt{2}\,\gamma_{12})^{\mathrm{T}},\\ \boldsymbol{\sigma}&=(\sigma_{11},\sigma_{22},\sigma_{33},\sqrt{2}\,\sigma_{23},\sqrt{2}\,\sigma_{31},\sqrt{2}\,\sigma_{12})^{\mathrm{T}},\end{aligned} \tag{2.43}$$

其中上标"T"表示转置. 再引入规范的弹性常数矩阵:

$$\boldsymbol{C}=\begin{bmatrix} E_{1111} & E_{1122} & E_{1133} & \sqrt{2}\,E_{1123} & \sqrt{2}\,E_{1131} & \sqrt{2}\,E_{1112}\\ E_{2211} & E_{2222} & E_{2233} & \sqrt{2}\,E_{2223} & \sqrt{2}\,E_{2231} & \sqrt{2}\,E_{2212}\\ E_{3311} & E_{3322} & E_{3333} & \sqrt{2}\,E_{3323} & \sqrt{2}\,E_{3331} & \sqrt{2}\,E_{3312}\\ \sqrt{2}\,E_{2311} & \sqrt{2}\,E_{2322} & \sqrt{2}\,E_{2333} & 2E_{2323} & 2E_{2331} & 2E_{2312}\\ \sqrt{2}\,E_{3111} & \sqrt{2}\,E_{3122} & \sqrt{2}\,E_{3133} & 2E_{3123} & 2E_{3131} & 2E_{3112}\\ \sqrt{2}\,E_{1211} & \sqrt{2}\,E_{1222} & \sqrt{2}\,E_{1233} & 2E_{1223} & 2E_{1231} & 2E_{1212} \end{bmatrix}, \tag{2.44}$$

那么广义 Hooke 定律可写成

$$\boldsymbol{\sigma}=\boldsymbol{C}\boldsymbol{\gamma}. \tag{2.45}$$

而应变能密度可写成

$$w=\frac{1}{2}\boldsymbol{\gamma}^{\mathrm{T}}\boldsymbol{C}\boldsymbol{\gamma}. \tag{2.46}$$

矩阵 $\boldsymbol{C}$ 是实对称正定矩阵,设它的最大与最小本征值分别为 μ_M 和 μ_m,从(2.45)和(2.46)式有

$$\mu_m^2\gamma^2 \leqslant \sigma^2 \leqslant \mu_M^2\gamma^2, \tag{2.47}$$

$$\frac{1}{2}\mu_m\gamma^2 \leqslant w \leqslant \frac{1}{2}\mu_M\gamma^2, \tag{2.48}$$

其中 $\gamma^2=\gamma_{ij}\gamma_{ij}$. 从(2.47)和(2.48)式,得

$$\sigma^2 \leqslant 2\mu^* w, \tag{2.49}$$

其中 $\sigma^2=\sigma_{ij}\sigma_{ij}$, $\mu^*=\mu_M^2/\mu_m$. 如果弹性体是各向同性的,矩阵 $\boldsymbol{C}$ 为

$$\boldsymbol{C}=\begin{bmatrix} \lambda+2\mu & \lambda & \lambda & & & \\ \lambda & \lambda+2\mu & \lambda & & 0 & \\ \lambda & \lambda & \lambda+2\mu & & & \\ & & & 2\mu & & \\ & 0 & & & 2\mu & \\ & & & & & 2\mu \end{bmatrix}. \tag{2.50}$$

对各向同性体而言,有

$$\mu_m = 2\mu,\quad \mu_M = 3\lambda+2\mu,\quad \mu^* = \frac{(3\lambda+2\mu)^2}{2\mu}. \tag{2.51}$$

附录 B　Rayleigh 原理

按 Rayleigh 原理,下面的 Rayleigh 商

$$\lambda = \iiint_\Omega w(\boldsymbol{u})\mathrm{d}\tau \Big/ \frac{1}{2}\iiint_\Omega u^2\mathrm{d}\tau \tag{2.52}$$

的驻值为弹性体的自由振动频率. 当 $\boldsymbol{u}$ 在 Ω 上取所有可能的连续可微矢量时,Rayleigh 商(2.52)的最小值,即为最小的振动频率 λ_1,设 $\lambda_1,\cdots,\lambda_N$ 为前 N 个振动频率,与它们相应的振型设为 $\boldsymbol{v}^{(1)},\cdots,\boldsymbol{v}^{(N)}$,那么其后的一个振动频率 λ_{N+1},可如下求出: 让 $\boldsymbol{u}$ 在 Ω 上取与 $\boldsymbol{v}^{(1)},\cdots,\boldsymbol{v}^{(N)}$ 正交的连续可微的矢量,即设

$$\iiint_\Omega u_i v_i^{(\alpha)}\mathrm{d}\tau = 0 \quad (\alpha=1,\cdots,N). \tag{2.53}$$

在条件(2.53)下 Rayleigh 商(2.52)的最小值就是 λ_{N+1}.

对弹性体而言,刚体运动的应变能为零,因此当位移与平动和

转动正交时,即当

$$\iiint_{\Omega} u_i \mathrm{d}\tau = 0, \quad \iiint_{\Omega} \varepsilon_{ijk} x_j u_k \mathrm{d}\tau = 0 \tag{2.54}$$

时,Rayleigh 商(2.52)的最小值就是弹性体最小的非零自由振动频率,设其为 λ_0,则有

$$\lambda_0 = \iiint w(\boldsymbol{u}) \mathrm{d}\tau \Big/ \frac{1}{2} \iiint u^2 \mathrm{d}\tau, \tag{2.55}$$

其中 $\boldsymbol{u}$ 满足条件(2.54).

关于 Rayleigh 原理,请参见参考文献[20,第 423～427 页].

§3 Knowles 定理

3.1 Knowles 定理的叙述

考虑各向同性体的平面问题,在 Oxy 平面上设有单连通区域 G,其边界曲线为 ∂G,在 $x<0$ 的左半平面上 G 的边界记为 $\partial^- G$,在右半平面上 G 的边界记为 $\partial^+ G$(图 7.3). 为叙述方便,引入下述记号

$$a = \sup_{(x,y)\in\partial^+ G} \{x\}, \quad b = \sup_{(x,y)\in\partial^+ G} \{y\},$$
$$G_l = \{(x,y) \mid (x,y) \in G, x > l\},$$
$$L_l = \{(x,y) \mid (x,y) \in G, x = l\},$$

并假定

$$\inf_{(x,y)\in\partial^+ G} \{y\} = 0.$$

设 G_l 中的应变能为

$$U(l) = \frac{1}{2} \iint_{G_l} \sigma_{\alpha\beta} \gamma_{\alpha\beta} \, \mathrm{d}x\mathrm{d}y, \tag{3.1}$$

其中重复的希腊字母表示从 1 至 2 求和. Knowles[167]于 1966 年证明了如下定理.

定理 3.1 半无限条的应变能有如下估计式:

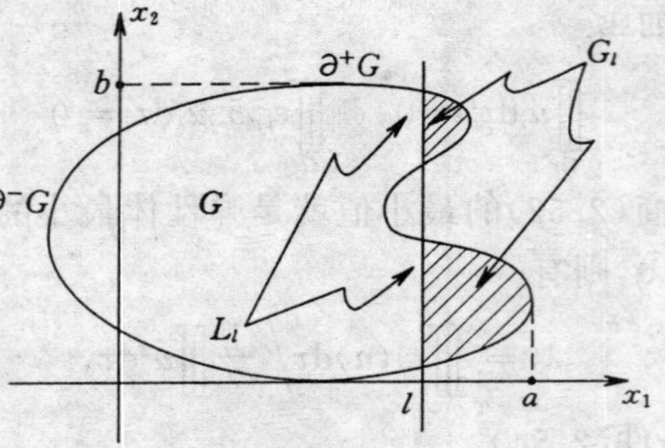

图　7.3

$$U(l) \leqslant CU(0)\mathrm{e}^{-2k\frac{l}{b}}, \tag{3.2}$$

其中 $C=\frac{2}{1-2\nu}, k=\frac{\sqrt{2}}{2}\pi$.

定理 3.1 的证明在本节的 3.3 小节中,我们在 3.2 小节内先证明两个引理. 此外,类似于定理 2.2 也有平面问题的相应定理(见参考文献[168]),因此就可得平面问题中应变的逐点衰减估计.

3.2　两个引理

引理 3.1　设 f 是 G 上的连续函数,则

$$\frac{\mathrm{d}}{\mathrm{d}l}\iint_{G_l} f\mathrm{d}x\mathrm{d}y = -\int_{L_l} f\mathrm{d}y. \tag{3.3}$$

证明　令

$$F(l) = \iint_{G_l} f\mathrm{d}x_1\mathrm{d}x_2, \tag{3.4}$$

作差商

$$\frac{F(l+\delta)-F(l)}{\delta}, \tag{3.5}$$

如果 L_l 是一个线段,差商(3.5)可化作累次积分,当 $\delta\to 0$ 时即得(3.3)式. 如果 L_l 是几个线段时,差商(3.5)也可看作几个累次积

分之和，当 $\delta\to 0$ 时亦可得到(3.3)式. 证毕.

引理 3.2(Wirtinger 不等式)　设 $\psi(x)$在$[0,c]$上连续可微，那么

(1) 当 $\psi(0)=\psi(c)=0$ 时，有

$$\int_0^c[\psi'(x)]^2\mathrm{d}x\geqslant\frac{\pi^2}{c^2}\int_0^c[\psi(x)]^2\mathrm{d}x;\tag{3.6}$$

(2) 当 $\psi(0)=\psi'(0)=\psi(c)=\psi'(c)=0$ 时，有

$$\int_0^c[\psi''(x)]^2\mathrm{d}x\geqslant\frac{4\pi^2}{c^2}\int_0^c[\psi'(x)]^2\mathrm{d}x.\tag{3.7}$$

证明　对情形(1)，将 $\psi(x)$奇开拓至$[-c,0]$上，在$[-c,c]$上将 $\psi(x)$展开为正弦 Fourier 级数：

$$\psi(x)=\sum_{n=1}^{\infty}a_n\sin\frac{n\pi}{c}x.\tag{3.8}$$

由上式，按三角函数系的闭合性方程，得

$$\int_0^c[\psi'(x)]^2\mathrm{d}x=\frac{c}{2}\frac{\pi^2}{c^2}\sum_{n=1}^{\infty}n^2a_n^2,$$

$$\int_0^c[\psi(x)]^2\mathrm{d}x=\frac{c}{2}\sum_{n=1}^{\infty}a_n^2,$$

从上述两式即得欲证之(3.6)式.

对情形(2)，将 $\psi'(x)$在$[0,c]$上展开为 Fourier 级数，由于

$$\int_0^c\psi'(x)\mathrm{d}x=\psi(c)-\psi(0)=0,$$

因此 Fourier 级数中的常数项不出现，故有

$$\psi'(x)=\sum_{n=1}^{\infty}\left(a_n\cos\frac{2n\pi}{c}x+b_n\sin\frac{2n\pi}{c}x\right).\tag{3.9}$$

从上式算出

$$\int_0^c[\psi''(x)]^2\mathrm{d}x=\frac{4\pi^2}{c^2}\frac{c}{2}\sum_{n=1}^{\infty}n^2(a_n^2+b_n^2),$$

$$\int_0^c[\psi'(x)]^2\mathrm{d}x=\frac{c}{2}\sum_{n=1}^{\infty}(a_n^2+b_n^2),$$

由此即得欲证之(3.7)式. 证毕.

上述证明可参见参考文献[15,三卷三分册,第 613～615 页],也可参见参考文献[18,第 206～209 页].

3.3　定理 3.1 的证明

首先

$$\sigma_{\alpha\beta}\gamma_{\alpha\beta} = \frac{1}{2\mu}[\sigma_{\alpha\beta}\sigma_{\alpha\beta} - \nu(\sigma_{\gamma\gamma})^2], \tag{3.10}$$

考虑 $\mu>0, 0<\nu<1/2$ 的情形,则有

$$\frac{1-2\nu}{2\mu}\sigma_{\alpha\beta}\sigma_{\alpha\beta} \leqslant \sigma_{\alpha\beta}\gamma_{\alpha\beta} \leqslant \frac{1}{2\mu}\sigma_{\alpha\beta}\sigma_{\alpha\beta}. \tag{3.11}$$

记

$$W(l) = \iint_{G_l}\sigma_{\alpha\beta}\sigma_{\alpha\beta}\,\mathrm{d}x\mathrm{d}y. \tag{3.12}$$

从(3.1)、(3.10)～(3.12)式,得

$$\frac{1-2\nu}{4\mu}W(l) \leqslant U(l) \leqslant \frac{1}{4\mu}W(l). \tag{3.13}$$

从上式可见，只要证明了 $W(l)$相应的估计式，就可得到应变能 $U(l)$的估计式(3.2).

由于区域 G 是单连通的,存在单值的 Airy 应力函数 φ,使

$$\sigma_{11} = \varphi_{,22},\quad \sigma_{22} = \varphi_{,11},\quad \sigma_{12} = -\varphi_{,12}, \tag{3.14}$$

$$\nabla^2\nabla^2\varphi = 0. \tag{3.15}$$

在边界 ∂^+G 上无外载的条件,可写成

$$\varphi = \varphi_{,\alpha} = 0\quad(\partial^+G). \tag{3.16}$$

按(3.14)式,详细写出 $W(l)$为

$$W(l) = \iint_{G_l}(\sigma_{11}^2 + \sigma_{22}^2 + 2\sigma_{12}^2)\mathrm{d}x\mathrm{d}y = \iint_{G_l}(\varphi_{,11}^2 + \varphi_{,22}^2 + 2\varphi_{,12}^2)\mathrm{d}x\mathrm{d}y, \tag{3.17}$$

将(3.17)式改写成

$$W(l) = \iint_{G_l}[(\varphi_{,1}\varphi_{,11} - \varphi\varphi_{,111} + 2\varphi_{,2}\varphi_{,12})_{,1}$$

$$+ (\varphi_{,2}\varphi_{,22} - \varphi\varphi_{,222} - 2\varphi\varphi_{,112})_{,2}]\mathrm{d}x\mathrm{d}y, \tag{3.18}$$

其中 $0<l<a$. 考虑到边界条件(3.16),从(3.18)式,按 Green 公式,得

$$W = -\int_{L_l}(\varphi_{,1}\varphi_{,11} - \varphi\varphi_{,111} + 2\varphi_{,2}\varphi_{,12})\mathrm{d}y. \tag{3.19}$$

从 l 至 a 对(3.19)式两边积分,得

$$\int_l^a W(t)\mathrm{d}t = -\iint_{G_l}(\varphi_{,1}\varphi_{,11} - \varphi\varphi_{,111} + 2\varphi_{,2}\varphi_{,12})\mathrm{d}x\mathrm{d}y. \tag{3.20}$$

改写(3.20)式左端,再用一次 Green 公式得

$$\int_l^a W(t)\mathrm{d}t = -\iint_{G_l}(\varphi_{,1}^2+\varphi_{,2}^2-\varphi\varphi_{,11})_{,1}\mathrm{d}x\mathrm{d}y$$

$$= \int_{L_l}(\varphi_{,1}^2+\varphi_{,2}^2-\varphi\varphi_{,11})\mathrm{d}y. \tag{3.21}$$

此外,按引理 3.1,从(3.17)式,得

$$\frac{\mathrm{d}W}{\mathrm{d}l} = -\int_{L_l}(\varphi_{,11}^2 + \varphi_{,22}^2 + 2\varphi_{,12}^2)\mathrm{d}y, \tag{3.22}$$

将(3.21)式乘以 $4\lambda^2$,再与(3.22)式相加,得

$$\frac{\mathrm{d}W}{\mathrm{d}l} + 4\lambda^2\int_l^a W(t)\mathrm{d}t$$

$$= -\int_{L_l}[\varphi_{,11}^2 + \varphi_{,22}^2 + 2\varphi_{,12}^2 - 4\lambda^2(\varphi_{,1}^2 + \varphi_{,2}^2 - \varphi\varphi_{,11})]\mathrm{d}y. \tag{3.23}$$

令

$$F(l) = W(l) + 2\lambda\int_l^a W(t)\mathrm{d}t, \tag{3.24}$$

从(3.23)和(3.24)式,可得

$$\frac{\mathrm{d}F}{\mathrm{d}l} + 2\lambda F(l) = \frac{\mathrm{d}W}{\mathrm{d}l} + 4\lambda^2\int_l^a W(t)\mathrm{d}t$$

$$= -\int_{L_l}[(\varphi_{,11} + 2\lambda^2\varphi)^2 + 2(\varphi_{,12}^2 - 2\lambda^2\varphi_{,1}^2)$$

$$+(\varphi_{,22}^2-4\lambda^2\varphi_{,2}^2-4\lambda^4\varphi^2)]\mathrm{d}y. \tag{3.25}$$

按引理 3.2,可有下述三个不等式:

$$\begin{aligned}&\int_{L_l}\varphi_{,12}^2\mathrm{d}y\geqslant\frac{\pi^2}{b^2}\int_{L_l}\varphi_{,1}^2\mathrm{d}y,\\&\int_{L_l}\varphi_{,22}^2\mathrm{d}y\geqslant\frac{4\pi^2}{b^2}\int_{L_l}\varphi_{,2}^2\mathrm{d}y,\\&\int_{L_l}\varphi_{,2}^2\mathrm{d}y\geqslant\frac{\pi^2}{b^2}\int_{L_l}\varphi^2\mathrm{d}y.\end{aligned} \tag{3.26}$$

将上式中的前两式应用于(3.25),得

$$\frac{\mathrm{d}F}{\mathrm{d}l}+2\lambda F\leqslant-\int_{L_l}\Big[2\Big(\frac{\pi^2}{b^2}-2\lambda^2\Big)\varphi_{,1}^2+\Big(\frac{4\pi^2}{b^2}-4\lambda^2\Big)\varphi_{,2}^2-4\lambda^4\varphi^2\Big]\mathrm{d}y. \tag{3.27}$$

当 $\lambda\leqslant\pi/\sqrt{2}\,b$ 时,

$$\frac{\mathrm{d}F}{\mathrm{d}l}+2\lambda F\leqslant-\frac{\pi^2}{b^2}\int_{L_l}\Big(2\varphi_{,2}^2-\frac{\pi^2}{b^2}\varphi^2\Big)\mathrm{d}x_2. \tag{3.28}$$

按(3.26)的第三式,可知(3.28)式右端的积分为正数,因此,有

$$\frac{\mathrm{d}F}{\mathrm{d}l}+2\lambda F\leqslant 0, \tag{3.29}$$

此即

$$\frac{\mathrm{d}}{\mathrm{d}l}[F(L)\mathrm{e}^{2\lambda l}]\leqslant 0. \tag{3.30}$$

将(3.30)式两端从 0 至 l 积分,得

$$F(l)\leqslant F(0)\mathrm{e}^{-2\lambda l}, \tag{3.31}$$

从(3.24)式,可得

$$W(l)\leqslant F(l)\leqslant F(0)\mathrm{e}^{-2\lambda l}. \tag{3.32}$$

为了求得 $F(0)$ 与 $W(0)$ 的关系,将(3.24)代入(3.31)式,对其两边再乘以 $\mathrm{e}^{-2\lambda l}$,得

$$-\frac{\mathrm{d}}{\mathrm{d}l}\Big[\mathrm{e}^{-2\lambda l}\int_l^a W(t)\mathrm{d}t\Big]\leqslant F(0)\mathrm{e}^{-4\lambda l}. \tag{3.33}$$

对(3.33)式两边从 0 至 a 积分,得

$$\int_0^a W(t)\mathrm{d}t \leqslant \frac{F(0)}{4\lambda}(1-\mathrm{e}^{-4\lambda a})$$

$$= \frac{1}{4\lambda}\left[W(0)+2\lambda\int_0^a W(t)\mathrm{d}t\right](1-\mathrm{e}^{-4\lambda a}),$$

从上式又得

$$2\lambda\int_0^a W(t)\mathrm{d}t \leqslant \frac{1-\mathrm{e}^{-4\lambda a}}{1+\mathrm{e}^{-4\lambda a}}W(0), \tag{3.34}$$

因此

$$F(0)=W(0)+2\lambda\int_0^a W(t)\mathrm{d}t \leqslant 2W(0). \tag{3.35}$$

将(3.35)代入(3.32)式,得

$$W(l) \leqslant 2W(0)\mathrm{e}^{-2\lambda l} \quad (0 \leqslant l \leqslant a). \tag{3.36}$$

再把(3.36)代入(3.13)式的右端,得

$$U(l) \leqslant \frac{1}{2\mu}W(0)\mathrm{e}^{-2\lambda l}. \tag{3.37}$$

此外,从(3.13)式的左端,得

$$W(0) \leqslant \frac{4\mu}{1-2\nu}U(0). \tag{3.38}$$

综合(3.38)和(3.37)两式,得

$$U(l) \leqslant \frac{2}{1-2\nu}U(0)\mathrm{e}^{-2\lambda l}, \tag{3.39}$$

由于 $\lambda \leqslant \pi/\sqrt{2}\,b$,因此(3.39)式即为欲证之(3.2)式. 证毕.

3.4 关于衰减指数 k

1966 年 Knowles[167]在其论文中得到 k 的如下值:

$$k=\sqrt{\frac{\sqrt{2}-1}{2}}\pi \approx 1.4, \tag{3.40}$$

而本节中,

$$k=\frac{\sqrt{2}}{2}\pi \approx 2.2 \tag{3.41}$$

是 Flavin[131]于 1974 年修正 Knowles 的证明后所得到的. Oleinik 和 Yosifiem[213]于 1978 年也得到了(3.41)的 k 值. Knowles[168]于 1983 年利用高阶能量,得到了如下结果：设

$$W_2(l) = \int_{G_l} \varphi_{,1\alpha\beta}\, \varphi_{,1\alpha\beta}\, \mathrm{d}x\mathrm{d}y,$$

则

$$W(l) \leqslant \left[W(0) + \frac{b^2}{m} W_2(0)\right] \mathrm{e}^{-2k\frac{l}{b}},$$

$$W_2(l) \leqslant \left[W_2(0) + \frac{m}{b^2} W(0)\right] \mathrm{e}^{-2k\frac{l}{b}},$$

其中

$$m \approx 22.4, \quad k \approx 2.7. \tag{3.42}$$

在本章 § 4 中,对宽度为 b 的半无限条而言,其衰减指数 k 为

$$k \approx 4.2, \tag{3.43}$$

也就是说“4.2”是衰减指数的上界.

§ 4 半无限条

4.1 问题的提出

Saint-Venant 原理可以认为是局部影响原理, § 2 和 § 3 两节中的 Toupin 定理和 Knowles 定理,利用能量估计了局部影响的范围,大致得到了应力随着与受载区域距离增加的衰减速率. 本节考虑半无限条的端部问题,这是一个典型的问题,可以定量地算出衰减速率的大小. 关于半无限条已经有众多的研究,例如 Fadle[126]、Папкович[319]、Bogy[98],以及 Stephen[244]. 本节内容取自 Johnson 和 Little[160]于 1965 年的论文.

在 Oxy 平面上,考虑半无限条 G(图 7.4)：

$$G = \{(x,y) \mid 0 \leqslant x < +\infty, |y| \leqslant 1\},$$

为方便起见,半无限条的宽度取为 2. 假定在上下底边 $y=\pm 1$ 上

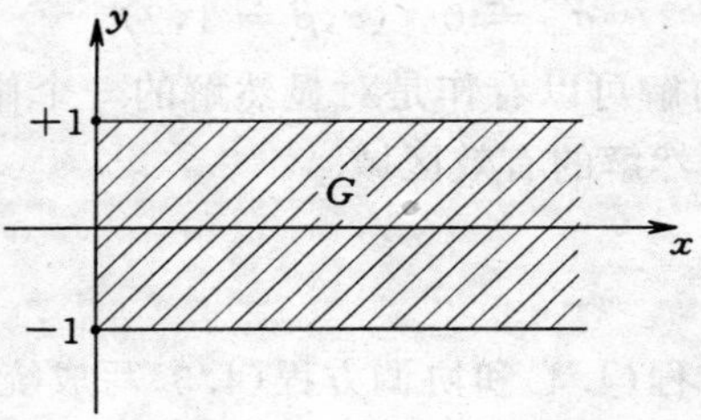

图 7.4

不加外载荷,即

$$\tau_{xy} = \sigma_y = 0 \quad (y = \pm 1). \tag{4.1}$$

在 $x=0$ 的端部考虑如下 4 种边界条件之一:

情形 1: $\sigma_x=\overline{\sigma}_x,\ v=\overline{v}$, (4.2a)

情形 2: $u=\overline{u},\ \tau_{xy}=\overline{\tau}_{xy}$, (4.2b)

情形 3: $\sigma_x=\overline{\sigma}_x,\ \tau_{xy}=\overline{\tau}_{xy}$, (4.2c)

情形 4: $u=\overline{u},\ v=\overline{v}$, (4.2d)

其中 $\overline{\sigma}_x,\overline{\tau}_{xy},\overline{u},\overline{v}$ 表示边界上已给的值. 对于情形 3, 假定 $\overline{\sigma}_x$ 和 $\overline{\tau}_{xy}$ 构成平衡力系. 此外,假定

$$\sigma_{\alpha\beta} \to 0 \quad (x \to +\infty). \tag{4.3}$$

平面问题的平衡方程和协调方程分别为

$$\begin{cases} \dfrac{\partial \sigma_x}{\partial x} + \dfrac{\partial \tau_{xy}}{\partial y} = 0, \\ \dfrac{\partial \tau_{xy}}{\partial x} + \dfrac{\partial \sigma_y}{\partial y} = 0; \end{cases} \tag{4.4}$$

$$\left(\frac{\partial^2}{\partial x^2} + \frac{\partial^2}{\partial y^2}\right)(\sigma_x + \sigma_y) = 0. \tag{4.5}$$

方程组(4.4)和(4.5)与边界条件(4.1)～(4.3)构成了半无限条的端部问题.

众所周知,对(4.2c)的情形,如果要求在 Saint-Venant 放松边界条件下的解,仅需在端部合力和合力矩相同,那么上述端部问题有一显然解:

$$\sigma_{\alpha\beta} = 0 \quad (\alpha, \beta = 1, 2). \tag{4.6}$$

这样端部问题的解可以看作是对显然解的一个修正，由此可考察 Saint-Venant 显然解的有效区域.

4.2 矩阵形式

先将平衡方程(4.4)和协调方程(4.5)写成统一形式的一阶偏微分方程组. 为此，引入新的变数 p,

$$p(x,y) = \int_{(x_0,y_0)}^{(x,y)} \left(-\frac{\partial \sigma_x}{\partial y}\right) \mathrm{d}x + \left(\frac{\partial \sigma_y}{\partial x} + 2\frac{\partial \sigma_x}{\partial x}\right) \mathrm{d}y, \tag{4.7}$$

上式中的线积分是与路径无关的. 事实上

$$\frac{\partial}{\partial x}\left(\frac{\partial \sigma_y}{\partial x} + 2\frac{\partial \sigma_x}{\partial x}\right) + \frac{\partial}{\partial y}\frac{\partial \sigma_x}{\partial y} = \nabla^2(\sigma_x + \sigma_y) = 0, \tag{4.8}$$

上式中第一个等号利用了平衡方程，第二个等号即为协调方程. 从(4.7)式，可得

$$\begin{cases} \dfrac{\partial p}{\partial x} = -\dfrac{\partial \sigma_x}{\partial y}, \\ \dfrac{\partial p}{\partial y} = \dfrac{\partial \sigma_y}{\partial x} + 2\dfrac{\partial \sigma_x}{\partial x}. \end{cases} \tag{4.9}$$

方程(4.4)和(4.9)可统一地写成：

$$\begin{cases} \dfrac{\partial \sigma_y}{\partial y} = -\dfrac{\partial \tau_{xy}}{\partial x}, \\ \dfrac{\partial \tau_{xy}}{\partial y} = -\dfrac{\partial \sigma_x}{\partial x}, \\ \dfrac{\partial \sigma_x}{\partial y} = -\dfrac{\partial p}{\partial x}, \\ \dfrac{\partial p}{\partial y} = \dfrac{\partial \sigma_y}{\partial x} + 2\dfrac{\partial \sigma_x}{\partial x}. \end{cases} \tag{4.10}$$

今将(4.10)写成矩阵形式

$$\frac{\partial \boldsymbol{F}}{\partial y} = \boldsymbol{M}\frac{\partial \boldsymbol{F}}{\partial x}, \tag{4.11}$$

其中

$$\boldsymbol{F}=(\sigma_y,\tau_{xy},\sigma_x,p)^{\mathrm{T}}, \tag{4.12}$$

$$\boldsymbol{M}=\begin{bmatrix}0 & -1 & 0 & 0\\ 0 & 0 & -1 & 0\\ 0 & 0 & 0 & -1\\ 1 & 0 & 2 & 0\end{bmatrix}, \tag{4.13}$$

这里上标“T”表示转置. 为方便起见，将 $\boldsymbol{F}$ 的 4 个分量记成 $f_i(i=1,2,3,4)$，于是在上下底边 $y=\pm1$ 上的边界条件(4.1)可写成

$$f_i|_{y=\pm1}=0 \quad (i=1,2). \tag{4.14}$$

现在以 f_i 为变量来写端部条件(4.2). 按 Hooke 定律：

$$\frac{\partial u}{\partial x}=\frac{1}{E}(\sigma_x-\nu\sigma_y),$$

将上式对 y 微商，并按(4.9)的第一式和(4.4)的第二式，得

$$\frac{\partial^2 u}{\partial x\partial y}=\frac{1}{E}\left(-\frac{\partial p}{\partial x}+\nu\frac{\partial\tau_{xy}}{\partial x}\right), \tag{4.15}$$

再将(4.15)式对 x 积分，得

$$\frac{\partial u}{\partial y}=\frac{1}{E}(-p+\nu\tau_{xy}). \tag{4.16}$$

此外，Hooke 定律还给出

$$\frac{\partial v}{\partial y}=\frac{1}{E}(\sigma_y-\nu\sigma_x). \tag{4.17}$$

利用(4.16)和(4.17)，将端部条件(4.2)改写成：

情形 1： $f_1=\bar{f}_1=E\dfrac{\partial\bar{v}}{\partial y}+\nu\bar{\sigma}_x,\ f_3=\bar{f}_3=\bar{\sigma}_x,$ (4.18a)

情形 2： $f_2=\bar{f}_2=\bar{\tau}_{xy},\ f_4=\bar{f}_4=-E\dfrac{\partial\bar{u}}{\partial y}+\nu\bar{\tau}_{xy},$ (4.18b)

情形 3： $f_2=\bar{f}_2=\bar{\tau}_{xy},\ f_3=\bar{f}_3=\bar{\tau}_{xy},$ (4.18c)

情形 4： $f_1-\nu f_3=E\dfrac{\partial\bar{v}}{\partial y},\ \nu f_2-f_4=E\dfrac{\partial\bar{u}}{\partial y}.$ (4.18d)

以下我们考察方程(4.10)在上下底边条件(4.14)和端部条件(4.18)中每一种情况下的解.

4.3　级数解

设方程(4.11)有如下级数解：

$$\boldsymbol{F}(x,y)=\sum_{n=1}^{\infty}a_n e^{-\alpha_n x}\boldsymbol{F}_n(y), \tag{4.19}$$

其中 a_n、α_n 和 $\boldsymbol{F}_n=(f_{n1},f_{n2},f_{n3},f_{n4})^{\mathrm{T}}$ 分别为待定系数、待定本征值和待定函数列. 将(4.19)代入(4.11)式，得

$$\frac{\mathrm{d}\boldsymbol{F}_n}{\mathrm{d}y}=-\alpha_n\boldsymbol{M}\boldsymbol{F}_n, \tag{4.20}$$

详细地写出(4.20)，为

$$\begin{cases}\dfrac{\mathrm{d}f_{n1}}{\mathrm{d}y}=\alpha_n f_{n2},\\ \dfrac{\mathrm{d}f_{n2}}{\mathrm{d}y}=\alpha_n f_{n3},\\ \dfrac{\mathrm{d}f_{n3}}{\mathrm{d}y}=\alpha_n f_{n4},\\ \dfrac{\mathrm{d}f_{n4}}{\mathrm{d}y}=-\alpha_n f_{n1}-2\alpha_n f_{n3}.\end{cases} \tag{4.21}$$

现在来解方程(4.20)，设

$$\boldsymbol{F}_n(y)=e^{\lambda_n y}\boldsymbol{C}_n, \tag{4.22}$$

其中 λ_n 为待定指数，$\boldsymbol{C}_n$ 为待定 1×4 常数矩阵. 将(4.22)代入(4.20)式，得

$$(\lambda_n\boldsymbol{I}+\alpha_n\boldsymbol{M})\boldsymbol{C}_n=0, \tag{4.23}$$

其中 $\boldsymbol{I}$ 为 4×4 单位矩阵. (4.23)有非零解 $\boldsymbol{C}_n$ 的条件是其系数矩阵行列式为零，即

$$\begin{vmatrix}\lambda_n & -\alpha_n & 0 & 0\\ 0 & \lambda_n & -\alpha_n & 0\\ 0 & 0 & \lambda_n & -\alpha_n\\ \alpha_n & 0 & 2\alpha_n & \lambda_n\end{vmatrix}=0. \tag{4.24}$$

将上式展开后，得

$$(\lambda_n^2+\alpha_n^2)^2=0. \tag{4.25}$$

因此，(4.20)或(4.21)的基础解系为

$$\cos\alpha_n y,\quad \sin\alpha_n y,\quad y\cos\alpha_n y,\quad y\sin\alpha_n y.$$

今按偶函数部分和奇函数部分写出 $\boldsymbol{F}_n$ 的分量：

$$\begin{cases} f_{n1}^{(e)} = -C_{n1}\cos\alpha_n^{(e)}y - C_{n2}\alpha_n^{(e)}y\sin\alpha_n^{(e)}y, \\ f_{n2}^{(e)} = (C_{n1}-C_{n2})\sin\alpha_n^{(e)}y - C_{n2}\alpha_n^{(e)}y\cos\alpha_n^{(e)}y, \\ f_{n3}^{(e)} = (C_{n1}-2C_{n2})\cos\alpha_n^{(e)}y + C_{n2}\alpha_n^{(e)}y\sin\alpha_n^{(e)}y, \\ f_{n4}^{(e)} = -(C_{n1}-3C_{n2})\sin\alpha_n^{(e)}y + C_{n2}\alpha_n^{(e)}y\cos\alpha_n^{(e)}y; \end{cases} \tag{4.26}$$

$$\begin{cases} f_{n1}^{(o)} = -C_{n3}\sin\alpha_n^{(o)}y - C_{n4}\alpha_n^{(o)}y\cos\alpha_n^{(o)}y, \\ f_{n2}^{(o)} = -(C_{n3}+C_{n4})\cos\alpha_n^{(o)}y + C_{n4}\alpha_n^{(o)}y\sin\alpha_n^{(o)}y, \\ f_{n3}^{(o)} = (C_{n3}+2C_{n4})\sin\alpha_n^{(o)}y + C_{n4}\alpha_n^{(o)}y\cos\alpha_n^{(o)}y, \\ f_{n4}^{(o)} = (C_{n3}+3C_{n4})\cos\alpha_n^{(o)}y - C_{n4}\alpha_n^{(o)}y\sin\alpha_n^{(o)}y, \end{cases} \tag{4.27}$$

其中 C_{n1}，C_{n2}，C_{n3} 和 C_{n4} 为待定常数，上标“o”和“e”分别表示奇偶.

我们利用上下底边的条件(4.14)来确定本征值 α_n 和常数 C_{ni} $(i=1,2,3,4)$. 也就是说，有

$$f_{n1}^{(e)} = f_{n2}^{(e)} = 0 \quad (y=\pm 1), \tag{4.28}$$

$$f_{n1}^{(o)} = f_{n2}^{(o)} = 0 \quad (y=\pm 1). \tag{4.29}$$

将(4.26)和(4.27)分别代入(4.28)和(4.29)式，得

$$\begin{bmatrix} \cos\alpha_n^{(e)} & \alpha_n^{(e)}\sin\alpha_n^{(e)} \\ -\sin\alpha_n^{(e)} & \sin\alpha_n^{(e)}+\alpha_n^{(e)}\cos\alpha_n^{(e)} \end{bmatrix}\begin{bmatrix} C_{n1} \\ C_{n2} \end{bmatrix} = 0, \tag{4.30}$$

$$\begin{bmatrix} \sin\alpha_n^{(o)} & \alpha_n^{(o)}\cos\alpha_n^{(o)} \\ \cos\alpha_n^{(o)} & \cos\alpha_n^{(o)}-\alpha_n^{(o)}\sin\alpha_n^{(o)} \end{bmatrix}\begin{bmatrix} C_{n3} \\ C_{n4} \end{bmatrix} = 0. \tag{4.31}$$

齐次方程(4.30)和(4.31)有非零解的条件是

$$\sin 2\alpha_n^{(e)} + 2\alpha_n^{(e)} = 0, \tag{4.32}$$

$$\sin 2\alpha_n^{(o)} - 2\alpha_n^{(o)} = 0. \tag{4.33}$$

本征方程(4.32)和(4.33)已被很好地研究. 若 α 是本征根，则 $\pm\alpha$ 及其共轭 $\pm\bar{\alpha}$ 也都是本征根. 在复平面的每个象限都有无限个根，

且无重根. 第一象限中前 10 个根列于下表(摘自参考文献[160]).

表 7.1　方程(3.32)和方程(4.33)的根

n	$\mathrm{Re}\alpha_n^{(e)}$	$\mathrm{Im}\alpha_n^{(e)}$	$\mathrm{Re}\alpha_n^{(o)}$	$\mathrm{Im}\alpha_n^{(o)}$
1	2.106196	1.125365	3.748838	1.384339
2	5.356269	1.551575	6.949980	1.676105
3	8.536683	1.775544	10.119259	1.858384
4	11.699178	1.929405	13.277274	1.991571
5	14.854060	2.046853	16.429872	2.096626
6	18.004933	2.141891	19.579409	2.183398
7	21.153414	2.221723	22.727036	2.257320
8	24.300342	2.290553	25.873384	2.321714
9	27.446203	2.351048	29.018831	2.378758
10	30.591295	2.405013	32.163617	2.429959

可以证明,当 $n\to\infty$ 本征根 α 有渐近表示:

$$\begin{aligned}\alpha_n^{(e)} &\approx \left(n-\frac{1}{4}\right)\pi + \mathrm{i}\,\frac{1}{2}\log(4n-1)\pi,\\ \alpha_n^{(o)} &\approx \left(n+\frac{1}{4}\right)\pi + \mathrm{i}\,\frac{1}{2}\log(4n+1)\pi.\end{aligned} \tag{4.34}$$

为了保证当 $x\to+\infty$ 时,条件(4.3)成立,本征根将取其实部为正数. 在(4.30)和(4.31)式中,当 $\alpha_n^{(e)}$ 和 $\alpha_n^{(o)}$ 分别满足本征方程(4.32)和(4.33)时,其系数 $C_{ni}(i=1,2,3,4)$ 取为

$$C_{n1} = \alpha_n^{(e)} \sin\alpha_n^{(e)}, \quad C_{n2} = -\cos\alpha_n^{(e)}, \tag{4.35}$$

$$C_{n3} = \alpha_n^{(o)} \cos\alpha_n^{(o)}, \quad C_{n4} = -\sin\alpha_n^{(o)}. \tag{4.36}$$

至此,级数解(4.19)中,本征值 α_n 和本征函数 $\boldsymbol{F}_n(y)$ 都已确定,而系数 a_n 将用端部条件(4.18)来确定,在此之前先引入双正交系.

4.4 双正交系

设 1×4 的函数列

$$\boldsymbol{G}_k = (g_{k1}, g_{k2}, g_{k3}, g_{k4})^{\mathrm{T}} \tag{4.37}$$

是如下问题的解：

$$\frac{\mathrm{d}\boldsymbol{G}_k}{\mathrm{d}y}=\alpha_k\boldsymbol{M}^{\mathrm{T}}\boldsymbol{G}_k,\tag{4.38}$$

$$g_{ki}\big|_{y=\pm1}=0\quad(i=3,4).\tag{4.39}$$

将方程(4.38)详细地写出：

$$\begin{cases}\dfrac{\mathrm{d}g_{k1}}{\mathrm{d}y}=\alpha_k g_{k4},\\[2mm] \dfrac{\mathrm{d}g_{k2}}{\mathrm{d}y}=-\alpha_k g_{k1},\\[2mm] \dfrac{\mathrm{d}g_{k3}}{\mathrm{d}y}=-\alpha_k g_{k2}+2\alpha_k g_{k4},\\[2mm] \dfrac{\mathrm{d}g_{k4}}{\mathrm{d}y}=-\alpha_k g_{k3}.\end{cases}\tag{4.40}$$

按照 4.3 小节的方式，可以求出(4.38)和(4.39)的解为，

$$\begin{cases}g_{k1}^{(\mathrm{e})}=(\widetilde{C}_{k1}+\widetilde{C}_{k2})\sin\alpha_k^{(\mathrm{e})}y-\widetilde{C}_{k2}\alpha_k^{(\mathrm{e})}y\cos\alpha_k^{(\mathrm{e})}y,\\ g_{k2}^{(\mathrm{e})}=(\widetilde{C}_{k1}+2\,\widetilde{C}_{k2})\cos\alpha_k^{(\mathrm{e})}y+\widetilde{C}_{k2}\alpha_k^{(\mathrm{e})}y\sin\alpha_k^{(\mathrm{e})}y,\\ g_{k3}^{(\mathrm{e})}=(\widetilde{C}_{k1}-\widetilde{C}_{k2})\sin\alpha_k^{(\mathrm{e})}y-\widetilde{C}_{k2}\alpha_k^{(\mathrm{e})}y\cos\alpha_k^{(\mathrm{e})}y,\\ g_{k1}^{(\mathrm{e})}=\widetilde{C}_{k1}\cos\alpha_k^{(\mathrm{e})}y+\widetilde{C}_{k2}\alpha_k^{(\mathrm{e})}y\sin\alpha_k^{(\mathrm{e})}y;\end{cases}\tag{4.41}$$

$$\begin{cases}g_{k1}^{(\mathrm{o})}=-(\widetilde{C}_{k3}-\widetilde{C}_{k4})\cos\alpha_k^{(\mathrm{o})}y+\widetilde{C}_{k4}\alpha_k^{(\mathrm{o})}y\sin\alpha_k^{(\mathrm{o})}y,\\ g_{k2}^{(\mathrm{o})}=(\widetilde{C}_{k3}-2\,\widetilde{C}_{k4})\sin\alpha_k^{(\mathrm{o})}y+\widetilde{C}_{k4}\alpha_k^{(\mathrm{o})}y\cos\alpha_k^{(\mathrm{o})}y,\\ g_{k3}^{(\mathrm{o})}=-(\widetilde{C}_{k3}+\widetilde{C}_{k4})\cos\alpha_k^{(\mathrm{o})}y+\widetilde{C}_{k4}\alpha_k^{(\mathrm{o})}y\sin\alpha_k^{(\mathrm{o})}y,\\ g_{k4}^{(\mathrm{o})}=\widetilde{C}_{k3}\sin\alpha_k^{(\mathrm{o})}y+\widetilde{C}_{k4}\alpha_k^{(\mathrm{o})}y\cos\alpha_k^{(\mathrm{o})}y.\end{cases}\tag{4.42}$$

其中常数 $\widetilde{C}_{ki}$ 的确定方式与 $C_{ni}\,(i=1,2,3,4)$ 类似. 从(4.28)、(4.29)和(4.3)可以得出

$$\int_{-1}^{+1}\left(\frac{\mathrm{d}\boldsymbol{G}_k^{\mathrm{T}}}{\mathrm{d}y}\boldsymbol{F}_n+\boldsymbol{G}_k^{\mathrm{T}}\frac{\mathrm{d}\boldsymbol{F}_n}{\mathrm{d}y}\right)\mathrm{d}y=(\boldsymbol{G}_k^{\mathrm{T}}\boldsymbol{F}_n)_{-1}^{1}=0.\tag{4.43}$$

而按(4.20)和(4.38)式可知，上式的左端为

$$\int_{-1}^{+1}[\alpha_k\boldsymbol{G}_k^{\mathrm{T}}\boldsymbol{M}\boldsymbol{F}_n+\boldsymbol{G}_k^{\mathrm{T}}(-\alpha_n)\boldsymbol{M}\boldsymbol{F}_n]\mathrm{d}y.\tag{4.44}$$

综合(4.43)和(4.44)两式,得

$$(\alpha_k - \alpha_n)\int_{-1}^{+1} \boldsymbol{G}_k^{\mathrm{T}} \boldsymbol{M} \boldsymbol{F}_n \mathrm{d}y = 0. \tag{4.45}$$

由于无重本征根,当 $k \neq n$ 时,$\alpha_k \neq \alpha_n$,从上式得

$$\int_{-1}^{+1} \boldsymbol{G}_k^{\mathrm{T}} \boldsymbol{M} \boldsymbol{F}_n \mathrm{d}y = 0 \quad (k \neq n). \tag{4.46}$$

设

$$I_n = \int_{-1}^{+1} \boldsymbol{G}_n^{\mathrm{T}} \boldsymbol{M} \boldsymbol{F}_n \mathrm{d}y, \tag{4.47}$$

综合(4.46)和(4.47)两式,得

$$\int_{-1}^{+1} \boldsymbol{G}_k^{\mathrm{T}} \boldsymbol{M} \boldsymbol{F}_n \mathrm{d}y = \begin{cases} 0, & k \neq n, \\ I_n, & k = n. \end{cases} \tag{4.48}$$

从(4.48)可看出,函数系 $\boldsymbol{F}_n$ 与 $\boldsymbol{G}_k$ 函数系加权正交,或称 $\boldsymbol{F}_n$ 和 $\boldsymbol{G}_k$ 为双正交系.

现在来导出 4.5 小节将用到的一个公式.将(4.48)式的左端展开,得

$$\int_{-1}^{+1} [-g_{k1} f_{n2} - g_{k2} f_{n3} - g_{k3} f_{n4} + g_{k4}(f_{n1} + 2f_{n3})] \mathrm{d}y. \tag{4.49}$$

现利用方程(4.21)和(4.40)变换上面积分式中的第二、四两项:

$$\begin{aligned} &\int_{-1}^{+1} [-g_{k2} f_{n3} + g_{k4}(f_{n1} + 2f_{n3})] \mathrm{d}y \\ &= \int_{-1}^{+1} \left(-g_{k2} \frac{1}{\alpha_n} \frac{\mathrm{d}f_{n2}}{\mathrm{d}y} - g_{k4} \frac{1}{\alpha_n} \frac{\mathrm{d}f_{n4}}{\mathrm{d}y}\right) \mathrm{d}y \\ &= \frac{1}{\alpha_n} \int_{-1}^{+1} \left(\frac{\mathrm{d}g_{k2}}{\mathrm{d}y} f_{n2} + \frac{\mathrm{d}g_{k4}}{\mathrm{d}y} f_{n4}\right) \mathrm{d}y \\ &= \frac{\alpha_k}{\alpha_n} \int_{-1}^{+1} (-g_{k1} f_{n2} - g_{k3} f_{n4}) \mathrm{d}y, \end{aligned} \tag{4.50}$$

推导上式时利用了上下底边的条件(4.28)和(4.29).由于(4.50)式,因此可将双正交关系(4.48)写成

$$\int_{-1}^{+1}(-g_{k1}f_{n2}-g_{k3}f_{n4})\mathrm{d}y=\int_{-1}^{+1}[-g_{k2}f_{n3}+g_{k4}(f_{n1}+2f_{n3})]\mathrm{d}y$$

$$=\begin{cases}0, & k\neq n,\\ I_n/2, & k=n.\end{cases} \tag{4.51}$$

4.5 系数 a_n 的确定

在级数展开式(4.19)中,令 $x=0$ 得

$$\sum_{n=1}^{\infty}a_n\boldsymbol{F}_n(y)=\overline{\boldsymbol{F}}(y), \tag{4.52}$$

其中 $\overline{\boldsymbol{F}}(y)$表示 $\boldsymbol{F}(x,y)$在 $x=0$ 的值.将(4.52)式两边乘以 $\boldsymbol{G}_k^{\mathrm{T}}\boldsymbol{M}$,再从$-1$至$+1$对其两边积分,利用双正交关系(4.48),得

$$a_kI_k=\int_{-1}^{+1}\boldsymbol{G}_k^{\mathrm{T}}\boldsymbol{M}\,\overline{\boldsymbol{F}}\mathrm{d}y. \tag{4.53}$$

将上式右边展开,得

$$a_kI_k=\int_{-1}^{+1}[-g_{k1}\,\overline{f}_2-g_{k2}\,\overline{f}_3-g_{k3}\,\overline{f}_4+g_{k4}(\,\overline{f}_1+2\,\overline{f}_3)]\mathrm{d}y. \tag{4.54}$$

以下对(4.18)式的4种情形,逐个计算(4.54)式右端的积分.

情形1: 这时 $\overline{f}_1$ 和 $\overline{f}_3$ 已知,对 $\overline{f}_2$ 和 $\overline{f}_4$ 按(4.52)式展开:

$$\begin{cases}\overline{f}_2(y)=\sum\limits_{n=1}^{\infty}a_nf_{n2}(y),\\ \overline{f}_4(y)=\sum\limits_{n=1}^{\infty}a_nf_{n4}(y),\end{cases} \tag{4.55}$$

将(4.55)代入(4.54)式,利用关系式(4.51),得

$$a_kI_k=\int_{-1}^{+1}[-g_{k2}\overline{f}_3+g_{k4}(\overline{f}_1+2\overline{f}_3)]\mathrm{d}y+\frac{1}{2}a_kI_k. \tag{4.56}$$

从上式,求出

$$a_k=\frac{2}{I_k}\int_{-1}^{+1}[-g_{k2}\overline{f}_3+g_{k4}(\overline{f}_1+2\overline{f}_3)]\mathrm{d}y\quad(k=1,2,\cdots), \tag{4.57}$$

其中 I_k, g_{k2}, g_{k4} 分别由(4.47)、(4.41)和(4.42)式给定.

情形 2：类似于情形 1，可求出

$$a_k = \frac{2}{I_k}\int_{-1}^{+1}(-g_{k1}\overline{f}_2 + g_{k3}\overline{f}_4)\mathrm{d}y \quad (k = 1,2,\cdots), \tag{4.58}$$

情形 3：这时 $\overline{f}_2$ 和 $\overline{f}_3$ 已知,而

$$\overline{f}_1 = \sum a_n f_{n1}, \quad \overline{f}_4 = \sum a_n f_{n4}, \tag{4.59}$$

将上式代入(4.54)式,得到确定 a_k 的下列无穷方程组:

$$a_k I_k = \sum_{n=1}^{\infty} R_{kn} a_n + H_k \quad (k = 1,2,\cdots), \tag{4.60}$$

其中

$$R_{kn} = \int_{-1}^{+1}(-g_{k3}f_{n4} + g_{k4}f_{n1})\mathrm{d}y, \tag{4.61}$$

$$H_k = \int_{-1}^{+1}[-g_{k1}\overline{f}_2 + (-g_{k2} + 2g_{k4})\overline{f}_3]\mathrm{d}y. \tag{4.62}$$

无穷线代数方程组可用截断法近似求解,请参见参考文献[26].

情形 4：类似于情形 3，a_k 也由无穷方程组决定.

Johnson 和 Little[160],Gaydon 和 Shepherd[136]的论文中都有详细的数值例子. 1996 年,钟万勰[86]用 Hamilton 体系来解半无限条的端部问题. Gregory[139~141]于 1979 和 1980 年研究了本征函数 $\boldsymbol{F}_n$ 的完备性问题和本征展开(4.19)的收敛性问题,他还讨论了楔的本征展开.

§5 半无限圆柱

5.1 问题的提法

设半无限圆柱为

$$\Omega = \{(r,\theta,z) \mid 0 \leqslant r \leqslant 1, 0 \leqslant \theta \leqslant 2\pi, 0 \leqslant z < +\infty\}, \tag{5.1}$$

其中(r,θ,z)为柱坐标系. 本节考虑无扭转的轴对称情况，其时环向位移消失，以径向位移 $u(r,z)$ 和轴向位移 $w(r,z)$ 表示的无体力的弹性力学方程为

$$\begin{cases} \nabla^2 u - \dfrac{u}{r^2} + \dfrac{1}{1-2\nu}\dfrac{\partial}{\partial r}\left(\dfrac{\partial u}{\partial r} + \dfrac{u}{r} + \dfrac{\partial w}{\partial z}\right) = 0, \\ \nabla^2 w + \dfrac{1}{1-2\nu}\dfrac{\partial}{\partial z}\left(\dfrac{\partial u}{\partial r} + \dfrac{u}{r} + \dfrac{\partial w}{\partial z}\right) = 0, \end{cases} \tag{5.2}$$

在轴对称时，Laplace 算子 ∇^2 为

$$\nabla^2 = \frac{\partial^2}{\partial r^2} + \frac{1}{r}\frac{\partial}{\partial r} + \frac{\partial^2}{\partial z^2}. \tag{5.3}$$

应力分量可由 Hooke 定律算出

$$\begin{cases} \sigma_r = \lambda\left(\dfrac{\partial u}{\partial r} + \dfrac{u}{r} + \dfrac{\partial w}{\partial z}\right) + 2\mu\dfrac{\partial u}{\partial r}, \\ \sigma_\theta = \lambda\left(\dfrac{\partial u}{\partial r} + \dfrac{u}{r} + \dfrac{\partial w}{\partial z}\right) + 2\mu\dfrac{u}{r}, \\ \sigma_z = \lambda\left(\dfrac{\partial u}{\partial r} + \dfrac{u}{r} + \dfrac{\partial w}{\partial z}\right) + 2\mu\dfrac{\partial w}{\partial z}, \\ \tau_{rz} = \mu\left(\dfrac{\partial u}{\partial z} + \dfrac{\partial w}{\partial r}\right), \\ \tau_{r\theta} = \tau_{z\theta} = 0. \end{cases} \tag{5.4}$$

假定在半圆柱的侧面无外载荷，即

$$\tau_{rz} = \sigma_r = 0 \quad (r = 1, 0 \leqslant z < +\infty). \tag{5.5}$$

在端部 $z=0$ 处，给定如下 4 种条件之一：

$$\begin{aligned} &(1)\ \tau_{rz} = \bar{\tau}(r),\ w = \bar{w}(r), \\ &(2)\ u = \bar{u}(r),\ \sigma_z = \bar{\sigma}(r), \\ &(3)\ \tau_{rz} = \bar{\tau}(r),\ \sigma_z = \bar{\sigma}(r), \\ &(4)\ u = \bar{u}(r),\ w = \bar{w}(r). \end{aligned} \tag{5.6}$$

5.2 本征展开

对 u、w、τ_{rz} 和 σ_z 作本征展开：

$$\begin{bmatrix} u(r,z) \\ w(r,z) \\ \tau_{rz}(r,z) \\ \sigma_z(r,z) \end{bmatrix} = \sum_{k=1}^{\infty} a_k \begin{bmatrix} u^{(k)}(r) \\ w^{(k)}(r) \\ \tau^{(k)}(r) \\ \sigma^{(k)}(r) \end{bmatrix} e^{-\alpha_k z}, \tag{5.7}$$

其中 a_k 为待定系数，$u^{(k)}$、$w^{(k)}$、$\tau_{rz}^{(k)}$ 和 $\sigma_z^{(k)}$ 为本征函数，α_k 为本征值. 将(5.7)式中 u 和 w 的本征展开代入方程(5.2)中，得

$$\begin{cases} \dfrac{d}{dr}\left(r\dfrac{du^{(k)}}{dr}\right) - \dfrac{u^{(k)}}{r} - \dfrac{\alpha_k}{2(1-\nu)} r \dfrac{dw^{(k)}}{dr} + \dfrac{1-2\nu}{2(1-\nu)}\alpha_k^2 r u^{(k)} = 0, \\ \dfrac{d}{dr}\left(r\dfrac{dw^{(k)}}{dr}\right) - \dfrac{\alpha_k}{1-2\nu}\dfrac{d}{dr}(r u^{(k)}) + \dfrac{2(1-\nu)}{1-2\nu}\alpha_k^2 r w^{(k)} = 0. \end{cases} \tag{5.8}$$

方程(5.8)的解为

$$\begin{cases} u^{(k)}(r) = A_k \alpha_k J_0(\alpha_k r) + B_k J_1(\alpha_k r), \\ w^{(k)}(r) = A_k[4(1-\nu)J_0(\alpha_k r) - \alpha_k r J_1(\alpha_k r)] + B_k J_0(\alpha_k r), \end{cases} \tag{5.9}$$

其中 A_k 和 B_k 为待定常数，J_0 和 J_1 分别为零阶和一阶 Bessel 函数. 利用(5.4)的第一、第四式和(5.7)，可将侧面边界条件写成

$$\begin{cases} \dfrac{dw^{(k)}}{dr} - \alpha_k u^{(k)} = 0, \\ (1-\nu)\dfrac{du^{(k)}}{dr} + \dfrac{\nu}{r}u^{(k)} - \alpha_k \nu w^{(k)} = 0 \end{cases} \quad (r=1). \tag{5.10}$$

将(5.9)代入(5.10)式得

$$\begin{cases} [2(1-\nu)J_1(\alpha_k) + \alpha_k J_0(\alpha_k)]A_k + J_1(\alpha_k)B_k = 0, \\ [(1-2\nu)\alpha_k J_0(\alpha_k) - \alpha_k^2 J_1(\alpha_k)]A_k + [\alpha_k J_0(\alpha_k) - J_1(\alpha_k)]B_k = 0. \end{cases} \tag{5.11}$$

上述方程具非零解 A_k 和 B_k 的条件是

$$\alpha_k^2[J_0^2(\alpha_k) + J_1^2(\alpha_k)] - 2(1-\nu)J_1^2(\alpha_k) = 0, \tag{5.12}$$

此式为确定本征值 α_k 的本征方程. 表 7.2 给出了本征方程(5.12)的前 20 个本征根(摘自参考文献[179]). 当 α_k 满足方程(5.12)

表 7.2 方程(5.12)的根

k	$\nu=0$		$\nu=0.25$		$\nu=0.30$		$\nu=0.50$	
1	2.5567699	+i1.3889670	2.6976518	+i1.3673570	2.7221755	+i1.3621971	2.8105617	+i1.3399331
2	6.0058627	1.6387025	6.0512222	1.6381471	6.0600832	1.6376243	6.0947291	1.6342958
3	9.2331665	1.8290585	9.2612734	1.8285342	9.2668352	1.8282558	9.2888501	1.8265905
4	12.417892	1.9678845	12.438444	1.9674283	12.442529	1.9672411	12.458767	1.9661816
5	15.585955	2.0768032	15.602204	2.0764211	15.605440	2.0762837	15.618332	2.0755346
6	18.745600	2.1663589	18.759055	2.1660392	18.761738	2.1659330	18.772437	2.1653696
7	21.900357	2.2423784	21.911845	2.2421081	21.914138	2.2420234	21.923286	2.2415813
8	25.052005	2.3084045	25.062031	2.3081733	25.064033	2.3081035	25.072026	2.3077463
9	28.201546	2.3667575	28.210443	2.3665585	28.212220	2.3664995	28.219317	2.3662036
10	31.349590	2.4190317	31.357587	2.4188579	31.359185	2.4188080	31.365568	2.4185578
11	34.496531	2.4663634	34.503796	2.4662104	34.505246	2.4661675	34.511046	2.4659532
12	37.642634	2.5096184	37.649288	2.5094822	37.650618	2.5094447	37.655931	2.5092599
13	40.788084	2.5494371	40.794222	2.5493159	40.795451	2.5492821	40.800353	2.5491195
14	43.933016	2.5863247	43.938715	2.5862151	43.939854	2.5861858	43.944407	2.5860418
15	47.077530	2.6206835	47.082846	2.6205834	47.083910	2.6205568	47.088157	2.6204285
16	50.221701	2.6528348	50.226683	2.6527455	50.227679	2.6527203	50.231661	2.6526054
17	53.365584	2.6830475	53.370274	2.6829654	53.371211	2.6829441	53.374957	2.6828392
18	56.509231	2.7115412	56.513658	2.7114654	56.514543	2.7114455	56.518082	2.7113512
19	59.652673	2.7384999	59.656867	2.7384311	59.657704	2.7384134	59.661057	2.7383264
20	62.795941	2.7640825	62.799924	2.7640179	62.800720	2.7640011	62.803905	2.7639218

渐近公式：$\alpha_k \approx \left[k\pi - \frac{\ln(4k\pi)}{4k\pi}\right] + \frac{i}{2}\ln(4k\pi)$.

时,可设

$$A_k=-J_1(\alpha_k),\quad B_k=2(1-\nu)J_1(\alpha_k)+\alpha_k J_0(\alpha_k). \tag{5.13}$$

5.3 双正交关系

对于任意截面柱体的端部问题,Gregory[142]于 1983 年证明了一个一般性的双正交关系,本小节先介绍他的工作,然后再将其用于圆截面轴对称的特殊情形中. 考虑如图 7.2 所示的半无限柱体,母线平行于 z 轴,端部 $z=0$ 处的截面记为 G_0,在 $z=l$ 处的截面记为 G_l,当然 G_l 和 G_0 的几何形状相同.

假定在柱体侧面上无外载,即有

$$\sigma_{ij}n_j=0, \tag{5.14}$$

其中 σ_{ij} 为应力分量,n_j 为侧面单位外法向的方向余弦. 设

$$\boldsymbol{u}^{(k)}(x,y,z)=\begin{bmatrix}U_1^{(k)}(x,y)\\U_2^{(k)}(x,y)\\U_3^{(k)}(x,y)\end{bmatrix}\mathrm{e}^{-\alpha_k z}, \tag{5.15}$$

$$\boldsymbol{T}^{(k)}(x,y,z)=\begin{bmatrix}S_{11}^{(k)}(x,y) & S_{12}^{(k)}(x,y) & S_{13}^{(k)}(x,y)\\S_{21}^{(k)}(x,y) & S_{22}^{(k)}(x,y) & S_{23}^{(k)}(x,y)\\S_{31}^{(k)}(x,y) & S_{32}^{(k)}(x,y) & S_{33}^{(k)}(x,y)\end{bmatrix}\mathrm{e}^{-\alpha_k z} \tag{5.16}$$

分别为位移和应力的本征解. 在 $z=0$ 和 $z=l$ 之间的柱形区域,对 $u_i^{(k)},\sigma_{ij}^{(k)}$ 和 $u_i^{(n)},\sigma_{ij}^{(n)}$,利用互易定理,得

$$\oiint[u_i^{(k)}\sigma_{ij}^{(n)}-u_i^{(n)}\sigma_{ij}^{(k)}]n_j\,\mathrm{d}s=0, \tag{5.17}$$

这里曲面积分是在上述柱形区域的表面上进行. 由于侧面无外力的条件(5.14),那么(5.17)只在两个端部 G_l 和 G_0 进行积分,即

$$\iint\limits_{G_0}[u_i^{(k)}\sigma_{i3}^{(n)}-u_i^{(n)}\sigma_{i3}^{(k)}]\mathrm{d}x\mathrm{d}y-\iint\limits_{G_l}[u_i^{(k)}\sigma_{i3}^{(n)}-u_i^{(n)}\sigma_{i3}^{(k)}]\mathrm{d}x\mathrm{d}y=0. \tag{5.18}$$

将(5.14)和(5.15)代入(5.18)式,得

$$\left[1-\mathrm{e}^{-(\alpha_k+\alpha_n)l}\right]\iint_{G_0}\left[U_i^{(k)}S_{i3}^{(n)}-U_i^{(n)}S_{i3}^{(k)}\right]\mathrm{d}x\mathrm{d}y=0. \quad (5.19)$$

当 $\alpha_n+\alpha_k\neq 0$ 时,从(5.19)式得

$$\iint_{G_0}\left[U_i^{(k)}S_{i3}^{(n)}-U_i^{(n)}S_{i3}^{(k)}\right]\mathrm{d}x\mathrm{d}y=0,$$

将上式详细地写出来,则为

$$\iint_{G_0}\{U_1^{(k)}S_{13}^{(n)}+U_2^{(k)}S_{23}^{(n)}+U_3^{(k)}S_{33}^{(n)} - \left[U_1^{(n)}S_{13}^{(k)}+U_2^{(n)}S_{23}^{(k)}+U_3^{(n)}S_{33}^{(k)}\right]\}\mathrm{d}x\mathrm{d}y=0. \quad (5.20)$$

我们知道 α 为本征值,那么 $-\alpha$ 也为本征值,但相应的本征解有如下的变化:

$$\boldsymbol{u}=\begin{bmatrix}U_1\\U_2\\U_3\end{bmatrix}\mathrm{e}^{-\alpha z} \ \rightarrow\ \tilde{\boldsymbol{u}}=\begin{bmatrix}U_1\\U_2\\-U_3\end{bmatrix}\mathrm{e}^{\alpha z},$$

$$\boldsymbol{T}=\begin{bmatrix}S_{11}&S_{12}&S_{13}\\S_{21}&S_{22}&S_{23}\\S_{31}&S_{32}&S_{33}\end{bmatrix}\mathrm{e}^{-\alpha z} \ \rightarrow\ \widetilde{\boldsymbol{T}}=\begin{bmatrix}S_{11}&S_{12}&-S_{13}\\S_{21}&S_{22}&-S_{23}\\-S_{31}&-S_{32}&S_{33}\end{bmatrix}\mathrm{e}^{\alpha z}. \quad (5.21)$$

对 $\tilde{\boldsymbol{u}}^{(k)},\widetilde{\boldsymbol{T}}^{(k)}$ 和 $\tilde{\boldsymbol{u}}^{(n)},\widetilde{\boldsymbol{T}}^{(n)}$ 利用互易定理,当 $\alpha_n-\alpha_k\neq 0$ 时,得

$$\iint_{G_0}\{U_1^{(k)}S_{13}^{(n)}+U_2^{(k)}S_{23}^{(n)}-U_3^{(k)}S_{33}^{(n)} - \left[-U_1^{(n)}S_{13}^{(k)}-U_2^{(n)}S_{23}^{(k)}+U_3^{(n)}S_{33}^{(k)}\right]\}\mathrm{d}x\mathrm{d}y=0. \quad (5.22)$$

将(5.20)和(5.22)两式相减,得

$$\iint_{G_0}\left[U_3^{(k)}S_{33}^{(n)}-U_1^{(k)}S_{13}^{(n)}-U_2^{(k)}S_{23}^{(n)}\right]\mathrm{d}x\mathrm{d}y=0, \quad (5.23)$$

上式当 $\alpha_k^2\neq\alpha_n^2$ 时成立.(5.23)式就是 Gregory 所得的双正交关系.

对本节所考虑的轴对称情形,有

$$U_3^{(k)}=w^{(k)}(r),\quad U_1^{(n)}=u^{(n)}(r)\cos\theta,\quad U_2^{(n)}=u^{(n)}(r)\sin\theta,$$
$$S_{33}^{(n)}=\sigma^{(n)}(r),\quad S_{13}^{(k)}=\tau^{(k)}(r)\cos\theta,\quad S_{23}^{(k)}=\tau^{(k)}(r)\sin\theta, \tag{5.24}$$

将(5.24)代入(5.23)式得

$$\int_0^1 [w^{(k)}\sigma^{(n)}-u^{(n)}\tau^{(k)}]r\mathrm{d}r=0. \tag{5.25}$$

今将上式写成

$$\int_0^1 [w^{(k)}\sigma^{(n)}-u^{(n)}\tau^{(k)}]r\mathrm{d}r=\begin{cases}0, & k\neq n,\\ M_k, & k=n,\end{cases} \tag{5.26}$$

其中 M_k 为常数. 公式(5.26)即本小节欲求的双正交关系.

5.4　系数 a_k 的确定

展开式(5.7)中的系数 a_k 可由端部 $z=0$ 的边界条件(5.6)来确定. 当 $z=0$ 时,(5.7)式成为

$$\begin{bmatrix}\bar{u}(r)\\ \bar{w}(r)\\ \bar{\tau}(r)\\ \bar{\sigma}(r)\end{bmatrix}=\sum_{k=1}^{\infty}a_k\begin{bmatrix}u^{(k)}(r)\\ w^{(k)}(r)\\ \tau^{(k)}(r)\\ \sigma^{(k)}(r)\end{bmatrix}. \tag{5.27}$$

对于(5.6)中的条件(1),$\bar{w}$ 和 $\bar{\tau}$ 是已知的. 现将 $\sigma^{(n)}(r)$乘以(5.27)的第二式,$u^{(n)}(r)$乘以(5.27)的第三式,然后相减,再从 0 至 1 对 r 积分,得

$$\int_0^1 [\bar{w}\,\sigma^{(n)}-u^{(n)}\,\bar{\tau}]r\mathrm{d}r=\sum_{k=1}^{\infty}a_k\int_0^1 [w^{(k)}\sigma^{(n)}-u^{(n)}\tau^{(k)}]r\mathrm{d}r, \tag{5.28}$$

利用正交关系,从上式得

$$a_n=\frac{1}{M_n}\int_0^1 [\bar{w}\,\sigma^{(n)}-u^{(n)}\,\bar{\tau}]r\mathrm{d}r. \tag{5.29}$$

对于条件(2),类似于条件(1),有

$$a_n = \frac{1}{M_n}\int_0^1 [w^{(n)}\,\bar{\sigma} - \bar{u}\tau^{(n)}] r\mathrm{d}r. \tag{5.30}$$

条件(3)中的 $\bar{\tau}$ 和 $\bar{\sigma}$ 是已知的，将 $\tau^{(n)}, \sigma^{(n)}, u^{(n)}, w^{(n)}$ 分别乘以(5.27)的 4 个式子，再作加减和积分，可得

$$\begin{aligned}&\int_0^1 [-\bar{u}\tau^{(n)} + \bar{w}\,\sigma^{(n)} - u^{(n)}\bar{\tau} + w^{(n)}\,\bar{\sigma}] r\mathrm{d}r,\\ &= \sum_{k=1}^{\infty} a_k \int_0^1 [w^{(k)}\sigma^{(n)} - u^{(n)}\tau^{(k)} + w^{(n)}\sigma^{(k)} - u^{(k)}\sigma^{(n)}] r\mathrm{d}r,\end{aligned} \tag{5.31}$$

将双正交关系(5.26)代入上式，得

$$a_n = \frac{1}{2M_n}\int_0^1 [w^{(n)}\,\bar{\sigma} - u^{(n)}\,\bar{\tau}] r\mathrm{d}r + \frac{1}{2M_n}\int_0^1 [\bar{w}\,\sigma^{(n)} - \bar{u}\tau^{(n)}] r\mathrm{d}r, \tag{5.32}$$

将展开式(5.27)的第一、第二式代入(5.32)式的右端，得

$$a_n = A_n + \sum_{k=1}^{\infty} B_{nk} a_k, \tag{5.33}$$

其中

$$A_n = \frac{1}{2M_n}\int_0^1 [w^{(n)}\,\bar{\sigma} - u^{(n)}\,\bar{\tau}] r\mathrm{d}r,$$

$$B_{nk} = \frac{1}{2M_n}\int_0^1 [w^{(k)}\sigma^{(n)} - u^{(k)}\tau^{(n)}] r\mathrm{d}r,$$

也就是说系数 a_n 可由无穷方程组(5.33)确定.

在条件(4)中，$\bar{u}$ 和 $\bar{w}$ 是已知的，类似于条件(3)，亦可得到确定 a_n 的无穷方程组

$$a_n = C_n + \sum_{k=1}^{\infty} D_{nk} a_k, \tag{5.34}$$

其中

$$C_n = \frac{1}{2M_n}\int_0^1 [\bar{w}\,\sigma^{(n)} - \bar{u}\tau^{(n)}] r\mathrm{d}r,$$

$$D_{nk} = \frac{1}{2M_n}\int_0^1 [w^{(n)}\sigma^{(k)} - u^{(n)}\tau^{(k)}] r\mathrm{d}r.$$

无穷方程组(5.33)和(5.34)均可通过截断法近似求解.

关于半限圆柱的端部问题,最初由 Purser(见参考文献[183,第 327～328 页])研究了扭转的端部效应,其后许多作者又进行了推广,本节所考虑的轴对称端部问题,取材于 Little 和 Childs[179](1965),Klemm 和 Little[165](1970)的论文;对于一般情形可参考 Fama[127](1972)的文章.其他的研究见 Horvay 和 Mirabal[157](1958),Robert 和 Keer[232](1987),Kim 和 Steele[164](1992),Stephen 和 Wang[246](1992)等人的论文.

附注 Gregory[142] 于 1983 年所导出的双正交关系,对平面问题略加修改亦成立,这样 § 4 中半无限条的端部问题也可用类似于本节的方法处理.

§ 6 板的边界条件

Gregory 和 Wan[143]于 1985 年指出,传统的板的边界条件与 Saint-Venant 原理相悖.本节介绍他们的这一出色工作.

6.1 板的衰减状态

考虑如图 7.5 所示的弹性板,板厚 $2h$,$z=0$ 为板的中面,不计体力,板的上下表面上都不加外载,在板的侧面 S 上建立自然坐标系(n,t,z),这里 n 为 S 的外法向,t 为切向.设在 S 上给定如下的边界条件

$$\begin{cases}\sigma_{nn}(x,y,z)=\overline{\sigma}_{nn}(s,z),\\ \sigma_{nt}(x,y,z)=\overline{\sigma}_{nt}(s,z),\\ \sigma_{nz}(x,y,z)=\overline{\sigma}_{nz}(s,z),\end{cases}\tag{6.1}$$

其中 s 是从某给定点开始的中面边缘的弧长.

从前几节的半无限柱体或半无限条的讨论可知,随着与端部距离的增加,位移和应力都按指数衰减.现在,板的区域是有限的,因此代替距离的增加考虑板厚的减小,依然期望位移和应力也按指数衰减.今引入如下定义:

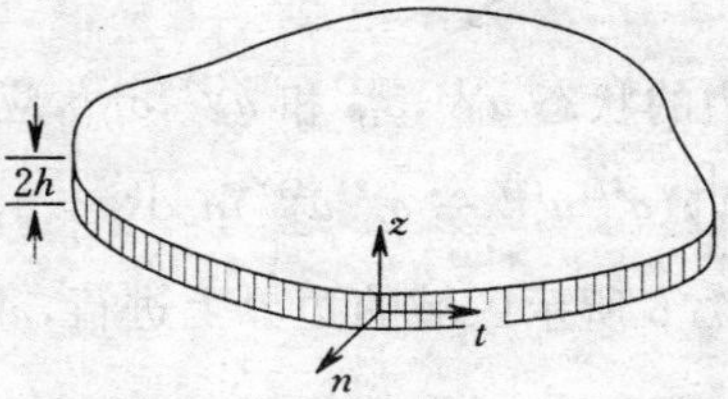

图 7.5

定义 6.1 对于无体力，板面无外载，侧面有条件(6.1)的板，位移和应力称为衰减状态，如果

$$|\boldsymbol{T}| \leqslant M_1 \mathrm{e}^{-\gamma\frac{d}{h}}, \quad |\boldsymbol{u}| \leqslant M_2 \mathrm{e}^{-\gamma\frac{d}{h}}, \quad h \to 0, \tag{6.2}$$

其中，$|\boldsymbol{T}|$和$|\boldsymbol{u}|$分别表示张量$\boldsymbol{T}$和矢量$\boldsymbol{u}$所有分量的绝对值之和，M_1、M_2和γ都为正常数，d为所考虑点至侧面的距离.

定义 6.2 位移和应力称为正规状态，如果

$$|\boldsymbol{T}| \leqslant M_3 h^{\alpha}, \quad |\boldsymbol{u}| \leqslant M_4 h^{\alpha}, \quad h \to 0, \tag{6.3}$$

其中$M_3 > 0, M_4 > 0, \alpha \geqslant 0$均为常数.

6.2 衰减状态的必要条件

对半无限柱和半无限条而言，随着与端部距离增加应力迅速衰减的必要条件是端部的外载自平衡，即端部外载的合力和合力矩为零. 那么对于板来说，衰减状态的必要条件是什么呢？现在来研究这个问题.

考虑如图 7.6 所示板的一部分，其边界由上下表面、外侧面S和内侧面$\widetilde{S}$组成，$\widetilde{S}$的形状并不重要，它与S的距离为$\tilde{d}$，且$\tilde{d}$

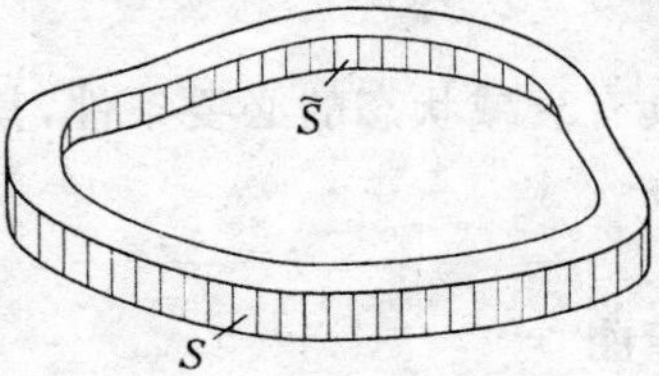

图 7.6

与板厚 h 无关.

对两个无体力的状态 $u_i^{(1)}, \sigma_{ij}^{(1)}$ 和 $u_i^{(2)}, \sigma_{ij}^{(2)}$,应用互易定理,得

$$\oiint (\sigma_{ij}^{(1)} u_j^{(2)} - \sigma_{ij}^{(2)} u_j^{(1)}) n_i \, ds = 0, \tag{6.4}$$

其中面积分在图 7.6 所示区域的边界上进行,n_i 为边界单位外法向的方向余弦.

考虑指标“1”的弹性状态为所研究的状态,其定义在整个板的区域上,它在上下表面无外载,侧面条件由(6.1)给定的状态.指标“2”的弹性状态为辅助状态,其定义在图 7.6 的区域上,它在上下表面亦无外载,而且在外侧面 S 上也无外载的正规状态.这样(6.4)式成为

$$\iint_S (\overline{\sigma}_{nn} u_n^{(2)} + \overline{\sigma}_{nt} u_t^{(2)} + \overline{\sigma}_{nz} u_z^{(2)}) ds$$

$$= - \iint_{\widetilde{S}} (\sigma_{ij} u_j^{(2)} + \sigma_{ij}^{(2)} u_j) n_i ds. \tag{6.5}$$

由于 u_i、σ_{ij} 和 $u_i^{(2)}$、$\sigma_{ij}^{(2)}$ 分别满足(6.2)和(6.3)式,因此当 h 充分小时,(6.5)式的右端有

$$\left| \iint_{\widetilde{S}} (\sigma_{ij} u_j^{(2)} - \sigma_{ij}^{(2)} u_j) n_i ds \right| \leqslant (M_1 M_4 + M_3 M_2) \widetilde{L} h^{1+\alpha} e^{-\gamma \frac{d}{h}}, \tag{6.6}$$

其中 $\widetilde{L}$ 表示 $z=0$ 与 $\widetilde{S}$ 交线的周长.

另外,(6.5)式的左边积分号中的函数都是已知的,它们是 h 的幂函数,不按(6.6)式所示的指数衰减,因此(6.5)的左边必然为零,即

$$\iint_S (\overline{\sigma}_{nn} u_n^{(2)} + \overline{\sigma}_{nt} u_t^{(2)} + \overline{\sigma}_{nz} u_z^{(2)}) ds = 0. \tag{6.7}$$

条件(6.7)就是板具有衰减状态的必要条件,其中指标“2”的状态是任意的正规状态.

6.3　圆板轴对称弯曲

对于圆板的轴对称弯曲,(6.1)式成为

$$\begin{cases}\sigma_r(a,z)=\bar{\sigma}_r(z),\\ \tau_{rz}(a,z)=\bar{\tau}_{rz}(z),\end{cases} \tag{6.8}$$

其中 a 为圆板的半径，$\bar{\sigma}_r$ 和 $\bar{\tau}_{rz}$ 为已知的函数. σ_r 和 τ_{rz} 为衰减状态的必要条件(6.7)为

$$\int_{-h}^{h}[\bar{\sigma}_r(z)u_r^{(2)}+\bar{\tau}_{rz}(z)u_z^{(2)}]\mathrm{d}z=0. \tag{6.9}$$

现在我们来构造指标为“2”的辅助正规状态，第一个这样的状态是 z 向刚体位移场：

$$u_r^{(2)}(r,z)=0,\quad u_z^{(2)}(r,z)=\text{const}, \tag{6.10}$$

将(6.10)代入(6.9)式，得

$$\int_{-h}^{h}\bar{\tau}_{rz}(z)\mathrm{d}z=0. \tag{6.11}$$

上式是保证衰减状态的第一个必要条件.

为构造第二个辅助正规状态，利用轴对称问题的 Boussinesq 解(见本书第三章 § 3). 令

$$\begin{cases}u_r^{(2)}=-\dfrac{1}{4(1-\nu)}\dfrac{\partial}{\partial r}(B_0+zB),\\ u_z^{(2)}=B-\dfrac{1}{4(1-\nu)}\dfrac{\partial}{\partial z}(B_0+zB),\end{cases} \tag{6.12}$$

其中

$$\nabla^2B(r,z)=\nabla^2B_0(r,z)=0,\quad \nabla^2=\frac{\partial^2}{\partial r^2}+\frac{1}{r}\frac{\partial}{\partial r}+\frac{\partial^2}{\partial z^2}.$$

设

$$\begin{cases}B_0=C_1(2z^3-3r^2z)+C_2z\ln r,\\ B=C_3(2z^2-r^2)+C_2\ln r.\end{cases}$$

将上式代入(6.12)，利用 $z=\pm h$ 上的面力和 $r=a$ 时侧面外力为零的条件，可确定 4 个待定系数 C_i，于是得到

$$\begin{cases}u_r^{(2)}=(1+\nu)\dfrac{a}{r}z+(1-\nu)\dfrac{r}{a}z,\\ u_z^{(2)}=-(1+\nu)a\log\dfrac{r}{a}-\dfrac{1}{2}(1-\nu)\dfrac{r^2}{a}-\dfrac{\nu z^2}{a},\end{cases} \tag{6.13}$$

其相应的应力为

$$\begin{cases}\sigma_r^{(2)} = 2\mu(1+\nu)\dfrac{z}{a}\left(1-\dfrac{a^2}{r^2}\right),\\ \tau_{rz}^{(2)} = \sigma_z^{(2)} = 0.\end{cases}$$

将第二个辅助状态(6.13)代入(6.9)式，得

$$\int_{-h}^{h}\left[z\,\overline{\sigma}_r(z) - \frac{\nu}{2a}z^2\,\overline{\tau}_{rz}(z)\right]\mathrm{d}z = 0, \tag{6.14}$$

此式是圆板轴对称问题为衰减状态的第二个必要条件.

条件(6.14)是值得仔细研究的. 通常，对于板而言，按 Saint-Venant 原理，为得到衰减状态，认为在侧面沿 z 向从 $-h$ 至 h 的合力和合力矩为零. 合力为零即条件(6.11)，而合力矩为零的表达式为

$$\int_{-h}^{h} z\,\overline{\sigma}_r(z)\mathrm{d}z = 0, \tag{6.15}$$

传统的条件(6.15)和条件(6.14)是不同的. 铁摩辛柯[40,第460页]以及 Love[183,第132,159页]都采用(6.15)的条件. 上面，我们已经证明了条件(6.14)是正确的，因此条件(6.15)就不能是正确的了. 条件(6.15)的不正确是由于没有正确运用 Saint-Venant 原理. Saint-Venant 原理是说，如果载荷在某区域平衡时，当所考虑的点与载荷区域的距离比载荷区域的尺度大得多时，该点的变形和应力可忽略. 但对板来说，整个边界都是载荷区域，板内某点与板的边界的距离和板的周界长度属于同一数量级，在此情况下运用 Saint-Venant 原理，一般说来，不能得到正确的结论. 在下一小节中，Gregory 利用分析解，来证实传统的边界条件(6.15)是不正确的，而新的边界条件(6.14)是正确的.

6.4　圆板轴对称衰减状态的分析解

本段从三维弹性力学出发，求出圆板轴对称衰减状态的分析解，进而指出它在边界上满足条件(6.14)，但不满足条件(6.15).

对于三维轴对称问题，其应力场为

$$\begin{cases}\sigma_r=(\nu\,\nabla^2\phi-\phi_{,rr})_{,z},\\ \sigma_z=[(2-\nu)\,\nabla^2\phi-\phi_{,zz}]_{,z},\\ \sigma_\theta=\left(\nu\,\nabla^2\phi-\dfrac{1}{r}\phi_{,r}\right)_{,z},\\ \tau_{rz}=[(1-\nu)\,\nabla^2\phi-\phi_{,zz}]_{,r},\end{cases}\tag{6.16}$$

其中 $\phi(r,z)$ 为双调和函数，即满足方程

$$\nabla^2\,\nabla^2\phi=0,\quad \nabla^2=\frac{\partial^2}{\partial r^2}+\frac{1}{r}\frac{\partial}{\partial r}+\frac{\partial^2}{\partial z^2}.\tag{6.17}$$

又方程(6.17)有下面的解

$$\phi(r,z)=\left[A\cos\left(\xi\frac{z}{h}\right)+Bz\sin\left(\xi\frac{z}{h}\right)\right]I_0\left(\xi\frac{r}{h}\right),\tag{6.18}$$

其中 ξ 为待定本征值，A 和 B 为待定常数，$I_n(t)$ 为 n 阶第一类变型 Bessel 函数，它满足方程

$$\frac{\mathrm{d}^2I_n}{\mathrm{d}t^2}+\frac{1}{t}\frac{\mathrm{d}I_n}{\mathrm{d}t}-\left(1+\frac{n^2}{t^2}\right)I_n=0.$$

关于 $I_n(t)$ 请参见参考文献[69，第 412 页]. 将(6.18)代入(6.16)，得应力场的表达式

$$\begin{cases}\sigma_z=\dfrac{\xi^2}{h^2}\left\{-\left[A\dfrac{\xi}{h}+(1-2\nu)B\right]\sin\left(\xi\dfrac{z}{h}\right)\right.\\ \qquad\qquad\left.+B\xi\dfrac{z}{h}\cos\left(\xi\dfrac{z}{h}\right)\right\}I_0\left(\xi\dfrac{r}{h}\right),\\ \tau_{rz}=\dfrac{\xi^2}{h^2}\left[\left(A\dfrac{\xi}{h}-2\nu B\right)\cos\left(\xi\dfrac{z}{h}\right)\right.\\ \qquad\qquad\left.+B\xi\dfrac{z}{h}\sin\left(\xi\dfrac{z}{h}\right)\right]I_1\left(\xi\dfrac{r}{h}\right),\\ \sigma_r=-2\nu B\dfrac{\xi^2}{h^2}I_0\left(\xi\dfrac{r}{h}\right)-\dfrac{\xi^2}{h^2}\left[\left(A\dfrac{\xi}{h}+B\right)\sin\left(\xi\dfrac{z}{h}\right)\right.\\ \qquad\qquad\left.+B\xi\dfrac{z}{h}\cos\left(\xi\dfrac{z}{h}\right)\right]I_0''\left(\xi\dfrac{r}{h}\right).\end{cases}\tag{6.19}$$

今选择 A 和 B 满足上、下表面无外载的条件，即令

$$z = \pm h \text{ 时}, \sigma_z = \tau_{rz} = 0. \tag{6.20}$$

将(6.19)的前两式代入(6.20)，得

$$\begin{cases} -A\dfrac{\xi}{h}\sin\xi + B[-(1-2\nu)\sin\xi + \xi\cos\xi] = 0, \\ A\dfrac{\xi}{h}\cos\xi + B(-2\nu\cos\xi + \xi\sin\xi) = 0. \end{cases} \tag{6.21}$$

为了使方程(6.21)有非零解，需满足本征方程

$$\sin 2\xi = 2\xi. \tag{6.22}$$

方程(6.22)有无穷个本征根 ξ，其前 10 个根参见本章 §4 的表 7.1. 以下我们总取那些有正实部的本征根. 当 ξ 为方程(6.22)的根时，方程(6.21)的一组解为

$$\begin{cases} A = \dfrac{1}{\left(\dfrac{\xi}{h}\right)^2 I_0\left(\xi\dfrac{a}{h}\right)}(2\nu\cos\xi - \xi\sin\xi), \\ B = \dfrac{1}{\left(\dfrac{\xi}{h}\right) I_0\left(\xi\dfrac{a}{h}\right)}\cos\xi. \end{cases} \tag{6.23}$$

将(6.23)代入(6.19)，得

$$\begin{cases} \sigma_z = \cos^2\xi\left[\dfrac{z}{h}\sin\xi\cos\left(\xi\dfrac{z}{h}\right) - \cos\xi\sin\left(\xi\dfrac{z}{h}\right)\right]I_0\left(\xi\dfrac{r}{h}\right) \\ \qquad\qquad \Big/ I_0\left(\xi\dfrac{a}{h}\right), \\ \tau_{rz} = \xi\left[\dfrac{z}{h}\cos\xi\sin\left(\xi\dfrac{z}{h}\right) - \sin\xi\cos\left(\xi\dfrac{z}{h}\right)\right]I_1\left(\xi\dfrac{r}{h}\right)\Big/ I_0\left(\xi\dfrac{a}{h}\right), \\ \sigma_r = -\left\{\dfrac{2\nu}{\xi}\dfrac{h}{r}\cos\xi\sin\left(\xi\dfrac{z}{h}\right)I_1\left(\xi\dfrac{r}{h}\right) + \left[\xi\dfrac{z}{h}\cos\xi\cos\left(\xi\dfrac{z}{h}\right)\right.\right. \\ \qquad \left.\left. + (\xi\sin\xi + \cos\xi)\sin\left(\xi\dfrac{z}{h}\right)\right]I_1'\left(\xi\dfrac{r}{h}\right)\right\}\Big/ I_0\left(\xi\dfrac{a}{h}\right), \end{cases} \tag{6.24}$$

我们有渐近展开(见参考文献[69,第 419 页]):

$$I_n(t) \sim \frac{e^t}{\sqrt{2\pi t}} \quad (t \to \infty), \tag{6.25}$$

其中

$$-\pi/2 < \arg t < \pi/2.$$

当 $h \to 0$ 时,从(6.24)和(6.25)两式可以看出,在板内的点($r<a$)上的应力按指数衰减,而在板的边缘($r=a$)上的面力有界. 因此(6.24)所表示的应力场为(6.2)所定义的衰减状态. 对这个衰减状态的第一个合力为零的必要条件(6.11),容易证明其成立. 下面我们指出,第二个必要条件(6.14)满足,但是通常在不少的教科书中所叙述的关于合力矩为零的条件(6.15)并不满足. 事实上,从(6.24)的第三式,有

$$\int_{-h}^{h} z\sigma_r \, dz = -\frac{4\nu h^3 \sin^2 \xi}{\xi^2 a} \frac{I_1\left(\xi \dfrac{a}{h}\right)}{I_0\left(\xi \dfrac{a}{h}\right)}. \tag{6.26}$$

既然(6.26)式右端不为零,因此,一般说来,条件(6.15)是错误的. 此外,若取

$$\tilde{\sigma}_r = Cz, \tilde{\sigma}_z = \tilde{\tau}_{rz} = 0,$$

并与(6.24)相叠加,适当选择 C,可使(6.15)成立,但这时的应力状态已不是衰减状态而是正规状态了. 另一方面,从(6.24)的第二式,得

$$\int_{-h}^{h} z^2 \tau_{rz} dz = -\frac{8h^3 \sin^2 \xi}{\xi^2} \frac{I_1\left(\xi \dfrac{a}{h}\right)}{I_0\left(\xi \dfrac{a}{h}\right)}. \tag{6.27}$$

从(6.26)和(6.27)两式,即可知道衰减状态的必要条件(6.14)成立.

在 Gregory 和 Wan[143]于 1985 年发表的文章中,还利用摄动法,指出对板的近似理论而言,通常的边界条件也是不正确的. 要

构造新的正确的板的边界条件，必须要构造(6.7)式中指标为“2”的辅助状态. 目前除圆板轴对称外，还构造出无限板条的辅助正规状态.

第八章　Eshelby 问题

Eshelby[120~122]于 1957、1959 和 1961 年研究过含椭球核的全空间的弹性力学问题，此问题在复合材料力学、断裂力学中有着广泛的应用. Mura[199]于 1987 年提出本征应变的概念，并发展了一套方法来解决与椭球核相关的一类问题，本章用 Mura 的方法来解 Eshelby 问题.

§1　本征应变

设弹性体占有全空间 E^3，其弹性应变场为 e_{ij}. 在 E^3 内的区域 Ω 上，由于某些非弹性的物理因素（例如，热应力、不均匀性、空洞、裂纹、位错等）导致物体有了变形 γ_{ij}^*，我们称它们为本征应变，并假定它们是对称的：$\gamma_{ij}^* = \gamma_{ji}^*$. 全部应变 γ_{ij} 是弹性应变 e_{ij} 与本征应变 γ_{ij}^* 之和：

$$\gamma_{ij} = e_{ij} + \gamma_{ij}^*\,; \tag{1.1}$$

全部应变 γ_{ij} 与位移 u_i 的关系为：

$$\gamma_{ij} = \frac{1}{2}(u_{i,j} + u_{j,i})\,; \tag{1.2}$$

弹性应变 e_{ij} 与应力 σ_{ij} 服从 Hooke 定律：

$$\sigma_{ij} = E_{ijkm}\, e_{km}, \tag{1.3}$$

其中 E_{ijkm} 为全空间弹性体的弹性常数. 无体力的弹性力学平衡方程为

$$\sigma_{ij,j} = 0, \tag{1.4}$$

将(1.1)～(1.3)代入(1.4)式，得

$$E_{ijkm}\, u_{k,mj} - E_{ijkm}\gamma_{km,j}^* = 0. \tag{1.5}$$

从所产生的力学效应来看,(1.5)式表明本征应变相当于在弹性介质中所施加的体力. 对方程(1.5),我们利用第六章§3的Somigliana 公式(3.10),得到

$$u_i(\boldsymbol{r}) = -\iiint_{\Omega} u_j^{(i)}(\boldsymbol{r}-\boldsymbol{\xi})E_{jkmn}\gamma^*_{mn,k}\mathrm{d}\tau_\xi, \tag{1.6}$$

其中 $\boldsymbol{r}$ 可以为 Ω 内的点也可以为 Ω 外的点,$\boldsymbol{u}^{(i)}(\boldsymbol{r})$为 Kelvin 基本解. 在导出(1.6)时,已假定当 $\boldsymbol{r}\to\infty$ 时,$u_i(\boldsymbol{r})$和 $\sigma_{ij}(\boldsymbol{r})$均按某种方式趋于零,并考虑到在区域 Ω 外没有本征应变. 对(1.6)进行分部积分,得

$$u_i(\boldsymbol{r}) = \iiint_{\Omega} E_{jkmn}\gamma^*_{mn}\frac{\partial u_j^{(i)}}{\partial \xi_k}\mathrm{d}\tau_\xi. \tag{1.7}$$

现在考虑一种特殊的不连续的本征应变:

$$\gamma^*_{ij}(\boldsymbol{r}) = \begin{cases} 常量, & 当\ \boldsymbol{r}\in\Omega, \\ 0, & 当\ \boldsymbol{r}\ 在\ \Omega\ 外. \end{cases} \tag{1.8}$$

这种不连续本征应变(1.8)可以认为是下述连续本征应变的极限:

$$\gamma^{*(d)}_{ij}(\boldsymbol{r}) = \begin{cases} 常量, & 当\ \boldsymbol{r}\in\Omega-\Omega^{(d)}, \\ 光滑过渡, & 当\ \boldsymbol{r}\in\Omega^{(d)}, \\ 0, & 当\ \boldsymbol{r}\ 在\ \Omega\ 外, \end{cases} \tag{1.9}$$

其中 $\Omega^{(d)}$表示在 Ω 内且与 Ω 的边界 $\partial\Omega$ 的距离小于 d 的区域. 将(1.9)代入(1.6)式,亦可得(1.7)式,只是其中 γ^*_{mn} 改为 $\gamma^{*(d)}_{mn}$,再令 $d\to 0$,由于 $\gamma^{*(d)}_{mn}\to\gamma^*_{mn}$,$\Omega^{(d)}\to 0$,故有

$$u_i(\boldsymbol{r}) = E_{jkmn}\gamma^*_{mn}\iiint_{\Omega}\frac{\partial u_j^{(i)}}{\partial \xi_k}\mathrm{d}\tau_\xi, \tag{1.10}$$

这里 γ^*_{mn} 为常量. 在(1.10)式中,利用 Gauss 公式,得

$$u_i(\boldsymbol{r}) = \oiint_{\partial\Omega} u_j^{(i)}(\boldsymbol{r}-\boldsymbol{\xi})t_j^*\mathrm{d}s_\xi, \tag{1.11}$$

式中 $t_j^* = E_{jkmn}\gamma^*_{mn}n_k$, n_k 为 $\partial\Omega$ 上单位外法向的方向余弦.

公式(1.11)中的 $u_i(\boldsymbol{r})$我们可以理解为是在“本征面力” t_j^* 下

所产生的弹性位移场,此式是 Eshelby[120](1957)研究的出发点,从(1.11)式可反过来推出(1.10)式.对各向同性弹性体,有

$$E_{jkmn}\gamma^*_{mn} = \lambda\gamma^*_{mm}\delta_{jk} + 2\mu\gamma^*_{jk}, \tag{1.12}$$

$$u^{(i)}_j(\boldsymbol{r}-\boldsymbol{\xi}) = \alpha\left[(3-4\nu)\frac{1}{\rho}\delta_{ij} + \frac{1}{\rho^3}\rho_i\rho_j\right], \tag{1.13}$$

其中 λ 和 μ 为 Lamé 常数,ν 为 Poisson 比,$\alpha=1/16\pi\mu(1-\nu)$,$\rho_i=x_i-\xi_i$. 从(1.13)式求出

$$\frac{\partial u^{(i)}_j}{\partial \xi_k} = -\frac{\partial u^{(i)}_j}{\partial x_k}$$

$$= -\alpha\left[-(3-4\nu)\frac{1}{\rho^3}\rho_k\delta_{ij} + \frac{\rho_i\delta_{jk}+\rho_j\delta_{ik}}{\rho^3} - \frac{3}{\rho^5}\rho_i\rho_j\rho_k\right]. \tag{1.14}$$

将(1.12)和(1.14)代入(1.10)式,得

$$u_i(\boldsymbol{r}) = 2\mu\alpha\gamma^*_{jk}\iiint_\Omega\left[2\nu\frac{1}{\rho^3}\rho_i\delta_{jk} + (3-4\nu)\frac{1}{\rho^3}\rho_k\delta_{ij} - \frac{1}{\rho^3}(\rho_i\delta_{jk}+\rho_j\delta_{ik}) + \frac{3}{\rho^5}\rho_i\rho_j\rho_k\right]\mathrm{d}\tau_\xi. \tag{1.15}$$

引入下列记号:

$$n_i = \rho_i/\rho, \tag{1.16}$$

$$g_{ijk}(\boldsymbol{n}) = (1-2\nu)(n_k\delta_{ij} + n_j\delta_{ik} - n_i\delta_{jk}) + 3n_in_jn_k, \tag{1.17}$$

那么(1.15)式成为

$$u_i(\boldsymbol{r}) = \frac{1}{8\pi(1-\nu)}\gamma^*_{jk}\iiint_\Omega\frac{1}{\rho^2}g_{ijk}(\boldsymbol{n})\mathrm{d}\tau_\xi, \tag{1.18}$$

此式为本征应变 γ^*_{jk} 所生成的位移场. 在导出(1.18)时,利用了哑指标 j 和 k 的互换和本征应变 γ^*_{ij} 的对称性,即

$$\gamma^*_{jk}n_j\,\delta_{ik} = \gamma^*_{jk}n_k\,\delta_{ij}. \tag{1.19}$$

§2　界面上位移矢量和应力矢量的连续性

本节将指出：即使存在本征应变，但界面上的位移矢量和应力矢量总是连续的；不过 Eshelby 问题中其他的一些物理量，如位移梯度张量、应变张量、应力张量在界面两侧会有跳跃.

2.1　位移矢量在界面上的连续性

设本征应变占有区域 Ω，其外区域记为 Ω^-，在基体与核间的界面 $\partial\Omega$ 上取定研究点 A，其矢径为 $\boldsymbol{r}^A$. 为考虑点 A 两侧物理量跳跃与否，例如位移矢量跳跃与否，我们定义

$$[\boldsymbol{u}(\boldsymbol{r}^A)] = \boldsymbol{u}^-(\boldsymbol{r}^A) - \boldsymbol{u}^+(\boldsymbol{r}^A), \tag{2.1}$$

其中 $\boldsymbol{u}^-(\boldsymbol{r}^A)$ 和 $\boldsymbol{u}^+(\boldsymbol{r}^A)$ 表示分别从区域的外部和内部，且沿 A 点处 $\partial\Omega$ 的法向趋于 $\boldsymbol{r}^A$ 时的位移的极限，即

$$\boldsymbol{u}^-(\boldsymbol{r}^A) = \lim_{\substack{\boldsymbol{r}\to\boldsymbol{r}^A \\ \boldsymbol{r}\in\boldsymbol{\Omega}^-}} \boldsymbol{u}(\boldsymbol{r}), \quad \boldsymbol{u}^+(\boldsymbol{r}^A) = \lim_{\substack{\boldsymbol{r}\to\boldsymbol{r}^A \\ \boldsymbol{r}\in\boldsymbol{\Omega}}} \boldsymbol{u}(\boldsymbol{r})$$

如果(2.1)式为零，则位移矢量在 A 点连续，否则就有跳跃.

将(1.7)式中的位移表达式代入(2.1)式，得

$$[u_i(\boldsymbol{r}^A)] = \left[\iiint_{\Omega} E_{jlmn}\gamma^*_{mn}(\boldsymbol{\xi})\,\frac{\partial u_j^{(i)}(\boldsymbol{r}^A - \boldsymbol{\xi})}{\partial \xi_l}\mathrm{d}\tau_{\xi}\right]. \tag{2.2}$$

根据 Green 函数的性质可以知道，$u_j^{(i)}(\boldsymbol{r}-\boldsymbol{\xi})$ 中只含有 $\boldsymbol{r}-\boldsymbol{\xi}$ 的一阶奇点，于是(1.7)式中三重积分的被积函数具有二阶奇性. 我们知道，如果奇性的阶数小于积分的重数，则此积分关于参变量是连续的(请见：吉洪诺夫、萨马尔斯基著《数学物理方程》，高等教育出版社，1956，第 353～359 页). 因此，(1.7)式关于参变量 $\boldsymbol{r}$ 是连续的，所以位移矢量在界面上是连续的，没有跳跃，那么(2.2)式成为

$$[\boldsymbol{u}(\boldsymbol{r}^A)] = \boldsymbol{0}. \tag{2.3}$$

2.2 界面上应力矢量的连续性

对(1.7)式取微商,得到位移梯度为

$$u_{i,k}(\boldsymbol{r})=\iiint\limits_{\Omega}\frac{\partial^2 u_j^{(i)}(\boldsymbol{r}-\boldsymbol{\xi})}{\partial\xi_l\partial x_k}E_{jlmn}\gamma^*_{mn}(\boldsymbol{\xi})\mathrm{d}\tau_\xi. \tag{2.4}$$

从上式可知,被积函数具有三阶奇性,位移梯度在界面两侧将产生跳跃.为求出跳跃值,我们可以画一个以 A 点为球心,δ 为半径的球 $\Sigma_\delta(A)$,由于界面是光滑连续的,当 δ 很小时,可以将界面

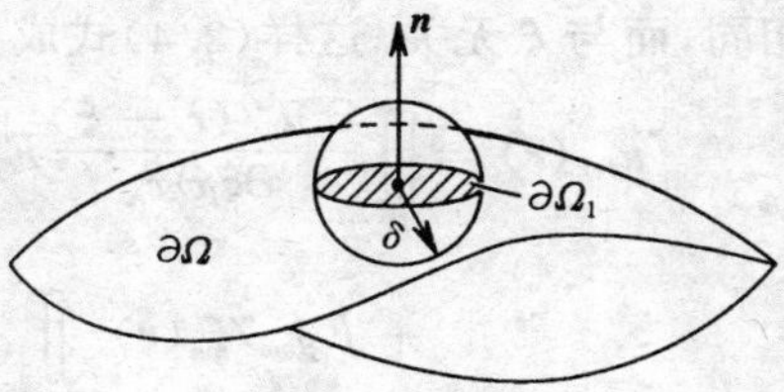

图 8.1

$\partial\Omega$ 在球内被截得的部分近似看成一个以 A 为圆心,半径为 δ 的圆盘,记为 $\partial\Omega_1$,如图 8.1 所示(注:一般而言,应假定界面为 Ляпунов 曲面,请参见前引吉洪诺夫等人的著作第 372～376 页).设 $\boldsymbol{r}$ 在 $\Sigma_\delta(A)$内,将(2.4)式改写成

$$u_{i,k}(\boldsymbol{r})=\iiint\limits_{\Omega}\frac{\partial^2 u_j^{(i)}(\boldsymbol{r}-\boldsymbol{\xi})}{\partial\xi_l\partial x_k}E_{jlmn}[\gamma^*_{mn}(\boldsymbol{\xi})-\gamma^*_{mn}(\boldsymbol{r})]\mathrm{d}\tau_\xi$$
$$+E_{jlmn}\gamma^*_{mn}(\boldsymbol{r})\iiint\limits_{\Omega}\frac{\partial^2 u_j^{(i)}(\boldsymbol{r}-\boldsymbol{\xi})}{\partial\xi_l\partial x_k}\mathrm{d}\tau_\xi. \tag{2.5}$$

对(2.5)式右边第二个体积分,利用 Gauss 公式得

$$u_{i,k}(\boldsymbol{r})=\iiint\limits_{\Omega}\frac{\partial^2 u_j^{(i)}(\boldsymbol{r}-\boldsymbol{\xi})}{\partial\xi_l\partial x_k}E_{jlmn}[\gamma^*_{mn}(\boldsymbol{\xi})-\gamma^*_{mn}(\boldsymbol{r})]\mathrm{d}\tau_\xi$$
$$+E_{jlmn}\gamma^*_{mn}(\boldsymbol{r})\oiint\limits_{\partial\Omega}\frac{\partial u_j^{(i)}(\boldsymbol{r}-\boldsymbol{\xi})}{\partial x_k}n_l(\boldsymbol{\xi})\mathrm{d}s_\xi. \tag{2.6}$$

对上式右边的面积分的积分区域进行分解,得

$$u_{i,k}(\boldsymbol{r})=\iiint\limits_{\Omega}\frac{\partial^2 u_j^{(i)}(\boldsymbol{r}-\boldsymbol{\xi})}{\partial\xi_l\partial x_k}E_{jlmn}[\gamma^*_{mn}(\boldsymbol{\xi})-\gamma^*_{mn}(\boldsymbol{r})]\mathrm{d}\tau_\xi$$

$$+ E_{jlmn}\gamma_{mn}^{*}(\boldsymbol{r})\iint\limits_{\partial\Omega\setminus\partial\Omega_1}\frac{\partial u_j^{(i)}(\boldsymbol{r}-\boldsymbol{\xi})}{\partial x_k}n_l(\boldsymbol{\xi})\mathrm{d}s_\xi$$

$$+ E_{jlmn}\gamma_{mn}^{*}(\boldsymbol{r})\iint\limits_{\partial\Omega_1}\frac{\partial u_j^{(i)}(\boldsymbol{r}-\boldsymbol{\xi})}{\partial x_k}n_l(\boldsymbol{\xi})\mathrm{d}s_\xi. \tag{2.7}$$

可将 $\partial\Omega_1$ 近似地看成是一个平面，其上任意一点的外法向均与 A 相同，而与 $\boldsymbol{\xi}$ 无关. 这样(2.4)式成为

$$u_{i,k}(\boldsymbol{r}) = \iiint\limits_{\Omega}\frac{\partial^2 u_j^{(i)}(\boldsymbol{r}-\boldsymbol{\xi})}{\partial\xi_l\partial x_k}E_{jlmn}[\gamma_{mn}^{*}(\boldsymbol{\xi})-\gamma_{mn}^{*}(\boldsymbol{r})]\mathrm{d}\gamma_\xi$$

$$+ E_{jlmn}\gamma_{mn}^{*}(\boldsymbol{r})\iint\limits_{\partial\Omega\setminus\partial\Omega_1}\frac{\partial u_j^{(i)}(\boldsymbol{r}-\boldsymbol{\xi})}{\partial x_k}n_l(\boldsymbol{\xi})\mathrm{d}s_\xi$$

$$+ E_{jlmn}\gamma_{mn}^{*}(\boldsymbol{r})n_l(\boldsymbol{r}^A)\iint\limits_{\partial\Omega_1}\frac{\partial u_j^{(i)}(\boldsymbol{r}-\boldsymbol{\xi})}{\partial x_k}\mathrm{d}s_\xi. \tag{2.8}$$

上式右边第一项的三重积分中虽然包括一个 $\boldsymbol{r}-\boldsymbol{\xi}$ 三阶奇点因子，但有另一个因子 $\gamma_{mn}^{*}(\boldsymbol{\xi})-\gamma_{mn}^{*}(\boldsymbol{r})$，它当 $\boldsymbol{r}-\boldsymbol{\xi}\to 0$ 时，也趋于零，所以三重积分后的(2.8)式第一项在边界上没有跳跃. (2.8)式的第二项的面积分中不含有奇点，所以积分后的第二项在边界上也不会出现跳跃. 我们设

$$I_{ik}(\boldsymbol{r}) = E_{jlmn}\gamma_{mn}^{*}(\boldsymbol{r}^A)n_l(\boldsymbol{r}^A)\iint\limits_{\partial\Omega_1}\frac{\partial u_j^{(i)}(\boldsymbol{r}-\boldsymbol{\xi})}{\partial x_k}\mathrm{d}s_\xi. \tag{2.9}$$

由(2.8)和(2.9)式可知

$$[u_{i,k}] = [I_{ik}], \tag{2.10}$$

这里记号[ ]与(2.1)式所定义的相似，代表界面两侧函数值的差，外部的值减去内部的值.

根据(2.9)、(2.10)和(1.14)式得到

$$E_{pqik}[u_{i,k}(\boldsymbol{r}^A)]n_q(\boldsymbol{r}^A)$$

$$= - E_{pqik}n_q(\boldsymbol{r}^A)\left[E_{jlmn}\,\gamma_{mn}^{*}(\boldsymbol{r}^A)n_l(\boldsymbol{r}^A)\iint\limits_{\partial\Omega_1}\frac{\partial u_j^{(i)}(\boldsymbol{r}^A-\boldsymbol{\xi})}{\partial\xi_k}\mathrm{d}s_\xi\right]$$

$$= \left[-\iint_{\partial\Omega_1} E_{pqik} n_q(\boldsymbol{r}^A) t_j^*(\boldsymbol{r}^A) \frac{\partial u_j^{(i)}(\boldsymbol{r}^A - \boldsymbol{\xi})}{\partial \xi_k} \mathrm{d}s_\xi \right], \quad (2.11)$$

这里 $t_j^*(\boldsymbol{r}^A) = E_{jlmn}\gamma_{mn}^*(\boldsymbol{r}^A)n_l(\boldsymbol{r}^A)$，可以认为是点 A 的“本征面力”. 由于积分区域 $\partial\Omega_1$ 是平面，其上各点的外法向相同，认为 $n_q(\boldsymbol{r}^A) = n_q(\boldsymbol{\xi})$，根据(2.11)式可知

$$E_{pqik}[u_{i,k}(\boldsymbol{r}^A)]n_q(\boldsymbol{r}^A) = \left[-\iint_{\partial\Omega_1} E_{pqik}\, t_j^*(\boldsymbol{r}^A) n_q(\boldsymbol{\xi}) \frac{\partial u_j^{(i)}(\boldsymbol{r}^A - \boldsymbol{\xi})}{\partial \xi_k} \mathrm{d}s_\xi \right]. \quad (2.12)$$

设

$$M_p(\boldsymbol{r}) = \iiint_{\Omega} E_{pqik}\, t_j^*(\boldsymbol{r}^A) \frac{\partial^2 u_j^{(i)}(\boldsymbol{r} - \boldsymbol{\xi})}{\partial \xi_k \partial \xi_q} \mathrm{d}\tau_\xi. \quad (2.13)$$

对上式分部积分，并分解积分区域，得

$$M_p(\boldsymbol{r}) = \iint_{\partial\Omega \setminus \partial\Omega_1} E_{pqik}\, t_j^*(\boldsymbol{r}^A) n_q(\boldsymbol{\xi}) \frac{\partial u_j^{(i)}(\boldsymbol{r} - \boldsymbol{\xi})}{\partial \xi_k} \mathrm{d}s_\xi + \iint_{\partial\Omega_1} E_{pqik}\, t_j^*(\boldsymbol{r}^A) n_q(\boldsymbol{\xi}) \frac{\partial u_j^{(i)}(\boldsymbol{r} - \boldsymbol{\xi})}{\partial \xi_k} \mathrm{d}s_\xi. \quad (2.14)$$

当 $\boldsymbol{r}$ 取在 $\Sigma_\delta(A)$ 内，并趋于 $\boldsymbol{r}^A$ 时，(2.14)式中等号右边的第一项的积分区域内没有奇点，积分后在边界没有跳跃. 从(2.12)和(2.14)式可知

$$[M_p(\boldsymbol{r}^A)] = -E_{pqik}[u_{i,k}(\boldsymbol{r}^A)]n_q(\boldsymbol{r}^A). \quad (2.15)$$

根据 Green 函数的对称性与平衡方程可知

$$E_{pqik} \frac{\partial^2 u_j^{(i)}(\boldsymbol{r} - \boldsymbol{\xi})}{\partial \xi_k \partial \xi_q} = -\delta_{pj}\delta(\boldsymbol{r} - \boldsymbol{\xi}), \quad (2.16)$$

所以

$$M_p(\boldsymbol{r}) = -t_j^*(\boldsymbol{r}^A) \iiint_{\Omega} \delta_{pj}\delta(\boldsymbol{r} - \boldsymbol{\xi}) \mathrm{d}\tau_\xi = \begin{cases} -t_p^*(\boldsymbol{r}^A) & \boldsymbol{r} \in \Omega, \\ 0 & \boldsymbol{r} \notin \Omega, \end{cases} \quad (2.17)$$

即

$$E_{pqik}[u_{i,k}(\boldsymbol{r}^A)]n_q(\boldsymbol{r}^A) = -[M_p(\boldsymbol{r}^A)] = -t_p^*(\boldsymbol{r}^A). \quad (2.18)$$

按(2.16)式及 $t_p^*(\boldsymbol{r}^A)=E_{pqik}\gamma_{ik}^*(\boldsymbol{r}^A)n_q(\boldsymbol{r}^A)$，有

$$E_{pqij}(u_{i,k}^+(\boldsymbol{r}^A) - \gamma_{ik}^*(\boldsymbol{r}^A))n_q(\boldsymbol{r}^A) = E_{pqik}u_{i,k}^-(\boldsymbol{r}^A)n_q(\boldsymbol{r}^A), \quad (2.19)$$

上式表明界面上应力矢量是连续的.

2.3　位移梯度张量跳跃的 Hill 公式

虽然界面上的位移矢量和应力矢量总是连续的，然而由于存在本征应变，使得位移梯度张量在界面两侧产生跳跃.

由于 Eshelby 问题中的位移是连续的，所以在界面上有

$$[u_i(\boldsymbol{r})] = 0. \quad (2.20)$$

上式表示界面为位移跳跃的等势面，那么位移梯度跳跃的方向将与界面的法向方向平行，即

$$[u_{i,k}(\boldsymbol{r})] = \lambda_i(\boldsymbol{r})n_k(\boldsymbol{r}), \quad (2.21)$$

其中 $\lambda_i(\boldsymbol{r})$为待求函数，$n_k(\boldsymbol{r})$为界面上 $\boldsymbol{r}$ 位置的外法向.

将(2.21)式代入(2.18)式中得

$$E_{pqik}\lambda_i n_k n_q = -t_p^*. \quad (2.22)$$

Mura[199]为了求出 λ_i，设

$$K_{pi}(\boldsymbol{n}) = E_{pqik}n_k n_q. \quad (2.23)$$

利用界面上应力矢量的连续性，可以得到

$$\lambda_i = -t_p^* N_{ip}(\boldsymbol{n})/D(\boldsymbol{n}), \quad (2.24)$$

其中 $N_{ip}(\boldsymbol{n})$是 $K_{pi}(\boldsymbol{n})$的伴随子式，$D(\boldsymbol{n})$是 $K_{pi}(\boldsymbol{n})$的行列式.

(2.22)和(2.24)式就是位移梯度张量跳跃的 Hill 公式(请见：Hill R., Discontinuity Relations in Mechanics of Solids, in *Progress in Solid Mechanics*, Sneddon I. N. and Hill R. ed., North Holland, Amsterdam 1961, 245～276). 从 Hill 公式不难得到应变张量和应力张量在界面上的跳跃值.

2.4 各向同性情形

作为特殊情况，当基体为各向同性材料时，我们可以直接导出 Hill 公式，然后利用位移梯度的跳跃值来证明界面上应力的连续.

对于各向同性材料其 Green 函数如式(1.13)所示，将该式代入(2.9)式得

$$I_{ik} = \alpha t_j^*(\boldsymbol{r}^A)\iint\limits_{\partial\Omega_1}\left[-(3-4\nu)\frac{\rho_k}{\rho^3}\delta_{ij} + \frac{\rho_i\delta_{jk}+\rho_j\delta_{ik}}{\rho^3} - \frac{3\rho_i\rho_j\rho_k}{\rho^5}\right]\mathrm{d}s_\xi. \tag{2.25}$$

我们将上式分解成

$$I_{ik} = \alpha t_j^*(\boldsymbol{r}^A)[-(3-4\nu)N_k\delta_{ij} + N_i\delta_{jk} + N_j\delta_{ik} - 3T_{ijk}], \tag{2.26}$$

其中

$$N_i = \iint\limits_{\partial\Omega_1}\frac{\rho_i}{\rho^3}\mathrm{d}s_\xi, \tag{2.27}$$

$$T_{ijk} = \iint\limits_{\partial\Omega_1}\frac{\rho_i\rho_j\rho_k}{\rho^5}\mathrm{d}s_\xi. \tag{2.28}$$

为了得到界面处位移梯度的跳跃，我们把 $\boldsymbol{r}$ 取在界面过 A 点的法线上，并将 $\boldsymbol{r}-\boldsymbol{\xi}$ 分解为 $(\boldsymbol{r}-\boldsymbol{r}^A)+(\boldsymbol{r}^A-\boldsymbol{\xi})$，其中 $\boldsymbol{r}^A-\boldsymbol{\xi}$ 在圆盘上，$\boldsymbol{r}-\boldsymbol{r}^A$ 在圆盘的法线方向上，若 $\boldsymbol{r}$ 在核外时 $\boldsymbol{r}-\boldsymbol{r}^A$ 沿 $\boldsymbol{n}$ 的正方向，在核内时 $\boldsymbol{r}-\boldsymbol{r}^A$ 沿 $\boldsymbol{n}$ 的反方向. 记

$$\rho^2 = (\rho')^2 + h^2, \tag{2.29}$$

其中

$$\rho_i' = x_i^A - \xi_i. \tag{2.30}$$

这里 x_i^A 是 $\boldsymbol{r}^A$ 的坐标，而 h 是 $\boldsymbol{r}$ 到圆盘的垂直距离，即

$$\boldsymbol{r} - \boldsymbol{r}^A = \pm h\boldsymbol{n}. \tag{2.31}$$

若 $\boldsymbol{r}$ 在核外，(2.31)式取正号，在核内则取负号.

按(2.29)式，(2.27)成为

$$N_i = \iint\limits_{\partial\Omega_1} \frac{\rho_i'}{\rho^3} \mathrm{d}s_\xi + \iint\limits_{\partial\Omega_1} \frac{x_i - x_i^A}{\rho^3} \mathrm{d}s_\xi. \tag{2.32}$$

由于上式右端第一项在界面上没有跳跃，所以

$$[N_i] = \lim_{h\to 0} \iint\limits_{\rho'\leqslant\delta} \frac{2hn_i}{\sqrt{[(\rho')^2 + h^2]^3}} \mathrm{d}s_\xi = 4\pi n_i. \tag{2.33}$$

同样可以将(2.28)式写成

$$\begin{aligned} T_{ijk} = &\iint\limits_{\partial\Omega_1} \frac{\rho_i'\rho_j'\rho_k'}{\rho^5} \mathrm{d}s_\xi + \iint\limits_{\partial\Omega_1} \frac{(x_i - x_i^A)(x_j - x_j^A)(x_k - x_k^A)}{\rho^5} \mathrm{d}s_\xi \\ &+ \iint\limits_{\partial\Omega_1} \frac{(x_i - x_i^A)\rho_j'\rho_k'}{\rho^5} \mathrm{d}s_\xi + \iint\limits_{\partial\Omega_1} \frac{\rho_i'(x_j - x_j^A)\rho_k'}{\rho^5} \mathrm{d}s_\xi \\ &+ \iint\limits_{\partial\Omega_1} \frac{\rho_i'\rho_j'(x_k - x_k^A)}{\rho^5} \mathrm{d}s_\xi + \iint\limits_{\partial\Omega_1} \frac{\rho_i'(x_j - x_j^A)(x_k - x_k^A)}{\rho^5} \mathrm{d}s_\xi \\ &+ \iint\limits_{\partial\Omega_1} \frac{(x_i - x_i^A)\rho_j'(x_k - x_k^A)}{\rho^5} \mathrm{d}s_\xi + \iint\limits_{\partial\Omega_1} \frac{(x_i - x_i^A)(x_j - x_j^A)\rho_k'}{\rho^5} \mathrm{d}s_\xi. \end{aligned} \tag{2.34}$$

上式右端第一项和最后三项在界面上没有跳跃，根据(2.34)式我们可以得到

$$[T_{ijk}] = 2Pn_in_jn_k + 2L_{jk}n_i + 2L_{ik}n_j + 2L_{ij}n_k, \tag{2.35}$$

这里

$$P = \lim_{h\to 0} \iint\limits_{\partial\Omega_1} \frac{h^3}{\rho^5} \mathrm{d}s_\xi, \tag{2.36}$$

$$L_{ij} = \lim_{h\to 0} h \iint\limits_{\partial\Omega_1} \frac{\rho_i'\rho_j'}{\rho^5} \mathrm{d}s_\xi. \tag{2.37}$$

(2.36)式可以直接积分出来，得

$$P = \lim_{h\to 0} \iint\limits_{\rho'\leqslant\delta} \frac{h^3}{\sqrt{[(\rho')^2 + h^2]^5}} \mathrm{d}s_\xi = \frac{2}{3}\pi. \tag{2.38}$$

为了计算 L_{ij}，我们在 A 点处取一个直角坐标系：$\boldsymbol{e}_i = (a_{i1}, a_{i2},$

a_{i3}),$\boldsymbol{e}_3$ 是圆盘平面的法向；$\boldsymbol{e}_1$ 和 $\boldsymbol{e}_2$ 与圆盘平行. 从图 8.2 中可知

$$\boldsymbol{r}^A - \boldsymbol{\xi} = -\rho' \cos\theta \, \boldsymbol{e}_1 - \rho' \sin\theta \, \boldsymbol{e}_2. \tag{2.39}$$

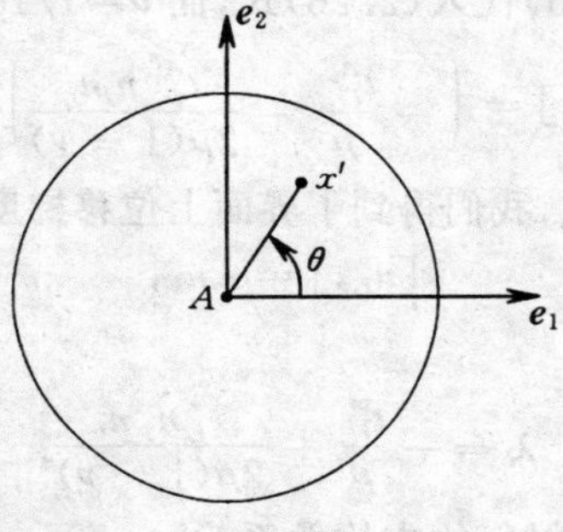

图 8.2

所以

$$\rho_i' \rho_j' = (\rho')^2 \cos^2\theta \, a_{1i} a_{1j} + (\rho')^2 \cos\theta \sin\theta \, a_{1i} a_{2j} + (\rho')^2 \sin\theta \cos\theta \, a_{2i} a_{1j} + (\rho')^2 \sin^2\theta \, a_{2i} a_{2j}. \tag{2.40}$$

将(2.40)代入(2.33)式,并利用下述两式：

$$\lim_{h\to 0} h \iint_{\rho' \leqslant \delta} \frac{(\rho')^2 \cos^2\theta}{\sqrt{[(\rho')^2 + h^2]^5}} \mathrm{d}s_\xi = \lim_{h\to 0} h \iint_{\rho' \leqslant \delta} \frac{(\rho')^2 \sin^2\theta}{\sqrt{[(\rho')^2 + h^2]^5}} \mathrm{d}s_\xi = \frac{2}{3}\pi, \tag{2.41}$$

$$\lim_{h\to 0} h \iint_{\rho' \leqslant \delta} \frac{(r')^2 \cos\theta \sin\theta}{\sqrt{[(r')^2 + h^2]^5}} \mathrm{d}s_\xi = 0, \tag{2.42}$$

可以得到

$$L_{ij} = \frac{2}{3}\pi (a_{1i} a_{1j} + a_{2i} a_{2j}). \tag{2.43}$$

根据直角坐标系的性质：$a_{1i}a_{1j} + a_{2i}a_{2j} + a_{3i}a_{3j} = \delta_{ij}$，以及 $\boldsymbol{e}_3 = \boldsymbol{n}$，可以得到

$$L_{ij} = \frac{2}{3}\pi (\delta_{ij} - n_i n_j). \tag{2.44}$$

将(2.38)和(2.44)代入(2.35)式可得

$$[T_{ijk}] = \frac{4}{3}\pi(\delta_{ij}n_k + \delta_{ik}n_j + \delta_{jk}n_i) - \frac{8}{3}\pi n_i n_j n_k. \quad (2.45)$$

再将(2.33)和(2.45)代入(2.26)式，而 $\alpha=1/16\pi\mu(1-\nu)$，就得到

$$[I_{ik}] = \left(-\frac{t_i^{A^*}}{\mu} + \frac{t_j^{A^*}n_j n_i}{2\mu(1-\nu)}\right)n_k. \quad (2.46)$$

最后，根据(2.10)式，我们得到了界面上位移梯度的 Hill 跳跃公式

$$[u_{i,k}] = \lambda_i n_k, \quad (2.47)$$

其中

$$\lambda_i = -\frac{t_i^*}{\mu} + \frac{t_j^* n_j n_i}{2\mu(1-\nu)}. \quad (2.48)$$

对于各向同性材料的本构关系为

$$E_{ijkl} = \frac{2\mu\nu}{1-2\nu}\delta_{ij}\delta_{kl} + \mu(\delta_{ik}\delta_{jl} + \delta_{il}\delta_{jk}). \quad (2.49)$$

由此可知，在界面上的应力矢量跳跃为

$$[\sigma_{ij}n_j] = \frac{2\mu\nu}{1-2\nu}([u_{k,k}] + \gamma_{kk}^*)\delta_{ij}n_j + \mu([u_{i,j}] + 2\gamma_{ij}^* + [u_{j,i}])n_j. \quad (2.50)$$

将(2.47)和(2.48)代入(2.50)式，不难得到

$$[\sigma_{ij}n_j] = 0. \quad (2.51)$$

对于各向同性材料，我们以直接的方式，导出了 Hill 公式，并由此证明了界面上应力矢量具有连续性.

§3　椭　球　核

设本征应变 γ_{ij}^* 所占的区域 Ω 为椭球体，其半长轴分别为 a_1，a_2 和 a_3，即

$$\Omega:\ \frac{x^2}{a_1^2} + \frac{y^2}{a_2^2} + \frac{z^2}{a_3^2} \leqslant 1. \quad (3.1)$$

当 $(x,y,z)\in\Omega$ 时，来考虑位移 u_i 的积分表示式(1.17)，对积分变量 (ξ,η,ζ)，设

$$\begin{cases}\xi = x - n_1 t,\\ \eta = y - n_2 t,\\ \zeta = z - n_3 t.\end{cases} \tag{3.2}$$

如果(ξ,η,ζ)在椭球 Ω 的边界 $\partial\Omega$ 上时，则有

$$\frac{(x-n_1t)^2}{a_1^2}+\frac{(y-n_2t)^2}{a_2^2}+\frac{(z-n_3t)^2}{a_3^2}=1. \tag{3.3}$$

将(3.3)展开，得

$$gt^2-2ft+e=0, \tag{3.4}$$

其中

$$g=\frac{n_1^2}{a_1^2}+\frac{n_2^2}{a_2^2}+\frac{n_3^2}{a_3^2},$$

$$f=\frac{n_1}{a_1^2}x+\frac{n_2}{a_2^2}y+\frac{n_3}{a_3^2}z, \tag{3.5}$$

$$e=\frac{x^2}{a_1^2}+\frac{y^2}{a_2^2}+\frac{z^2}{a_3^2}-1.$$

方程(3.4)是 t 的二次方程，首项系数 g 为正，由于点(x,y,z)在 Ω 内，其常数项 e 为负，因此，(3.4)有两个实根，且一正一负，今取定正根

$$t(\boldsymbol{n})=\frac{f}{g}+\sqrt{\frac{f^2}{g^2}-\frac{e}{g}}. \tag{3.6}$$

当 $\boldsymbol{r}$ 在 Ω 内时，设 $\partial\Sigma$ 为以(x,y,z)为心的单位球面，$\mathrm{d}\omega$ 为 $\partial\Sigma$ 上的面积微元(见图 8.3)，那么位移 u_i 的表示式(1.18)可写成

$$\begin{aligned}u_i(\boldsymbol{r})&=\frac{\gamma_{jk}^*}{8\pi(1-\nu)}\oiint_{\partial\Sigma}\left(\int_0^{t(\boldsymbol{n})}g_{ijk}(\boldsymbol{n})\frac{1}{\rho^2}\rho^2\mathrm{d}\rho\right)\mathrm{d}\omega\\&=\frac{\gamma_{jk}^*}{8\pi(1-\nu)}\oiint_{\partial\Sigma}t(\boldsymbol{n})g_{ijk}(\boldsymbol{n})\mathrm{d}\omega,\end{aligned} \tag{3.7}$$

其中 $t(\boldsymbol{n})$和 $g_{ijk}(\boldsymbol{n})$分别由(3.6)和(1.17)给出. 注意到 g_{ijk} 是 n_i 的奇次式，$t(\boldsymbol{n})$的根式内为 n_i 的偶次式，由球对称性可知，关于 n_i 的奇次式部分应为零，于是(3.7)成为

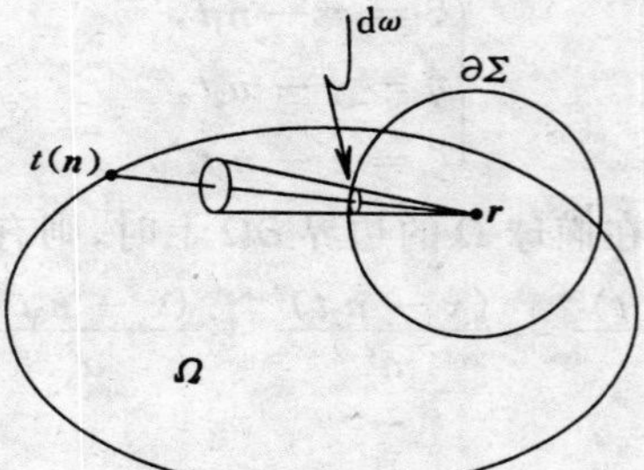

图　8.3

$$u_i(\boldsymbol{r})=\frac{\gamma^*_{jk}x_m}{8\pi(1-\nu)}\oiint_{\partial\Sigma}\frac{\lambda_m g_{ijk}}{g}\mathrm{d}\omega, \qquad (3.8)$$

其中已将(3.5)的第二式中的 f 写成

$$f=\lambda_m x_m \quad (\lambda_1=n_1/a_1^2,\ \lambda_2=n_2/a_2^2,\ \lambda_3=n_3/a_3^2). \qquad (3.9)$$

从(3.8)可求出

$$u_{i,j}(\boldsymbol{r})=\frac{\gamma^*_{km}}{8\pi(1-\nu)}\oiint_{\partial\Sigma}\frac{\lambda_j g_{ikm}}{g}\mathrm{d}\omega, \qquad (3.10)$$

于是椭球 Ω 内的应变场为

$$\gamma_{ij}(\boldsymbol{r})=S_{ijkm}\gamma^*_{km}, \qquad (3.11)$$

式中

$$S_{ijkm}=\frac{1}{16\pi(1-\nu)}\oiint_{\partial\Sigma}\frac{\lambda_i g_{jkm}+\lambda_j g_{ikm}}{g}\mathrm{d}\omega. \qquad (3.12)$$

(3.11)称为 Eshelby 公式，S_{ijkm} 称为 Eshelby 张量，它仅与椭球形状和材料性质有关，即仅与椭球半轴 a_i 和 Poisson 比 ν 的大小有关，而与本征应变大小无关.

§4　Eshelby 张量

本节我们来求 Eshelby 张量 S_{ijkm} 的表达式. 将(1.17)式代入(3.12)，得

$$S_{ijkm}=\frac{1}{16\pi(1-\nu)}\oint\!\!\!\oint_{\partial\Sigma}\frac{1}{g}\Big\{\frac{1}{a_I^2}\big[3n_in_jn_kn_m+(1-2\nu)(n_in_m\delta_{jk}+n_in_k\delta_{jm}-n_in_j\delta_{km})\big]+\frac{1}{a_J^2}\big[3n_in_jn_kn_m+(1-2\nu)(n_jn_m\delta_{ik}+n_jn_k\delta_{im}-n_in_j\delta_{km})\big]\Big\}\mathrm{d}\omega, \quad (4.1)$$

式中大写的指标表示不求和,而表示与小写的字母取同样的值. 例如,

$$\frac{n_i}{a_I^2}=\begin{cases}n_1/a_1^2, & 当\ i=1,\\ n_2/a_2^2, & 当\ i=2,\\ n_3/a_3^2, & 当\ i=3,\end{cases}$$

$$x_ix_iI_I=x_1^2I_1+x_2^2I_2+x_3^2I_3.$$

由于球对称性,如果 n_i 是奇数方次,那么(4.1)中相应的球面积分应为零. 关于 n_i 的偶次方的积分,利用如下的 Routh 公式[235]

$$\begin{cases}I_1=\oint\!\!\!\oint_{\partial\Sigma}\dfrac{n_1^2}{a_1^2g}\mathrm{d}\omega=2\pi a_1a_2a_3\displaystyle\int_0^\infty\frac{\mathrm{d}s}{(a_1^2+s)\sqrt{\Delta(s)}},\\ I_{11}=\oint\!\!\!\oint_{\partial\Sigma}\dfrac{n_1^4}{a_1^4g}\mathrm{d}\omega=2\pi a_1a_2a_3\displaystyle\int_0^\infty\frac{\mathrm{d}s}{(a_1^2+s)^2\sqrt{\Delta(s)}},\\ I_{12}=3\oint\!\!\!\oint_{\partial\Sigma}\dfrac{n_1^2n_2^2}{a_1^2a_2^2g}\mathrm{d}\omega=2\pi a_1a_2a_3\displaystyle\int_0^\infty\frac{\mathrm{d}s}{(a_1^2+s)(a_2^2+s)\sqrt{\Delta(s)}},\end{cases} \quad (4.2)$$

其中 $\Delta(s)=(a_1^2+s)(a_2^2+s)(a_3^2+s)$,(4.2)的证明见下节. 此外,关于$(a_1,a_2,a_3)$和$(n_1,n_2,n_3)$进行指标轮换还可得到一些类似(4.2)的积分公式. 利用(4.2)的公式,我们有

$$\begin{cases}\oint\!\!\!\oint_{\partial\Sigma}\dfrac{1}{a_I^2g}n_in_m\mathrm{d}\omega=\delta_{im}I_I,\\ 3\oint\!\!\!\oint_{\partial\Sigma}\dfrac{1}{a_I^2g}n_in_jn_kn_m\mathrm{d}\omega=\delta_{ij}\delta_{km}a_K^2I_{IK}+\delta_{ik}\delta_{jm}a_M^2I_{IM}+\delta_{im}\delta_{jk}a_J^2I_{IJ}.\end{cases} \quad (4.3)$$

还有一些类似的等式，将它们全代入(4.1)，得

$$S_{ijkm}=\frac{1}{16\pi(1-\nu)}\{2\delta_{ij}\delta_{km}[a_K^2 I_{IK}-(1-2\nu)I_I]$$
$$+(\delta_{ik}\delta_{jm}+\delta_{im}\delta_{jk})[(a_I^2+a_J^2)I_{IJ}+(1-2\nu)(I_I+I_J)]\}. \tag{4.4}$$

从(4.4)式，可以算出：

$$S_{ijkm}=S_{jikm}=S_{ijmk}, \tag{4.5}$$

$$\begin{cases} S_{1111}=\dfrac{3}{8\pi(1-\nu)}a_1^2 I_{11}+\dfrac{1-2\nu}{8\pi(1-\nu)}I_1, \\ S_{1122}=\dfrac{1}{8\pi(1-\nu)}a_2^2 I_{12}-\dfrac{1-2\nu}{8\pi(1-\nu)}I_1, \\ S_{1133}=\dfrac{1}{8\pi(1-\nu)}a_3^2 I_{13}-\dfrac{1-2\nu}{8\pi(1-\nu)}I_1, \\ S_{1212}=\dfrac{a_1^2+a_2^2}{16\pi(1-\nu)}I_{12}+\dfrac{1-2\nu}{16\pi(1-\nu)}(I_1+I_2), \end{cases} \tag{4.6}$$

其余的非零分量均可由上式轮换指标获得，不能由(4.6)循环得到的分量均为零.

可将 Eshelby 公式(3.11)写成如下的矩阵形式

$$\begin{bmatrix}\gamma_{11}\\ \gamma_{22}\\ \gamma_{33}\\ \gamma_{23}\\ \gamma_{31}\\ \gamma_{12}\end{bmatrix}=\begin{bmatrix} S_{1111} & S_{1122} & S_{1133} & 0 & 0 & 0\\ S_{2211} & S_{2222} & S_{2233} & 0 & 0 & 0\\ S_{3311} & S_{3322} & S_{3333} & 0 & 0 & 0\\ 0 & 0 & 0 & 2S_{2323} & 0 & 0\\ 0 & 0 & 0 & 0 & 2S_{3131} & 0\\ 0 & 0 & 0 & 0 & 0 & 2S_{1212}\end{bmatrix}\begin{bmatrix}\gamma_{11}^*\\ \gamma_{22}^*\\ \gamma_{33}^*\\ \gamma_{23}^*\\ \gamma_{31}^*\\ \gamma_{12}^*\end{bmatrix}. \tag{4.7}$$

值得注意的是(4.7)中的矩阵，一般说来，是不对称的. 现在考虑两

种特殊情形的椭球核.

情形 1. 球：$a_1=a_2=a_3=a$，从(4.2)式可算出

$$\begin{cases} I_1 = I_2 = I_3 = 4\pi/3, \\ I_{11} = I_{22} = I_{33} = I_{23} = I_{31} = I_{12} = 4\pi/5a^2, \end{cases} \tag{4.8}$$

将(4.8)代入(4.6)，可得对于球的 S_{ijkm}，相应于(4.7)式中的矩阵为

$$\begin{bmatrix} \tilde{\lambda}+2\tilde{\mu} & \tilde{\lambda} & \tilde{\lambda} & 0 & 0 & 0 \\ \tilde{\lambda} & \tilde{\lambda}+2\tilde{\mu} & \tilde{\lambda} & 0 & 0 & 0 \\ \tilde{\lambda} & \tilde{\lambda} & \tilde{\lambda} & 0 & 0 & 0 \\ 0 & 0 & 0 & 2\tilde{\mu} & 0 & 0 \\ 0 & 0 & 0 & 0 & 2\tilde{\mu} & 0 \\ 0 & 0 & 0 & 0 & 0 & 2\tilde{\mu} \end{bmatrix}, \tag{4.9}$$

其中

$$\tilde{\lambda} = \frac{5\nu - 1}{15(1-\nu)}, \quad \tilde{\mu} = \frac{4-5\nu}{15(1-\nu)}. \tag{4.10}$$

对于球而言，Eshelby 张量和 Eshelby 公式(3.11)可写成

$$\begin{cases} S_{ijkm} = \tilde{\lambda}\delta_{ij}\delta_{km} + \tilde{\mu}(\delta_{ik}\delta_{jm} + \delta_{im}\delta_{jk}), \\ \gamma_{ij} = \tilde{\lambda}\gamma^*_{kk}\delta_{ij} + 2\tilde{\mu}\gamma^*_{ij}. \end{cases} \tag{4.11}$$

情形 2. 钱币形：$a_1=a_2\gg a_3$，

$$\begin{aligned} & I_1 = I_2 = \pi^2 a_3/a, \quad I_3 = 4\pi - 2\pi^2 a_3/a, \\ & I_{11} = I_{22} = I_{12} = I_{21} = \frac{3}{4}\pi^2\frac{a_3}{a^3}, \\ & I_{13} = I_{31} = I_{23} = I_{32} = \frac{3}{a^2}\left(\frac{4}{3}\pi - \pi^2\frac{a_3}{a}\right), \quad I_{33} = \frac{4\pi}{3a_3^2}, \end{aligned} \tag{4.12}$$

式中 $a=a_1=a_2$. 对于钱币形的核，(4.7)式中的矩阵为

$$\begin{bmatrix} \tilde{\lambda}+2\tilde{\mu} & \tilde{\lambda} & \tilde{\lambda}_1 & 0 & 0 & 0 \\ \tilde{\lambda} & \tilde{\lambda}+2\tilde{\mu} & \tilde{\lambda}_1 & 0 & 0 & 0 \\ \tilde{\lambda}_2 & \tilde{\lambda}_2 & \tilde{E} & 0 & 0 & 0 \\ 0 & 0 & 0 & 2\tilde{\mu}_1 & 0 & 0 \\ 0 & 0 & 0 & 0 & 2\tilde{\mu}_1 & 0 \\ 0 & 0 & 0 & 0 & 0 & 2\tilde{\mu} \end{bmatrix}, \tag{4.13}$$

其中

$$\tilde{\lambda}=\frac{8\nu-1}{32(1-\nu)}\pi\frac{a_3}{a}, \qquad \tilde{\mu}=\frac{7-8\nu}{32(1-\nu)}\pi\frac{a_3}{a},$$

$$\tilde{\lambda}_1=\frac{2\nu-1}{8(1-\nu)}\pi\frac{a_3}{a}, \qquad \tilde{\lambda}_2=\frac{\nu}{1-\nu}\left(1-\frac{4\nu+1}{8\nu}\pi\frac{a_3}{a}\right),$$

$$\tilde{E}=1-\frac{1-2\nu}{1-\nu}\frac{\pi}{4}\frac{a_3}{a}, \quad \tilde{\mu}_1=\frac{1}{2}\left(1+\frac{\nu-2}{1-\nu}\frac{\pi}{4}\frac{a_3}{a}\right). \tag{4.14}$$

§5 Routh 公式

本节来证明 Routh 公式(4.2),作为例子,我们来计算 I_3:

$$I_3=\oiint_{\partial\Sigma}\frac{n_3^2}{a_3^2 g}\mathrm{d}\omega. \tag{5.1}$$

设

$$n_1=\sin\theta\cos\varphi, \quad n_2=\sin\theta\sin\varphi, \quad n_3=\cos\theta$$
$$(0\leqslant\theta<\pi, 0\leqslant\varphi<2\pi). \tag{5.2}$$

将(5.2)代入(5.1),得

$$I_3=\frac{1}{a_3^2}\int_0^{\pi}\int_0^{2\pi}\frac{\cos^2\theta\sin\theta}{\dfrac{\sin^2\theta\cos^2\varphi}{a_1^2}+\dfrac{\sin^2\theta\sin^2\varphi}{a_2^2}+\dfrac{\cos^2\theta}{a_3^2}}\mathrm{d}\theta\mathrm{d}\varphi.$$

考虑到积分区域的对称性,上式可写成

$$I_3=\frac{8}{a_3^2}\int_0^{\frac{\pi}{2}}\left(\int_0^{\frac{\pi}{2}}\frac{\mathrm{d}\varphi}{\frac{\sin^2\theta\cos^2\varphi}{a_1^2}+\frac{\sin^2\theta\sin^2\varphi}{a_2^2}+\frac{\cos^2\theta}{a_3^2}}\right)\cos^2\theta\sin\theta\mathrm{d}\theta.$$

再对上式作变量代换

$$\tan\varphi=t,\quad \mathrm{d}\varphi=\frac{\mathrm{d}t}{1+t^2},\quad \sin^2\varphi=\frac{t^2}{1+t^2},\quad \cos\varphi=\frac{1}{1+t^2},$$

对 t 积分之,得

$$I_3=\frac{4\pi}{a_3^2}\int_0^{\frac{\pi}{2}}\frac{\cos^2\theta\sin\theta}{\sqrt{\left(\frac{\cos^2\theta}{a_3^2}+\frac{\sin^2\theta}{a_1^2}\right)\left(\frac{\cos^2\theta}{a_3^2}+\frac{\sin^2\theta}{a_2^2}\right)}}\mathrm{d}\theta.$$

对上式,再令 $p=\cos\theta$,得

$$I_3=\frac{4\pi}{a_3^2}\int_0^1\frac{p^2}{\sqrt{\left(\frac{p^2}{a_3^2}+\frac{1-p^2}{a_1^2}\right)\left(\frac{p^2}{a_3^2}+\frac{1-p^2}{a_2^2}\right)}}\mathrm{d}p;$$

再对上式作变换

$$p=a_3/\sqrt{a_3^2+s}$$

得

$$I_3=2\pi a_1a_2a_3\int_0^{\infty}\frac{\mathrm{d}s}{(a_3^2+s)\sqrt{\Delta(s)}},$$

其中 $\Delta(s)=(a_1^2+s)(a_2^2+s)(a_3^2+s)$. 类似地可算出(4.2)中的其他公式.

§6 外点的应变场

在§4中求出了椭球 Ω 内任意点的应变场,对于椭球外任意一点的应变场,仍按(1.7)式来求. 利用等式

$$\frac{\partial^2\rho}{\partial x_i\partial x_j}=\frac{\partial}{\partial x_i}\frac{\rho_j}{\rho}=\frac{1}{\rho}\delta_{ij}-\frac{\rho_i\rho_j}{\rho^3},$$

基本解(1.13)成为

$$u_j^{(i)}(\boldsymbol{r}-\boldsymbol{\xi})=\alpha\left[4(1-\nu)\frac{1}{\rho}\delta_{ij}-\frac{\partial^2\rho}{\partial x_i\partial x_j}\right].\qquad(6.1)$$

对(6.1)式微商，得

$$\frac{\partial u_j^{(i)}}{\partial \xi_k}=-\frac{\partial u_j^{(i)}}{\partial x_k}=-\alpha\left[4(1-\nu)\frac{\partial}{\partial x_k}\left(\frac{1}{\rho}\right)\delta_{ij}-\frac{\partial^3\rho}{\partial x_i\partial x_j\partial x_k}\right];\qquad(6.2)$$

将(6.2)代入(1.7)式，得

$$u_i(\boldsymbol{r})=-\alpha\iiint_{\Omega}\left[4(1-\nu)(\lambda\gamma_{mm}^*\delta_{ik}+2\mu\gamma_{ik}^*)\frac{\partial}{\partial x_k}\left(\frac{1}{\rho}\right)-\lambda\gamma_{mm}^*\frac{\partial^3\rho}{\partial x_i\partial x_j\partial x_j}-2\mu\gamma_{jk}^*\frac{\partial^3\rho}{\partial x_i\partial x_j\partial x_k}\right]\mathrm{d}\tau_\xi,\qquad(6.3)$$

这里 γ_{jk}^* 为常量. 注意到

$$\frac{\partial^2\rho}{\partial x_j\partial x_j}=\frac{\partial}{\partial x_j}\left(\frac{\rho_j}{\rho}\right)=\frac{1}{\rho}\delta_{jj}-\frac{\rho_j\rho_j}{\rho^3}=\frac{2}{\rho},$$

(6.3)将成为

$$u_i(\boldsymbol{r})=2\mu\alpha\iiint_{\Omega}\left[\gamma_{jk}^*\frac{\partial^3\rho}{\partial x_i\partial x_j\partial x_k}-2\nu\gamma_{mm}^*\frac{\partial}{\partial x_i}\left(\frac{1}{\rho}\right)-4(1-\nu)\gamma_{ik}^*\frac{\partial}{\partial x_k}\left(\frac{1}{\rho}\right)\right]\mathrm{d}\tau_\xi.\qquad(6.4)$$

设

$$\varphi(\boldsymbol{r})=\iiint_{\Omega}\frac{\mathrm{d}\tau_\xi}{\rho},\quad \psi(\boldsymbol{r})=\iiint_{\Omega}\rho\,\mathrm{d}\tau_\xi,\qquad(6.5)$$

在记号(6.5)之下，(6.4)可写为

$$u_i(\boldsymbol{r})=\frac{1}{8\pi(1-\nu)}[\psi_{,ikm}-2\nu\varphi_{,i}\delta_{km}-4(1-\nu)\varphi_{,k}\delta_{im}]\gamma_{km}^*.\qquad(6.6)$$

从(6.6)式可求出椭球外的应变场为

$$\gamma_{ij}(\boldsymbol{r})=D_{ijkm}(\boldsymbol{r})\gamma_{km}^*\quad(\boldsymbol{r}\text{ 在 }\Omega\text{ 外}),\qquad(6.7)$$

其中

$$D_{ijkm}(\boldsymbol{r}) = \frac{1}{8\pi(1-\nu)}[\psi_{,ijkm} - 2\nu\varphi_{,ij}\delta_{km} - (1-\nu)(\varphi_{,kj}\delta_{im} + \varphi_{,ki}\delta_{mj} + \varphi_{,mj}\delta_{ik} + \varphi_{,mi}\delta_{jk})]. \tag{6.8}$$

在推导(6.7)和(6.8)时，曾利用了哑指标 k 和 m 的对换和本征应变 γ^*_{km} 的对称性，即

$$(\varphi_{,mj}\delta_{ik} + \varphi_{,mi}\delta_{jk})\gamma^*_{km} = (\varphi_{,jk}\delta_{im} + \varphi_{,ik}\delta_{jm})\gamma^*_{km}.$$

从表达式(6.8)又可以得到

$$D_{ijkm} = D_{jikm} = D_{ijmk}. \tag{6.9}$$

为了表示(6.5)中的两个体积分，引入下面的椭圆积分：

$$I(\eta) = 2\pi a_1 a_2 a_3 \int_\eta^\infty \frac{\mathrm{d}s}{\sqrt{\Delta(s)}},$$

$$I_i(\eta) = 2\pi a_1 a_2 a_3 \int_\eta^\infty \frac{\mathrm{d}s}{(a_i^2+s)\sqrt{\Delta(s)}},$$

$$I_{ij}(\eta) = 2\pi a_1 a_2 a_3 \int_\eta^\infty \frac{\mathrm{d}s}{(a_i^2+s)(a_j^2+s)\sqrt{\Delta(s)}}, \tag{6.10}$$

其中 $\Delta(s)=(a_1^2+s)(a_2^2+s)(a_3^2+s)$，而 η 是下述方程的最大正根

$$\frac{x^2}{a_1^2+\eta} + \frac{y^2}{a_2^2+\eta} + \frac{z^2}{a_3^2+\eta} = 1, \tag{6.11}$$

这里(x,y,z)在椭球 Ω 之外，对椭球 Ω 内的所有点以后均认为是 $\eta=0$. Ferres[128]和 Dyson[117]得到了下面的公式

$$\varphi(\boldsymbol{r}) = \frac{1}{2}[I(\eta) - x_n x_n I_N(\eta)]; \tag{6.12}$$

$$\psi_{,i}(\boldsymbol{r}) = \frac{1}{2}x_i\{I(\eta) - x_n x_n I_N(\eta) - a_I^2[I_I(\eta) - x_n x_n I_{IN}(\eta)]\}. \tag{6.13}$$

因(6.8)中有 φ 和 ψ 关于 x_i 导数，所以需要考虑 $I(\eta)$，$I_i(\eta)$和 $I_{ij}(\eta)$关于 x_i 的导数. 首先，从(6.11)式有

$$\eta_{,i} = \frac{2x_i}{a_I^2+\eta} \Big/ \frac{x_j x_j}{(a_J^2+\eta)^2}, \tag{6.14}$$

另外，

$$I_{i\cdots jk,p}(\eta)=\frac{-2\pi a_1a_2a_3}{(a_i^2+\eta)\cdots(a_j^2+\eta)(a_k^2+\eta)\sqrt{\Delta(\eta)}}\eta_{,p},$$

(6.15)

将(6.14)代入(6.15)式,得

$$I_{i\cdots jk,p}(\eta)=\frac{1}{a_k^2+\eta}I_{i\cdots j,p}(\eta),\tag{6.16}$$

从(6.16)可得

$$x_kx_kI_{i\cdots jK,p}(\eta)=\frac{x_kx_k}{a_K^2+\eta}I_{i\cdots j,p}(\eta)=I_{i\cdots j,p}(\eta),\tag{6.17}$$

上式中第二个等号是因为 $x_kx_k/(a_K^2+\eta)=1$. 利用(6.17)式,可得

$$\frac{\partial}{\partial x_q}[I_{ij\cdots k}(\eta)-x_rx_rI_{Rij\cdots k}(\eta)]=-2x_qI_{Qij\cdots k}(\eta).\tag{6.18}$$

借助于上式可算出下列 φ 和 ψ 关于 x_i 的导数:

$$\varphi_{,ij}=-[x_iI_I(\eta)]_{,j}=-\delta_{ij}I_I(\eta)-x_iI_{I,j}(\eta),\tag{6.19}$$

$$\begin{aligned}\psi_{,ij}=&\frac{1}{2}\delta_{ij}\{I(\eta)-x_nx_nI_N(\eta)-a_I^2[I_I(\eta)-x_nx_nI_{IN}(\eta)]\}\\&-x_ix_j[I_J(\eta)-a_I^2I_{IJ}(\eta)],\end{aligned}\tag{6.20}$$

$$\begin{aligned}\psi_{,ijkm}=&-\delta_{ij}\{\delta_{km}I_K(\eta)+x_kI_{K,m}(\eta)-a_I^2[\delta_{km}I_K(\eta)-x_kI_{IK,m}(\eta)]\}\\&-(\delta_{ik}\delta_{jm}+\delta_{im}\delta_{jk})[I_J(\eta)-a_I^2I_{IJ}(\eta)]\\&-(\delta_{ik}x_j+\delta_{jk}x_i)[I_J(\eta)-a_I^2I_{IJ}(\eta)]_{,m}\\&-(\delta_{im}x_j+\delta_{jm}x_i)[I_J(\eta)-a_I^2I_{IJ}(\eta)]_{,k}\\&-x_ix_j[I_J(\eta)-a_I^2I_{IJ}(\eta)]_{,km}.\end{aligned}\tag{6.21}$$

将(6.19)～(6.21)代入(6.8)式,可得

$$\begin{aligned}D_{ijkm}(\boldsymbol{r})=S_{ijkm}(\eta)+&\frac{1}{8\pi(1-\nu)}\{2\nu\delta_{km}x_iI_{I,j}(\eta)\\&+(1-\nu)[\delta_{im}x_kI_{K,j}(\eta)+\delta_{jm}x_kI_{K,i}(\eta)\\&+\delta_{ik}x_mI_{M,j}(\eta)+\delta_{jk}x_mI_{M,i}(\eta)]\\&-\delta_{ij}x_k[I_K(\eta)-a_I^2I_{KI}(\eta)]_{,m}\end{aligned}$$

$$- (\delta_{ik}x_j + \delta_{jk}x_i)[I_J(\eta) - a_I^2 I_{IJ}(\eta)]_{,m}$$
$$- (\delta_{im}x_j + \delta_{jm}x_i)[I_J(\eta) - a_I^2 I_{IJ}(\eta)]_{,k}$$
$$- x_i x_j[I_J(\eta) - a_I^2 I_{IJ}(\eta)]_{,km}\}, \qquad (6.22)$$

其中

$$S_{ijkm}(\eta) = \frac{1}{8\pi(1-\nu)}\{\delta_{ij}\delta_{km}[2\nu I_I(\eta) - I_K(\eta) + a_I^2 I_{KI}(\eta)]$$
$$+ (\delta_{ik}\delta_{jm} + \delta_{im}\delta_{jk})[a_I^2 I_{IJ}(\eta) - I_J(\eta)$$
$$+ (1-\nu)(I_K(\eta) + I_M(\eta))]\}. \qquad (6.23)$$

如果认为在椭球内 $\eta \equiv 0$,公式(6.7)对椭球内亦成立,因为此时 I_i 和 I_{ij} 关于 η 的导数恒为零,于是 $D_{ijkm}(\boldsymbol{r})$ 将成为 $S_{ijkm}(0)$;再注意到

$$a_I^2 I_{IK}(\eta) - I_K(\eta) = a_K^2 I_{IK}(\eta) - I_I(\eta),$$
$$a_I^2 I_{IJ}(\eta) - I_J(\eta) = a_J^2 I_{IJ}(\eta) - I_I(\eta),$$
$$(\delta_{ik}\delta_{jm} + \delta_{im}\delta_{jk})[I_I(\eta) + I_J(\eta)]$$
$$= (\delta_{ik}\delta_{jm} + \delta_{im}\delta_{jk})[I_K(\eta) + I_M(\eta)],$$

立即发现(6.23)中的 $S_{ijkm}(0)$ 与(4.4)中的 S_{ijkm} 相同.

以下,给出球($a_1 = a_2 = a_3 = a$)外的 $D_{ijkm}(\boldsymbol{r})$. 对于球,从(6.11)式求出

$$\eta = r^2 - a^2 \quad (r^2 = x^2 + y^2 + z^2). \qquad (6.24)$$

此外

$$I_i(\eta) = 2\pi a^3 \int_\eta^\infty \frac{ds}{(a^2+s)^2\sqrt{a^2+s}} = \frac{4\pi a^3}{3}\frac{1}{r^3}, \qquad (6.25)$$

$$I_{ij}(\eta) = 2\pi a^3 \int_\eta^\infty \frac{ds}{(a^2+s)^3\sqrt{a^2+s}} = \frac{4\pi a^3}{5}\frac{1}{r^5}. \qquad (6.26)$$

将(6.25)和(6.26)代入(6.23)式,可得

$$S_{ijkm}(\eta) = \tilde{\lambda}(\eta)\delta_{ij}\delta_{km} + \tilde{\mu}(\eta)(\delta_{ik}\delta_{jm} + \delta_{im}\delta_{jk}), \qquad (6.27)$$

其中

$$\begin{cases}\tilde{\lambda}(\eta)=\dfrac{1}{30(1-\nu)}\left[3\dfrac{a^2}{r^2}-5(1-2\nu)\right]\dfrac{a^3}{r^3},\\ \tilde{\mu}(\eta)=\dfrac{1}{30(1-\nu)}\left[3\dfrac{a^2}{r^2}+5(1-2\nu)\right]\dfrac{a^3}{r^3}.\end{cases}\tag{6.28}$$

从(6.25)和(6.26)式,可以算出

$$\begin{aligned}&I_{1,i}(\eta)=-4\pi a^3\frac{x_i}{r^5},\\&I_{1,ij}(\eta)=-4\pi a^3\left(\frac{1}{r^5}\delta_{ij}-\frac{5}{r^7}x_ix_j\right),\\&I_{11,i}(\eta)=-4\pi a^3\frac{x_i}{r^7},\\&I_{11,ij}(\eta)=-4\pi a^3\left(\frac{1}{r^7}\delta_{ij}-\frac{7}{r^9}x_ix_j\right).\end{aligned}\tag{6.29}$$

将(6.29)代入(6.22)式,得

$$\begin{aligned}8\pi(1-\nu)D_{ijkm}(\boldsymbol{r})&=8\pi(1-\nu)S_{ijkm}(\eta)\\&+\frac{4\pi a^3}{r^5}[(1-2\nu)x_ix_j\delta_{km}+x_kx_m\delta_{ij}+\nu(x_ix_m\delta_{jk}\\&\qquad+x_ix_k\delta_{jm}+x_jx_m\delta_{ik}+x_jx_k\delta_{im})]\\&-\frac{4\pi a^5}{r^7}[x_ix_j\delta_{km}+x_ix_k\delta_{jm}+x_ix_m\delta_{jk}+x_jx_k\delta_{im}\\&\qquad+x_jx_m\delta_{ik}+x_kx_m\delta_{ij}+\frac{5}{a^2}x_ix_jx_kx_m]\\&+\frac{28\pi a^5}{r^9}x_ix_jx_kx_m,\end{aligned}\tag{6.30}$$

这里 $S_{ijkm}(\eta)$ 由(6.27)给出.

§7 热 应 力

如果在区域 Ω 内有温度变化 T,那么在 Ω 内的全部应变为

$$\gamma_{ij}=e_{ij}+\alpha T\delta_{ij},\tag{7.1}$$

其中 e_{ij} 为弹性应变,α 为热膨胀系数. 具有温度变化的 Hooke 定律[74]为

$$\sigma_{ij} = \lambda u_{k,k}\delta_{ij} + 2\mu\gamma_{ij} - (3\lambda + 2\mu)\alpha T\delta_{ij}. \tag{7.2}$$

从(7.1)和(7.2)式可知,热应力问题可看作具有如下本征应变

$$\gamma_{ij}^{*} = \alpha T\delta_{ij} \tag{7.3}$$

的弹性力学问题.热应力问题已有许多专著论述,如 Nowinski 的专著[211].

假定区域 Ω 为球.对本征应变(7.3)按公式(4.11),在球内的应变场为

$$\gamma_{ij} = (3\tilde{\lambda} + 2\tilde{\mu})\alpha T\delta_{ij} = \frac{1+\nu}{3(1-\nu)}\alpha T\delta_{ij}; \tag{7.4}$$

在球外的应变场,按(6.7)和(6.28)式为

$$\gamma_{ij} = D_{ijkm}(r)\alpha T\delta_{km} = \frac{1+\nu}{3(1-\nu)}\frac{a^3}{r^3}\left(\delta_{ij} - \frac{x_i x_j}{r^2}\right)\alpha T, \tag{7.5}$$

其中 a 为球的半径.

§8　不均匀性和空洞

设弹性模量为 E_{ijkm}^{*} 的核占有区域 Ω,核外全空间弹性体的模量为 E_{ijkm}.设在无限远处受有应力 $\sigma_{ij}^{(\infty)}$,如果核中的弹性模量与核外的相同,那么全空间将处于均匀状态,按 Hooke 定律有

$$\sigma_{ij}^{(\infty)} = E_{ijkm}\gamma_{km}^{(\infty)} \quad (\text{在 } \Omega \text{ 内}), \tag{8.1}$$

$$\sigma_{ij}^{(\infty)} = E_{ijkm}\gamma_{km}^{(\infty)} \quad (\text{在 } \Omega \text{ 外}), \tag{8.2}$$

其中 $\gamma_{km}^{(\infty)}$ 为相应于 $\sigma_{ij}^{(\infty)}$ 的无限远处的应变.

现在,设核 Ω 内外的弹性模量不同,于是产生一个扰动应力 σ_{ij} 和扰动应变 γ_{ij},这时按 Hooke 定律,有

$$\sigma_{ij}^{(\infty)} + \sigma_{ij} = E_{ijkm}^{*}(\gamma_{km}^{(\infty)} + \gamma_{km}) \quad (\text{在 } \Omega \text{ 内}), \tag{8.3}$$

$$\sigma_{ij}^{(\infty)} + \sigma_{ij} = E_{ijkm}(\gamma_{km}^{(\infty)} + \gamma_{km}) \quad (\text{在 } \Omega \text{ 外}). \tag{8.4}$$

如果认为扰动应力 σ_{ij} 和扰动应变 γ_{ij} 不是由于核内外模量差别引起的,而是由于核内的本征应变 γ_{ij}^{*} 产生的,那么核内的 Hooke 定律可表示为

$$\sigma_{ij}^{(\infty)} + \sigma_{ij} = E_{ijkm}(\gamma_{km}^{(\infty)} + \gamma_{km} - \gamma_{km}^{*}) \quad (\text{在 } \Omega \text{ 内}). \tag{8.5}$$

从(8.3)和(8.5)式,得

$$E_{ijkm}^{*}(\gamma_{km}^{(\infty)} + \gamma_{km}) = E_{ijkm}(\gamma_{km}^{(\infty)} + \gamma_{km} - \gamma_{km}^{*}) \quad (\text{在 } \Omega \text{ 内}). \tag{8.6}$$

今设 Ω 内外均为各向同性弹性体,且核 Ω 为椭球,将 Eshelby 公式(3.11)代入(8.6)式,得

$$\begin{aligned}&[(E_{ijkm}^{*} - E_{ijkm})S_{kmpq} + E_{ijpq}]\gamma_{pq}^{*}\\&\quad = (E_{ijkm} - E_{ijkm}^{*})\gamma_{km}^{(\infty)} \quad (\text{在 } \Omega \text{ 内}).\end{aligned} \tag{8.7}$$

从上式可求出本征应变,然后利用公式(3.11)和(6.7)能算出核内外的应变场 γ_{ij},再从公式(8.3)和(8.4)就可算出核内外的应力场 σ_{ij}.

这种确定不均匀性核内应力场的方法,称为 Eshelby 等价核方法.

例 球形空洞附近的局部应力问题. 对于空洞,可认为其模量为零

$$E_{ijkm}^{*} = 0. \tag{8.8}$$

考虑单向拉伸的情况,设

$$\sigma_{33}^{(\infty)} = P, \quad \text{其余 } \sigma_{ij}^{(\infty)} = 0. \tag{8.9}$$

将(8.8)代入(8.6)式,考虑到各向同性假设,得

$$\lambda(\gamma_{kk}^{*} - \gamma_{kk})\delta_{ij} + 2\mu(\gamma_{ij}^{*} - \gamma_{ij}) = \sigma_{ij}^{(\infty)}. \tag{8.10}$$

把球核的 Eshelby 公式(4.11)和条件(8.9)代入(8.10)式,得

$$\begin{cases}\dfrac{2\mu}{15(1-\nu)}[8\gamma_{11}^{*} + (1+5\nu)\gamma_{22}^{*} + (1+5\nu)\gamma_{33}^{*}] = 0,\\ \dfrac{2\mu}{15(1-\nu)}[(1+5\nu)\gamma_{11}^{*} + 8\gamma_{22}^{*} + (1+5\nu)\gamma_{33}^{*}] = 0,\\ \dfrac{2\mu}{15(1-\nu)}[(1+5\nu)\gamma_{11}^{*} + (1+5\nu)\gamma_{22}^{*} + 8\gamma_{33}^{*}] = P,\\ \dfrac{2\mu(7-5\nu)}{15(1-\nu)}\gamma_{23}^{*} = \dfrac{2\mu(7-5\nu)}{15(1-\nu)}\gamma_{31}^{*} = \dfrac{2\mu(7-5\nu)}{15(1-\nu)}\gamma_{12}^{*} = 0.\end{cases} \tag{8.11}$$

从(8.11)式解得

$$\gamma_{11}^* = \gamma_{22}^* = \gamma_0^*, \quad \gamma_{33}^* = \gamma_0^* + \gamma_1^*, \quad \gamma_{23}^* = \gamma_{31}^* = \gamma_{12}^* = 0, \tag{8.12}$$

其中

$$\gamma_0^* = -\frac{3(1-\nu)(1+5\nu)}{4(1+\nu)(7-5\nu)}\frac{P}{\mu}, \quad \gamma_1^* = \frac{15(1-\nu)}{2(7-5\nu)}\frac{P}{\mu}. \tag{8.13}$$

将(8.12)代入(6.7),再代入(8.4)式,可得球外应力场,例如 z 向应力为

$$\begin{aligned}\sigma_{33}^{(\infty)} + \sigma_{33}(\boldsymbol{r}) = P &+ [\lambda D_{iikk}(\boldsymbol{r}) + 2\mu D_{33kk}(\boldsymbol{r})]\gamma_0^* \\ &+ [\lambda D_{ii33}(\boldsymbol{r}) + 2\mu D_{3333}(\boldsymbol{r})]\gamma_1^*. \end{aligned} \tag{8.14}$$

利用球形核的公式(4.11)和(6.28),得

$$\begin{cases} D_{iikk}(\boldsymbol{r}) = 0, \\ D_{33kk}(\boldsymbol{r}) = \dfrac{1+\nu}{3(1-\nu)}\left(1 - 3\dfrac{x_3^2}{r^2}\right)\dfrac{a^3}{r^3}, \\ D_{ii33}(\boldsymbol{r}) = \dfrac{1-2\nu}{3(1-\nu)}\left(1 - 3\dfrac{x_3^2}{r^2}\right)\dfrac{a^3}{r^3}, \\ D_{3333}(\boldsymbol{r}) = \dfrac{1}{3(1-\nu)}\left[9 + 5(1-2\nu)\dfrac{x_3^2}{r^2}\right]\dfrac{a^3}{r^3} \\ \qquad + \dfrac{1}{2(1-\nu)}\left[2(1+\nu)\dfrac{x_3^2}{r^2} - 6\dfrac{a^2x_3^2}{r^4} \right. \\ \qquad \left. - 5\dfrac{x_3^4}{r^4} + 7\dfrac{a^2x_3^4}{r^6}\right]. \end{cases} \tag{8.15}$$

将(8.15)代入(8.14)式可算出 z 向应力. 在 $x_3=0$ 平面上,有

$$\sigma_{33}^{(\infty)} + \sigma_{33}(\boldsymbol{r})|_{x_3=0} = \left[1 + \frac{4-5\nu}{2(7-5\nu)}\frac{a^3}{r^3} + \frac{9}{2(7-5\nu)}\frac{a^5}{r^5}\right]P. \tag{8.16}$$

在 $x_3=0$ 平面上 $r=a$ 处的应力为

$$[\sigma_{33}^{(\infty)} + \sigma_{33}(\boldsymbol{r})]_{\max} = \frac{27-15\nu}{2(7-5\nu)}P, \tag{8.17}$$

可以算出，当 $\nu=0.3$ 时，最大应力约为无限远拉力的两倍. 公式(8.16)与参考文献[40，第 471～475 页]的公式(l)一致.

§9　裂　纹

作为例子考虑具钱币形裂纹的三维弹性空间. 这种裂纹可以认为是扁旋转椭球空洞的极限情形，可设其半轴为

$$a_1=a_2=a,\quad a_3\to 0. \tag{9.1}$$

对于空洞其弹性模量为零，

$$E^*_{ijkm}=0. \tag{9.2}$$

我们考虑 z 向拉伸的情形：

$$\sigma^{(\infty)}_{33}=P,\quad 其余\ \sigma^{(\infty)}_{ij}=0. \tag{9.3}$$

利用钱币形核的 Eshelby 张量(4.13)，再将(9.1)～(9.3)式代入(8.4)，得

$$\left\{\begin{aligned}&\frac{\mu}{4(1-\nu)}\left\{\left[8(1-2\nu)-\frac{13}{4}\frac{\pi a_3}{a}\right]\gamma^*_{11}+\left(8\nu-\frac{16\gamma-1}{4}\frac{\pi a_3}{a}\right)\gamma^*_{22}\right.\\&\qquad\left.+(2\nu+1)\frac{\pi a_3}{a}\gamma^*_{33}\right\}=0,\\&\frac{\mu}{4(1-\nu)}\left\{\left(8\nu-\frac{16\gamma-1}{4}\frac{\pi a_3}{a}\right)\gamma^*_{11}+\left[8(1-2\nu)-\frac{13}{4}\frac{\pi a_3}{a}\right]\gamma^*_{22}\right.\\&\qquad\left.+(2\nu+1)\frac{\pi a_3}{a}\gamma^*_{33}\right\}=0,\\&\frac{\mu}{4(1-\nu)}\left[(2\nu+1)\frac{\pi a_3}{a}\gamma^*_{11}+(2\nu+1)\frac{\pi a_3}{a}\gamma^*_{22}+\frac{2\pi a_3}{a}\gamma^*_{33}\right]=P,\\&\mu\frac{2-\nu}{2(1-\nu)}\frac{\pi a_3}{a}\gamma^*_{23}=\mu\frac{2-\nu}{2(1-\nu)}\frac{\pi a_3}{a}\gamma^*_{31}\\&\qquad=2\mu\left[1-\frac{7-8\nu}{16(1-\nu)}\frac{\pi a_3}{a}\right]\gamma^*_{12}=0.\end{aligned}\right. \tag{9.4}$$

当 $a_3\to 0$ 时，从(9.4)的前三式可看出，仅当 $a_3\gamma^*_{33}$ 趋于有限值时，

才可能有解，记

$$\gamma^* = a_3\gamma_{33}^*. \tag{9.5}$$

从(9.4)解得

$$\gamma_{11}^* = \gamma_{22}^* = -\frac{1+2\nu}{8(1-\nu)}\frac{\pi}{a}\gamma^*, \quad \gamma^* = \frac{2(1-\nu)a}{\pi}\frac{P}{\mu}. \tag{9.6}$$

现在我们来求第一类应力强度因子 K_I，其定义为

$$K_I = \lim_{r\to 0}\sqrt{2\pi r}[\sigma_{33}^{(\infty)} + \sigma_{33}(\widetilde{A})], \tag{9.7}$$

其中点 $\widetilde{A}$ 的坐标为$(a+r,0,0)$. 按外场应力的公式(8.4)，再利用公式(6.7)，得

$$\begin{aligned}\sigma_{33}^{(\infty)} &+ \sigma_{33}(\widetilde{A}) \\ &= P + \lambda[D_{1111}(\widetilde{A})\gamma_{11}^* + D_{1122}(\widetilde{A})\gamma_{22}^* + D_{1133}(\widetilde{A})\gamma_{33}^* \\ &\quad + D_{2211}(\widetilde{A})\gamma_{11}^* + D_{2222}(\widetilde{A})\gamma_{22}^* + D_{2233}(\widetilde{A})\gamma_{33}^* \\ &\quad + D_{3311}(\widetilde{A})\gamma_{11}^* + D_{3322}(\widetilde{A})\gamma_{22}^* + D_{3333}(\widetilde{A})\gamma_{33}^*] \\ &\quad + 2\mu[D_{3311}(\widetilde{A})\gamma_{11}^* + D_{3322}(\widetilde{A})\gamma_{22}^* + D_{3333}(\widetilde{A})\gamma_{33}^*].\end{aligned} \tag{9.8}$$

注意到 $D_{ijkm}(\widetilde{A})$ 中的 I_i, I_{ij} 中均含有半轴因子 a_3，因此当 $a_3\to 0$ 时，如若不出现乘积 $a_3\gamma_{33}^*$，则(9.8)式中相应的项均趋于零，这样(9.8)可简化为

$$\begin{aligned}\sigma_{33}^{(\infty)} + \sigma_{33}(\widetilde{A}) = P &+ \{\lambda[D_{1133}(\widetilde{A}) + D_{2233}(\widetilde{A}) + D_{3333}(\widetilde{A})] \\ &+ 2\mu D_{3333}(\widetilde{A})\}\gamma_{33}^*.\end{aligned} \tag{9.9}$$

今按(6.20)和(6.21)来计算(9.9)中有关的 $D_{ijkm}(\widetilde{A})$，得

$$\begin{cases} D_{1133}(\widetilde{A}) = \dfrac{1-2\nu}{2(1-\nu)}\sqrt{\dfrac{1}{2ar}}a_3 + O(1), \\ D_{2233}(\widetilde{A}) = O(1), \qquad\qquad (r\to 0), \\ D_{3333}(\widetilde{A}) = \dfrac{1-2\nu}{2(1-\nu)}\sqrt{\dfrac{1}{2ar}}a_3 + O(1) \end{cases} \tag{9.10}$$

其中 $O(1)$ 表示 $r\to 0$ 为有界的量. 在求得(9.10)式时曾用到了下面的一些式子:

$$\eta=(a+r)^2-a^2=r(2a+r)\approx 2ar, \tag{9.11}$$

$$\begin{cases} I_1(2ar)=-\dfrac{4\pi}{a\sqrt{2ar}}a_3+O(1), \\ (I_1-a^2I_{11})_{,11}\big|_{\eta=2ar}=-\dfrac{4\pi}{a\sqrt{2ar}}a_3+O(1) \quad (r\to 0), \\ I_3(2ar)=\dfrac{4\pi}{a\sqrt{2ar}}a_3+O(1). \end{cases} \tag{9.12}$$

在 $D_{1133}(\widetilde{A})$, $D_{2233}(\widetilde{A})$ 和 $D_{3333}(\widetilde{A})$ 中,但在(9.12)中未出现的 I_i 和 I_{ij},其量阶均为 $O(1)$. 将(9.10)代入(9.9)式,得

$$\sigma_{33}^{(\infty)}+\sigma_{33}(\widetilde{A})=\frac{1}{\pi}\sqrt{\frac{2a}{r}}P+O(1), \tag{9.13}$$

再把(9.13)代进(9.7)式,得到

$$K_I=2\sqrt{\frac{a}{\pi}}P. \tag{9.14}$$

(9.14)式与参考文献[13,第 251 页]的(5-4-37)式一致.

§10 位 错

位错是一种位移不连续现象,它是由物理、化学等诸多因素引起的. 设在曲面 S 两边位移的间断或位错为 u_j^*,那么由它所生成的弹性位移场为

$$u_i(\boldsymbol{r})=\iint_S t_j^{(i)}(\boldsymbol{r}-\boldsymbol{\xi})u_j^*(\boldsymbol{\xi})\mathrm{d}s_{\xi}, \tag{10.1}$$

其中 $t_j^{(i)}$ 表示由基本解 $\boldsymbol{u}^{(i)}$ 所生成的面力. 仿照对公式(1.11)的理解,可以认为公式(10.1)中的 $u_i(\boldsymbol{r})$ 为在"本征面位移" $u_j^*(\boldsymbol{\xi})$ 下所生成的弹性位移场.

例 S 为半平面

$$S: x<0, \quad y=0, \quad -\infty<z<+\infty, \tag{10.2}$$

仅 z 向有常位错

$$u_1^*=0, \quad u_2^*=0, \quad u_3^*=b. \tag{10.3}$$

按(10.1),在(10.2)上(10.3)式所生成的位移为

$$u_i(\boldsymbol{r})=\iint_S t_3^{(i)}(\boldsymbol{r}-\boldsymbol{\xi})u_3^* \mathrm{d}s_\xi, \tag{10.4}$$

其中

$$t_3^{(i)}=\sigma_{31}^{(i)}n_1+\sigma_{32}^{(i)}n_2+\sigma_{33}^{(i)}n_3=\sigma_{32}^{(i)}=\mu[u_{3,2}^{(i)}+u_{2,3}^{(i)}], \tag{10.5}$$

这里$(n_1,n_2,n_3)=(0,1,0)$. 将(1.14)代入(10.5)式,得

$$t_3^{(i)}=2\mu\alpha\left[(1-2\nu)\left(\frac{\rho_2}{\rho^3}\delta_{i3}+\frac{\rho_3}{\rho^3}\delta_{i2}\right)\frac{3}{\rho^5}\rho_i\rho_2\rho_3\right], \tag{10.6}$$

式中 μ 为剪切模量, ν 为 Poisson 比, $\alpha=1/16\pi\mu(1-\nu)$. 将(10.3)和(10.6)代入(10.4)式,得

$$u_i(\boldsymbol{r})=\frac{b}{8\pi(1-\nu)}\int_{-\infty}^0\left\{\int_{-\infty}^{+\infty}\left[(1-2\nu)\left(\frac{\rho_2}{\rho^3}\delta_{i3}+\frac{\rho_3}{\rho^3}\delta_{i2}\right)+\frac{3}{\rho^5}\rho_i\rho_2\rho_3\right]\mathrm{d}\zeta\right\}\mathrm{d}\xi, \tag{10.7}$$

这里 $\rho_1=x-\xi, \rho_2=y, \rho_3=z-\zeta, \rho=\sqrt{(x-\xi)^2+y^2+(z-\zeta)^2}$. 在(10.7)式中作变换

$$t=z-\zeta \quad (-\infty<t<+\infty), \tag{10.8}$$

将(10.8)代入(10.7)式,得

$$u_i(\boldsymbol{r})=\frac{b}{8\pi(1-\nu)}\int_{-\infty}^0\left\{\int_{-\infty}^{+\infty}\left[(1-2\nu)\left(\frac{y}{\rho^3}\delta_{i3}+\frac{t}{\rho^3}\delta_{i2}\right)+\frac{3}{\rho^5}\rho_i yt\right]\mathrm{d}t\right\}\mathrm{d}\xi, \tag{10.9}$$

其中 $\rho_1=x-\xi, \rho_2=y, \rho_3=t, \rho=\sqrt{(x-\xi)^2+y^2+t^2}$. 从(10.9)式,不难看出,

$$u_1(\boldsymbol{r})=u_2(\boldsymbol{r})=0, \tag{10.10}$$

而

$$u_3(\boldsymbol{r}) = \frac{yb}{8\pi(1-\nu)}\int_{-\infty}^{0}\left\{\int_{-\infty}^{+\infty}\left[(1-2\nu)\frac{1}{\rho^3}+\frac{3t^2}{\rho^5}\right]\mathrm{d}t\right\}\mathrm{d}\xi. \tag{10.11}$$

利用积分公式

$$\int_{-\infty}^{+\infty}\frac{\mathrm{d}t}{[(x-\xi)^2+y^2+t^2]^{3/2}} = \frac{2}{(x-\xi)^2+y^2},$$

$$\int_{-\infty}^{+\infty}\frac{t^2\mathrm{d}t}{[(x-\xi)^2+y^2+t^2]^{5/2}} = \frac{2}{3}\frac{1}{(x-\xi)^2+y^2},$$

可积出(10.11),为

$$u_3(r) = \frac{b}{2\pi}\int_{-\infty}^{0}\frac{y\mathrm{d}\xi}{(x-\xi)^2+y^2} = \frac{b}{2\pi}\left(\frac{\pi}{2}\mathrm{sgn}y - \mathrm{arctg}\,\frac{x}{y}\right). \tag{10.12}$$

这样,由半平面(10.2)上的位错(10.3)式所生成的弹性位移场为(10.10)和(10.12).

§11 光滑界面的 Eshelby 问题

如果弹性核与基体之间粘接完善,那么在界面上的位移与应力将是连续的;如果弹性核与基体之间粘接不完善,那么在界面上的位移与应力都有可能不连续. 对于具有均匀剪切本征应变的光滑界面的椭球核问题, Mura[199](1987, §51)曾给出过解答. 本节将给出含有椭球核的无限大基体在无穷远受剪切力作用的解,其中基体和夹杂之间的界面是光滑的. 本节将采用 Luré[185](1955)所发展的方法来解决这个问题. 为此,在 11.1 和 11.2 两小节先介绍椭球坐标和 Lamé 函数,然后在 11.3 小节中来解远场受剪切外力时的具有光滑界面的夹杂问题.

11.1 椭球坐标

考虑直角坐标系中椭球体 Ω,其表面 $\partial\Omega$ 为

$$\frac{x^2}{a_1^2}+\frac{y^2}{a_2^2}+\frac{z^2}{a_3^2}-1=0, \tag{11.1}$$

本节假定 $a_1>a_2>a_3>0$. 与 $\partial\Omega$ 共焦的二次曲面可表示为

$$\frac{x^2}{a_1^2+\theta}+\frac{y^2}{a_2^2+\theta}+\frac{z^2}{a_3^2+\theta}-1=0, \tag{11.2}$$

其中 θ 是变量. 方程(11.2)可写为

$$f(\theta)=0. \tag{11.3}$$

这里

$$f(\theta)\equiv-\Delta(\theta)+x^2(a_2^2+\theta)(a_3^2+\theta)+y^2(a_3^2+\theta)(a_1^2+\theta)+z^2(a_1^2+\theta)(a_2^2+\theta), \tag{11.4}$$

其中

$$\Delta(\theta)=(a_1^2+\theta)(a_2^2+\theta)(a_3^2+\theta). \tag{11.5}$$

设三次多项式 $f(\theta)$的 3 个根分别为 ξ,η,ζ,则

$$f(\theta)=(\xi-\theta)(\eta-\theta)(\zeta-\theta). \tag{11.6}$$

从(11.3)~(11.5)式可看出

$$f(-a_1^2)>0,\quad f(-a_2^2)<0,\quad f(-a_3^2)>0,\quad f(+\infty)<0.$$

因此,方程(11.3)的 3 个根 ξ,η,ζ 为互不相等的实根,且满足如下条件:

$$\xi>-a_3^2>\eta>-a_2^2>\zeta>-a_1^2. \tag{11.7}$$

考虑下面三个共焦二次曲面:

$$\frac{x^2}{a_1^2+\xi}+\frac{y^2}{a_2^2+\xi}+\frac{z^2}{a_3^2+\xi}-1=0, \tag{11.8}$$

$$\frac{x^2}{a_1^2+\eta}+\frac{y^2}{a_2^2+\eta}-\frac{z^2}{-(a_3^2+\eta)}-1=0, \tag{11.9}$$

$$\frac{x^2}{a_1^2+\zeta}-\frac{y^2}{-(a_2^2+\zeta)}-\frac{z^2}{-(a_3^2+\zeta)}-1=0. \tag{11.10}$$

它们分别为椭球面、单叶双曲面和双叶双曲面. 当 $\xi=0$ 时,椭球面(11.8)式就退化为椭球面 $\partial\Omega$ 的(11.1)式.

可以证明三个曲面(11.8)~(11.10)相互正交,对应于一组

(ξ,η,ζ)的三个共焦曲面有 8 个交点. 在(11.6)和(11.4)式中逐次令 $\theta=-a_1^2,-a_2^2,-a_3^2$,可以得关系式

$$\begin{cases} x^2=\dfrac{(a_1^2+\xi)(a_1^2+\eta)(a_1^2+\zeta)}{(a_1^2-a_2^2)(a_1^2-a_3^2)}, \\ y^2=\dfrac{(a_2^2+\xi)(a_2^2+\eta)(a_3^2+\zeta)}{(a_2^2-a_3^2)(a_2^2-a_1^2)}, \\ z^2=\dfrac{(a_3^2+\xi)(a_3^2+\eta)(a_3^2+\zeta)}{(a_3^2-a_1^2)(a_3^2-a_2^2)}. \end{cases} \tag{11.11}$$

这样, (x^2,y^2,z^2)与(ξ,η,ζ)一一对应,利用椭圆函数可以构成(x,y,z)与(ξ,η,ζ)之间的一一对应,于是(ξ,η,ζ)构成一个新的坐标系,称之为椭球坐标系.

对(11.11)式关于 ξ 取微商,可得

$$\frac{\partial x_i}{\partial \xi}=\frac{x_i}{2(a_i^2+\xi)} \quad (i=1,2,3). \tag{11.12}$$

对(11.8)式关于 x,y,z 分别取微商,可得

$$\frac{\partial \xi}{\partial x_i}=\frac{2x_i}{(a_i^2+\xi)D^2(\xi)} \quad (i=1,2,3), \tag{11.13}$$

其中

$$D^2(\xi)=\frac{x^2}{(a_1^2+\xi)^2}+\frac{y^2}{(a_2^2+\xi)^2}+\frac{z^2}{(a_3^2+\xi)^2}. \tag{11.14}$$

由此可以算出

$$\begin{aligned}\frac{\partial D^2(\xi)}{\partial \xi}=&2\left[\frac{x}{(a_1^2+\xi)^2}\frac{\partial x}{\partial \xi}+\frac{y}{(a_2^2+\xi)^2}\frac{\partial y}{\partial \xi}+\frac{z}{(a_3^2+\xi)^2}\frac{\partial z}{\partial \xi}\right] \\ &-2\left[\frac{x^2}{(a_1^2+\xi)^3}+\frac{y^2}{(a_2^2+\xi)^3}+\frac{z^2}{(a_3^2+\xi)^3}\right].\end{aligned}$$

将(11.12)式代入上式得

$$\frac{\partial D^2(\xi)}{\partial \xi}=-\left[\frac{x^2}{(a_1^2+\xi)^3}+\frac{y^2}{(a_2^2+\xi)^3}+\frac{z^2}{(a_3^2+\xi)^3}\right]. \tag{11.15}$$

设 $\boldsymbol{n}=(n_1,n_2,n_3)^{\mathrm{T}}$ 是椭球面(11.1)的单位外法向,有

$$n_1 = x/a_1^2D_0,\quad n_2 = y/a_2^2D_0,\quad n_3 = z/a_3^2D_0,\tag{11.16}$$

其中

$$D_0 = D(0) = \frac{x^2}{a_1^4} + \frac{y^2}{a_2^4} + \frac{z^2}{a_3^4}.\tag{11.17}$$

今来计算函数 $\varphi(x,y,z)$ 在 $\partial\Omega$ 上的法向微商,利用(11.16)式,有

$$\left.\frac{\partial\varphi}{\partial n}\right|_{\xi=0} = \left(\frac{\partial\varphi}{\partial x}\frac{\partial x}{\partial n} + \frac{\partial\varphi}{\partial y}\frac{\partial y}{\partial n} + \frac{\partial\varphi}{\partial z}\frac{\partial z}{\partial n}\right)_{\xi=0}$$

$$= \left\{\frac{1}{D(\xi)}\left(\frac{\partial\varphi}{\partial x}\frac{x}{a_1^2+\xi} + \frac{\partial\varphi}{\partial y}\frac{y}{a_2^2+\xi} + \frac{\partial\varphi}{\partial z}\frac{z}{a_3^2+\xi}\right)\right\}_{\xi=0};$$

再利用(11.12)式,将上式写成

$$\left.\frac{\partial\varphi}{\partial n}\right|_{\xi=0} = \left\{\frac{2}{D(\xi)}\left(\frac{\partial\varphi}{\partial x}\frac{\partial x}{\partial\xi} + \frac{\partial\varphi}{\partial y}\frac{\partial y}{\partial\xi} + \frac{\partial\varphi}{\partial z}\frac{\partial z}{\partial\xi}\right)\right\}_{\xi=0} = \frac{2}{D_0}\left.\frac{\partial\varphi}{\partial\xi}\right|_{\xi=0}.\tag{11.18}$$

11.2 Lamé 函数

椭球坐标系中的 Laplace 方程可写为

$$\nabla^2\Phi \equiv \frac{4}{(\xi-\eta)(\eta-\zeta)(\xi-\zeta)}\left\{(\eta-\zeta)\sqrt{\Delta(\xi)}\frac{\partial}{\partial\xi}\left(\sqrt{\Delta(\xi)}\frac{\partial\Phi}{\partial\xi}\right)\right.$$

$$+(\xi-\zeta)\sqrt{-\Delta(\eta)}\frac{\partial}{\partial\eta}\left(\sqrt{-\Delta(\eta)}\frac{\partial\Phi}{\partial\eta}\right)$$

$$\left.+(\xi-\eta)\sqrt{\Delta(\zeta)}\frac{\partial}{\partial\zeta}\left(\sqrt{\Delta(\zeta)}\frac{\partial\Phi}{\partial\zeta}\right)\right\} = 0.\tag{11.19}$$

今求上述方程的分离变量解. 设

$$\Phi(x,y,z) = R(\xi)M(\eta)N(\zeta).\tag{11.20}$$

则(11.19)式可化为

$$\frac{(\eta-\zeta)}{R}\sqrt{\Delta(\xi)}\frac{\mathrm{d}}{\mathrm{d}\xi}\left(\sqrt{\Delta(\xi)}\frac{\mathrm{d}R}{\mathrm{d}\xi}\right)$$

$$+\frac{(\xi-\zeta)}{M}\sqrt{-\Delta(\eta)}\frac{\mathrm{d}}{\mathrm{d}\eta}\left(\sqrt{-\Delta(\eta)}\frac{\mathrm{d}M}{\mathrm{d}\eta}\right)$$

$$+\frac{(\xi-\eta)}{N}\sqrt{\Delta(\zeta)}\frac{\mathrm{d}}{\mathrm{d}\zeta}\left(\sqrt{\Delta(\zeta)}\frac{\mathrm{d}N}{\mathrm{d}\zeta}\right)=0, \tag{11.21}$$

我们有恒等式

$$(\eta-\zeta)(k\xi+h)+(\zeta-\xi)(k\eta+h)+(\xi-\eta)(k\zeta+h)=0, \tag{11.22}$$

其中 k,h 为任意常数. 比较(11.21)和(11.22)两式可知,若 $R(\xi)$, $M(\eta)$, $N(\zeta)$ 分别由下面三个方程

$$\begin{cases} 4\sqrt{\Delta(\xi)}\dfrac{\mathrm{d}}{\mathrm{d}\xi}\left(\sqrt{\Delta(\xi)}\dfrac{\mathrm{d}R}{\mathrm{d}\xi}\right)=(k\xi+h)R, \\ -4\sqrt{-\Delta(\eta)}\dfrac{\mathrm{d}}{\mathrm{d}\eta}\left(\sqrt{-\Delta(\eta)}\dfrac{\mathrm{d}M}{\mathrm{d}\eta}\right)=(k\eta+h)M, \\ 4\sqrt{\Delta(\zeta)}\dfrac{\mathrm{d}}{\mathrm{d}\zeta}\left(\sqrt{\Delta(\zeta)}\dfrac{\mathrm{d}N}{\mathrm{d}\zeta}\right)=(k\zeta+h)N \end{cases} \tag{11.23}$$

决定,则 $\Phi(x,y,z)=R(\xi)M(\eta)N(\zeta)$ 是 Laplace 方程 $\nabla^2\Phi=0$ 的解.

(11.23)式称为 Lamé 方程,它的解称为 Lamé 函数,通常 k 取 $n(n+1)$. 我们将(11.23)的第一式写为

$$4\Delta(\xi)R''(\xi)+2\Delta'(\xi)R'(\xi)-(k\xi+h)R(\xi)=0. \tag{11.24}$$

设 $R(\xi)$ 和 $S(\xi)$ 是上式的两个线性无关解,它们的 Liouville 公式为

$$\begin{vmatrix} R'(\xi) & R(\xi) \\ S'(\xi) & S(\xi) \end{vmatrix}=\exp\left\{-\int\frac{\Delta'(\xi)}{2\Delta(\xi)}\mathrm{d}\xi\right\}=\frac{1}{\sqrt{\Delta(\xi)}}.$$

从上式,得

$$S(\xi)=R(\xi)\int_{\xi}^{\infty}\frac{\mathrm{d}s}{R^2(s)\sqrt{\Delta(s)}}, \tag{11.25}$$

如果 $R(\xi)$ 是有界的,那么 $S(\xi)$ 在无穷远趋于零.

若 $H(x,y,z)$ 是一个调和函数,它在椭球坐标下可以表示成如下形式:

$$H(x,y,z)=R(\xi)M(\eta)N(\zeta), \tag{11.26}$$

那么

$$\begin{aligned}G(x,y,z)&=S(\xi)M(\eta)N(\zeta)=I(\xi)R(\xi)M(\eta)N(\zeta)\\&=I(\xi)H(x,y,z)\end{aligned} \tag{11.27}$$

也是调和函数,且在无穷远处趋于零,其中

$$I(\xi)=\int_\xi^\infty \frac{\mathrm{d}s}{R^2(s)\sqrt{\Delta(s)}}. \tag{11.28}$$

记

$$G_i(x,y,z)=x_iI_i(\xi)\quad (i=1,2,3), \tag{11.29}$$

$$G_{ij}(x,y,z)=x_ix_jI_{ij}(\xi)\quad (i,j=1,2,3,i\neq j), \tag{11.30}$$

其中

$$I_i(\xi)=2\pi a_1a_2a_3\int_\xi^\infty \frac{\mathrm{d}s}{(a_i^2+s)\sqrt{\Delta(s)}}\quad (i=1,2,3), \tag{11.31}$$

$$I_{ij}(\eta)=2\pi a_1a_2a_3\int_\xi^\infty \frac{\mathrm{d}s}{(a_i^2+s)(a_j^2+s)\sqrt{\Delta(s)}}$$
$$(i,j=1,2,3,i\neq j). \tag{11.32}$$

我们来证明,由(11.29)和(11.30)所定义的诸函数 G_i,G_{ij} 都是调和的. 事实上,由于

$$H_i=x_i,\quad H_{ij}=x_ix_j\quad (i,j=1,2,3,i\neq j) \tag{11.33}$$

都是调和函数,将它们按(11.20)式进行分解,设为

$$\begin{cases}H_i=R_iM_iN_i\quad (i=1,2,3),\\ H_{ij}=R_{ij}M_{ij}N_{ij}\quad (i,j=1,2,3,i\neq j).\end{cases} \tag{11.34}$$

从直角坐标与椭球坐标的关系式(11.11),不计常数因子,得

$$R_i^2=a_i^2+\xi,\quad R_{ij}^2=(a_i^2+\xi)(a_j^2+\xi). \tag{11.35}$$

再依照(11.27)式,可知 G_i 和 G_{ij} 都是调和函数.

关于 11.1 和 11.2 两小节的内容请参见参考文献[69,第 11 章].

11.3　光滑界面问题

设弹性模量为 μ^* 和 ν^* 的椭球夹杂占有区域 Ω，核外全空间弹性体的模量为 μ 和 ν，界面 $\partial\Omega$ 光滑不承受剪力. 设在无限远处受有剪应力，不失一般性，可设

$$\sigma_{12}^{\infty}=\tau^{\infty}\neq 0,\quad \sigma_{11}^{\infty}=\sigma_{22}^{\infty}=\sigma_{33}^{\infty}=\sigma_{23}^{\infty}=\sigma_{13}^{\infty}=0. \tag{11.36}$$

我们所需解的边值问题为

$$\begin{cases}\nabla^2\boldsymbol{u}+\dfrac{1}{1-2\nu}\nabla(\nabla\cdot\boldsymbol{u})=\boldsymbol{0}, & \text{在 } \Omega \text{ 外},\\ \nabla^2\boldsymbol{u}+\dfrac{1}{1-2\nu^*}\nabla(\nabla\cdot\boldsymbol{u})=\boldsymbol{0}, & \text{在 } \Omega \text{ 内};\end{cases} \tag{11.37}$$

$$\begin{cases}[t_i]=0,\\ [u_i]n_i=0, \\ \sigma_{ij}n_i-\sigma_{jk}n_jn_kn_i=0,\end{cases}\qquad \text{在 } \partial\Omega \text{ 上}; \tag{11.38}$$

$$\sigma_{ij}|_{\infty}=\sigma_{ij}^{\infty}. \tag{11.39}$$

其中 $t_i=n_j\sigma_{ij}$ 为椭球面上任意一点所受的面力，应力由位移矢量通过几何方程和本构关系求出，[ ]的定义如(2.1)式所示.

(11.38)式的三组式子，分别表示 $\partial\Omega$ 上面力连续、法向位移连续，以及切向面力为零的条件. 应该指出的是(11.38)的第一式仅包括两个独立的条件.

将椭球核内外的应力和位移分别表示为 $\boldsymbol{T}^I$、$\boldsymbol{u}^I$ 和 $\boldsymbol{T}^O$、$\boldsymbol{u}^O$，且

$$\boldsymbol{T}^O=\boldsymbol{T}^r+\boldsymbol{T}^{\infty},\quad \boldsymbol{u}^O=\boldsymbol{u}^r+\boldsymbol{u}^{\infty}, \tag{11.40}$$

其中 $\boldsymbol{T}^r$，$\boldsymbol{u}^r$ 代表核外空间内由于椭球核的存在而产生的扰动量.

由于无穷远处为常应力分布，我们不妨假设椭球核内的应力分布也为常量，即

$$\sigma_{ij}^I=\text{const.} \tag{11.41}$$

以下我们逐次考察边界条件(11.38)式. 从界面光滑的边界条

件(11.38)的第三式可知

$$(\sigma_{11}^I n_1 + \sigma_{21}^I n_2 + \sigma_{31}^I n_3)n_2 = (\sigma_{12}^I n_1 + \sigma_{22}^I n_2 + \sigma_{32}^I n_3)n_1; \tag{11.42}$$

将(11.16)式的 n_i 值代入上式,得

$$\left(\sigma_{11}^I \frac{x}{a_1^2} + \sigma_{21}^I \frac{y}{a_2^2} + \sigma_{31}^I \frac{z}{a_3^2}\right)\frac{y}{a_2^2} = \left(\sigma_{12}^I \frac{x}{a_1^2} + \sigma_{22}^I \frac{y}{a_2^2} + \sigma_{32}^I \frac{z}{a_3^2}\right)\frac{x}{a_1^2}; \tag{11.43}$$

在上式中,令:$(x,y,z)=(a_1,0,0)$,得

$$\sigma_{21}^I = 0;$$

再令:$z=0$,得

$$\sigma_{11}^I = \sigma_{22}^I.$$

同理,

$$\sigma_{13}^I = \sigma_{23}^I = 0, \quad \sigma_{33}^I = \sigma_{22}^I.$$

于是

$$\sigma_{12}^I = \sigma_{23}^I = \sigma_{13}^I = 0, \tag{11.44}$$

$$\sigma_{11}^I = \sigma_{22}^I = \sigma_{33}^I. \tag{11.45}$$

不难证明,如果(11.44)和(11.45)式成立,则 $\partial\Omega$ 上切向无剪力的边界条件(11.38)的第三式满足.

现在来考察 $\partial\Omega$ 上法向应力连续的条件(11.38)的第一式.将扰动位移 $\boldsymbol{u}^r$ 表成P-N解的形式:

$$2\mu\boldsymbol{u}^r = 4(1-\nu)\boldsymbol{P} - \nabla(\boldsymbol{r}\cdot\boldsymbol{P} + P_0), \tag{11.46}$$

其中 $\boldsymbol{P}=(P_1,P_2,P_3)^{\mathrm{T}}$, $\boldsymbol{r}=(x,y,z)^{\mathrm{T}}$.

今选择 P_1,P_2,P_3,P_0 为如下形式的Lamé函数:

$$P_1 = A_2 y I_2(\xi), \quad P_2 = A_1 x I_1(\xi), \quad P_3 = 0, \quad P_0 = A_{12} xy I_{12}(\xi), \tag{11.47}$$

其中 $I_1(\xi)$, $I_2(\xi)$, $I_{12}(\xi)$ 由(11.31)和(11.32)式定义,按(11.29)和(11.30)式可知,(11.47)中的函数都是调和函数.

从(11.46)式可以导出在椭球面 $\partial\Omega$ 上时,即 $\xi=0$ 时,扰动位

移场 $\boldsymbol{u}^r$ 所生成的扰动应力场为

$$t_1^r = n_1 \nabla\cdot\boldsymbol{P} + (1-2\nu)\left(\frac{\partial P_1}{\partial n} + \frac{\partial P_2}{\partial x}n_2 - \frac{\partial P_2}{\partial y}n_1 + \frac{\partial P_3}{\partial x}n_3 - \frac{\partial P_3}{\partial z}n_1\right) - x\frac{\partial}{\partial n}\frac{\partial P_1}{\partial x} - y\frac{\partial}{\partial n}\frac{\partial P_2}{\partial x} - z\frac{\partial}{\partial n}\frac{\partial P_3}{\partial x} - \frac{\partial}{\partial n}\frac{\partial P_0}{\partial x}, \tag{11.48}$$

$$t_2^r = n_2 \nabla\cdot\boldsymbol{P} + (1-2\nu)\left(\frac{\partial P_2}{\partial n} + \frac{\partial P_3}{\partial y}n_3 - \frac{\partial P_3}{\partial z}n_2 + \frac{\partial P_1}{\partial y}n_1 - \frac{\partial P_1}{\partial x}n_2\right) - x\frac{\partial}{\partial n}\frac{\partial P_1}{\partial y} - y\frac{\partial}{\partial n}\frac{\partial P_2}{\partial y} - z\frac{\partial}{\partial n}\frac{\partial P_3}{\partial y} - \frac{\partial}{\partial n}\frac{\partial P_0}{\partial y}, \tag{11.49}$$

$$t_3^r = n_3 \nabla\cdot\boldsymbol{P} + (1-2\nu)\left(\frac{\partial P_3}{\partial n} + \frac{\partial P_1}{\partial z}n_1 - \frac{\partial P_1}{\partial x}n_3 + \frac{\partial P_2}{\partial z}n_2 - \frac{\partial P_2}{\partial y}n_3\right) - x\frac{\partial}{\partial n}\frac{\partial P_1}{\partial z} - y\frac{\partial}{\partial n}\frac{\partial P_2}{\partial z} - z\frac{\partial}{\partial n}\frac{\partial P_3}{\partial z} - \frac{\partial}{\partial n}\frac{\partial P_0}{\partial z}. \tag{11.50}$$

将调和函数 $P_i(i=0,1,2,3)$ 的表达式(11.47)代入(11.48)～(11.50)式,即可得到扰动位移场 $\boldsymbol{u}^r$ 在界面 $\partial\Omega$ 上所生成的面力为

$$t_1^r = \frac{y}{a_2^2 D_0}\left[(1-2\nu)A_1 I_1 + (1-2\nu)A_2 I_2 - A_{12}I_{12}\right] + 4\pi a_1 a_2 a_3 \frac{y}{D_0\Delta_0}\left[\frac{A_1}{a_1^2} - (1-2\nu)\frac{A_2}{a_2^2} + \frac{A_{12}}{a_1^2 a_2^3}\right] - 4\pi a_1 a_2 a_3 \frac{x^2 y}{D_0 a_1^2}\left[\frac{1}{D_0^2}\left(\frac{3A_1}{a_1^2} + \frac{2A_2}{a_2^2} + \frac{A_{12}}{a_1^2 a_2^2}\right) - P\right] \cdot\left(\frac{A_2}{a_2^2} + \frac{A_1}{a_1^2} + \frac{A_{12}}{a_1^2 a_2^2}\right), \tag{11.51}$$

$$t_2^r = \frac{x}{a_1^2 D_0}\left[(1-2\nu)A_1 I_1 + (1-2\nu)A_2 I_2 - A_{12}I_{12}\right] + 4\pi a_1 a_2 a_3 \frac{x}{D_0\Delta_0}\left[-(1-2\nu)\frac{A_1}{a_1^2} + \frac{A_2}{a_2^2} + \frac{A_{12}}{a_1^2 a_2^2}\right] - 4\pi a_1 a_2 a_3 \frac{x y^2}{D_0 a_2^2}\left[\frac{1}{D_0^2}\left(\frac{2A_1}{a_1^2} + \frac{3A_2}{a_2^2} + \frac{A_{12}}{a_1^2 a_2^2}\right) - P\right] \cdot\left(\frac{A_1}{a_1^2} + \frac{A_2}{a_2^2} + \frac{A_{12}}{a_1^2 a_2^2}\right), \tag{11.52}$$

$$t_3^r = -4\pi a_1 a_2 a_3 \frac{xyz}{D_0 a_3^2}\left[\frac{1}{D_0^2}\left(\frac{2A_1}{a_1^2} + \frac{2A_2}{a_2^2} + \frac{2A_{12}}{a_1^2 a_2^2}\right) - P\right]$$
$$\cdot \left(\frac{A_1}{a_1^2} + \frac{A_2}{a_2^2} + \frac{A_{12}}{a_1^2 a_2^2}\right), \tag{11.53}$$

其中

$$I_1 = I_1(0), \quad I_2 = I_2(0), \quad I_{12} = I_{12}(0), \tag{11.54}$$

$$\Delta_0 = \Delta(0) = a_1 a_2 a_3, \tag{11.55}$$

$$D_0^2 = D^2(0) = \frac{x^2}{a_1^4} + \frac{y^2}{a_2^4} + \frac{z^2}{a_3^4}, \tag{11.56}$$

$$P = 2\frac{\partial}{\partial \xi}\left(\frac{1}{D^2(\xi)}\right)\bigg|_{\partial\Omega} = \frac{2}{D_0^4}\left(\frac{x^2}{a_1^6} + \frac{y^2}{a_2^6} + \frac{z^2}{a_3^6}\right). \tag{11.57}$$

无穷远外力在椭球面 $\partial\Omega$ 上所产生的面力为

$$t_1^\infty = \tau^\infty \frac{y}{a_2^2 D_0}, \quad t_2^\infty = \tau^\infty \frac{x}{a_1^2 D_0}, \quad t_2^\infty = 0. \tag{11.58}$$

椭球核 Ω 内的应力场 σ_{ij}^I 在 $\partial\Omega$ 上所产生的面力，按(11.44)和(11.45)式为

$$t_1^I = \sigma^I \frac{x}{a_1^2 D_0}, \quad t_0^\infty = \sigma^I \frac{y}{a_2^2 D_0}, \quad t_3^\infty = \sigma^I \frac{z}{a_3^2 D_0}, \tag{11.59}$$

其中 $\sigma^I = \sigma_{11}^I = \sigma_{22}^I = \sigma_{33}^I$.

利用(11.58)和(11.59)式，可将界面 $\partial\Omega$ 上法向面力连续的条件写为

$$\begin{cases} t_1^r + \tau^\infty \dfrac{y}{a_2^2 D_0} = \sigma^I \dfrac{x}{a_1^2 D_0}, \\ t_2^r + \tau^\infty \dfrac{x}{a_1^2 D_0} = \sigma^I \dfrac{y}{a_2^2 D_0}, \\ t_3^r = \sigma^I \dfrac{z}{a_3^2 D_0}, \end{cases} \tag{11.60}$$

其中 $t_i^r(i=1,2,3)$ 由(11.51)～(11.53)式给定.

从(11.60)的第三式不难得到，

$$\sigma^I = \sigma^I_{11} = \sigma^I_{22} = \sigma^I_{33} = 0, \tag{11.61}$$

$$\frac{A_1}{a_1^2} + \frac{A_2}{a_2^2} + \frac{A_{12}}{a_1^2 a_2^2} = 0. \tag{11.62}$$

将上述两式代入(11.60)的第一、第二式,得到

$$A_1 = A_2 = \frac{1}{4\pi}\frac{\mu}{1-\nu}\widetilde{\varepsilon}_{12}, \quad A_{12} = -\frac{1}{4\pi}\frac{\mu}{1-\nu}(a_1^2 + a_2^2)\widetilde{\varepsilon}_{12}, \tag{11.63}$$

其中

$$\widetilde{\varepsilon}_{12} = \frac{\tau^\infty}{2\mu}\frac{1}{(1-2S_{1212})}, \tag{11.64}$$

$$S_{1212} = \frac{1}{16\pi(1-\nu)}[(1-2\nu)(I_1 + I_2) + (a_1^2 + a_2^2)I_{12}]. \tag{11.65}$$

最后来考察椭球面 $\partial\Omega$ 上的法向位移的连续条件(11.38)的第二式. 将常数 A_1, A_2, A_{12}的条件(11.62)和(11.63)代入(11.47)式,并利用下述恒等式:

$$I_1(\xi) - a_2^2 I_{12}(\xi) = I_2(\xi) - a_1^2 I_{12}(\xi), \tag{11.66}$$

则核外位移的扰动场为

$$\begin{cases} u_1^r = \dfrac{A}{\mu}\left\{2(1-\nu)yI_2(\xi) - \dfrac{\partial}{\partial x}[xy(I_2(\xi) - a_1^2 I_{12}(\xi))]\right\}, \\ u_2^r = \dfrac{A}{\mu}\left\{2(1-\nu)xI_1(\xi) - \dfrac{\partial}{\partial y}[xy(I_1(\xi) - a_2^2 I_{12}(\xi))]\right\}, \\ u_3^r = \dfrac{A}{\mu}\left\{-\dfrac{\partial}{\partial z}[xy(I_1(\xi) - a_2^2 I_{12}(\xi))]\right\}, \end{cases} \tag{11.67}$$

其中 $A = A_2 = A_2$. 注意到在 $\xi = 0$ 时,我们有

$$\frac{\mathrm{d}}{\mathrm{d}\xi}[I_1(\xi) - a_2^2 I_{12}(\xi)]\Big|_{\xi=0} = \frac{\mathrm{d}}{\mathrm{d}\xi}[I_2(\xi) - a_1^2 I_{12}(\xi)]\Big|_{\xi=0} = 0, \tag{11.68}$$

利用关系式(11.68),当 $\xi = 0$ 时,(11.67)式成为

$$\begin{cases} u_1^r = \dfrac{A}{\mu}[(1-2\nu)I_2 + a_1^2 I_{12}]y, \\ u_2^r = \dfrac{A}{\mu}[(1-2\nu)I_1 + a_2^2 I_{12}]x, \\ u_3^r = 0, \end{cases} \quad \xi = 0. \tag{11.69}$$

无穷远的位移场可设为

$$u_1^\infty = \frac{\tau^\infty}{2\mu}y, \quad u_2^\infty = \frac{\tau^\infty}{2\mu}x, \quad u_3^\infty = 0. \tag{11.70}$$

在上式中我们已假定核外的刚体位移为零，这是由于刚体位移不影响应力，而位移连续条件仅与核内、核外相对刚体位移有关，故可设其中之一为零.

由于核内的应力场为零，那么核内的位移场为刚体位移，可设为

$$\begin{cases} u_1^I = -\omega_3^I y + \omega_2^I z + c_1^I, \\ u_2^I = \omega_3^I x - \omega_1^I z + c_2^I, \\ u_3^I = -\omega_2^I x + \omega_1^I y + c_3^I. \end{cases} \tag{11.71}$$

综合(11.69)～(11.71)三组式子，可得在椭球面 $\partial\Omega$ 上时，即 $\xi=0$ 法向位移的连续条件为

$$\begin{aligned} &\frac{A}{\mu}\left\{[(1-2\nu)I_2 + a_1^2 I_{12}]\frac{1}{a_1^2} + [(1-2\nu)I_1 + a_2^2 I_{12}]\frac{1}{a_2^2}\right\}\frac{xy}{D_0} \\ &\quad + \frac{\tau^\infty}{2\mu}\frac{xy}{D_0}\left(\frac{1}{a_1^2} + \frac{1}{a_1^2}\right) \\ &\quad = (-\omega_3^I y + \omega_2^I z + c_1^I)\frac{x}{a_1^2 D_0} + (\omega_3^I x - \omega_1^I z + c_2^I)\frac{y}{a_2^2 D_0} \\ &\qquad + (-\omega_2^I x + \omega_1^I y + c_3^I)\frac{z}{a_3^2 D_0}. \end{aligned} \tag{11.72}$$

从上式，不难得到，

$$c_1^I = c_2^I = c_3^I, \quad \omega_1^I = \omega_2^I = 0, \tag{11.73}$$

$$\omega_3^I = \tilde{\varepsilon}_{12}\left(\frac{1}{a_1^2} + \frac{1}{a_2^2}\right)\bigg/\left(\frac{1}{a_2^2} - \frac{1}{a_1^2}\right) + \frac{1}{4\pi}\tilde{\varepsilon}_{12}(I_1 - I_2). \tag{11.74}$$

在得到上式时,利用了恒等式

$$(a_2^2 - a_1^2) I_{12} = I_1 - I_2. \tag{11.75}$$

夹杂内的位移场为

$$u_1^I = -\omega_3^I y, \quad u_2^I = \omega_3^I x, \quad u_3^I = 0. \tag{11.76}$$

上式说明在无穷远受剪切力的情况下,界面光滑的夹杂只产生一个相对于基体的一个纯转动位移.

至此,对于具有光滑椭球核的不完善问题,我们已求出了在无穷远处受有剪力 τ_{12}^{∞} 时的解答. 其核外的扰动位移场由(11.63)式给出,核内位移场由(11.76)给出式.

如果用 § 8 的等效核的方法来求解在无穷远处受有剪力 σ_{12}^{∞} 时的问题,我们得到核内的本征应变为

$$\varepsilon_{12}^{*} = \frac{\tau^{\infty}}{2\mu} \frac{\mu - \mu^{*}}{[\mu - (\mu - \mu^{*}) 2S_{1212}]}. \tag{11.77}$$

比较(11.77)和(11.64)式可知,光滑椭球核的"本征应变"相当于完善结构 $\mu^{*}=0$ 的本征应变.

本章所讨论的内容请参见参考文献[199],该书的讨论比较广泛,例如:各向异性体、弹性动力学、半空间中的椭球核、多项式型的本征应变,以及不均匀性、裂纹、位错、不协调力学中的诸多问题等. Mura[200,201]于 1988 和 2000 年分别讲述了关于核和不均匀性的一些最新研究成果,如:不完善粘结的核、某些奇数顶点的多角形和多面体的 Eshelby 张量,以及从量子力学来计算本征应变等.

关于平面问题任意形状核的问题,参见参考文献[236].

关于不完善连接的 Eshelby 问题,参见参考文献[47;301;199,第 484~492 页].

关于压电弹性介质的 Eshelby 问题,请参见参考文献[274,192].

参 考 文 献

[1] 艾龙根、舒胡毕著，戈革译：《弹性动力学》，第二卷，线性理论，石油工业出版社，北京，1984.

[2] 拜达著，佘颖禾译：《弹性力学中的几个空间问题》，东南大学出版社，南京，1990.

[3] 薄理士、张建平著，王惠德等译：《工程弹性力学》，科学出版社，北京，1995(英文原著 1987).

[4] 长谷川久夫：二次元弹性问题の的变位关数的のあろ性质，《日本机械学会论文集》，第 3 部，第 41 卷，第 352 号(1975)，3494～3496.

[5] 陈绍汀：弹性力学的几个新概念及其一种应用，《力学学报》，第 16 卷第 3 期(1984)，259～273.

[6] 程昌钧：《弹性力学》，兰州大学出版社，兰州，1995.

[7] 丁皓江、徐博侯：横观各向同性轴对称问题的通解，《应用数学和力学》，第 9 卷，第 2 期(1988)，135～142.

[8] 丁皓江等著：《横观各向同性弹性力学》，浙江大学出版社，杭州，1997.

[9] 丁启财：二维各向异性弹性力学的 Stroh 公式和某些不变量，《力学进展》，第 22 卷，第 2 期(1992)，145～160.

[10] 丁启财、王敏中：各向异性弹性力学一般边值问题的广义 Stroh 公式，《力学学报》，第 25 卷，第 3 期(1993)，283～301.

[11] 杜庆华、余寿文、姚振汉：《弹性理论》，科学出版社，北京，1986.

[12] 范家让：《强厚度叠层板壳的精确理论》，科学出版社，北京，1996.

[13] 范天佑：《断裂力学基础》，江苏科学技术出版社，南京，1978.

[14] 范天佑：《准晶数学弹性理论及应用》，北京理工大学出版社，北京，1999.

[15] 菲赫金哥尔茨，Г. М. 著，叶彦谦等译：《微积分学教程》，人民教育出版社，北京，1957.

[16] 盖尔芳特、希洛夫著，林坚冰译：《广义函数》，科学出版社，北京，1965.
[17] 顾绍德：圆底球扁壳微分方程的积分问题，《土木工程学报》，第 11 卷，第 1 期(1965)，69～72.
[18] 哈代、李特伍德、波利亚著，越民义译：《不等式》，科学出版社，北京，1965.
[19] 胡海昌：横观各向同性的弹性力学的空间问题，《物理学报》，第 9 卷，第 2 期(1953)，130～147.
[20] 胡海昌：《弹性力学的变分原理及其应用》，科学出版社，北京，1981.
[21] 黄琳：《系统与控制理论中的线性代数》，科学出版社，北京，1984.
[22] 黄克服、王敏中：关于以应力表示的弹性力学边值问题，《力学学报》，第 20 卷，第 4 期(1988)，325～334.
[23] 黄克服、王敏中：两种材料组成弹性体的界面裂纹问题，《力学学报》，第 22 卷，第 3 期(1990)，362～365.
[24] 黄克服、王敏中：两种材料组成空间的弹性力学基本解，《中国科学》，A 辑，第 1 期(1991)，41～46.
[25] 鹫津久一郎著，老亮、郝松林译：《弹性与塑性力学中的变分法》，科学出版社，北京，1984.
[26] 康脱洛维奇、克雷洛夫著，何奕译：《高等分析的近似方法》，科学出版社，北京，1966.
[27] 柯朗、希尔伯特著，熊振翔、扬应辰译：《数学物理方法》，科学出版社，北京，1981.
[28] 柳春图、蒋持平：《板壳断裂力学》，国防工业出版社，北京，2000.
[29] 龙述尧、许敬晓：弹性力学问题的局部积分方程方法，《力学学报》，第 32 卷，第 5 期(2000)，566～578.
[30] 陆明万、罗学富：《弹性理论基础》，清华大学出版社，北京，1990.
[31] 罗恩：关于 Reissner 厚板模型的解，《计算数学》，第 4 期(1980)，383～387.
[32] 诺埃伯著，赵旭生译：《应力集中》，科学出版社，北京，1958.
[33] 马利锋、陈宜亨：压电材料中的微裂纹屏蔽问题分析，《力学学报》，第 33 卷，第 1 期(2001)，47～59.
[34] 钱伟长、叶开沅：《弹性力学》，科学出版社，北京，1980.

[35] 青春炳、王敏中：热弹性通解完备性的一个新证明，《应用力学学报》，第6卷，第4期(1989)，80～82.

[36] 森口繁一著，刘亦珩译：《平面弹性论》，上海科学出版社，上海，1962.

[37] 沈惠川：动应力函数张量，《应用数学和力学》，第3卷，第6期(1982)，829～834.

[38] 沈惠川：弹性动力学的通解，《应用数学和力学》，第6卷，第9期(1985)，791～796.

[39] 石钟慈、李翊神：关于简支厚板与薄板的关系，《计算数学》，第2期(1979)，179～188.

[40] 铁摩辛柯、古地尔著，徐芝纶译：《弹性理论》，高等教育出版社，北京，1990.

[41] 王炜：关于弹性中值定理，《北京大学学报》(自然科学版)，第1期(1986)，87～90.

[42] 王炜：Winkler 基础上弹性薄板的中值定理，《力学学报》，第21卷，第1期，(1989)，117～121.

[43] 王炜：弹性常曲率扁壳通解的完备性和不唯一性，《力学学报》，第28卷，第5期(1996)，532～541.

[44] 王炜、王敏中：弹性振动问题的中值定理，《应用数学学报》，第14卷，第4期(1991)，496～499.

[45] 王炜、徐新生：关于横观各向同性弹性体轴对称问题的通解，《北京大学学报》(自然科学版)第31卷，第3期(1995)，303～308.

[46] 王炜、徐新生、王敏中：横观各向同性弹性体轴对称问题的通解及其完备性，《中国科学》，A辑，第24卷，第6期(1994)，586～598.

[47] 王旭、沈亚鹏：压电介质部分脱开的刚性导体椭圆夹杂分析，《应用数学和力学》，第22卷，第19期(2001)，32～46.

[48] 王林生：关于弹性扁薄壳问题的通解，《力学学报》，第17卷，第1期(1985)，64～71.

[49] 王林生、王斌兵：Papkovich-Neuber (P-N)通解的互逆公式及其他，《力学学报》，第23卷，第6期(1991)，755～758.

[50] 王鲁男、王敏中：半无限长圆管内 Stokes 流的入口流，《应用数和力学》，第11卷，第5期(1990)，447～455.

[51] 王敏中：弹性半空间几个边值问题的解，《北京大学学报》(自然科学版)，第 4 期(1980)，36～42.
[52] 王敏中：平面弹性复变公式的一种推导，《北京大学学报》(自然科学版)，第 4 期(1980)，43～46.
[53] 王敏中：关于胡海昌解的完备性，《应用数学和力学》，第 2 卷，第 2 期(1981)，243～249.
[54] 王敏中：发散积分的有限部分在弹性力学中的应用，《应用数学和力学》，第 6 卷，第 12 期(1985)，1071～1078.
[55] 王敏中：关于应力和应变能之间的一个不等式——陈氏规范空间的一个应用，《应用力学学报》，第 4 卷，第 2 期(1987)，53～56.
[56] 王敏中：广义弹性理论，《中国科学》，A 辑，第 4 期(1988)，376～383.
[57] 王敏中：弹性力学通解的构造和完备性，《北京大学学报》(自然科学版)，第 27 卷，第 1 期 (1991)，26～29.
[58] 王敏中：矩阵的广义逆和应力函数，《第六届全国现代数学和力学论文集》，MMM-Ⅵ，苏州，1995，139～145.
[59] 王敏中：二维各向异性弹性力学 Stroh 理论的全纯矢量函数解法，《贵州工业大学学报》，第 26 卷，增刊(1997)，17～20.
[60] 王敏中：广义伪应力及其应用，《浙江大学学报》，增刊(1999)，196～200.
[61] 王敏中、何北昌：胡海昌解的完备性的注记，《应用数学和力学》，第 10 卷，第 6 期 (1991)，547～552.
[62] 王敏中、黄克服：半空间的热弹性问题——弹性通解方法的应用，《应用数学和力学》，第 12 卷，第 9 期(1991)，795～805.
[63] 王敏中、青春炳：协调方程和应力函数的注记，《力学学报》，第 4 期(1980)，428～430.
[64] 王敏中、王炜：各向异性弹性力学的通解，《力学与工程》——杜庆华院士八十寿辰文集，清华大学出版社，北京，1999，231～235.
[65] 王敏中、王炜、武际可：《弹性力学教程》，北京大学出版社，北京，2002.
[66] 王敏中、王鲁男：从 Bertrami-Schaefer 应力函数导出几个特殊的应力函数，《应用数和力学》，第 10 卷，第 7 期 (1989)，637～644.

[67] 王敏中、徐新生：关于弹性 Boussinesq-Galerkin 通解的不唯一性问题，《应用力学学报》，第 7 卷，第 2 期（1990），97～100.

[68] 王震鸣：用数学弹性力学的方法研究弹性体的稳定问题，《应用数学和力学》，第 2 卷，第 1 期(1981)，49～74.

[69] 王竹溪、郭敦仁：《特殊函数概论》，科学出版社，北京，1979.

[70] 王子昆、陈庚超：压电材料空间轴对称问题的通解用其应用，《应用数学和力学》，第 15 卷，第 7 期(1994)，587～598.

[71] 维库阿著，中国科学院数学研究所偏微分方程组译：《广义解析函数》，人民教育出版社，北京，1960.

[72] 吴家龙：《弹性力学》，第 2 版，同济大学出版社，上海，1993.

[73] 武际可、李辉：应用平均值定理的一种数值方法，《计算数学》，第 1 期(1988)，94～99.

[74] 武际可、王炜、王敏中：《弹性力学引论》(修订版)，北京大学出版社，北京，2001(1981 年第 1 版).

[75] 希亚雷著，石钟慈等译：《数学弹性理论，卷 I：三维弹性理论》，科学出版社，北京，1995(英文原著 1988).

[76] 杨桂通：《弹性力学》，高等教育出版社，北京，1998.

[77] 谢克特著，叶其孝译：《偏微分方程的现代方法》，科学出版社，北京，1983.

[78] 谢贻权、林钟祥、丁皓江：《弹性力学》，浙江大学出版社，杭州，1988.

[79] 徐颖、王敏中：双孔介质弹性动力学通解及其完备性，《北京大学学报》(自然科学版)，第 30 卷，第 3 期(1994)，339～342.

[80] 徐新生、王敏中：无条件的和有条件的应力函数，《力学与实践》，第 1 期(1990)，25～26.

[81] 徐新生、王敏中：空间 Stokes 流的三维复变函数法，《北京大学学报》(自然科学版)，第 27 卷，第 1 期(1991)，22～25.

[82] 徐新生、王敏中：Stokes 流和理想流体轴对称问题的解析函数法，《应用数学》，第 5 卷，第 1 期(1992)，88～94.

[83] 曾又林、曹国兴：弹性力学空间轴对称问题通解的研究，《应用力学学报》，第 6 卷，第 3 期(1989)，123～126.

[84] 张行：《高等弹性理论》，北京航空航天大学出版社，北京，1994.

[85] 张鸿庆：弹性力学方程组一般解的统一理论，《大连工学院学报》，第3期（1979），23～47.

[86] 钟万勰：《弹性力学求解新体系》，大连理工大学出版社，大连，1995.

[87] 周又和、郑晓静：《电磁固体力学》，科学出版社，北京，1999.

[88] Aderogba, K.: On stokelets in a two-fluid space, *J. Eng. Math.*, Vol. 10, No. 2 (1976), 143～151.

[89] Aifantis, E. C.: On the problem of diffusion in solid, *Acta Mech.*, Vol. 37 (1980), 265～296.

[90] Airy, G. B.: On the strains in the interior of beams, *Phil. Trans. Roy. Soc. London*, Vol. 153(1863), 49～80.

[91] Azarkhin, A.: On the Shwarz alternating method in problems of elastic stability, *J. Elasticity*, Vol. 15 (1985), 233～241.

[92] Barber, J. B.: *Elasticity*, Kluwer, Dordrecht, 1992.

[93] Barnett, D. M. and Lothe, J.: Synthesis of the sextic and the integral formalism for dislocations, Green's functions, and surface waves in anisotropic elastic solids, *Physical Norvegica*, Vol. 17, No. 1 (1973), 13～19.

[94] Beltrami, E.: Osservazioni sulla nota precedente, *Atti Accad. Lincei Rend.* (ser. 5), Vol. 1(1892), 141～142.

[95] Betti, E.: Teoria dell'Elasticita', *Nuovo Cimento* (ser. 2), Vol. 7～8 (1872), 5～21, 69～97, 158～180

[96] Biot, M. A.: General theory of three-dimensional consolidation, *J. Appl. Phys.*, Vol. 12(1940), 155～164.

[97] Biot, M. A.: Thermoelasticity and irreversible thermodynamics, *J. Appl. Phys.*, Vol. 27(1956), 240～253.

[98] Bogy, D. B.: Solution of the plane end problem for a semi-infinite elastic strip, *J. Appl. Math. Phy. (ZAMP)*, Vol. 26(1975), 749～769.

[99] Boley, B. A.: Application of Saint-Vevant's principle in dynamical problems, *J. Appl. Mech.*, Vol. 22(1955), 204～206.

[100] Bors, C. I.: Deformable solids with microstructure having a symmetric stress tensor, *An. Sti. Univ. Iasi.*, Vol. 27(1981), 177～184.

[101] Boussinesq, J. : *Application des potentiels a l'equilibre et des mouvements des solides elastiques*, Gauthier-Villars, Paris, 1885.

[102] Bramble, J. H. and Payne, L. E. : Some converses of mean value theorems in the theory of elasticity, *J. Math. Anal. Appl.*, Vol. 10 (1965), 553～567.

[103] Brebbia, C. A. and Butterfield, R. : The formal equivalence of the direct and indirect boundary element methods, *Appl. Math. Modelling*, Vol. 2, No. 2(1978).

[104] Brown, W. F. : *Magnetoelastic interactions*, Springer-Verlag, Berlin, 1966.

[105] Carlson, D. E. : On the completeness of the Beltrami stress functions in continuum mechanics, *J. Math. Anal. Appl.*, Vol. 15(1966), 311～315.

[106] Carlson, D. E. : A note on the solutions of Boussinesq, Love, and Marguerre in axisymmetric elasticity, *J. Elasticity*, Vol. 13 (1983), 345～349.

[107] Chandrasekharaiah, D. S. : Complete solutions in the theory of elastic materials with voids, *Q. J. Mech. Appl. Math.*, Vol. 40(1987), 401～414.

[108] Chandrasekharaiah, D. S. : Naghdi-Hsu type solution in elastodynamics, *Acta Mech.*, Vol. 76(1989), 235～241.

[109] Chandrasekharaiah, D. S. and Cowin, S. C. : Unified complete solutions for the theories of thermoelasticity and poroelasticity, *J. Elasticity*, Vol. 21 (1989), 121～126.

[110] Chen, W. T. : On some problems in transversely isotropic elastic materials, *J. Appl. Mech.*, Vol. 33(1966), 347～355.

[111] Cheng, S. : Elasticity theory of plates and a refined theory, *J. Appl. Mech.*, Vol. 46, No. 2(1979), 644～650.

[112] Deans, S. R. : *The Radon transform and some applications*, John Wiley & Sons, New York, 1983.

[113] Diaz, J. B., and Payne, L. E. : Mean value theorems in the theory of elasticity, *Proc. Third U. S. Nat. Cong. Appl. Mech.*, 1958, 293～303.

[114] Diaz, J. B., and Payne, L. E.: New mean value theorems in the mathematical theory of elasticity, *Contributions to differential equations*, Vol. 1, No. 1(1963), 29～38.

[115] Ding, H. J., Chen, B. and Liang, J.: On the Green's functions for two-phase transversely isotropic media, *Int. J. Solids Structures*, Vol. 34, No. 23(1997), 3041～3057.

[116] Ding, H. J., Hou, P. L. and Guo, F. L.: The elastic and electric fields for three-dimensional contact for transversely isotropic piezoelectric materials, *Int. J. Solids Structures*, Vol. 37(1997), 3201～3229.

[117] Dyson, F. W.: The potential of ellipsoids of variable densities, Q. J. Pure and Appl. Math., Vol. 25(1891), 1～22.

[118] Elliott, H. A.: Three-dimensional stress distribution in hexagonal aeolqtropic crystals, *Proc. Camb. Phil. Soc.*, Vol. 44 (1948), 522～533.

[119] Ericksen, J. L.: Non-existence theorems in linear elasticity theory, *Arch. Rat. Mech. Anal.*, Vol. 14(1963), 180～183.

[120] Eshelby, J. D.: The determination of the elastic field of an ellipsoidal inclusion and related problems, *Proc. Roc. Soc.*, A241 (1957) 376～396.

[121] Eshelby, J. D.: The elastic field outside an ellipsoidal inclusion, *Proc. Roc. Soc.*, A252 (1959) 561～569.

[122] Eshelby, J. D.: Elastic inclusion and inhomogeneities, in *Progress in solid Mechanics* 2, eds. Sneddon, I. N. and Hill, R., North-Holland, Amsterdam, 1961, 222～246.

[123] Eshelby, J. D., Read, W. T. and Shockley, W.: Anisotropic elasticity with applications to dislocation theory, *Acta Metallurgica*, Vol. 1 (1953), 251～259.

[124] Eubanks, R. A. and Sternberg, E.: On the axisymmetric problems elasticity theory for a medium with transverse isotropy, *J. Rat. Mech. Anal.*, Vol. 3(1954), 89～101.

[125] Eubanks, R. A. and Sternberg, E.: On the completeness of the Boussinesq-Papkovich stress functions, *J. Rat. Mech. Anal.*, Vol. 5, No. 5(1956), 735～746.

[126] Fadle, J.: Die Selbstspannungs-Eigenwertfunkitionen der quadratischen Scheibe, *Ing. Archiv*, Band 11(1941), 125～149.

[127] Fama, M. E. D.: Radial eigenfunctions for the elastic circular cylinder, *Q. J. Mech. Appl. Math.* Vol. 25, pt. 4(1972), 479～495.

[128] Ferres, N. M.: On the potentials of ellipsoids, ellipoidal shells, elliptic laminae and elliptic rings of variable densities, *Q. J. Pure and Appl. Math.*, Vol. 14 (1877), 1～22.

[129] Fichera, G.: Existence theorems in elasticity, *Encyclopedia of Physics*, Vol. VI a/2, Chief ed. Flugge, S., Springer, Berlin, 1972.

[130] Flamant, M.: Sur la repartition des pressions dans un solide rectangulaire charge transversalement, *Compt. Rend.* Vol. 114(1892), 1465～1468.

[131] Flavin, J. N.: On Knowles' version of Saint-Venant's principle in two-dimensional elastostatics, *Arch. Rat. Mech. Anal.*, Vol. 53 (1974), 366～375.

[132] Fosdick, R. L.: On the displacement bondary-value problem of static linear elasticity theory, *Z. angew. Math. Phys.* Vol. 19(1968), 219～233.

[133] Gao, C. F., and Wang, M. Z.: An easy method for calculation the energy release rate of cracked piezoelectric media, *Mech. Res. Comm.*, Vol. 26, No. 4(1999), 433～436.

[134] Gao, C. F., and Wang, M. Z.: Collinear permeable cracks between dissimilar piezoelectric materials, *Int. J. Solids and Structure*, Vol. 37 (2000), 4969～4986.

[135] Gao, C. F., and Wang, M. Z.: Collinear permeable cracks in thermopiezoelectric materials, *Mech. Materials*, Vol. 33(2001), 1～9.

[136] Gaydon, F. A., and Shepherd, W. M.: Generalized plane stress in a semi-infinite strip under arbitary end-load, *Proc. Roy. Soc. London*, A281, 1385(1964), 184～206.

[137] Goodier, J. N. : A general proof of Saint-Venant's principle, *Phil. Mag.*, Vol. 23 (1937), 607～609.

[138] Gorenflo, R. and Vessella, S. : *Abel integral equations*, Springer-Verlag, 1991.

[139] Gregory, R. D. : Green's functions, bi-linear forms, and completeness of the eigenfunctions for the elastostatic strip and wedge, *J. Elasticity*, Vol. 9, No. 3(1979), 283～309.

[140] Gregory, R. D. : The Semi-infinite strip $x \geqslant 0$, $-1 \leqslant y \leqslant 1$; completeness of the Papkovich-Fadle eigenfunctions when $(0, y)$, $(0, y)$ are prescribed, *J. Elasticity*, Vol. 10, No. 1(1980), 57～80.

[141] Gregory, R. D. : The traction boundary value problem for the elastostatic semi-infinite strip; existence of solution, and completeness of the Papkovich-Fadle eigenfunctions, *J. Elasticity*, Vol. 10, No. 3 (1980), 295～327.

[142] Gregory, R. D. : A note on bi-orthogonality relation for elastic cylinders of general cross section, *J. Elasticity*, Vol. 13(1983), 351～355.

[143] Gregory, R. D. and Wan, F. Y. M. : On plate theories and Saint-Venant's principle, *Int. J. Solids Struct.*, Vol. 21, No. 10 (1985), 1005～1024.

[144] Gurtin, M. E. : On Helmholtz's theorem and the completeness of the Papkovich-Neuber stress functions for infinite domains, *Arch. Rat. Mech. Anal.*, Vol. 9, No. 3(1962), 225～233.

[145] Gurtin, M. E. : A generalization of the Beltrami stress functions in continuum mechanics, *Arch. Rat. Mech. Anal.*, Vol. 13 (1963), 321～329.

[146] Gurtin, M. E. : The linear theory of elasticity, *Encyclopedia of Physics*, Vol. VI a/2, Chief ed. Flugge, S., Springer, Berlin, 1972.

[147] Hackl, K. and Zastrow, V. : On the existence, uniqueness and completeness of displacements and stress functions in linear elasticity, *J. Elasticity*, Vol. 19 (1988), 3～23.

[148] Hadamard, J. : *Le Probleme de Cauchy et les equations aux derivees partielles lineaires hyperboliques*, Hermann et Cie, Paris, 1932.

[149] Han, X. L. and Wang, T. C.: Interacting multiple cracks in piezoelectric materials, *Int. J. Solids and Structures*, Vol. 36(1999), 4183～4202.

[150] Hartmann, F.: The Somigliana identity on piecewise smooth surfaces, *J. Elasticity*, Vol. 11, No. 4(1981), 403～423.

[151] Hencky, H.: Über die Berü cksichtgung der Schubverzerrungen in ebenen Platten, *Ing. Arch.*, Vol. 16(1947), 72～76.

[152] Horgan, C. O.: On Saint-Venant's principle in plane anisotropic elasticity, *J. Elasticity*, Vol. 2, No. 3(1972), 169～180.

[153] Horgan, C. O.: Decay estimates for the biharmonic equation with applications to Saint-Venant principles in plane elasticity and Stokes flows, *Q. Appl. Math.* Vol. 47, No. 1(1989), 147～157.

[154] Horgan, C. O.: Recent developments concerning Saint-Venant's principle: An update, *Appl. Mech. Rev.*, Vol. 42, No. 11(1989), 295～303.

[155] Horgan, C. O. and Knowles, J. K.: Recent developments concerning Saint-Venant's principle, *Advances in Appl. Mech.*, Vol. 23(1983), 180～269.

[156] Horgan, C. O. and Simmonds, J. G.: Asymptotic analysis of an end-loaded transversely isotropic, elastic, semi-infinite strip weak in shear, *Int. J. Solids Structures*, Vol. 27, No. 15(1991), 1895～1914.

[157] Horvay, G. and Mirabal, J. A.: The end problem of cylinders, *J. Appl. Mech.*, Vol. 25 (1958), 561～570.

[158] Huang, K. F. and Wang, M. Z.: Complete solution of the linear magnetoelasticity and the magnetic fields in a magnetized elastic half space, *J. Appl. Mech.*, Vol. 62, No. 4 (1995), 930～934.

[159] Hwu, C. B. and Ting, T. C. T.: Two-dimensional problems of the anitsotropic elastic solid with an elliptic inclusion, *Q. J. Mech. Appl. Math.*, Vol. 42, Pt. 4(1989), 553～572.

[160] Johnson, M. W. and Little, R. W.: The semi-infinite elastic strip, *Q. Appl. Math.*, Vol. 22 (1965), 335～344.

[161] Kassir, M. K. and Sih, G. C.: Application of Papkovich-Neuber potentials to a crack problem, *Int. J. Solids Structures*, Vol. 9(1973), 643～654.

[162] Kassir, M. K. and Sih, G. C.: *Three-Dimensional crack problems* (Mechanics of fracture 2), Noordhoff Inter., Leyden, 1975.

[163] Kelvin, L: Note on the integration of the equations of equilibrium of an elastic solid, in *Mathematical and Physical papers* (1), Camb. Univ. Press, 1882, 97～98.

[164] Kim, Y. Y. and Steele, C. R.: Static axisymmetric end problems in semi-infinite and finite solid cylinders, *J. Appl. Mech.*, Vol. 59 (1992), 69～76.

[165] Klemm, J. L. and Little, R. W.: The semi-infinite elastic cylinder under self-equilibrated end looding, *SIAM J. Appl Math*, Vol. 19, No. 4(1970), 712～729.

[166] Knops, R. J. and Payne, L. E.: *Uniqueness theorems in linear elasticity*, Springer, 1971.

[167] Knowles, J. K.: On Saint-Venant's principle in the two-dimensional linear theory of elasticity, *Arch. Rat. Mech. Anal.*, Vol. 21(1966), 1～22.

[168] Knowles, J. K.: An energy estimate for bihormonic equation and its application to Saint-Venant's principle in plane elastostatics, *Indian J. Pure appl. Math.*, Vol. 14, No. 7(1983), 791～805.

[169] Knowles, J. K., and Sternberg, E.: On Saint-Venant's principle and the torsion of solids of revolution, *Arch. Rat. Mech. Anal.*, Vol. 22 (1966), 100～120.

[170] Kichiro Heki and Tomoko Habara: Introduction of parametric functions into analysis of elastic thin plate, *Proc. Japanese Nat. Cong. Appl. Mech.* 1965, 1～4.

[171] Kromm, A.: ÜBer die Randquerkräfte bei gestützten Platten, *Z. angew. Math. Mech.*, Bd. 35(1955), 231.

[172] Kupradze, V. D.: *Potential methods in the theory of elasticity*, Jerusalem, Moscow, 1965(in Russian, 1963).

[173] Kupradze, V. D.: *Three-dimensional problems of the mathematical of elasticity and thermoelasticity*, North-Holland, Amsterdam, 1979 (in Russian, 1976)

[174] Lauricella, G.: Equilibrio dei corpi elastici isotropi, *Ann. Scuola Norm. Pisa*, Vol. 7 (1895), 1～120.

[175] Lee, Y. S. and Gong, H.: Application of complex variables and pseudo-stress function to power-law materials and stress analysis of single rigid inclusion in power-law materials subjected to simple tension and pure shear, *Int. J. Mech. Sci.*, Vol. 29, No. 11/12 (1987), 669～694.

[176] Lee, Y. S. and Smith, L. C.: Analysis of a power-law materials containing a single hole subjected to a uniaxial tensile stress using the complex pseudo-stress function, *J. Appl. Mech.*, Vol. 55, June (1988), 267～274.

[177] Leipholz, H.: *Theory of Elasticity*, Noordhoof, Leyden, 1974.

[178] Lekhnitskii, S. G.: Theory elasticity of an anisotropic body, Mir Publishers, Moscow, 1981 (in Russian, 1972).

[179] Little, R. W. and Childs, S. B.: elastostatic boundary region problems on solid cylinders, *Q. Appl. Math.*, Vol. 25 (1967), 261～274.

[180] Lo, K. H., Christensen, R. M. and Wu, E. M.: A high-order theory of plate deformation, Part 1. *J. Appl. Mech.*, Vol. 44 (1977), 663～668.

[181] Lodge, A. S.: The transformation to isotropic form of the equilibrium equations for a class of anisotropic elastic solids, *J. Mech. Appl. Math.*, Vol. 8, No. 2 (1955), 211～225.

[182] Lorentz, H. A.: Ein Allgemeiner Staz, Die Bewegung einer reibenden Flüssigkeit betreffend, nebst einigen Anwendungen desselben, *Abh. Theor. Phys.*, Leipzig, Vol. 1, (1907) 23.

[183] Love, A. E. H.: *A Treatise on the mathematical theory of elasticity*, 4th, Dover, New York, 1927.

[184] Lu, P.: Stroh type formalism for unsymmetric laminated plate, *Mech. Res. Comm.*, Vol. 21, No. 3 (1994), 249～254.

[185] Lur'e, A. I. : *Three-dimensional problems of the theory of elasticity*, Interscience, New York, 1964(in Russian, 1955),

[186] Mantič, V. : A new formula for the C-matrix in the Somigliana identity, *J. Elasticity*, Vol. 33(1993), 191～201.

[187] Maxwell, J. C. : On reciprocal diagrams in space, and their relation to Airy's function of stress, *Proc. London Math. Soc.* (1) 2 (1865～1969), 58－60=Scientific Papers 2, 102～104(1868).

[188] Meade, K. P. and Keer, L. M. : On the problem of a pair of point forces applied to the faces of a semi-infinite plane crack, *J. Elasticity*, Vol. 14(1984), 3～14.

[189] Mehrabadi, M. M. , Cowin, S. C. and Horgan, C. D. , Strain energy density bounds for linear anisotropic elastic materials, *J. Elasticity*, Vol. 30(1993), 191～196.

[190] Melan, E. : Der spannungszustand der druch eine einxelkroft in beanspruchten halbscheibe, *Z. angew. Math. Mech.* , Vol. 12(1925), 343～346.

[191] Michell, J. H. : The uniform torsion and flexure of incomplete tores, with application to helical springs, *Proc. London Math. Soc.* , Vol. 31 (1900), 130～146.

[192] Mikata, Y. : Determination of piezoelectric Eshelby tensor in transversely isotropic solids, *Int. J. Eng. Sci.* , Vol. 38(2000). 605～641.

[193] Millar, R. F. : On the completeness of the Papkovich potentials, *Q. Appl. Math.* Vol. 41, No. 4(1984), 385～393.

[194] Mindlin, R. : Note on the Galerkin and Papkovitch stress functions, *Bull. Amer. Math. Soc.* , Vol. 42 (1936), 373～376.

[195] Mindlin, R. D. : Force at a point in the interior of a semi-infinite solid, *Proc. First Midwestern Conf.* (1953), 56～59.

[196] Miranda, C. : *Partial differential equations of elliptic type*, Springer-Verlag, 1970.

[197] Mises, R. v: On Saint-Venant's principle, *Bull. Amer. Math. Sec.*, Vol. 51(1945), 55～562.

[198] Morera, G: Soluzione generale delle equazioni indefinite dell'equillbrio di un corpo continuo, *Atti Accad. Lincei Rend.*, (ser. 5) Vol. 1, (1892), 137～141.

[199] Mura, T.: *Micromechanics of defects in solids*, Martinus Nijhoff, Dordrecht, 1987.

[200] Mura, T.: Inclusion problems, *Appl. Mech. Rev.*, Vol. 41, No. 1 (1988), 15～20.

[201] Mura, T.: Some new problems in the micromechanics, *Materials Sci. Eng.*, A285 (2000), 224～228.

[202] Nadeau, G.: *Introduction to elasticity*, Holt, New York, 1964.

[203] Naghdi, P.M. and Hsu, C.S.: On a representation of displacements in linear elasticity in terms of three stress functions, *J. Math. Mech.*, Vol. 10, No. 2 (1961), 233～245.

[204] Neuber, H.: Ein neuer Ansatz zur Lösung räumlicher Probleme der Elastizitätstheorie, *Z. angew. Math. Mech.*, Bd. 14, H. 4(1934), 203～212.

[205] Neuber, H.: On the general solution of linear-elastic problems in isotropic and anisotropic Cosserat continua, *Proc. Inter. Cong. Appl. Mech.*, 1964, 153～158.

[206] Neuber, H.: Vollständigkeistbeweis des Dreifunktionenansatzes der linearen Elastizitätstheorie, *Ingenieur-Archiv*, Vol. 41(1972), 232～234.

[207] Nicotra, V., Podio-Guidugli, P. and Tiero, A.: Exact equilibrium solutions for linearly elastic plate-like bodies, *J. Elasticity*, Vol. 56 (1999), 231～245.

[208] Noll, W.: Verschiebungsfunktionen für elastische Schwingungsprobleme, *Z. angew. Math. Mech.*, Bd. 37, Nr. 3/4(1957), 81～87.

[209] Nowacki, W.: The stress function in three-dimensional problems concerning an elastic body characterized by transverse isotropy, *Bull. Acad. polon. sci.*, CL. 4. 2(1)(1954), 21～25.

[210] Nowacki, W. : On the completeness of potentials in micropolar elasticity, *Archiwum Mechaniki Stosowanej*, Vol. 21(1969), 107～122.

[211] Nowinski, J. L. : *Theory of themeoelasticity with applications*, Sijthoff, Noordhoff, 1978.

[212] Okumura, I. A. : Generalization of Elliott's solution to transversely isotropic solids and its application, *Structure Eng. / Earthquake Eng.*, Vol. 4, No. 2 (1987), 185～195.

[213] Olernik, O. A. and Yosifian, G. A. : The Saint-Venant principe in two-dimensional theory of elasticity and boundary problems for biharmonic in unbounded domains, *Siberian Math. J.*, Vol. 19(1978), 813～822.

[214] Pan, Y. C. and Chou, T. W. : Point force solution for an infinite transversely isotropic solid, *J. Appl. Mech.*, Vol. 43(1976), 608～612.

[215] Pan, Y. C. and Chou, T. W. : Green's function solutions for semi-infinite transversely isotropic materials, *Int. J. Engng. Sci.*, Vol. 17 (1979a), 543～551.

[216] Pan, Y. C. and Chou, T. W. : Green's functions for two-phase transversely isotropic materials, *J. Appl. Mech.*, Vol. 46, September (1979b), 551～556.

[217] Panc, V. : *Theories of elastic plates*, Noordhoff, Leyden, 1975.

[218] Pao, Y. H. and Yeh, C. S. : A linear theory for soft ferromagnetic elastic solids, *Int. J. Engng. Sci.* Vol. 11(1973), 415～436.

[219] Parton, V. Z. and Perlin, P. I. : *Mathematical Methods of Theory of Elasticity*, Mir Publishers, Moscow, 1984(in Russian, 1981).

[220] Payne, L. E. : Representation formulas for solutions of a class of partial equations, *J. Math. Phy.*, Vol. 83, No. 2(1959), 145～149.

[221] Phan-Thien, N. : On the image system for the kelvin-state, *J. Elasticity*, Vol. 13 (1983), 231～235.

[222] Piltner, R. : The use of complex vauled functions for the solution of three-dimensional elasticity problems, *J. Elasticity*, Vol. 18(1987), 191～225.

[223] Piltner, R.: On the representation of three-dimensional elasticity solutions with the aid of complex valued functions, *J. Elasticity*, Vol. 22, (1989), 45~55.

[224] Piltner, R.: The derivation of a thick and thin plate formulation without ad hoc assumptions, *J. Elasticity*, Vol. 29(1992), 133~173.

[225] Podio-Guidugli, P.: A primer in elasticity, *J. Elasticity*, Vol. 58, No. 1 (2000), 1~104.

[226] Qin, Q. H., Mai, Y. W. and Yu, S. W.: Some problems in plane theropiezoelectric materials with holes, *Int. J. Solids and Structures*, Vol. 36(1999), 427~439.

[227] Reissner, E: The effect of transverse shear deformation on the bending of elastic plates, *J. Appl. Mech.*, Vol. 12(1945), A69~A77.

[228] Reissner, E.: Reflections on the theory of elastic plates, *Appl. Mech. Rev.*, Vol. 38, No. 11(1985), 1453~1464.

[229] Renton, J. D.: Note on generalized displacement functions in the presence of initial stress, *J. Structure Mech.*, Vol. 7, No. 4(1979), 365~373.

[230] Rice, J. R. and Sih, G. C.: Plane problems of cracks in dissimilar media, *J. Appl. Mech.*, Vol. 32(1965), 418~423.

[231] Rieder, G: Topologische Fragen in der Theorie der Spannungsfunktionen, Abhandl. Braunschweig, *Wiss. Ges.*, 7 (1960), 4~65.

[232] Robert, M. and Keer, L. M.: An elastic circular cylinder with displacement prescribed at the end-axially symmetric case, *Q. J. Mech. Appl. Math.*, Vol. 40, pt. 3(1987), 339~364.

[233] Robinson, A.: *Non-Standard analysis*, North-Holland, 1966.

[234] Rostamian, R.: The completeness of Maxwell's stress function representation, *J. Elasticity*, Vol. 9, No. 4, (1979), 349~356.

[235] Routh, E. J.: Theorems on the attraction of ellipsoids for certain laws of force other than the inverse space, *Phil. Trans. Roy. Soc.*, 186-Ⅱ (1895)897~950.

[236] Ru, C. Q.: Analytic Solution for Eshelby's problem of an inclusion of arbitrary shape in a plane or half-plane, *J. Appl. Nech.*, Vol. 66, June(1999), 315～322.

[237] Ru, C. Q.: Electrode-ceramic interfacial cracks in piezoelectric multilayer materials, *J. Appl. Mech.*, Vol. 67, (2000), 255～261.

[238] Saint-Venant B. de.: Mémoire sur la torsion des prismes, ..., *Mém. Divers Savants Acad. Sci.*, Paris, t. XIV(1855), 233～560.

[239] Schaefer, H.: Die Spannungsfunktionen des dreidimensionalen Kontinuums und des elastischen Körpers, *Z. angew. Math. Mech.*, Bd. 33, Nr. 10/11(1953), 356～362.

[240] Slobodyansky, M. G.: On the general and complete form of solutions of the equations of elasticity, *J. Appl. Math. Mech.*, Vol. 23, (1959), 666～685(in Russian: Прикл. Матем., Мех. T. 23, 1959, 468～482)

[241] Sokolnikoff, I. S.: *Mathematical theory of elasticity*, Second ed. McGraw-Hill, New york, 1956.

[242] Somigliana, C.: Sopra Lequilibrio di un corpo elastico isotropo, *Nuovo Cimento* (ser. 3), Vol. 17(1885), 140～148, 272～276.

[243] Southwell, R.: On Castigliano's theorem of least work and the principle of Saint-Venant, *Phil. Mag.*, Vol. 45(1923), 193～212.

[244] Stephen, N. G.: On edge effects for the semi-infinite plate, *J. Elasticity*, Vol. 30, (1993), 103～106.

[245] Stephen, N. G. and Wang, M. Z.: Simple illustration of the Papkovich-Neuber solution in elastostatics, *Int. J. Mech. Eng. Edu.*, Vol. 18, No. 3(1991), 193～199.

[246] Stephen, N. G. and Wang, M. Z.: Decay rates for the hollow circular cylinder, *J. Appl. Mech.*, Vol. 59(1992), 747～753.

[247] Sternberg, E.: On Saint-Venant's principle, *Q. Appl. Math.*, Vol. 11 (1954), 393～402.

[248] Sternberg, E., Eubanks, R. A. and Sadowsky, M. A.: On the stress-function approaches of Boussinesq and Timpe to the axisymmetric problem of elasticity theory, *J. Appl. Phys.*, Vol. 22, No. 9 (1951), 1121～1124.

[249] Sternberg, E. and Eubanks, R. A. : On the concept of concentrated loads and an extension of the uniqueness theorem in the linear theory of elasticity, *J. Rat. Mech. Anal.*, Vol. 4(1955), 135～168.

[250] Sternberg, E. and Eubanks, R. A. : On stress functions for elastokinetics and the integration of the repeated wave equation. *Q. Appl. Math.*, Vol. 15, No. 2(1957), 149～153.

[251] Sternberg, E. and Gurtin, M. E. : On the completeness of certain stress functions in the linear theory of elasticity, *Proc. Fourth U. S. Nat. Cong. Appl. Mech.*, 1962, 793～797.

[252] Stevenson, A. F. : Note on the existence and determination of a vector potential, *Q. Appl. Math.*, Vol. Ⅻ, No. 2(1954), 194～198.

[253] Stippes, M: A note on stress functions, *Int. J. Solids Structures*, Vol. 3(1967), 705～711.

[254] Stippes, M. : Completeness of the Papkovich potentials, *Q. Appl. Math.*, Vol. 26, No. 4(1969), 477～483.

[255] Stroh, A. N. : Dislocation and cracks in anisotropic elasticity, *Phil. Mag.*, Vol. 7(1958), 625～646.

[256] Stroh, A. N. : Steady state problems in anisotropic elasticity, *J. Math. Phys.*, Vol. 41(1962), 77～103.

[257] Timpe, A. : Achensymmetrische Deformation von Under hungsörpern, *Z. angew. Math. Mech.*, Bd. 4, H. 5(1924), 361～376.

[258] Ting, T. C. T. : Some identities and the structure of **N** in the Stroh formalism of anisotropic elasticity, *Q. Appl. Math.*, Vol. 46, No. 1 (1988), 109～120.

[259] Ting, T. C. T. : The critical angle of the anisotropic elasatic wedge subject to uniform tractions, *J. Elssticity*, Vol. 20(1988), 113～130.

[260] Ting, T. C. T. : *Anisotropic Elasticity: Theory and Applications*, Oxford University Press, New York, 1996.

[261] Ting, T. C. T. : The three-Dimensional elastostatic Green's function for general anisotopic linear elastic solids, *Q. J. Mech. appl. Math.*, Vol. 50, Pt. 3 (1997), 407～426.

[262] Ting, T. C. T.: New expression of Barnett-Lothe tensors for anisotropic linear elastic materials, *J. Elasticity*, Vol. 47(1997), 23～50.

[263] Ting, T. C. T.: The remarkable nature of cylindrically anisotropic materials exemplified by an anti-plane deformation, *J. Elasticity*, Vol. 49(1998), 269～284.

[264] Ting, T. C. T.: The remarkable nature of radially symmetric deformation of spherically linear elastic solids, *J. Elasticity*, Vol. 53 (1999), 47～64.

[265] Ting, T. C. T. and Hwv, C. B.: Sextic formalism in anisotropic elasticity for almost non-semisimple matrix *N*, *Int. J. Solids Struct.*, Vol. 24, No. 1(1988), 65～76.

[266] Ting, T. C. T. and Yan, G. P.: The anisotropic elastic solid with an elliptic hole and rigid inclusion, *Int. J. Solids Structures*, Vol. 27, No. 15 (1991), 1879～1894.

[267] Ton, Tran-Cong: On the completeness of the Papkovich-Neuber solution, *Q. Appl. Math.*, Vol. 47, No. 4(1989), 645～659.

[268] Ton, Tran-Cong: On the completeness and uniqueness of the Papkovich-Neuber and the non-axisymmetric Boussinesq, Love, and Burgatti solutions in general cylindrical coordinates, *J. Elasticity*, Vol. 36 (1995), 227～255.

[269] Ton, Tran-Cong and Blake, J. R.: General solutions of the Stokes' flow equations, *J. Math. Anal. Appl.*, Vol. 90, No. 1(1982), 72～84.

[270] Toupin, R. A.: Saint-Venant' Principle, *Arch. Rat. Mech. Anal.*, Vol. 18 (1965), 83～96.

[271] Turteltaub M. J. and Sternberg, E.: On concentrated loads and Green's functions in elastostatics, *Arch. Rat. Mech. Anal.*, V. 29 (1968), 193～240.

[272] Unger, D. J.: Completeness of solutions in the double porosity theory, *Acta Mech.* Vol. 75 (1988), 269～274.

[273] Verruijt, A.: The completeness of Biot's solution of the coupled thermoelastic problem, *Q. Appl. Math.*, Vol. 26, No. 4 (1969), 485～490.

[274] Wang, B. : Three-dimensional analysis of an ellipsoidal inclusion in a piezoelectric material. *Int J. Solids Structures*, Vol. 29(1992), 293～308.

[275] Wang, W. and Shi, M. X. : Thick plate theory based on general solutions of elasticity, *Acta Mechanica*, Vol. 123(1997), 27～36.

[276] Wang, W. and Shi, M. X. : On the general solutions of transversely isotropic elasticity, *Int. J. Solids Struct.*, Vol35, No. 25(1998), 3283～3297.

[277] Wang, W. and Wang, M. Z. : On the single-valuedness of the Papkovich-Neuber general solution in two-dimensional elasticity, *Mech. Res. Comm.*, Vol. 17, No. 6 (1990), 403～408.

[278] Wang, W. and Wang, M. Z. : Constructivity and completeness of the general solutions in elastodynamics, *Acta Mech.*, Vol. 91(1992), 209～214.

[279] Wang, M. Z. : The Naghdi-Hsu solution and the Naghdi-Hsu transformation, *J. Elasticity*, Vol. 15 (1985), 103～108.

[280] Wang, M. Z. : On the completeness of solutions of Boussinesq, Timpe, Love and Michell in axisymmetric elasticity, *J. Elasticity*, Vol. 19(1988), 85～92.

[281] Wang, M. Z. : Brebbia's indirect representation and the completeness of Papkovich-Neuber's and Bonssinesq-Galerkin's solutions in elasticity, *Appl. Math. Modelling*, Vol. 12(1988), 333～335.

[282] Wang, M. Z. : On the Naghdi-Hsu type solution in elastodynamics, *Acta Mech.*, Vol. 86(1991), 225～226.

[283] Wang, M. Z, Ting, T. C. T. and Yan, G. P. : The anisotropic elastic semi-infinite strip, *Q. Appl. Math.* Vol. 51, No. 2 (1993), 283～297.

[284] Wang, M. Z. and Xu, X. S. : A generalization of Almansi's theorem and its application, *Appl. Math. Modelling*, Vol. 14(1990), 275～279.

[285] Wang, M. Z. and Yan, G. P. : Boundary value problems of holomorphic vector functions and applications to anisotropic elasticity, *Q. Appl. Math.*, Vol. LV, No. 2(1997), 231～241.

[286] Wang, M. Z. and Wang, W.: Completeness and nonuniqueness of general solutions of transversely isotropic elasticity, *Int. J. Solids Structures.*, Vol. 32, No. 3/4 (1995), 501～513.

[287] Wang, Z. K., and Zheng, B. L.: The general solution of three-dimensional problems in piezoelectric media, *Int. J. Solids Structures*, Vol. 32, No. 1(1995), 105～115.

[288] Washizu, K.: A note on the conditions of compatibility, *J. Math. Phys.*, Vol. 36 (1958), 306～312.

[289] Watson, G. N.: *A treatise on the theory of Bessel functions*, Macmillan, New Tork, 1944.

[290] Westergaard, H. M.: General solution of the problem of elastostatics of an n-dimensional homogeneous isotropic solid in an n-dimensional space, *Bull. Amer. Math. Soc.*, Vol. 41, (1935), 695～699.

[291] Whitney, H.: Analytic extensions of differentiable functions defined in closed sets, *AMS Transactions*, Vol. 36 (1934), 63～89.

[292] Weber, C.: Achsensymmetrische Deformation von Umdrehungskörpern, *Z. angew. Math. Mech.*, Bd. 5, H. 6, (1925), 466～468.

[293] Willis, J. R.: The penny-shaped cracks on an interface, *Q. J. Mech. Appl. Math.*, Vol. 25, (1972), 367～385.

[294] Wu, J. K. and Li, H.: A numeracal method of applying mean value theorem, *Proc. Inter. Conf. Comput. Eng. Mech.* (Beijing, China, 1987), 310～317.

[295] Wu, K. C.: Generallization of the Stroh formalism to 3-dimensional anisotropic elasticity, *J. Elasticity*, Vol. 51(1998), 213～225.

[296] Wu, K. C.: On an elliptic crack embedded in an anisotropic material, *Int. J. Solids and Structures*, Vol. 37(2000), 4841～4857.

[297] Xu, X. S. and Wang, M. Z.: General complete solutions of the equations of spatial and axisymmetric Stokes flow, *J. Mech. Appl. Math.*, Vol. 44, No. 4(1991), 537～548.

[298] Xu, X. S. and Wang, M. Z.: On the completeness of the generalized axisymmetric Stokes flow equation, *Acta Mathematica Scientia*, Vol. 13, No. 4(1993), 462～468.

[299] Yan, G. P. and Wang, M. Z.: Somigliana formula and the completeness of Papkovich-Neuber and Boussinesq-Galerkin solutions in elasticity, *Mech. Res. Comm.*, Vol. 15, No. 2(1988), 73～77.

[300] Yin, H. M. and Wang, M. Z.: Stress functions in two-Dimensional, three-dimensional and N-dimensional elasticity, *Acta scientiarum Naturalium of Universitatis Pekinesnsis*, Vol. 34, No. 1(1998), 21～26.

[301] Zhong, Z., and Meguid, S. A.: On the imperfectly bonded spherical inclusion problem, *J. Appl. Mech.*, Vol. 66(1999), 839～846.

[302] Zhu, T. L., Zhang, J. D. and Atluri, S. N.: A local boundary integral equation (LBIE) method in computational mechanics, and meshless discretization approach, *Comput. Mech.* Vol. 21(1998) 223～235.

[303] Zureick, A. H. and Eubanks, R. A.: Spheroidal cavity with proscribed asymmetric tractions in three-dimensional transverse isotropy, *J. Engng. Mech.*, Vol. 114 (1988), 24～28.

[304] Александров, А. Я. и Соловьев, Ю. И.: *Пространственные эадачи теории упругости*, Наука, Москва, 1978.

[305] Бердичевский, В. Л.: К доказательству принцина Сен-Венана для тел произвольной формы, *Прик. Мате. Меха*., Том 38(1974), 851～864.

[306] Блох, В. И.: *Теория упругости*, 1953.

[307] Векуа, И. Н. и Мусхелишвили, Н. И.: Методы теории аналитических функции в теории упругости, *Тр. Всесоюзного съезда по теорет. и прикл. механике* (27янв. -3 фев. 1960), Изд. А Н СССР., 1962, 310～338.

[308] Галёркин, Б. Г.: К вопросу об исследовании напряжении и дефоммаии в упругом изотропном теле, *ДАН. СССР*, сер. А., (1930), 353～358.

[309] Демидов, С. П. 著，杨桂通、蔡中民译：《弹性力学》，高等教育出版社，1992(俄文原著1979).

[310] Лебедев Н. Н.: *Специальные функции и их приложения*, ГТ Т И, 1953.

[311] Лехницкии, С. Г.: Симметричная деформацииия и кручение анизотропного тела в ращения с анизотропией частного вида, *Прикл. Матем. Мех*., Т. Ⅳ, вып. 3(1940), 43～60.

[312] Лурье, А. И.: К теории систем линейных дифференциальных уравнении с постоянными коэффициентами, *Труды Ленингр. Индустриальн*. ин-та, No. 6, Вып. 3(1937), 31～36.

[313] Михлин, С. Г. 著，陈传璋、卢鹤绂译：《积分方程及其应用》，商务印书馆，上海，1955.

[314] Мусхелишвили 著，赵惠元译：《数学弹性力学的几个基本问题》，科学出版社，北京，1958(译自 1954 年俄文第 4 版，1966 年有俄文第 5 版).

[315] Николъский, Е. Н.: Алгорит м Шварца в задаче теории упругости о напряжениях, *Доклады Академии Наук СССР*, Том. 135, No. 3 (1960), 549～552.

[316] НовожиловВ. В.: *Теорияупругости*, ГСИСП, Лениград, 1958.

[317] Папкович, П. Ф.: Выражение общего интеграла основных упрвнении теории упругости через гармонические функции, *Изв. А Н СССР сер.* Матем. и естеств. Наук, No. 10(1932), 1425～1435.

[318] Папкович, П. Ф.: *Теория упругости*, СИОП, Лениград, 1939.

[319] Папкович, П. Ф.: дватеории вопросаизгиба тонких упругихплит, *Прикл. Матем.*, *Мех*. Том. V, Вып3 (1941).

[320] Поручиков, В. Б.: *Методы динамическои теорои упругости*, Наук, Москва, 1986.

[321] Слободяский, М. Г.: Функции напряжений для пространственнои задачи теории упругости, *Учен. зап. МГУ*, Вып. 24(Механика), Кн. 3(1938), 181～190.

[322] Слободяский, М. Г.: Общие формы решении уравнений упругости для односвязных и многосвязных областей, выраженные через гармонические Функции, *Прикл. Матем.*, *Мех*. Т. XVIII(1954), 55～74.

[323] Слободяский, М. Г.: Об Общих и полных формах решений уравнений упругости, *Прикл. Матем*., Мех. Т. XXIII(1959), 468～482.

[324] Соболев, С.: Алгориф м Шварца в теории упругости, *Доклады Академии Наук СССР*, ТОМ, IV (XIII), No. 6 (110)(1936), 235～238.

[325] Тер Мкртичьян Л. Н.: Об общем решенииизадачитеории упругости, *Труды Ленингр. политехн*. ин-та, Ио. 4(1947), 3～38.

[326] Уфлянд, Я. С.: *Интегральные преобраэования в эадачах теории упругости*, Изд. Академии Наук СССР, Москва, 1963.

参考文献引用索引

名词索引